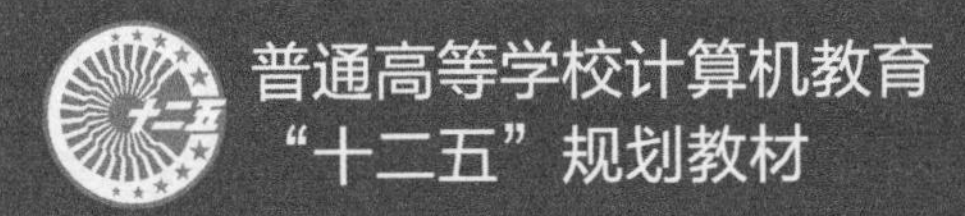

卓越工程师培养计划推荐教材
——软件开发类

PHP 应用开发与实践

■ 马骏 主编 ■ 黄宪通 郑宝民 副主编

人民邮电出版社
北京

图书在版编目（CIP）数据

PHP应用开发与实践 / 马骏主编. -- 北京 : 人民邮电出版社, 2012.12（2020.1 重印）
普通高等学校计算机教育“十二五”规划教材
ISBN 978-7-115-29701-3

Ⅰ. ①P… Ⅱ. ①马… Ⅲ. ①PHP语言－程序设计－高等学校－教材 Ⅳ. ①TP312

中国版本图书馆CIP数据核字（2012）第275710号

内 容 提 要

PHP 简单易学且功能强大，是开发 Web 应用程序理想的脚本语言。本书由浅入深、循序渐进，系统地介绍 PHP 的相关知识及其在 Web 应用程序开发中的实际应用，并通过具体实例，使读者巩固所学知识，更好地进行开发实践。本书共分为 20 章，涵盖了 PHP 的基本认识、PHP 环境搭建与开发工具、PHP 开发基础、PHP 流程控制语句、PHP 函数、字符串、数组、Web 交互、MySQL 数据库、PHP 数据库编程、Cookie 与 Session、日期和时间、图形图像处理、文件和目录处理、面向对象、PDO 数据库抽象层、Smarty 模板引擎、综合案例——电子商务网站、课程设计——在线论坛、课程设计——微博。全书每章内容都与实例紧密结合，有助于读者理解知识、应用知识，达到学以致用的目的。

本书附有配套 DVD 光盘，光盘中提供本书所有实例、综合实例、实验、综合案例和课程设计的源代码、制作精良的电子课件 PPT 及教学录像、《PHP 编程词典（个人版）》体验版学习软件。其中，源代码全部经过精心测试，能够在 Windows XP、Windows 2003、Windows 7 系统下编译和运行。

本书可作为应用型本科计算机专业、软件学院、高职软件专业及相关专业的教材，同时也适合 PHP 爱好者和初、中级的 Web 程序开发人员参考使用。

◆ 主　　编　马　骏
副 主 编　黄宪通　郑宝民
责任编辑　李海涛
◆ 人民邮电出版社出版发行　　北京市丰台区成寿寺路 11 号
邮编　100164　　电子邮件　315@ptpress.com.cn
网址　http://www.ptpress.com.cn
北京七彩京通数码快印有限公司印刷
◆ 开本：787×1092　1/16
印张：27.5　　　　2012 年 12 月第 1 版
字数：736 千字　　　　2020 年 1 月北京第 10 次印刷

ISBN 978-7-115-29701-3

定价：52.00 元（附光盘）

读者服务热线：(010) 81055256　印装质量热线：(010) 81055316
反盗版热线：(010) 81055315

前言

PHP是全球最普及、应用最广泛的Web应用程序开发语言之一，因为其易学易用，越来越受到广大程序员的青睐和认同。目前，市场上讲述PHP的教程还比较少，为了满足众多PHP爱好者的使用需求，编者根据多年从事软件开发的经验编写了本书，奉献给广大读者。

在当前的教育体系下，实例教学是计算机语言教学最有效的方法之一，本书将PHP知识和实用的实例有机结合起来，一方面，跟踪PHP发展，适应市场需求，精心选择内容，突出重点、强调实用，使知识讲解全面、系统；另一方面，设计典型的实例，将实例融入知识讲解中，使知识与实例相辅相成，既有利于读者学习知识，又有利于指导读者实践。另外，本书在每一章的后面还提供了习题和实验，方便读者及时验证自己的学习效果（包括理论知识和动手实践能力）。

本书作为教材使用时，课堂教学建议60~65学时，实验教学建议15~20学时。各章主要内容和学时建议分配如下，老师可以根据实际教学情况进行调整。

章	主要内容	课堂学时	实验学时
第1章	初识PHP，包括PHP概况、PHP脚本程序工作流程、准备PHP的开发条件	1	
第2章	PHP环境搭建与开发工具，包括AppServ集成化安装包、WAMP安装与配置、PHP开发环境的关键配置信息、解决PHP的常见配置问题、Dreamweaver开发工具的应用	2	
第3章	PHP开发基础，包括PHP标记、常量、变量、数据类型、PHP运算符	3	1
第4章	PHP流程控制语句，包括条件控制语句、循环控制语句、跳转语句、包含语句、综合实例——switch网页框架	3	1
第5章	PHP函数，包括函数定义、调用函数、函数间传值、函数的引用、变量函数库、字符串函数库、日期时间函数库、数学函数库、文件系统函数库、MySQL函数库、数组函数库、综合实例——超长文本的分页输出	4	1
第6章	字符串，包括字符串的基础知识、转义和还原字符串、截取字符串、分割和合成字符串、替换字符串、检索字符串、去掉字符串首尾空格和特殊字符、字符串与HTML转换、综合实例——控制页面中输出字符串的长度	3	1
第7章	数组，包括数组的概念、数组类型、声明数组、遍历和输出数组、数组函数、全局数组、综合实例——多图片上传	3	1
第8章	Web交互，包括HTTP基础、变量、服务器信息、表单处理、设置响应头、综合实例——简易博客	3	1
第9章	MySQL数据库，包括MySQL概述、MySQL服务器的启动和关闭、操作MySQL数据库、操作MySQL数据表、操作MySQL数据、MySQL数据库备份和恢复、MySQL数据类型、phpMyAdmin图形化管理工具、综合实例——MySQL的存储过程	4	1

续表

章	主 要 内 容	课堂学时	实验学时
第 10 章	PHP数据库编程，包括PHP操作MySQL数据库的步骤、函数、管理MySQL数据库中的数据、综合实例——用户注册	5	1
第 11 章	Cookie 与 Session，包括 Cookie 管理、Session 管理、Session 高级应用、综合实例——判断用户的操作权限	3	1
第 12 章	日期和时间，包括 PHP 的时间观念、UNIX 时间戳、日期和时间处理、综合实例——倒计时	1	1
第 13 章	图形图像处理，包括 GD2 函数库概述、设置 GD2 函数库、常用的图像处理、运用 Jpgraph 类库绘制图像、综合实例——GD2 函数生成图形验证码	3	1
第 14 章	文件和目录处理，包括基本的文件处理、常用目录操作、文件上传、综合实例——通过文本文件统计页面访问量	2	1
第 15 章	面向对象，包括对象的概念、类的声明、类的实例化、面向对象的封装特性、面向对象的继承特性、抽象类和接口、面向对象的多态性、面向对象的关键字、面向对象的魔术方法、综合实例——封装一个数据库操作类	4	1
第 16 章	PDO 数据库抽象层，包括 PDO 基本概念、PDO 连接数据库、PDO 中执行 SQL 语句、PDO 中获取结果集、PDO 中捕获 SQL 语句中的错误、PDO 中错误处理、PDO 中事务处理、PDO 中存储过程、综合实例——查询留言内容	3	1
第 17 章	Smarty 模板引擎，包括 Smarty 模板引擎下载、安装、配置、静态页处理、动态文件操作、综合实例——Smarty 模板制作后台管理系统主页	4	1
第 18 章	应用 Smarty 模板开发电子商务网站，包括需求分析、构建开发环境、系统设计、数据库设计、公共类设计、网站主要模块开发、开发技巧与难点分析、发布网站	6	
第 19 章	课程设计——在线论坛，包括课程设计目的、功能描述、总体设计、数据库设计、实现过程、调试运行、课程设计总结	5	
第 20 章	课程设计——微博，包括课程设计目的、功能描述、总体设计、数据库设计、实现过程、Ajax 无刷新技术专题、课程设计总结	5	

由于编者水平有限，书中难免存在疏漏和不足之处，敬请广大读者批评指正，使本书得以改进和完善。

编　者

2012 年 6 月

目 录

第 10 章 PHP 数据库编程………186

第 11 章 Cookie 与 Session……205

第 12 章 日期和时间…………224

第 16 章 PDO 数据库抽象层……292

第 17 章 Smarty 模板引擎……315

第1章 初识PHP

本章要点：

- 什么是PHP
- PHP有哪些版本
- PHP的应用领域
- PHP5.3之后的新特性
- PHP脚本程序工作流程
- 下载PHP及相关软件
- 下载PHP用户手册

PHP是一种服务器端的嵌入式脚本语言，是一种服务器端、跨平台、面向对象、HTML嵌入式的脚本语言。本章将简单介绍PHP语言、PHP的语言优势、下载PHP及相关软件、搭建PHP的开发环境，以及常用的配置信息与PHP开发环境的配置结构。

1.1 PHP概况

1.1.1 什么是PHP

PHP是Hypertext Preprocessor（超文本预处理器）的缩写，是一种服务器端、跨平台、HTML嵌入式的脚本语言。其独特的语法混合了C语言、Java语言和Perl语言的特点，是一种被广泛应用的开源式的多用途脚本语言，尤其适合Web开发。图1-1所展示的就是代表PHP语言的图标。

图1-1 PHP图标

1.1.2 PHP版本

PHP 最初是1994年Rasmus Lerdorf创建的，最初只是一个简单的用Perl语言编写的程序，用来统计网站的访问者。后来又用C语言重新编写，包括可以访问数据库。在1995年以Personal Home Page Tools (PHP Tools) 开始对外发表第一个版本，Lerdorf写了一些介绍此程序的文档，并且发布了PHP1.0。在这早期的版本中，提供了访客留言本、访客计数器等简单的功能。以后越来越多的网站使用PHP，并且强烈要求增加一些特性，比如循环语句、数组变量等，在新的成员加入开发行列之后，在 1995 年中，PHP2.0 发布。第二版定名为 PHP/FI(Form Interpreter)。PHP/FI 加入了对 mSQL 的支持，从此建立了 PHP 在动态网页开发上的地位。到了 1996 年底，有 15 000 个网站使用 PHP/FI；时间到了 1997 年中，使用 PHP/FI 的网站数字超过 5 万个。而在 1997 年中，开始了第三版的开发计划，开发小组加入了 Zeev Suraski 及 Andi Gutmans，而第三版就定名为 PHP3。

【PHP4】

2000 年，PHP4.0 问世，其中增加了许多新的特性。PHP4.0 整个脚本程序的核心大幅更动，让程序的执行速度满足更快的要求。在最佳化之后的效率，已较传统 CGI 或者 ASP 等程序有更好的表现。而且还有更强的新功能、更丰富的函数库。PHP 在 Web CGI 的领域上，掀起了巅覆性的革命。对于一位专业的 Web Master 而言，它将也是必修课程之一。

【PHP5】

继而又推出了 PHP 5，其功能更加完善，很多缺陷和 BUG 都被修复。在 PHP 5 中，理想的选择是 PHP5.2.X 系列，其兼容性好，每次版本的升级带来的都是安全性和稳定性的改善。而如果产品是自己开发使用，PHP5.3.X 在某些方面更具优势，在稳定性上更胜一筹，增加了很多 PHP5.2 所不具有的功能，比如内置 php-fpm、更完善的垃圾回收算法、命名空间的引入、sqlite3 的支持等，是部署项目值得考虑的版本（本书中使用是 PHP 5 版本）。

【PHP6】

时至今日，PHP 的版本已经更新到 PHP 6。PHP 6 是一个理想化的产品，目前仍没有走上生产线。但是，其更新的特性和功能还是很有吸引力的。

（1）完全抛弃全局变量。

（2）删除 Magic Quotes。

（3）增加一个输入过滤扩展代替 Magic Quotes，提供一个机制让开发者很容易自己关闭或开启这个功能。而不是像现在的做法那样先判断服务器的 GPC 是否打开。

（4）默认加入 opcode cache，对代码执行进行速度上的优化。目前，大多用的是 PECL 或 APC，但有一个官方的解决方案显然是比较好的。

（5）删除安全模式 safe_mode，改进 open_basedir。

（6）删除在 PHP3/4 中已经被标记为过时 deprecated 的内容。

（7）标识符（程序中使用的变量名、函数名、标号等）大小写敏感。

（8）删除各种函数的别名。

1.1.3 PHP 的应用领域

PHP 在互联网高速发展的今天，应用量可谓是非常广泛，PHP 的应用领域主要包括以下几方面。

- 中小型网站的开发。
- 大型网站的业务逻辑结果展示。
- Web 办公管理系统。
- 硬件管控软件的 GUI。
- 电子商务应用。
- Web 应用系统开发。
- 多媒体系统开发。

- 企业级应用开发。

PHP 正吸引着越来越多的 Web 开发人员。PHP 无处不在，它可应用于任何地方、任何领域，并且已拥有几百万个用户，其发展速度要快于在它之前的任何一种计算机语言。PHP 能够给企业和最终用户带来数不尽的好处。据最新数据统计，全世界有超过 2 200 万的网站和 1.5 万家公司在使用 PHP 语言，包括百度、雅虎、Google、YouTube、Digg 等著名的网站，也包括汉沙航空电子订票系统、德意志银行的网上银行、华尔街在线的金融信息发布系统等，甚至军队系统这类苛刻的环境。除此之外，PHP 也是企业用来构建服务导向型、创造和混合 Web 融于一新一代的综合性商业应用的语言，成为开源商业应用发展的方向。成功应用案例如图 1-2 和图 1-3 所示。

图 1-2　百度网页

图 1-3　谷歌网页

注意　虽然目前已经推出 PHP 6，但是目前应用的主流依然是 PHP 5。

1.1.4　PHP5 的新特性

目前主流仍然是 PHP 5，所以下面着重讲述 PHP 5 中新的对象模型的特性。

- 构造函数和析构函数。
- 对象的引用。
- 对象的克隆（clone）。
- 对象中的私有、公共及受保护模式（public/private 和 protected 关键字）。
- 接口（Interface）。
- 抽象类。
- __call。
- __set 和__get。
- 静态成员。

1.2　PHP 脚本程序工作流程

PHP 脚本程序的运行需要借助于 Web 浏览器、PHP 预处理器和 Web 服务器的支持，必要时还需要借助数据库服务器来获取和保存数据。

1.2.1 Web 浏览器简介

Web 浏览器（Web Browser）也叫网页浏览器，它是用户最常用的客户端软件，每个 Web 页面文件都是由浏览器解释执行的。目前常用的 Web 浏览器有微软的 Internet Explorer（简称 IE）浏览器和 Mozilla 的 Firefox 浏览器，其他浏览器有 Safari、Opera 等。

1.2.2 HTML 简介

HTML（Hypertext Markup Language，超文本标记语言）是一种用来制作 Web 页面的简单标记语言。由 HTML 标记产生的页面是静态页面，HTML 页面必须由浏览器进行解释和执行才能正确显示。例如 Web 浏览器将会把 HTML 标记“
”解析为换行。在 PHP 程序开发过程中，HTML 主要用来实现页面的布局和美观。

1.2.3 PHP 预处理器简介

PHP 预处理器（PHP Preprocessor）的功能是解释 PHP 代码。在用户通过浏览器访问页面时，用户不会看到任何 PHP 代码，看到的是被 PHP 预处理器内部处理过的内容。

1.2.4 Web 服务器简介

Web 服务器也称为 WWW (World Wide Web) 服务器或 HTTP 服务器，功能是解析 HTTP。Web 服务器负责处理浏览器的请求。当用户通过浏览器请求读取 Web 站点的内容时，Web 服务器将收到一个 HTTP 动态请求，它会调用与请求对应的程序，程序经 PHP 预处理器解释执行后，Web 服务器会返回给用户一个 HTTP 响应，浏览器接收到这个响应后，会将执行结果显示在浏览器中。

目前，比较常用的 Web 服务器有微软的 Internet Information Server（IIS）服务器和开源的 Apache 服务器等。本书主要介绍 Apache 服务器。因为 Apache 的特点是简单、速度快、性能稳定而且完全免费，所以它已成为目前最为流行的 Web 服务器。

当 Web 浏览器请求静态页面（页面中不包含 PHP 代码）时，只需要 Web 服务器响应该请求；当浏览器请求动态页面（页面中包含了 PHP 代码）时，Web 服务器会通过 PHP 预处理器将该动态页面解析为 HTML 静态页面，然后再将静态页面输出到浏览器中。

1.2.5 数据库服务器简介

数据库服务器（DataBase Server）是一种负责存储和管理数据的软件。当用户请求数据时，在服务器端脚本语言中，使用标准的结构化查询语言（SQL）对数据库进行添加、查询、修改和删除等操作。而且它可以提供事务管理、索引、高速缓存、查询优化、安全及多用户存取控制等服务。

数据库服务器有好多种，常见的有 MySQL、Oracle、SQL Server、DB2 以及 Sybase 数据库服务器。本书主要介绍 MySQL 数据库服务器。MySQL 具有操作简单、体积小、速度快、完全免费等特点，并且与 PHP 的完美结合，使许多中小型 Web 系统都选择其作为数据库服务器，获得了广泛的应用。

1.2.6　PHP 程序的工作流程

PHP 是基于服务器端运行的脚本程序语言，实现数据库和网页之间的数据交互。

一个完整的 PHP 系统由以下几个部分构成。

- 操作系统：网站运行服务器所使用的操作系统。PHP 不要求操作系统的特定性，其跨平台的特性允许 PHP 运行在任何操作系统上，如 Windows、Linux 等。
- 服务器：搭建 PHP 运行环境时所选择的服务器。PHP 支持多种服务器软件，包括 Apache、IIS 等。
- PHP 包：实现对 PHP 文件的解析和编译。
- 数据库系统：实现系统中数据的存储。PHP 支持多种数据库系统，包括 MySQL、SQL Server、Oracle、DB2 等。
- 浏览器：浏览网页。由于 PHP 在发送到浏览器的时候已经被解析器编译成其他的代码，所以 PHP 对浏览器没有任何限制。

在图 1-4 中，完整地展示了用户通过浏览器访问 PHP 网站系统的全过程，从图中可以更加清晰地理清它们之间的关系。

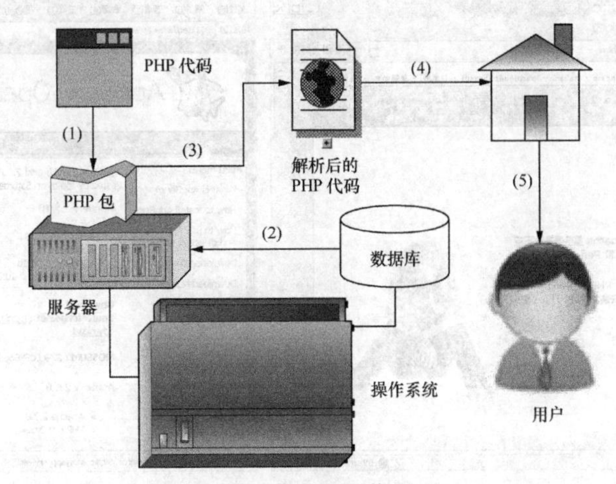

图 1-4　PHP 的工作原理

图 1-4 解析：（1）PHP 的代码传递给 PHP 包，请求 PHP 包进行解析并编译；（2）服务器根据 PHP 代码的请求读取数据库；（3）服务器与 PHP 包共同根据数据库中的数据或其他运行变量，将 PHP 代码解析成普通的 HTML 代码；（4）解析后的代码发送给浏览器，浏览器对代码进行分析获取可视化内容；（5）用户通过访问浏览器浏览网站内容。

1.3　准备 PHP 的开发条件

1.3.1　下载 PHP 及相关软件

搭建 PHP 环境涉及系统平台、Web 服务软件和数据库软件及 PHP 本身。根据自身现有计算机软、硬件环境，可以自由选择相应的软件。

通常选择 Windows NT 为实验平台，这样可以下载 PHP 5.0 以上的 Windows 版本。数据库可以下载 MySQL 的 Windows 版本（www.MySQL.org）或者使用微软公司的 MsSQL。Web 服务软件可以直接下载 Apache 的 Windows 版本（www.apache.com）。

如果想搭建 Linux 下运行的实战环境，那么所有这些软件必须下载其对应于 Linux 版本，有的可能需要在 Linux 下编译生成。

下面以 Windows 版本为例，简单说明一下 PHP 优秀的集成开发环境及相关信息。

（1）XAMPP 是一个易于安装且包含 MySQL、PHP 和 Perl 的 Apache 发行版。用户只需根据提示，即可安装成功。不必对 PHP、Apache、MySQL 配置文件进行修改及相关烦琐的操作（例如，将 PHP 的配置文件 php.ini 保存到操作系统 C 盘下的 WINDOWS 文件夹下，手动开启 MySQL 组件、Oracle 组件和 GD2 支持等），大大省去了初学者在配置运行环境时的时间。真正意义上做到了一键安装，开发运行的理念。官方下载地址如图 1-5 所示。

（2）AppServ 将 Apache、PHP、MySQL、phpMyAdmin 等服务器软件和工具安装配置完成后打包处理，同 XAMPP 一样安装相当简单。官方下载地址如图 1-6 所示。

图 1-5　XAMPP 开发环境的下载截图

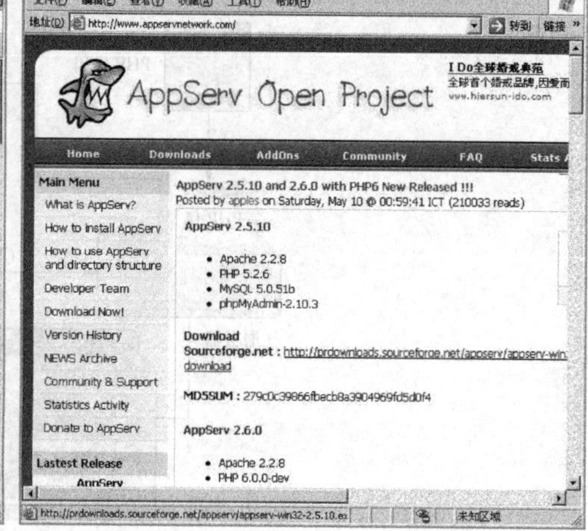

图 1-6　AppServ 开发环境的下载截图

1.3.2　代码编辑工具

选择 PHP 的代码编辑工具，应该考虑 4 个方面的因素。

第一，语法的高亮显示。应用语法的高亮显示，可以对代码中的不同元素采用不同的颜色进行显示，如关键字用蓝色，对象方法用红色标识等。

第二，格式排版功能。格式排版功能可以使程序代码的组织结构清晰易懂，并且易于程序员进行程序调试，排除程序的错误异常。

第三，代码提示功能。代码提示功能可以在程序员编写某个函数时，提供这个函数的语法信息，甚至可以在程序员输入某个字符时，给出这个字符相关的函数信息，可以帮助程序员编写正确的函数，使用正确的语法。

第四，界面设计功能。不但可以编写 PHP 代码，还可以进行界面的设计。

这是在选择代码编辑工具时，用户应该考虑的问题，这 4 个因素不可能都完全满足，应该根据自己的实际情况进行选择。

下面介绍几款常用代码编辑工具，供广大读者参考。

1. Macromedia Dreamweaver

Macromedia Dreamweaver 是一款专业的网站开发编辑器。它将可视布局工具、应用程序开发功能和代码编辑支持组合在一起，其功能强大，使得各个层次的开发人员和设计人员都能够快速创建出吸引人的、标准的网站和应用程序。它采用了多种先进的技术，能够快速高效地创建极具表现力和动感效果的网页，使网页创作过程简单无比。同时，Macromedia Dreamweaver 提供了代码自动完成功能，不但可以提高编写速度，而且减少了错误代码出现的几率。Macromedia Dreamweaver 既适用于初学者制作简单的网页，又适用于网站设计师、网站程序员开发各类大型应用程序，极大的方便了程序员对网站的开发与维护。

Macromedia Dreamweaver 从 MX 版本开始支持 PHP+MYSQL 的可视化开发，对于初学者确实是比较好的选择，因为如果是一般性开发，几乎是可以不用写一行代码就可以写出一个程序，而且都是所见即所得的。Macromedia Dreamweaver 所包含的特征包括语法加亮、函数补全，形参提示、全局查找替换、处理 Flash、图像编辑等。同时，它还为 PHP、ASP 等脚本语言提供辅助支持。

下载地址：http://www.adobe.com/downloads/。

2. ZendStudio

ZendStudio 是目前公认的最强大的 PHP 开发工具，它是一款收费软件。其具备功能强大的专业编辑工具和调试工具，包括了编辑、调试、配置 PHP 程序所需要的客户及服务器组件，支持 PHP 语法加亮显示，尤其是功能齐全的调试功能，能够帮助程序员解决在开发中遇到的问题。

下载地址：http://www.zend.com/store/products/zend-studio.php。

3. PHPEdit

PHPEdit 是一款 Windows 下优秀的 PHP 脚本 IDE（集成开发环境）。该软件为快速、便捷地开发 PHP 脚本提供了多种工具，其功能包括语法关键词高亮，代码提示、浏览，集成 PHP 调试工具，帮助生成器，自定义快捷方式，150 多个脚本命令，键盘模板，报告生成器，快速标记，插件等。

官方网站：http://phpedit.svoi.net。

1.3.3　下载 PHP 用户手册

获取 PHP 的帮助信息，除了购买 PHP 的相关参考书之外，还可以直接到 PHP 的官方网站中下载 PHP 中文手册，PHP 机构的官方网址为"http://www.php.net"。初学者可以在手册中查找到相关函数的详细说明。由于 PHP 代码公开，而且完全免费，所以可以直接在 PHP 的官方网站中下载到 PHP 用户手册。

用户手册是学习 PHP 的良师，许多 PHP 的高手仍然随时备查。手册通常为 PHP 5.0，有中、英文版本，中文版中还有 HTML、ZIP 和 CHM 几种格式。很多网站都有下载。建议下载 CHM 格式，查阅较为方便。

在学习的过程中可以通过下载 PHP 中文手册和 MySQL 中文手册来获得帮助。为了便于学习，下面推荐两个网址供参考。

（1）PHP 中文手册下载地址：http://www.php.net。PHP 中文手册的运行效果如图 1-7 所示。

（2）MySQL 中文手册下载地址：http://www.mysql.com。MySQL 中文手册的运行效果如图 1-8 所示。

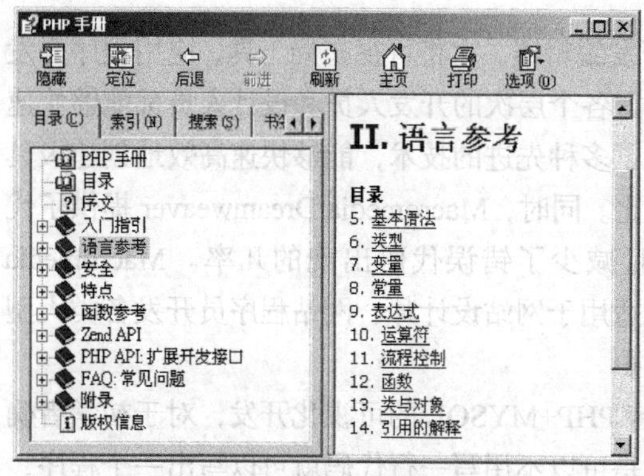

图 1-7　PHP 中文手册的运行效果

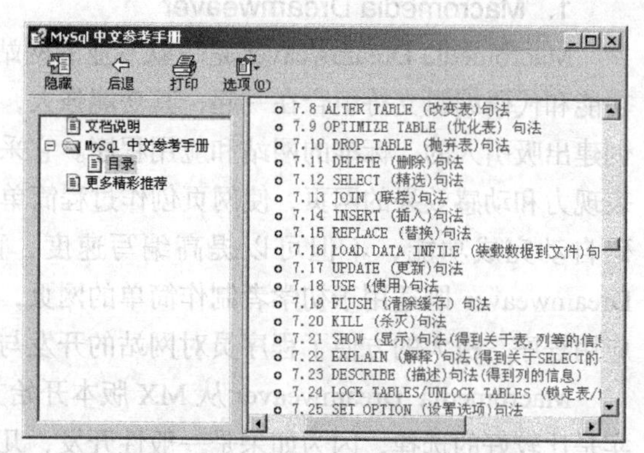

图 1-8　MySQL 中文手册的运行效果

知识点提炼

（1）PHP 是 Hypertext Preprocessor（超文本预处理器）的缩写，是一种服务器端、跨平台、HTML 嵌入式的脚本语言。

（2）Web 浏览器（Web Browser）也叫网页浏览器，它是用户最常用的客户端软件，每个 Web 页面文件都是由浏览器解释执行的。

（3）HTML（Hypertext Markup Language，超文本标记语言）是一种用来制作 Web 页面的简单标记语言。由 HTML 标记产生的页面是静态页面，HTML 页面必须由浏览器进行解释和执行才能正确显示。

（4）PHP 预处理器（PHP Preprocessor）的功能是解释 PHP 代码。在用户通过浏览器访问页面时，用户不会看到任何 PHP 代码，看到的是被 PHP 预处理器内部处理过的内容。

（5）Web 服务器也称为 WWW (World Wide Web) 服务器或 HTTP 服务器，功能是解析 HTTP。

（6）数据库服务器（DataBase Server）是一种负责存储和管理数据的软件。当用户请求数据时，在服务器端脚本语言中，使用标准的结构化查询语言（SQL）对数据库进行添加、查询、修改和删除等操作。而且它可以提供事务管理、索引、高速缓存、查询优化、安全及多用户存取控制等服务。

习　　题

1-1　简述 PHP 程序的工作流程。

1-2　常见的 Web 服务器和数据库服务器有哪些？

1-3　列举你所熟知的代码编辑工具。

第 2 章 PHP 环境搭建与开发工具

本章要点：

- 使用 AppServ——搭建 PHP 开发环境
- 在 Windows 下安装 Apache、PHP、MySQL
- Apache 服务器的基本配置
- PHP.INI 文件的基本配置
- 解决 Apache 服务器端口冲突
- 设置 PHP 的系统当前时间
- 增加 PHP 扩展模块
- Dreamweaver 开发工具的应用

PHP 是一个服务器脚本语言，虽然可以独立运行，但开始学习任何一门编程语言之前，都必须先搭建和熟悉开发环境。正所谓“工欲善其事，必先利其器”。进行网络程序开发，除了安装一个 PHP 程序库外，还需要安装 Web 服务器、数据库系统，以及一些扩展。PHP 能够运行在绝大多数主流的操作系统上，包括 Linux、UNIX、Windows、Mac OS 等。作为一种轻便的网络编程语言，PHP 支持 Apache、IIS、Nginx 等服务器脚本。本章主要讲解 PHP 基本的开发环境搭建，环境的配置，以及开发工具的选择。

2.1 AppServ——Windows 版 PHP 集成化安装包

AppServ 将 Apache、PHP、MySQL、phpMyAdmin 等服务器软件和工具安装配置完成后打包处理。开发人员只要到网站上下载该软件，然后安装，即可完成 PHP 开发环境的快速搭建，非常适合初学者使用。

在使用 AppServ 搭建 PHP 开发环境时，必须确保在系统中没有安装 Apache、PHP 和 MySQL。否则，要先将这些软件卸载，然后应用 AppServ。

下面讲解 AppServ 集成化安装包搭建 PHP 开发环境的具体操作步骤。

（1）双击 AppServ-win32-2-5.10.exe 文件，打开如图 2-1 所示的 AppServ 启动页面。

（2）单击图 2-1 中的 Next 按钮，打开如图 2-2 所示的 AppServ 安装协议页面。

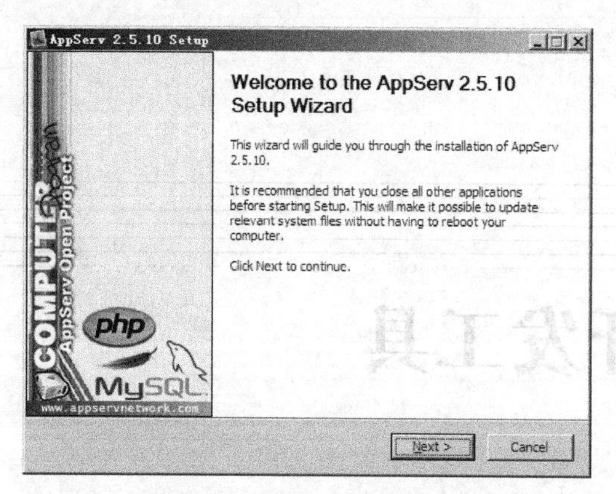

图 2-1　AppServ 启动页面

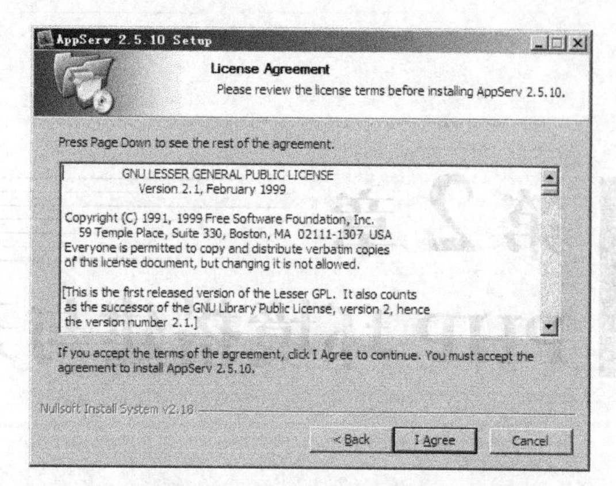

图 2-2　AppServ 安装协议

（3）单击图 2-2 中的 I Agree 按钮，打开如图 2-3 所示的页面。设置 AppServ 的安装路径（默认安装路径一般为 E:\AppServ），AppServ 安装完成后，Apache、MySQL、PHP 都将以子目录的形式存储到该目录下。

（4）单击图 2-3 中的 Next 按钮，打开如图 2-4 所示的页面。选择要安装的程序和组件（默认为全选）。

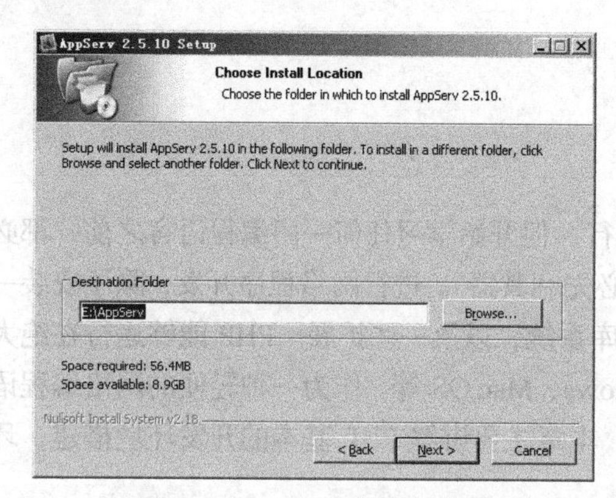

图 2-3　AppServ 安装路径选择

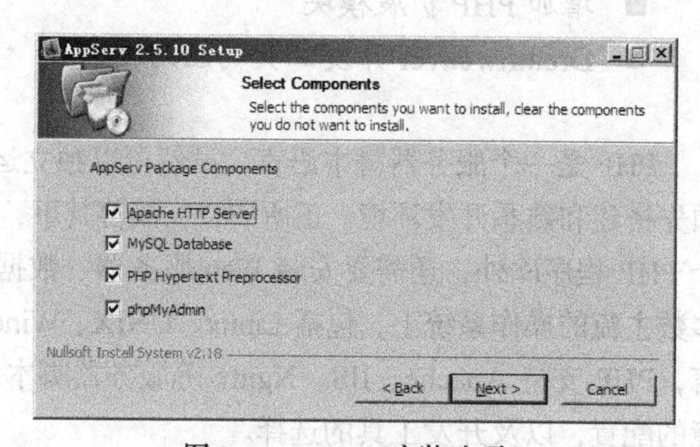

图 2-4　AppServ 安装选项

在图 2-4 中，如果本机中已经安装 MySQL 数据库，那么在这里可以不勾选 MySQL Database 选项，仍使用本机已经存在的 MySQL 数据库。

（5）在图 2-4 中单击 Next 按钮，打开如图 2-5 所示的页面。输入计算机名称，添加邮箱地址，设置 Apache 的端口号，默认为 80 端口。

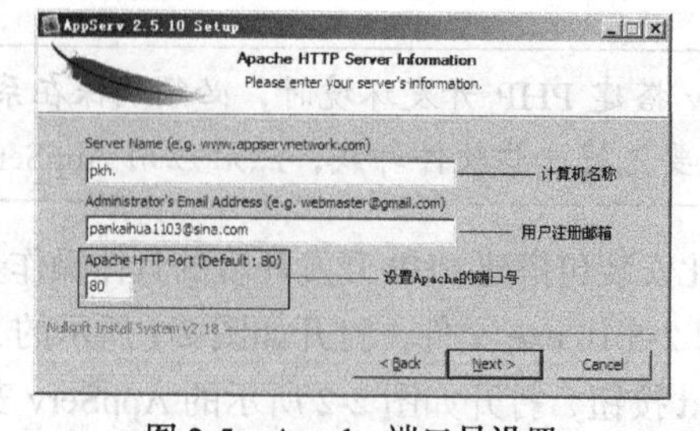

图 2-5　Apache 端口号设置

Apache 服务器端口号的设置，直接关系到 Apache 服务器是否能够正常启动。如果本机中的 80 端口被 IIS 或者迅雷占用，那么这里就需要修改 Apache 的端口号，或者将 IIS、迅雷的端口号修改，才能完成 Apache 服务器的配置。如果出现端口冲突，将导致安装失败，Apache 服务不能启动。

（6）单击图 2-5 中的 Next 按钮，打开如图 2-6 所示的页面。设置 MySQL 数据库 root 用户的登录密码及字符集。

MySQL 数据库字符集的设置，可以选择 UTF−8、GBK 或者 GB2312。这里将字符集设置为“UTF−8 Unicode”，表示 MySQL 数据库的字符集将采用 UTF−8 编码。

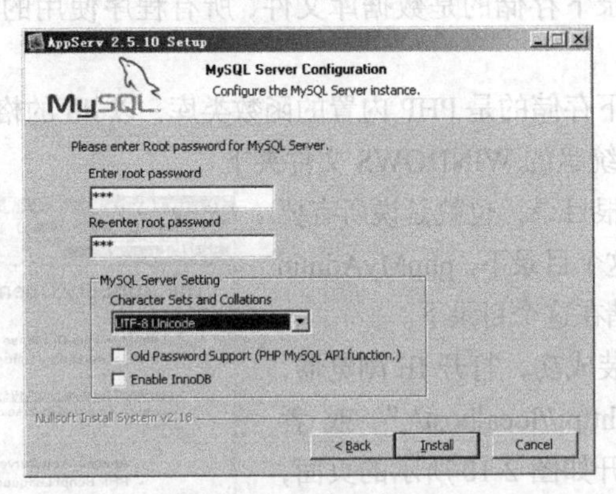

图 2-6　MySQL 设置

在图 2−6 中设置的 MySQL 数据库 root 用户的密码必须牢记，因为程序在连接数据库时必须使用这个密码。如果忘记安装时设置的密码，最直接有效的解决方式是重新安装 AppServ。

（7）单击图 2-6 中的 Install 按钮开始安装，如图 2-7 所示。

（8）安装完成后可以在开始菜单的 AppServ 相关操作列表中启动 Apache 及 MySQL 服务，如图 2-8 所示。

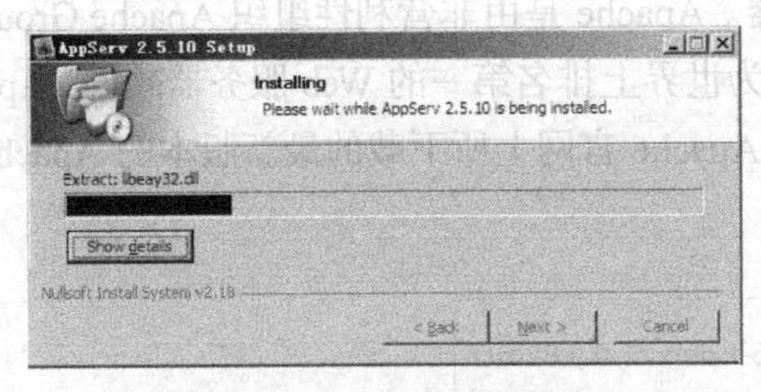

图 2-7　AppServ 安装页面

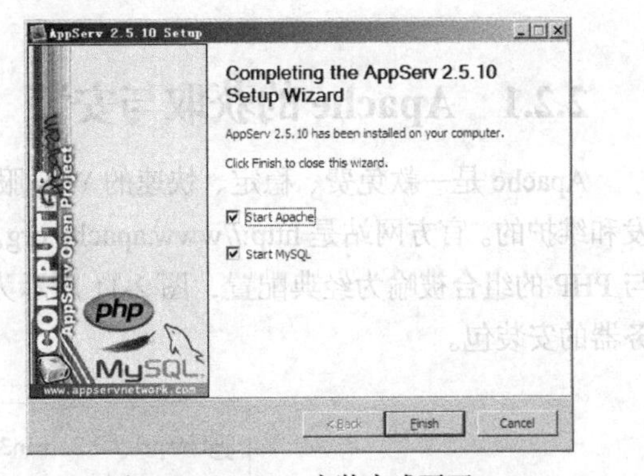

图 2-8　AppServ 安装完成页面

AppServ 安装完成后，整个目录默认安装在“E:\AppServ”，此目录下包含 4 个子目录，如图 2-9 所示，用户可以将所有程序文件存储到“www”目录下。

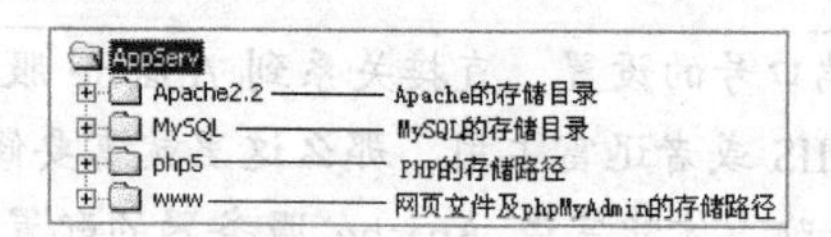

图 2-9　AppServ 目录结构

• 在 Apache2-2\conf\目录下，有一个 httpd.conf 文件，它是 Apache 服务器的配置文件，在这个文件中可以修改 Apache 服务器的端口号、根目录等，所有有关 Apache 服务器的配置都在这个文件中完成。

• 在 MySQL 目录下，有一个 my.ini 文件，它是 MySQL 服务器的配置文件，存储 MySQL 的配置信息。

• 在 MySQL\data 目录下存储的是数据库文件，所有程序使用的数据库都存储在这个文件夹下。

• 在 php5\ext 文件夹下存储的是 PHP 内置的函数类库，以.dll 的格式存储。而 PHP 的配置文件 php.ini 是存储在本机系统盘的 WINDOWS 文件夹下。

• www，程序运行的根目录，也就是说所有要运行的程序都必须存储在这个目录下。phpMyAdmin 图形化管理工具默认就存储在这个目录下。

测试 AppServ 是否安装成功，打开 IE 浏览器，在地址栏中输入“http://localhost/”或者“http://127.0.0.1/”，如果打开如图 2-10 所示的页面，则说明 AppServ 安装成功。

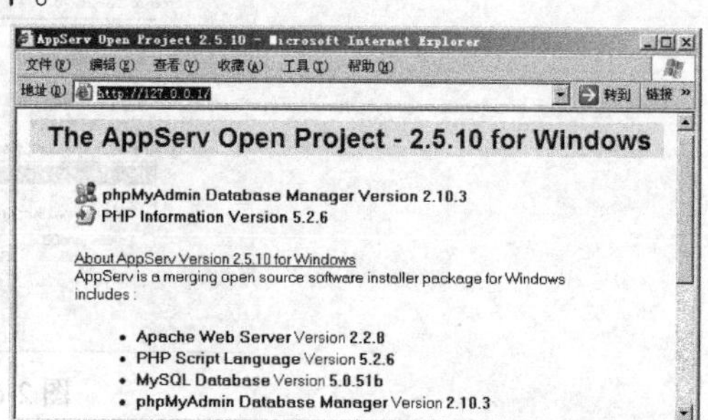

图 2-10　AppServ 测试页

如果在安装时设置 Apache 的端口号是 82，那么在 IE 浏览器的地址栏中则输入“http://localhost:82/”或者“http://127.0.0.1:82/”来测试 AppServ 是否安装成功。

2.2　WAMP 安装与配置

2.2.1　Apache 的获取与安装

Apache 是一款免费、稳定、快速的 Web 服务器。Apache 是由非营利性组织 Apache Group 开发和维护的。官方网站是 http://www.apache.org。作为世界上排名第一的 Web 服务器软件，Apache 与 PHP 的组合被喻为经典配置，图 2-11 所示为从 Apache 官网上所下载的最新版本的 Apache 服务器的安装包。

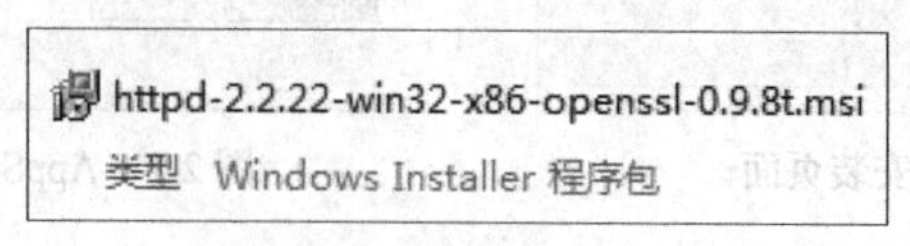

图 2-11　Apache 安装包

这里下载的是 Apache 2.2.21 for win32-x86 版本（windows 32 位 x86 核心）。在 Windows 下安

装 Apache 服务器的方法比较简单，以下方法同时适用于 Windows 2000/Windows XP/Windows 2003/Windows 7/Windows 2008 等操作系统。下面介绍在 Windows 7 上来安装并配置 Apache 服务器，具体安装步骤如下。

（1）Apache 的安装与其他 Windows 程序安装类似，运行 httpd-2-2-22-win32-x86-openssl-0.9.8t.msi 文件后，会出现一个欢迎页面，如图 2-12 所示。

（2）单击图 2-12 中的 Next（下一步）按钮，进入 License Agreement 页面，如图 2-13 所示。

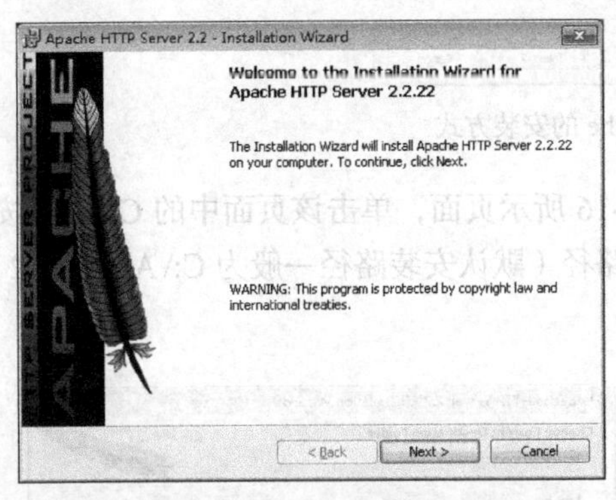

图 2-12　Apache 的安装欢迎页面

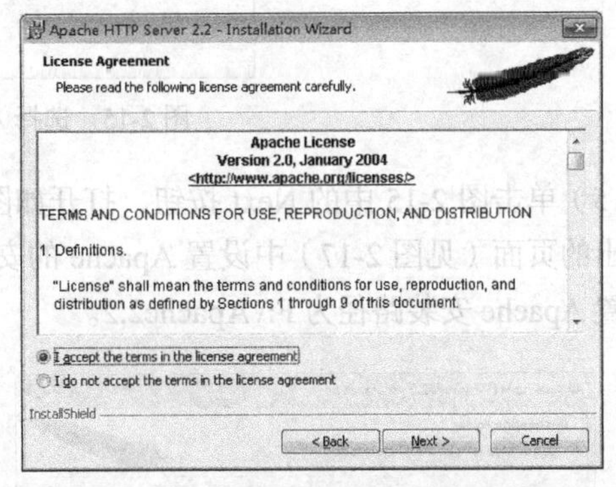

图 2-13　Apache 安装协议页面

（3）接受 Apache 提供的使用开源协议书，并单击 Next 按钮，进入如图 2-14 所示页面。在该页面中需要对服务器进行相关设置，要求用户输入必要的服务器信息和安装选项。在前 3 个文本框中依次输入的内容是网络域名（Network Domain）、主机名（Server Name）及管理员的电子邮件地址（Administrator Email Address），用户按照提示输入即可。最后一项是询问用户的安装方式，即询问用户是允许 Apache 监听 80 端口还是 8080 端口。前者是默认端口，可供 HTTP 用户访问使用；后者经常用于局域网络的访问或者本机程序的调试。这里选择默认设置 80 端口即可。

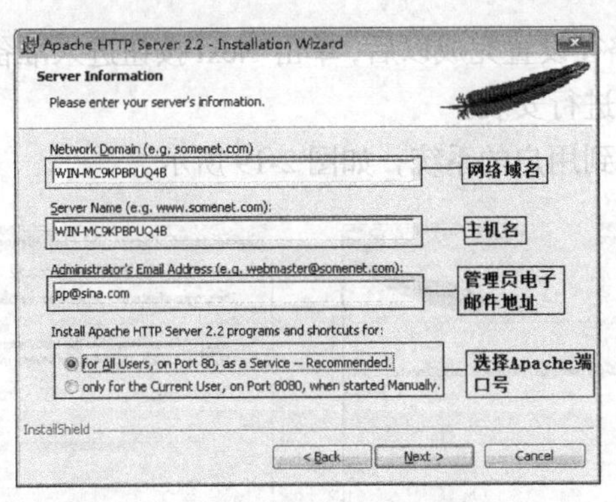

图 2-14　Apache 端口号设置

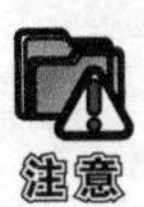

如果是在 Windows 7 上安装 Apache 的话，那么需要先对 IIS 的端口号进行修改，这主要是因为 Windows 7 上 IIS 的端口默认也是 80，如果再设置 Apache 服务器的端口为 80 的话，会发生端口冲突，导致 Apache 服务器不能成功启动。

（4）单击图 2-14 中的 Next 按钮，进入如图 2-15 所示的页面，在该页面中选择安装方式，这里的安装方式有两种，即典型安装与自定义安装，这里选择默认的典型安装即可。

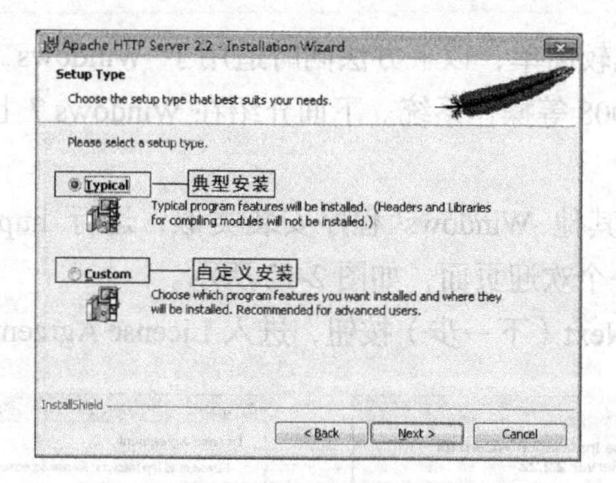

图 2-15　选择 Apache 的安装方式

（5）单击图 2-15 中的 Next 按钮，打开如图 2-16 所示页面，单击该页面中的 Change 按钮，在弹出的页面（见图 2-17）中设置 Apache 的安装路径（默认安装路径一般为 C:\ Apache2.2）。这里设置 Apache 安装路径为 F:\ Apache2.2。

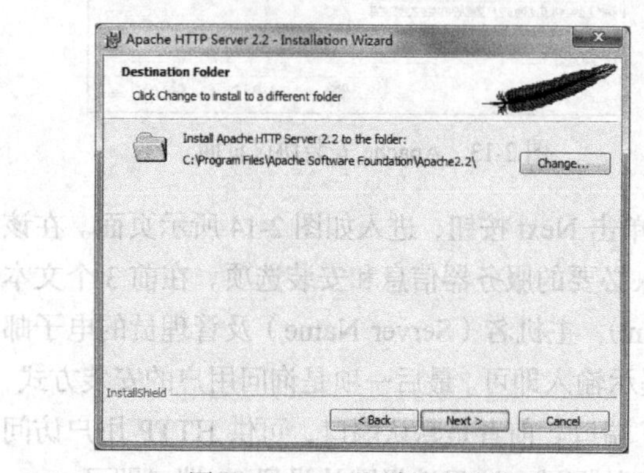

图 2-16　Apache 默认安装路径

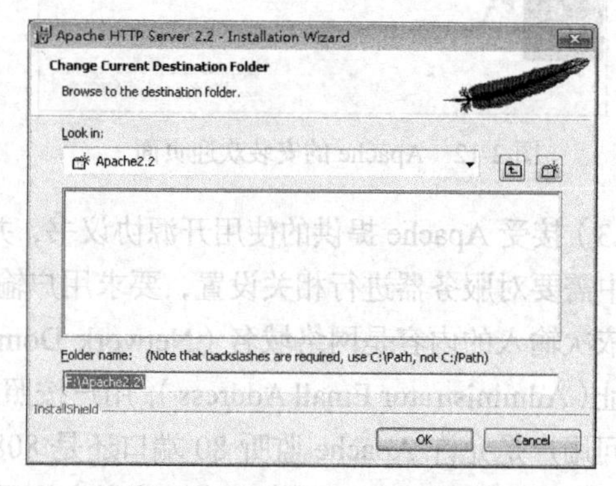

图 2-17　设置 Apache 安装路径

（6）对 Apache 的安装路径设置完成以后，单击 Next 按钮进入准备安装页面，如图 2-18 所示，单击该页面中的 Install 按钮进行安装。

（7）系统开始复制文件到用户的系统，如图 2-19 所示。

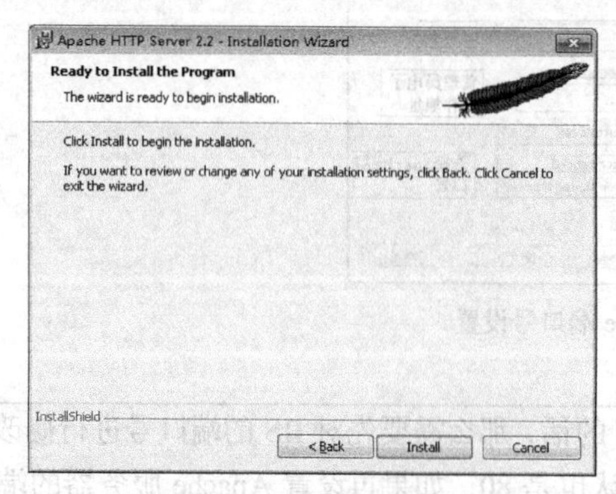

图 2-18　准备安装页面

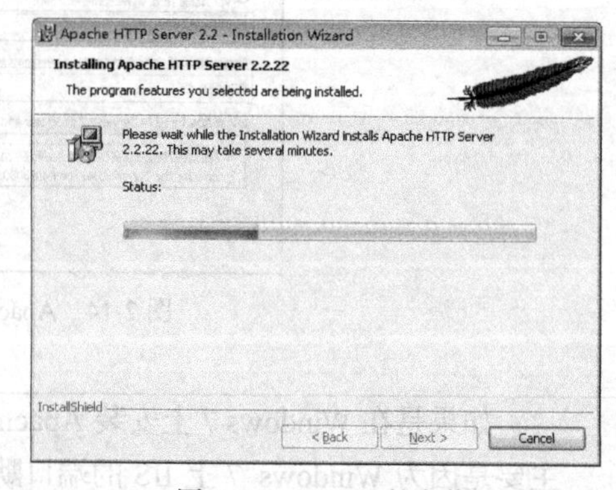

图 2-19　Apache 的安装

（8）在复制文件的过程中，会跳出几个命令提示窗口，供 Apache 检测端口和安装服务使用，它会自动关闭。直到安装成功为止，如图 2-20 所示。

（9）安装完成后，Apache 服务器就自动开启。在桌面右下脚将出现一个图标，当前 Apache

服务启动时，图标样式为；服务器未启动时，图标样式为。

可以左键单击小图标，将会看到服务器的开启与关闭功能。也可以右键单击小图标，在弹出的快捷菜单中选择“Open Apache Monitor”命令，打开 Apache 监控程序。其操作效果如图 2-21 所示。

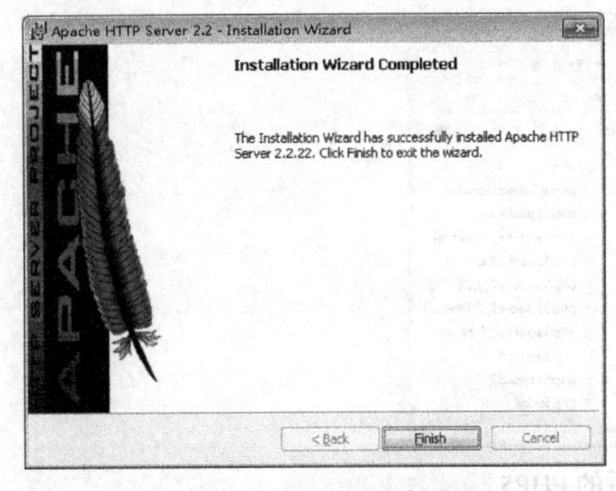

图 2-20　Apache 安装完成页面

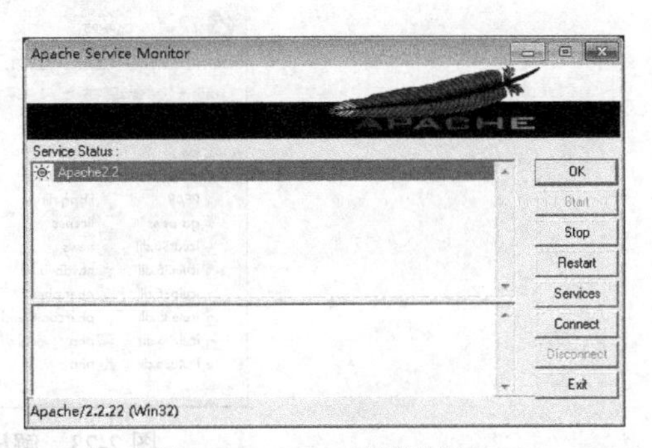

图 2-21　Apache 的控制台

这时便可以在浏览器地址栏中输入 http://localhost 或者 http://127.0.0.1 来访问 Apache 提供的 Web 服务功能，如图 2-22 所示。

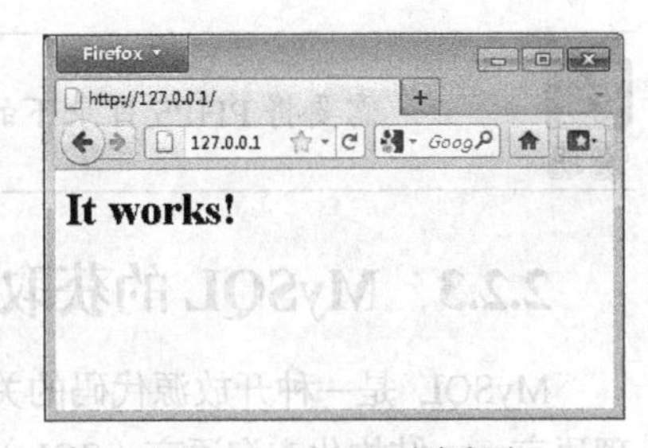

图 2-22　Apache 测试页

最后还需要强调一点：虽然绝大多数情况下都可以快速顺利地成功安装 Apache，但也不排除安装失败的情况。由于操作系统版本、机器软件环境等影响，有可能在安装 Apache 的最后阶段出现错误，或者安装之后无法启动。这时应根据 Apache 给出的错误提示查找并解决出错的原因。常见的错误有找不到 Apache 服务、端口冲突等。对于找不到 Apache 服务，说明 Apache 没有成功地被安装为 Windows 服务，这时可以手工启动 Apache，也可以在命令行模式下将其注册为服务。端口冲突一般是由于安装的其他软件占用了 80 端口所致，可以通过卸载无关软件或者修改 Apache 服务端口的方法解决。

2.2.2　PHP 的获取与安装

PHP 是个免费开源的服务器脚本，用户只需要通过访问 http://www.php.net 官方网站来获取最新的 PHP 软件即可。PHP 提供的 Windows 版本有以下几种类型。

1．编码核心

- VC9 是专门为 IIS 定制的脚本，支持最新的微软组件，从而提高效率。
- VC6 是为其他 Web 服务软件提供的脚本，如 Apache、Nginx。

新版的 Apache 可以支持 VC9 的模式。

2．开发脚本模式

- Thread Safe：执行时会进行线程（Thread）安全检查，以防止有新要求就启动线程的 CGI 执行方式而耗尽系统资源。
- Non Thread Safe：在执行时不进行线程（Thread）安全检查。

在本书中并没有下载安装版的 PHP 软件，而是下载了 ZIP 压缩包模式的 PHP 软件，这更有助于读者学习配置 PHP 环境的细节。这里下载了 php-5.3.8-Win32-VC9-x86.zip 版本并解压到 C 盘的 PHP5 目录（C:\PHP5），如图 2-23 所示。

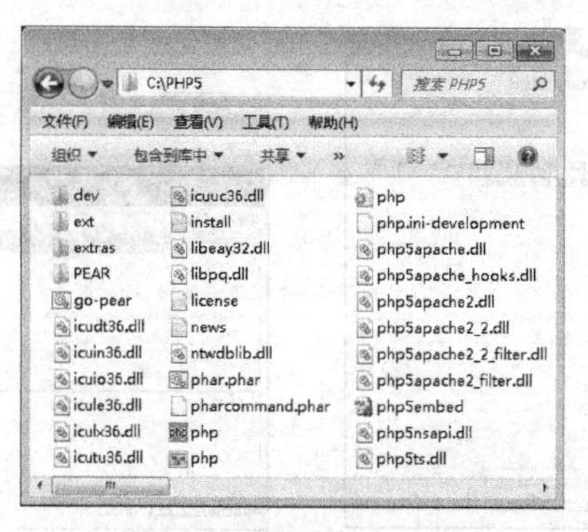

图 2-23 解压后的 PHP5

需要将 PHP5 目录下的 php.ini-production 文件名称修改为 php.ini。

2.2.3 MySQL 的获取与安装

MySQL 是一种开放源代码的关系型数据库管理系统（RDBMS），并使用最常用的数据库管理语言——结构化查询语言（SQL）进行数据库管理。由于 MySQL 是开放源代码的，因此任何人都可以在 General Public License 的许可下下载并根据个性化的需要对其进行修改。MySQL 因为其速度快、可靠性和适应性强而备受关注。大多数人都认为在不需要事务化处理的情况下，MySQL 是管理内容最好的选择。

由于 MySQL 是开源软件，因此获取这个软件是非常简单的一件事，只需要访问 MySQL 官方网站 http://www.mysql.com/去下载即可。打开官方网站可以看到网站最下面有个 Downloads（GA）选项，选择其中的第一个选项 MySQL Server 即可跳转到下载页面，这里下载的是 mysql-5.5.24-win32-msi 版本，具体的安装步骤如下。

（1）运行安装文件 mysql-5.5.24-win32-msi，出现欢迎页面，如图 2-24 所示。

（2）单击图 2-24 中的 Next 按钮，打开如图 2-25 所示的 MySQL 安装协议窗口。

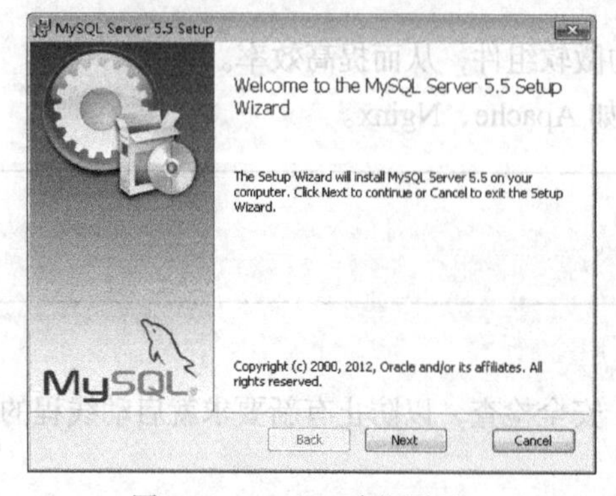

图 2-24 MySQL 欢迎页面

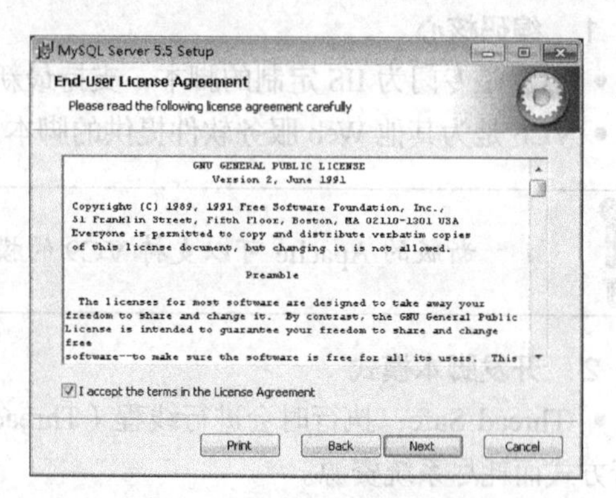

图 2-25 MySQL 安装协议窗口

（3）选中图 2-25 中的 I accept the terms in the License Agreement 复选框，然后单击 Next 按钮进入如图 2-26 所示的 Choose Setup Type 界面。可以选择 Typical（典型安装）、Custom（定制安装）和 Complete（完整安装）安装类型。在这里选择的是典型安装，用户也可以根据需要选择其他安装模式。选择典型安装后系统会逐一的将 MySQL 文件安装盒复制到计算机当中，完成后会弹出一个介绍页面，如图 2-27 所示。

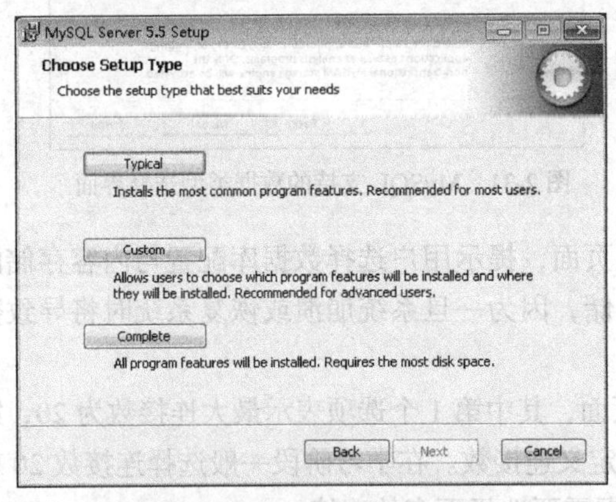

图 2-26　Choose Setup Type 界面

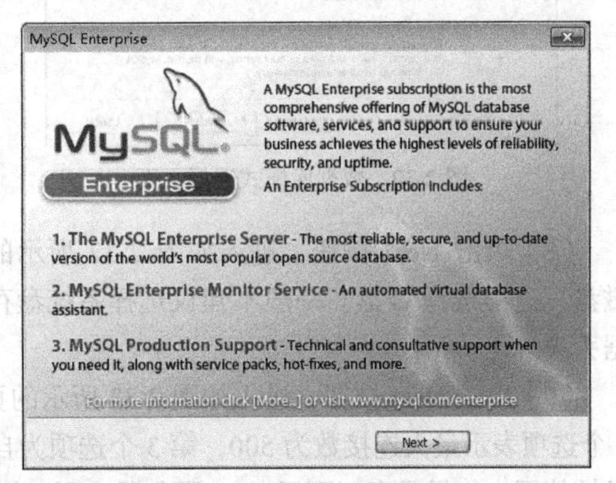

图 2-27　MySQL 介绍页面

（4）当关闭介绍页面后，系统会提示是否马上配置 MySQL 的相关内容，这里选中 Launch the MySQL Instance Configuration Wizard 复选框，然后单击 Finish 按钮，如图 2-28 所示。

（5）系统打开 MySQL 配置向导，用户可以选择是详细配置（Detailed Configuration）还是默认标准配置（Standard Configuration），这里选择详细配置，如图 2-29 所示。

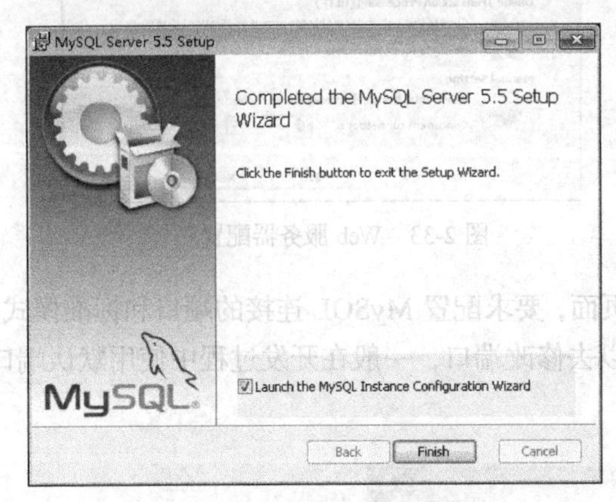

图 2-28　MySQL 安装完成提示配置页面

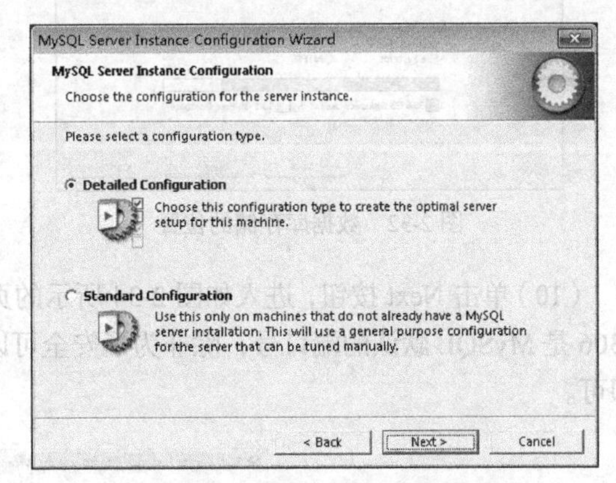

图 2-29　选择 MySQL 配置方式

（6）单击 Next 按钮，进入如图 2-30 所示的页面，提示选择数据库模式，可以提供开发者（Developer Machine）、服务器（Server Machine）、专属类型（Dedicated MySQL Server Machine）模式，这里选择开发者模式，因为不同的类型在配置文件上稍微有些区别，例如负载、系统优化、启动速度等。

（7）单击 Next 按钮，进入如图 2-31 所示的页面，提示用户选择 MySQL 支持的数据库类型，这里选择第 1 种多功能类型。该类型支持 InnoDB 和 MyISAM 两种数据库。

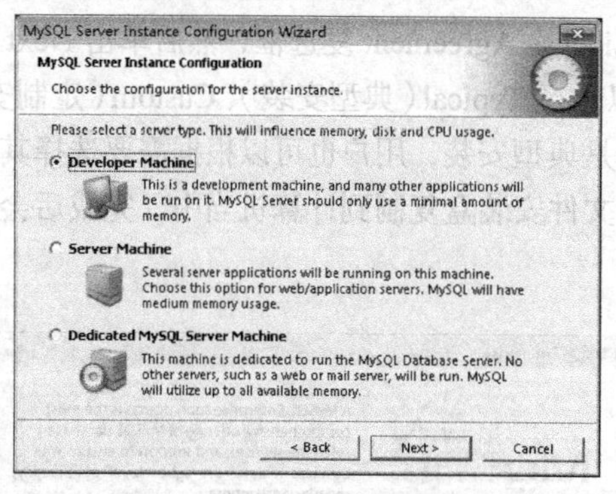

图 2-30　数据库模式选择页面

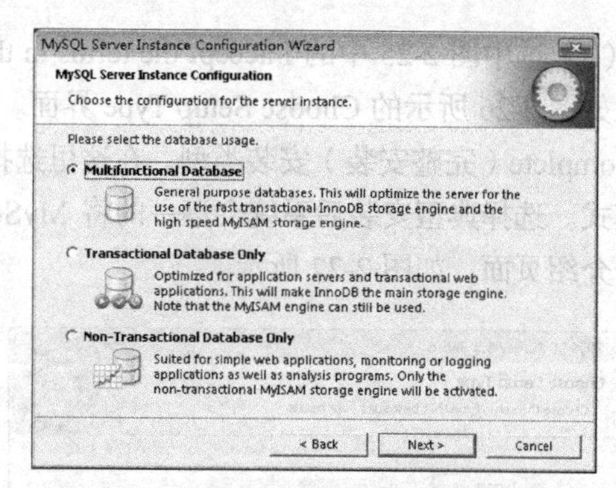

图 2-31　MySQL 支持的数据类型选择界面

（8）单击 Next 按钮，进入如图 2-32 所示的页面，提示用户选择数据库配置与内容存储的磁盘，这里选择 C 盘。一般不建议选择系统盘存储，因为一旦系统崩溃或恢复系统时将导致数据丢失。

（9）单击 Next 按钮，进入如图 2-33 所示的页面，其中第 1 个选项表示最大连接数为 20，第 2 个选项表示最大连接数为 500，第 3 个选项为自定义连接数。在学习阶段一般选择连接数 20 就足够使用。如果是真正配置 Web 服务器，可以根据需要选择更多的连接。

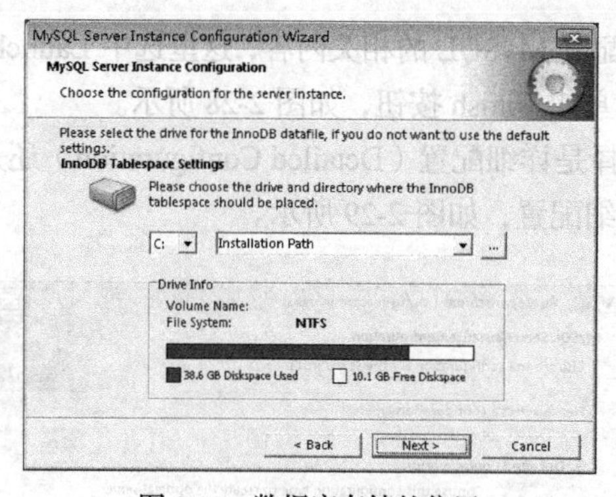

图 2-32　数据库存储的位置

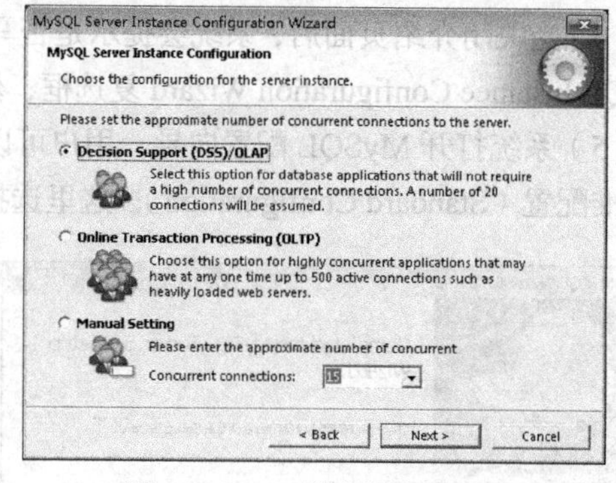

图 2-33　Web 服务器配置

（10）单击 Next 按钮，进入如图 2-34 所示的页面，要求配置 MySQL 连接的端口和标准模式。3306 是 MySQL 默认的端口号，除非为了安全可以去修改端口，一般在开发过程中使用默认端口即可。

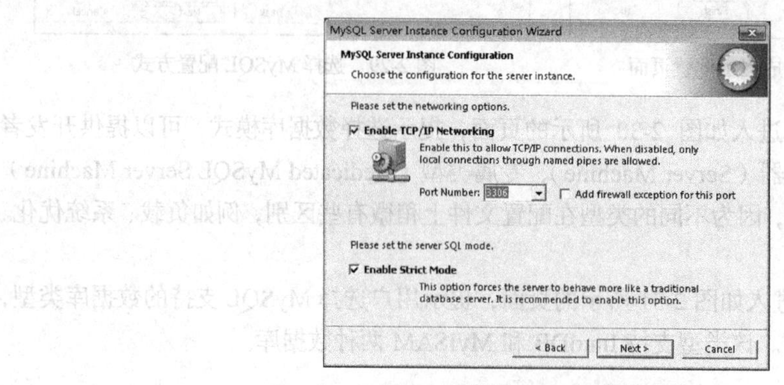

图 2-34　配置 MySQL 连接的端口

（11）单击 Next 按钮，进入如图 2-35 所示的页面，其中第 1 个选项为使用默认字符集，也就是将 Latinl 作为默认字符集，第 2 个选项为将 UTF-8 设置为默认字符集，第 3 个选项为自定义字符集。字符集的概念比较复杂，这里不再详述。事实上一般来说采用什么样的字符集对 MySQL 影响不大，只有在不同 MySQL 之间导入导出数据时才考虑字符集是否一致的问题，否则容易导致乱码。这里选择第 3 个选项，并设置为“gb2312”。

（12）单击 Next 按钮，进入如图 2-36 所示的页面，在这里可以选择是否将 MySQL 安装为 Windows 的服务。这里选中 Install As Windows Service 复选框，这样可以在机器启动时自动启动 MySQL 数据库服务。另外，Include Bin Directory in Windows PATH 复选框也建议选中，即将 MySQL 的 Bin 目录加入到 Windows 的环境变量中。这样做可以在命令行模式下直接运行 MySQL 命令，而无须先切换到 MySQL 安装目录的 Bin 目录下。

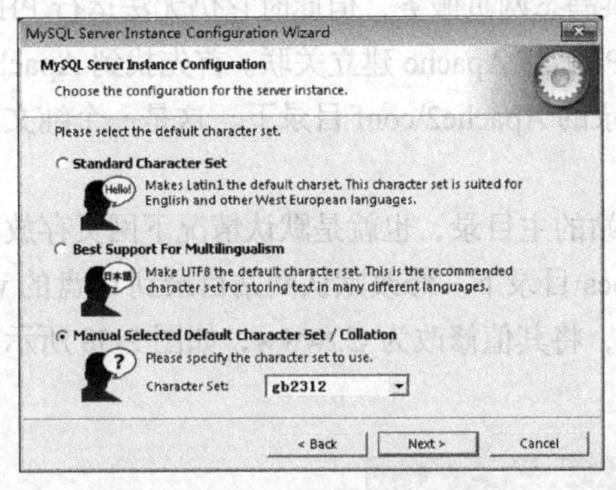

图 2-35　MySQL 编码格式选择

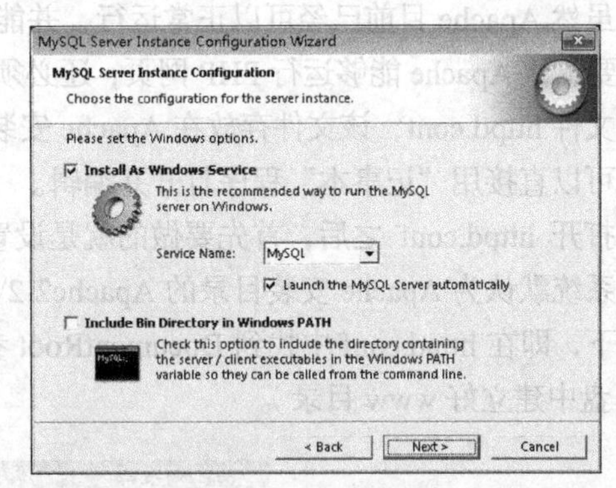

图 2-36　将 MySQL 安装为 Windows 的服务

（13）继续单击 Next 按钮，进入安全选项设置界面。在该界面中可以设置 MySQL 数据库超级管理员的密码。MySQL 安装完毕之后默认生成一个用户名为 root 的超级管理员用户，密码为空。该用户拥有对数据库的完全控制权限，因此这个密码非常重要，一旦设置了就要务必牢记，如果忘记了很难找回。如果是在服务器上安装 MySQL，这个密码务必要设置，而且设置得越复杂越好。如果仅是在本地机器作为学习测试用，可以设置一个简单的密码。单击 Next 按钮，这时设置步骤完成，出现执行配置窗口，单击 Execute 按钮，开始执行配置，稍等片刻即可配置成功，如图 2-37 所示。

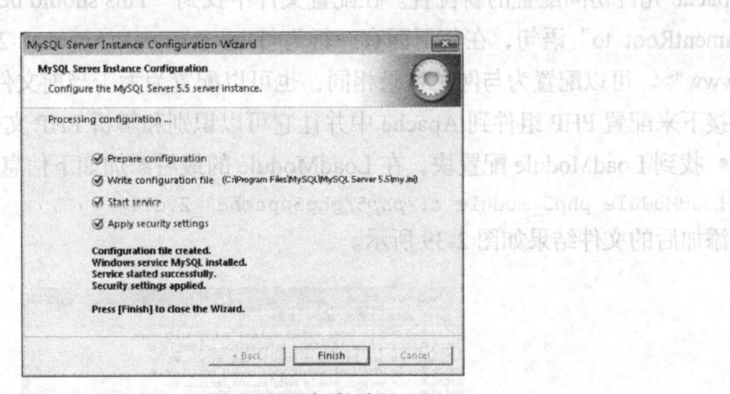

图 2-37　MySQL 配置完成页面

至此，所有配置工作都已顺利结束，单击 Finish 按钮即可结束配置程序。

2.2.4 环境配置与测试

通过上面的操作，已经将 Apache、PHP、MySQL 顺利地安装和配置到了 Windows 计算机当中，但现在 Apache 还不能运行 PHP 的相关文件，PHP 也不能访问 MySQL 数据库，还需要将它们之间做一个关联操作。

首先来了解一下它们的配置文件。

- Apache：默认的配置文件为 httpd.conf 文件。
- PHP：默认的配置文件为 php.ini。
- MySQL：默认的配置文件为 my.ini 文件。

1．将 PHP 与 Apache 建立关联

虽然 Apache 目前已经可以正常运行，并能提供静态网页服务，但此时它仍无法运行 PHP 网页。要想让 Apache 能够运行 PHP 网页，还必须使 PHP 与 Apache 建立关联。首先找到 Apache 的配置文件 httpd.conf，该文件存放在 Apache 安装目录的 Apache2\conf 目录下。这是一个纯文本文件，可以直接用“记事本”程序打开并编辑。

打开 httpd.conf 之后，首先要做的就是设置网站的主目录，也就是默认情况下网页存放的位置。系统默认为 Apache 安装目录的 Apache2-2\htdocs\目录下。修改默认网站目录到 C 盘的 www 目录下，即在 httpd.conf 中找到 DocumentRoot 参数，将其值修改为 C:/www，如图 2-38 所示（要在 C 盘中建立好 www 目录）。

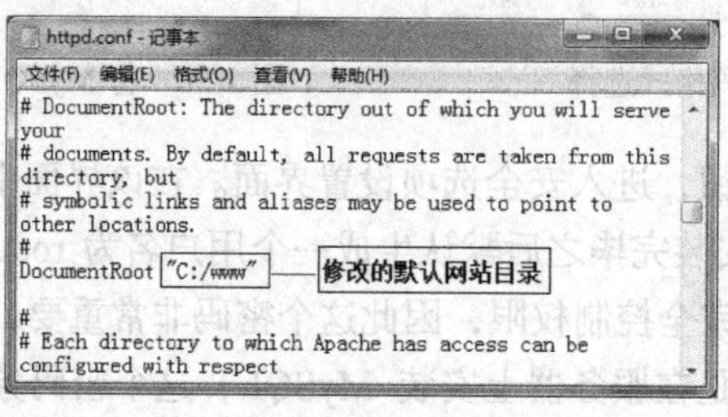

图 2-38　修改默认网站目录

因为有时 Apache 是可以配置多个站点的，所以如果修改了站点目录还要修改一个权限目录，让 Apache 允许访问配置的新位置。在配置文件中找到“This should be changed to whatever you set DocumentRoot to”语句，在其下面有一行为<Directory "D:/Apache2-2/htdocs/">，改成<Directory "C:/www">。可以配置为与网站目录相同，也可以配置为大于当前文件夹的范围，如 C:/。

接下来配置 PHP 组件到 Apache 中并让它可以识别和解析 PHP 文件，主要设置内容如下。

- 找到 LoadModule 配置块，在 LoadModule 的最后添加如下信息：

```
LoadModule php5_module c:/php5/php5apache2_2.dll
```

添加后的文件结果如图 2-39 所示。

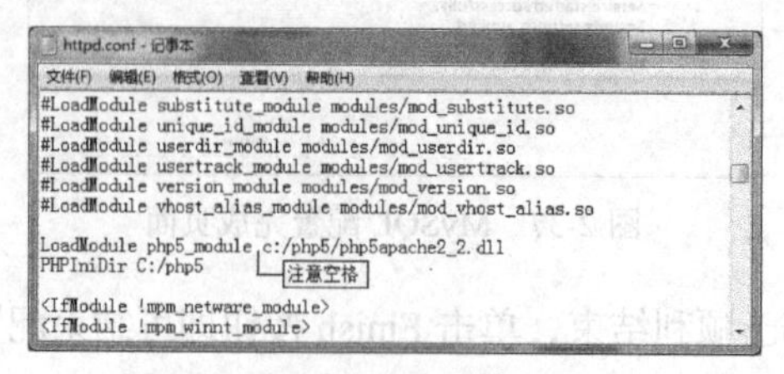

图 2-39　加载 PHP 模块到 Apache 中

- 添加希望 Apache 服务器能够识别的 PHP 扩展名。添加的代码如下：

```
AddType application/x-httpd-php .php
```

添加位置如图 2-40 所示。

- 默认显示页。Apache 的默认显示页是 index.html。就是说，在服务器未指名文件时，首先查找 index.html，如果找到 index.html，那么服务器就将加载该文件，否则显示目录内的文件列表。在这里添加一个 PHP 默认页：index.php。更改后的代码如下：

```
DirectoryIndex index.html index.php
```

添加位置如图 2-41 所示。

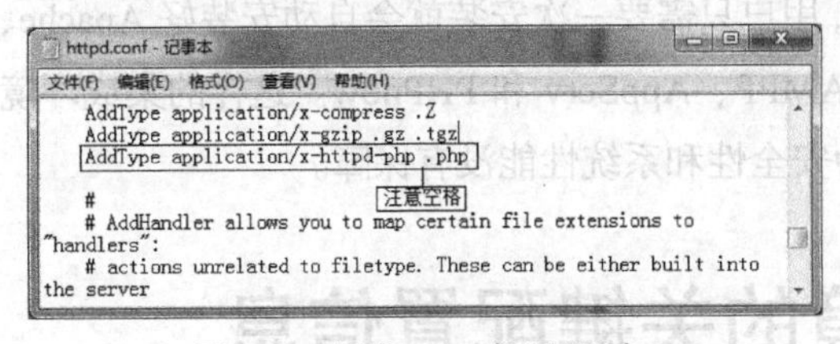

图 2-40　添加 PHP 扩展识别

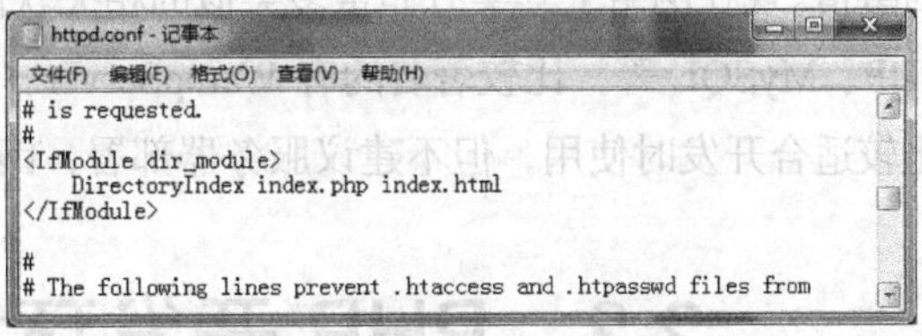

图 2-41　设置 Apache 的默认页

- 识别 php.ini 配置文件的位置。添加的代码如下：

```
PHPIniDir C:/php5  或  PHPIniDir C:/php5/php.ini
```

添加位置如图 2-42 所示。

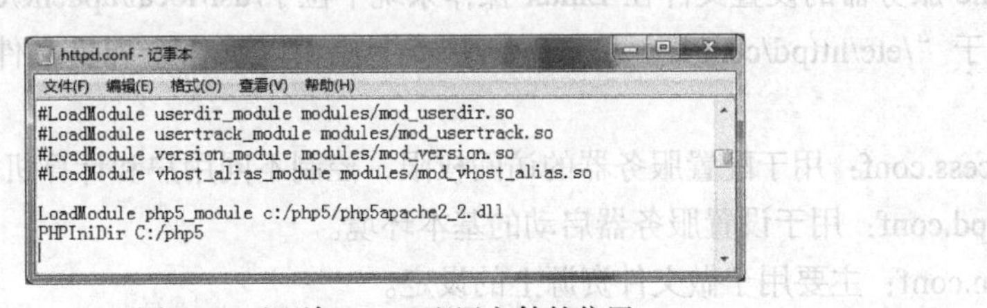

图 2-42　识别 php.ini 配置文件的位置

上面几个步骤进行完以后，保存 httpd.conf 文件，然后重新启动 Apache 使设置生效。Apache 重新启动后即完成 PHP 和 Apache 的关联。接下来写一个简单的 PHP 测试文件检验一下配置是否成功。在 C:\www 目录下新建一个文件 test.php，然后用“记事本”程序打开并在文件中编辑<?php phpinfo() ?>并保存，最后打开浏览器输入 http://localhost/test.php，结果如图 2-43 所示。

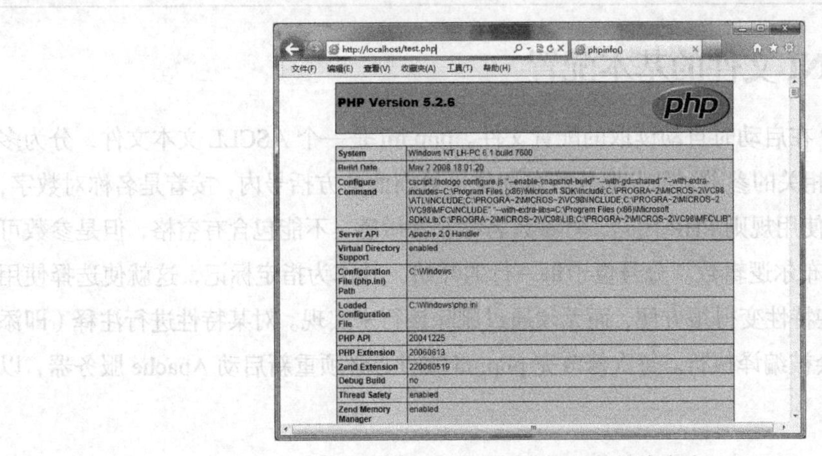

图 2-43　Apache 与 PHP 链接成功

2．让 PHP 支持 MySQL 数据库

让 PHP 支持 MySQL 数据库非常简单，只需要在 PHP 的配置文件 php.ini 中找到“;extension=php_mysql.dll”语句并将前面的“;”（分号）去除，然后重启 Apache 即可。再查看刚刚编写的测试文件，就会发现多了 MySQL 的支持。

3．安装 WAMP 集成环境更加方便

因为安装的所有软件几乎都是开源软件，所以单独配置起来比较麻烦，尤其是重新安装系统后要花费很大的精力和时间在配置环境上。如果能一键安装所有软件并配置好将是一件非常完美的事情。现在网络上其实有非常多类似的相关软件，用户只需要一次安装就会自动安装好 Apache、PHP、MySQL 等，比较著名的有 WampServer、XAMPP、AppServ 和 PHPnow。这样的集成环境比较适合开发时使用，但不建议服务器部署，因为安全性和系统性能没有保障。

2.3 PHP 开发环境的关键配置信息

2.3.1 Apache 服务器的基本配置

Apache 服务器的设置文件在 Linux 操作系统中位于/usr/local/apache/conf/（在 Windows 操作系统中位于“/etc/httpd/conf ”）目录下，基本上使用以下 3 个配置文件来配置 Apache 服务器的行为。

- access.conf：用于配置服务器的访问权限，控制不同用户和计算机的访问限制。
- httpd.conf：用于设置服务器启动的基本环境。
- srm.conf：主要用于做文件资源上的设定。

http.conf 是 Apache 服务器的配置文件，其常用的配置包括 Apache 服务器的端口号、服务器的访问路径和伪静态的设置。

```
ServerName localhost:80
DocumentRoot "/xampp/htdocs"
LoadModule rewrite_module modules/mod_rewrite.so
```

2.3.2 PHP.INI 文件的基本配置

php.ini 文件是 PHP 在启动时自动读取的配置文件。php.ini 是一个 ASCLL 文本文件，分为多个部分，每一部分包括相关的参数。每一部分的名称位于最前面的方括号内，接着是名称对数字，每一名称都独占一行。使用规则 PHP 代码，对参数名称非常敏感，不能包含有空格，但是参数可以是数字、字符串或者布尔逻辑数。分号位于每一行的开始，其作为指定标记，这就使选择使用或者不使用 PHP 的这些特性变得很方便，而无须通过删除该行来实现。对某特性进行注释（即添加分号），则该行将不会被编译执行。每次修改完 php.ini 文件，必须重新启动 Apache 服务器，以使新的设置生效。

php.ini 是 PHP 的配置文件，用于加载各种函数库、设置错误级别、设置服务器的时间等。

在 Linux 操作系统中，php.ini 存储于/opt/lampp/etc/php.ini 文件夹下，而在 Windwos 操作系统中，php.ini 存储于系统盘的 WINDOWS 文件下。php.ini 文件的基本配置如表 2-1 所示，PHP 常用扩展库及其说明如表 2-2 所示。

表 2-1　php.ini 文件的基本配置

参　数	说　明	默 认 值
error_reporting	设置错误处理的级别。推荐值为 E_ALL & ~E_NOTICE & ~E_STRICT，显示所有错误信息，除了提醒和编码标准化警告	E_ALL & ~E_NOTICE & ~E_STRICT
register_globals	通常情况下可以将此变量设置为 Off，这样可以对通过表单进行的脚本攻击提供更为安全的防范措施	register_globals = On
include_path	设置 PHP 的搜索路径，这一参数可以接收系列的目录。当 PHP 遇到没有路径的文件提示时，它将会自动检测这些目录。需要注意的是，当某些选项允许多个值，应使用系统列表分隔符，在 Windows 下使用分号“；”，在 Linux 下使用冒号“：”	; UNIX: "/path1:/path2" ;include_path = ".:/php/includes" ; Windows: "\path1;\path2" ;include_path = ".;c:\php\includes"
extension_dir	指定 PHP 的动态连接扩展库的目录	“\ext” 目录下
extension	指定 PHP 启动时所加载的动态连接扩展库。PHP 的常用扩展库及其说明请参见表 2-2	PHP 的常用扩展库在初次安装配置后均被注释，需读者手动更改
file_uploads	设置是否允许通过 HTTP 上传文件	file_uploads=On
upload_tmp_dir	设置通过 HTTP 上传文件时的临时目录，如果为空，则使用系统的临时目录	upload_tmp_dir =空
upload_max_filesize	设置允许上传文件的大小，如“50MB”，必须填写单位	upload_max_filesize=2MB
post_max_size	控制在采用 POST 方法进行一次表单提交中 PHP 所能够接收的最大容量。要上传更大的文件，则该值必须大于 upload_max_filesize 的值， 如 upload_max_filesize=10MB，那么 upload_max filesize 的值必须要大于 10MB	post_max_size = 8MB
max_input_time	以秒为单位对通过 POST、GET 以及 PUT 方式接收数据时间进行限制	max_input_time = 60

表 2-2　PHP 常用扩展库及其说明

扩 展 库	说　明
php_ftp.dll	支持 FTP 函数库，可以实现客户机与服务器之间标准传送协议（FTP）
php_gd2.dll	支持图像处理函数库，支持对.gif、.jpg、.png 等多种图像格式
php_imap.dll	支持 imap 电子邮件处理函数库
php_mssql.dll	支持 MsSQL 数据库
php_msql.dll	支持 mSQL 数据库

续表

扩 展 库	说 明
php_MySQL.dll	支持 MySQL 数据库
php_oracle.dll	支持 Oracle 数据库
php_pdf.dll	支持 PDF 文件处理函数库
php_sockets.dll	支持 Sockets 处理函数库
php_zlib.dll	支持 zlib 文件压缩函数库
php_pdo.dll	支持 PDO 数据库抽象层
php_pdo_mysql.dll	支持 MySQL 数据库
php_pdo_mssql.dll	支持 MS SQL Server 数据库
php_pdo_oci8.dll	支持 Oracle 数据库
php_pdo_odbc.dll	支持 ODBC 数据库
php_pdo_pgsql.dll	支持 PGSQL 数据库

2.4 解决 PHP 的常见配置问题

2.4.1 解决 Apache 服务器端口冲突

IIS 的默认端口号为 80，同 Apache 服务器默认端口号相同。由于采用了相同的端口号 80，因此，在运行网页时就会发生冲突。

如果用户机器上安装了 IIS，就需要修改 IIS 的默认端口，否则将导致 Apache 服务器无法正常工作。更改 IIS 的默认侦听端口 80，可以在 IIS 的管理器中进行设置，或者停止 IIS 的服务也可以。

用户也可以在安装 Apache 服务器时将默认的端口号进行更改，从而解决两个服务器共用一个端口号而产生冲突的问题。

如果在搭建 PHP 环境时，将 Apache 的端口号设置为 82，那么在通过浏览器访问项目时，则应该输入 http://127.0.0.1:82/或者 http://localhost:82/。

2.4.2 设置 PHP 的系统当前时间

由于 PHP 5.0 对 date()函数进行了重写，因此，目前的日期时间函数比系统时间少 8 个小时。在 PHP 语言中默认设置的是标准的格林尼治时间（即采用的是零时区），所以要获取本地当前的时间必须更改 PHP 语言中的时区设置。方法如下：

在 php.ini 文件中，找到[date]下的“;date.timezone =”选项，将该项修改为“date.timezone =Asia/Hong_Kong”，然后重新启动 Apache 服务器。

设置完成后，再输出系统当前的时间就不会出现时差问题。

2.4.3　增加 PHP 扩展模块

增加 PHP 扩展模块也称为动态扩展，用来动态加载某个模块，它包含一个指令：extension。

在 Windows 操作系统下，加载模块的方法如下：打开 php.ini 文件，定位到如下位置，去掉;tension=php_java.dll 前面的分号，保存后重新启动 Apache 服务器，即完成扩展模块的加载操作。

```
;tension=php_java.dll
```

在 Linux 操作系统下，加载模块的方法如下：

```
extension=php_java.so
```

需要说明的是，只加载这一行代码并不一定能启用相关的扩展包，有时还需要确保在操作系统中安装相关的软件。例如，为启用 java 支持，需要安装 JDK。

2.5　Dreamweaver 开发工具

Dreamweaver 是 Macromedia 公司开发的 Web 站点和应用程序的专业开发工具。它将可视布局工具、应用程序开发功能和代码编辑组合在一起，是一款非常适合初学者使用的 PHP 程序开发工具。

2.5.1　Dreamweaver 中编码格式的选择

应用 Dreamweaver 开发网站，首先必须考虑网页的编码格式的选择。因为如果网页的编码格式有局限性，那么将导致网站在一些特定的情况下运行时会出现乱码，将不利于网站程序的后期更新和维护。例如，如果网站在编写时使用的是 gb2312 编码，而当程序在繁体的操作系统中运行时就会出现乱码。查看源文件的运行结果如图 2-44 所示。

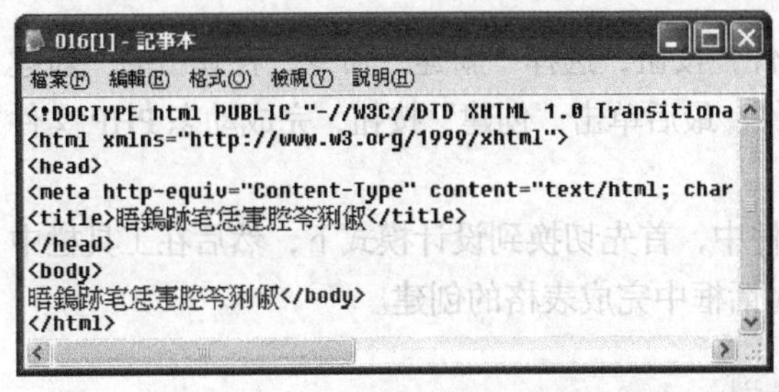

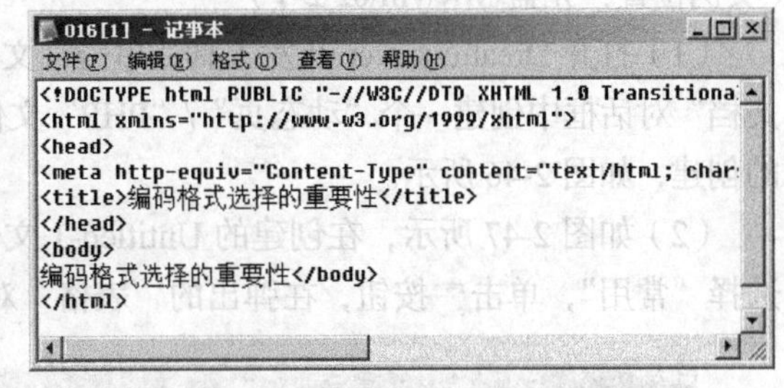

图 2-44　繁体操作系统下查看 gb2312 编码格式文件与源文件对比

对于网站的开发，编码格式的选择很重要。如果使用 Dreamweaver 开发网站，那么可以在 Dreamweaver 编辑菜单的“首选参数”/“新建文档”/“默认编码”中设置新建文件的编码格式。这样就不必为创建的每个文件的编码而担心，因为它们的编码格式是统一的。

统一 Dreamweaver 创建文件编码格式的方法如下。

（1）打开 Dreamweaver 开发工具，选择“编辑”菜单命令，单击“首选参数”选项，将弹出如图 2-45 所示的页面。

（2）在图 2-45 所示的页面中，指定默认编码，最后单击“确定”按钮。

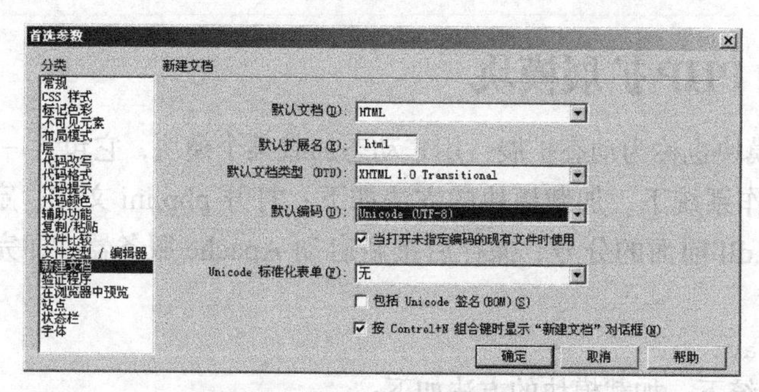

图 2-45　设置文件的编码格式

在 Dreamweaver 的“首选参数”设置中，不但可以设置默认编码格式，而且可以进行其他的一些设置，如 css 样式、站点、字体等。

注意　对于文件编码格式的选择，强烈建议读者使用 UTF-8 作为网页文件的编码，因为这样可以与国际接轨，如果单纯地使用 gb2312 编码，那么一旦程序要更改编码格式，将会导致网页出现乱码。如果使用 UTF-8 编码格式，就不会出现任何问题，因为这个编码格式是通用的。

2.5.2 Dreamweaver 创建表格

本小节将介绍 Dreamweaver 开发工具的基本应用，包括表格的创建、向表格中添加图像、为表格添加背景颜色和设置表格的边框样式。

在 Dreamweaver 中创建表格有两种方法：一是单击菜单中的“插入”命令，在弹出的列表中选择“表格”命令，在弹出的“表格”对话框中完成表格的创建操作；二是选择“常用”工具栏中的“表格”按钮，在弹出的“表格”对话框中完成表格的创建操作。

【例 2-1】　单击“表格”按钮，在弹出的表格对话框中完成表格的创建，具体步骤如下。（实例位置：光盘\MR\ym\02\2-1）

（1）打开 Dreamweaver 开发工具，单击“文件”按钮，选择“新建”命令，在弹出的“新建文档”对话框中创建一个“动态页”/“PHP”文件，最后单击“创建”按钮，完成动态 PHP 文件的创建，如图 2-46 所示。

（2）如图 2-47 所示，在创建的 Untitled-1 文件中，首先切换到设计模式下，然后在工具栏中选择“常用”，单击按钮，在弹出的“表格”对话框中完成表格的创建。

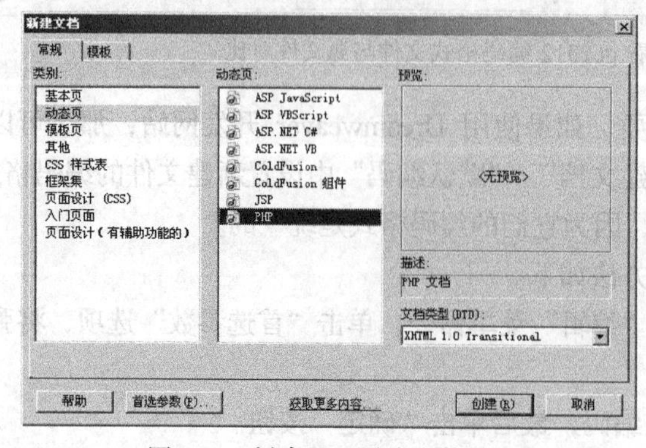

图 2-46　创建 PHP 动态文件

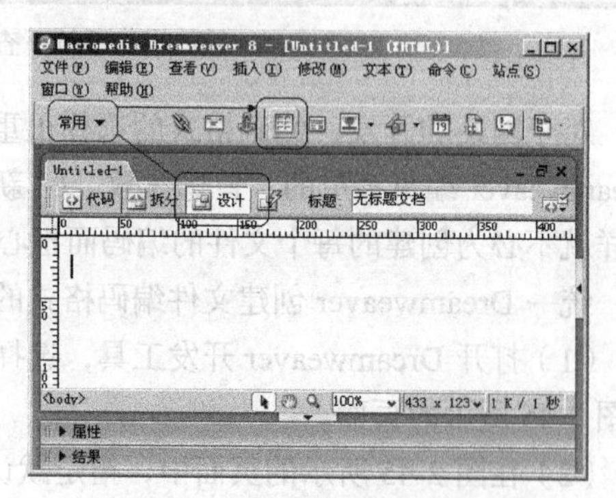

图 2-47　在设计模式下添加表格

（3）“表格”创建对话框如图 2-48 所示，其中可以设置表格的行数、列数、表格宽度、边框粗细、单元格边距、单元格间距等。设置完成后单击“确定”按钮，完成表格的创建。

（4）表格创建完成后，将在设计界面中输出如图 2-49 所示的内容。

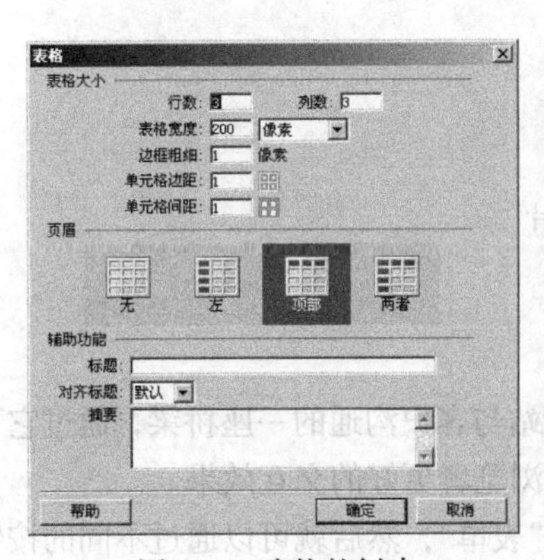

图 2-48　表格的创建

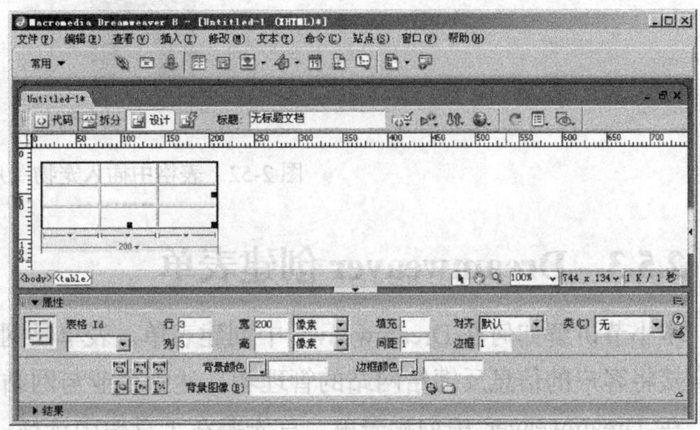

图 2-49　创建完成的表格

（5）接着向表格中插入图片，先将要使用的图片拷贝到实例根目录的 images 文件夹下。

（6）在创建的表格中，将光标定位到指定要插入图片的单元格中，单击 Dreamweaver 开发工具中的“插入”按钮，在弹出的列表框中选择“图像”命令，在弹出的“选择图像源文件”对话框中，选择要插入的图片，如图 2-50 所示。

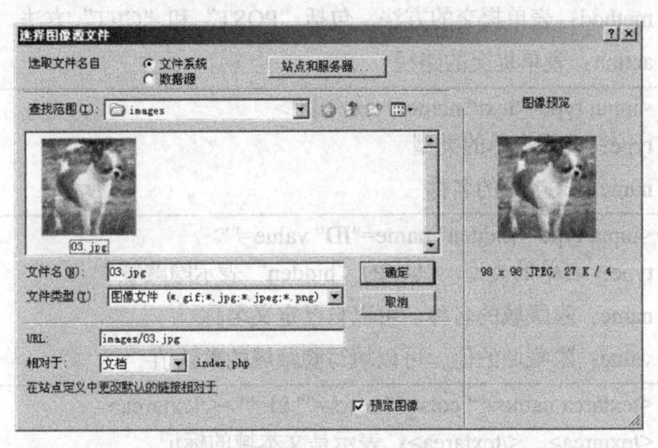

图 2-50　插入图片

（7）确定要插入的图片之后，在图 2-50 中单击“确定”按钮，即完成图片的插入操作。

在 Dreamweaver 的设计模式下，当选中插入的图片时，在开发工具的下方将出现图像的属性操作界面，如图 2-51 所示。通过这个属性操作界面可以设置图像的宽度、高度、链接以及是否添加地图等。

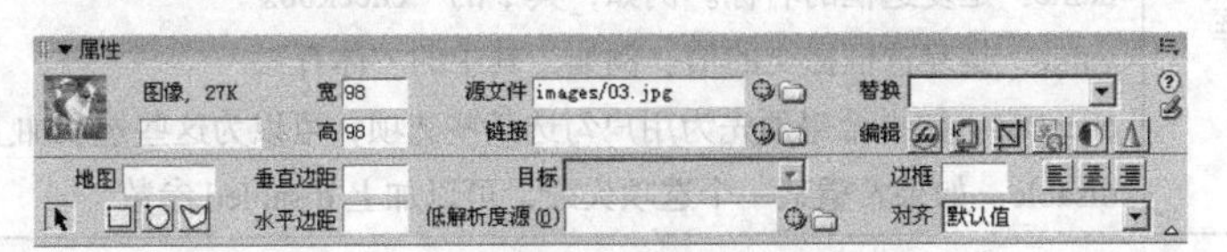

图 2-51　图像的属性操作界面

（8）表格和图片插入完成，单击“文件”按钮，选择“保存”命令，将其存储于 apache 服务器指定的文件夹下，命名为 index.php。运行结果如图 2-52 所示。

图 2-52　表格中插入宠物图片

2.5.3　Dreamweaver 创建表单

本小节讲解如何在 Dreamweaver 中创建表单。表单是网站与客户沟通的一座桥梁，通过它可以直接将客户的信息反馈给网站的管理者，达到企业与网站浏览者更好的交互效果。

在 Dreamweaver 中创建表单，首先要在工具栏中选择“表单”，然后就可以通过不同的按钮创建不同的表单元素。其中每个按钮对应的功能如表 2-3 所示。

表 2-3　　　　Dreamweaver 中的表单元素

图像	名称	说明
	表单	<form name="form2" method="post" action=""></form> name：表单的名称 method：表单提交的方法，包括“POST”和“GET”方法 action：表单提交的路径
	文本字段	<input type="text" name="textfield"> type：应用表单的类型 name：文本框的名称
	隐藏域	<input type="hidden" name="ID" value=""> type：表单的类型。其中的“hidden”表示隐藏域 name：隐藏域的名称。可以自己定义名称 value：隐藏域的值，可以填写隐藏域的默认值
	文本区域	<textarea name="" cols="" rows="" id=""></textarea> <textarea>…</textarea>：表示是文本域的标记 name：文本域的名称。例如其中的“test” cols：表示文本域字符的宽度 rows：表示有多少行字符 初始值在<textarea></ textarea>标记之间进行输入，如其中的“欢迎大家访问我们的论坛”
	复选框	<input type="checkbox" name="checkbox" value="体育"> type：表单的类型。其中的“checkbox”表示复选框 name：是复选框的名称。例如，其中的“checkbox” value：是复选框提交的值。例如，其中的“体育” checked：如果希望预先为用户勾选某些选项，可以为这些选项加上 checked 参数 disable：如果希望某一个选项失效，可以加上 disabled 参数
	单选按钮	<input type="radio" name="radiobutton" value="radiobutton" checked="checked" />男 <input type="radio" name="radiobutton" value="radiobutton" />女

续表

图像	名称	说明
	单选按钮组	<input type="radio" name="RadioGroup1" value="单选" />单选 <input type="radio" name="RadioGroup1" value="单选" />单选
	列表\菜单	<select name="select2"> <option selected="selected">默认值</option> <option value="对应值 1">列表值 1</option> <option value="对应值 2">列表值 2</option> ...... </select> name：指该<select>组件的名称 option：是提供给用户选择的项目。其中的 value 是该选项所代表对应的选择值，可以省略
	跳转菜单	<select name="menu1" onchange="MM_jumpMenu('parent',this,0)"> <option>unnamed1</option> </select> 跳转菜单，通过表单实现指定网址之间的跳转
	图像域	<input type="image" name="imageField" src="images/QQ.gif" />在表单中插入图片
	文件域	<input type="file" name="file" />完成文件的提交
	按钮	<input type="submit" name="Submit" value="提交" />创建的提交按钮，如果 stype 的值为 button，那么它表示一个普通的按钮，不具备提交的功能 <input type="reset" name="Submit2" value="重置" />创建的重置按钮
	标签	<label>标签</label>
	字段集	<fieldset><legend>字段集</legend></fieldset>

【例 2-2】　在 Dreamweaver 中创建表单，操作步骤如下。（实例位置：光盘\MR\ym\02\2-2）

（1）首先新建一个动态 php 文件，切换到设计模式下。

（2）然后在工具栏中选择“表单”，如图 2-53 所示。

图 2-53　选择表单工具

（3）接着添加一个 form 表单，如图 2-54 所示。

图 2-54　添加表单

（4）最后根据实际的需要，添加不同的表单元素，并设置相应的名称和值，如图 2-55 所示。

图 2-55　添加表单元素

最终创建的表单元素设计效果如图 2-56 所示。

本实例的运行结果如图 2-57 所示。

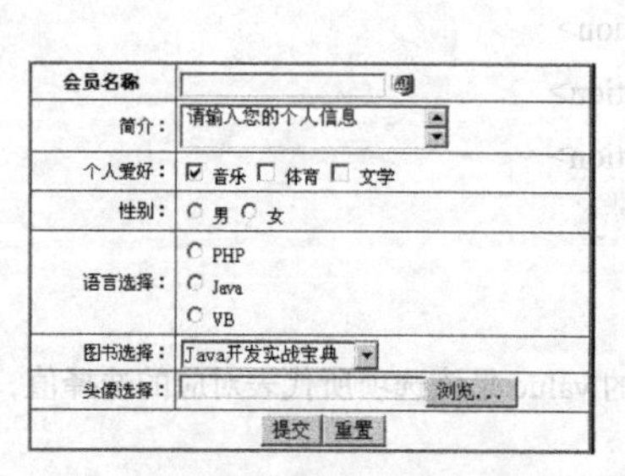

图 2-56　表单元素的设计效果

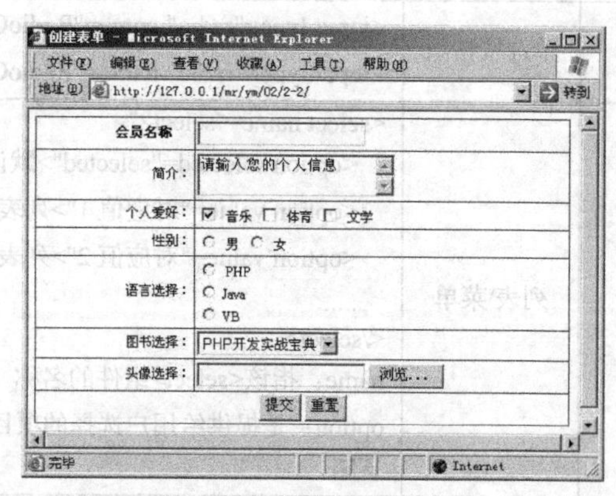

图 2-57　创建表单元素

在通过表单中的元素进行传递值的时候，一定要正确地书写表单元素的名称，其中不应该有空格存在；在获取表单元素的值时，表单元素的名称一定要与 form 中设置的名称相同，同时还要注意大小写的统一，否则将不能获取到表单元素的值。

2.5.4　Dreamweaver 创建站点

本小节中讲解如何在 Dreamweaver 中创建站点。有了站点就不必在 IE 浏览器中输入地址，只需按键盘中的 F12 键，即可完成对所创建程序的浏览操作。

在 Dreamweaver 中创建站点和配置测试服务器时，一定要注意将本地的 HTTP 地址与测试服务器中的 URL 前缀统一，即都指定到站点的根目录下。例如，指定 HTTP 地址是 http://localhost//MR/ym/，那么测试服务器的 URL 前缀也必须是 http://localhost//MR/ym/或者 http://127.0.0.1//MR/ym/。

在 Dreamweaver 中创建站点的操作步骤如下。

（1）打开 Dreamweaver 开发工具，选择菜单栏中的“站点”/“新建站点”命令，在如图 2-58 所示的对话框中，添加站点名称。

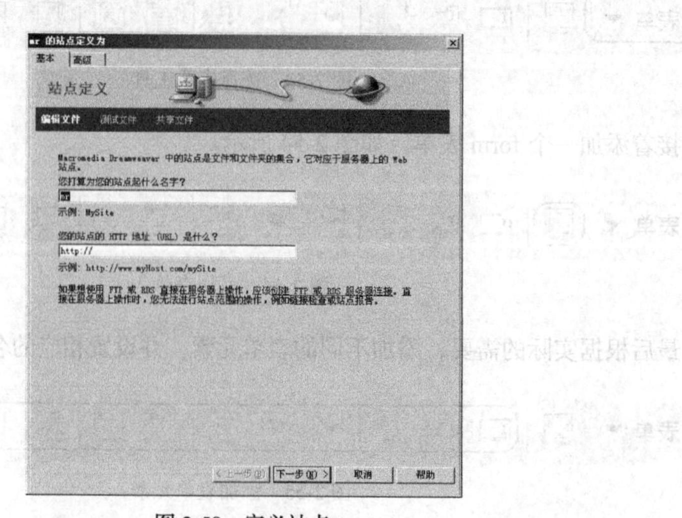

图 2-58　定义站点

（2）单击图 2-58 所示页面中的“高级”按钮，将弹出如图 2-59 所示的对话框。设置本地根文件夹，链接相对于“站点根目录”，设置 HTTP 地址。

（3）在图 2-59 中，单击左侧的“测试服务器”，弹出如图 2-60 所示的测试服务器对话框。选择服务器模型：PHP MYSQL，访问：本地/网络，测试服务器文件夹：D:\AppServ\www\MR\ym\，URL 前缀：http://localhost/MR/ym/。最后单击“确定”按钮。

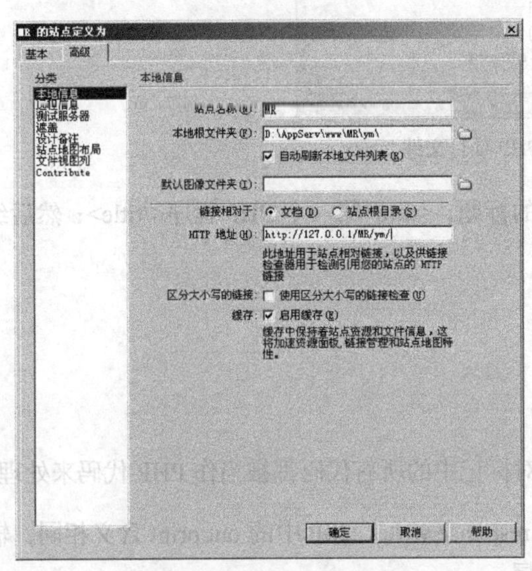

图 2-59　定义 mr 站点

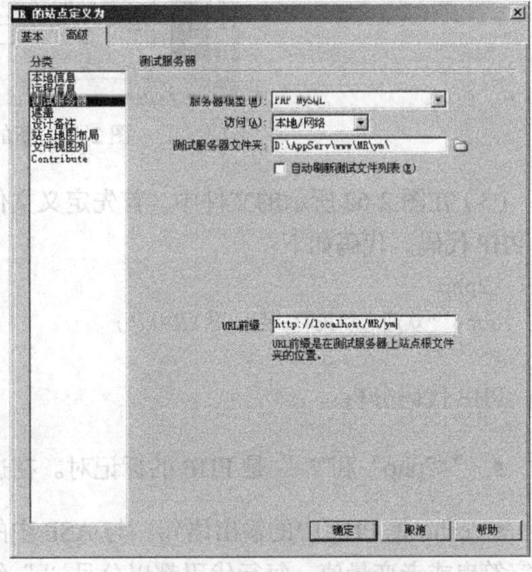

图 2-60　配置测试服务器

（4）mr 站点和测试服务器设置完毕，然后就可以在 Dreamweaver 下直接使用快捷键 F12 来浏览程序。

在 Dreamweaver 中创建站点和配置测试服务器时，如果本地的 HTTP 地址与测试服务器中的 URL 前缀不统一，那么就不能够通过 F12 键直接浏览程序。

2.5.5　Dreamweaver 创建第一个 PHP 程序

前面章节中讲解了 Dreamweaver 自身功能的运用，在本实例中应用 Dreamweaver 开发一个最简单的 PHP 程序，输出一段欢迎信息。其目的一是了解 PHP 的语法规则，二是熟悉 Dreamweaver 开发工具的使用。

【例 2-3】　通过 Dreamweaver 开发工具编写第一个 PHP 程序，操作步骤如下。（实例位置：光盘\MR\ym\02\2-3）

（1）打开 Dreamweaver 开发工具，新建一个 PHP 项目，如图 2-61 所示。

图 2-61　新建一个 PHP 项目

（2）单击图 2-61 中的 PHP 项目图标，打开一个 PHP 项目文件夹，如图 2-62 所示。

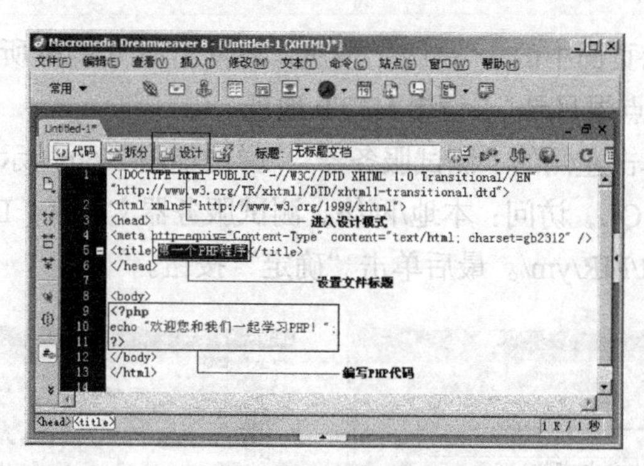

图 2-62　新的 PHP 项目文件

（3）在图 2-62 所示的文件中，首先定义文件的标题，<title>第一个 PHP 程序</title>；然后编写 PHP 代码。代码如下：

```
<?php
echo "欢迎您和我们一起学习 PHP！";
?>
```

PHP 代码分析：

- "<?php"和"?>"是 PHP 的标记对。在这对标记中的所有代码都被当作 PHP 代码来处理。
- echo 是 PHP 中的输出语句，与 ASP 中的 response.write、JSP 中的 out.print 含义相同，输出字符串或者变量值。每行代码都以分号";"结尾。

（4）保存文件，单击图 2-62 中的"文件"按钮，选择另存为，将编写的文件保存在 Apache 服务器的指定目录下，并命名为 index.php，最后单击"保存"按钮，如图 2-63 所示。

运行结果如图 2-64 所示。

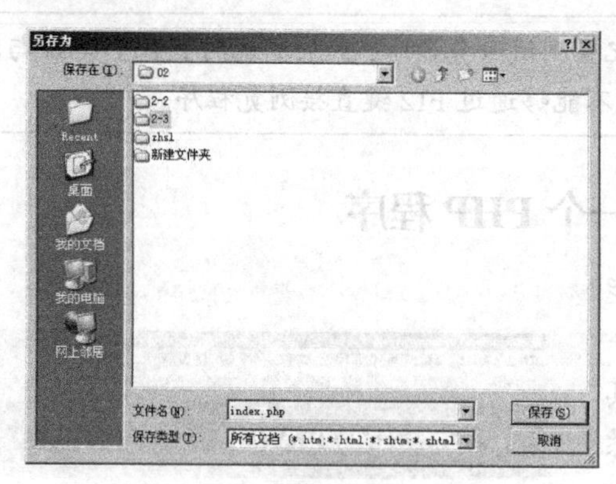

图 2-63　保存编写的 PHP 文件

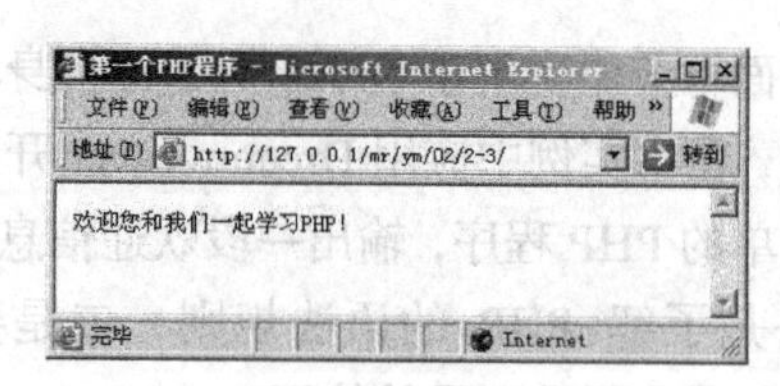

图 2-64　第一个 PHP 程序

2.6　综合实例——输出一个漂亮的图片

本实例主要演示如何通过 PHP 脚本输出一个漂亮的图片，开发步骤如下。

（1）在实例根目录下新建一个 images 文件夹。

（2）将要输出的图片，存储到新建的 images 文件夹下。

（3）打开 Macromedia Dreamweaver 8 编写 PHP 脚本，编写 echo 语句，输出一个完整的 img 图像标签，进而完成图片的输出。其代码如下：

```
<?php
    echo'<img src="images/03.jpg" width="98" height="98" />';
?>
```

（4）打开 IE 浏览器，在地址栏里面输入 http://localhost/MR/01/qjyy/03/index.php，按 Enter 键后，运行结果如图 2-65 所示。

图 2-65　图片在页面上的显示

知识点提炼

（1）Apache 服务器的设置文件在 Linux 操作系统中，位于/usr/local/apache/conf/（在 Windows 操作系统中位于"/etc/httpd/conf"）目录下。

（2）每次修改完 php.ini 文件，必须重新启动 Apache 服务器，以使新的设置生效。

（3）php.ini 是 PHP 的配置文件，用于加载各种函数库、设置错误级别、设置服务器的时间等。

（4）在 Linux 操作系统中，php.ini 存储于/opt/lampp/etc/php.ini 文件夹下，而在 Windows 操作系统中，php.ini 存储于系统盘的 WINDOWS 文件下。

（5）Dreamweaver 是 Macromedia 公司开发的 Web 站点和应用程序的专业开发工具。它将可视化布局工具、应用程序开发功能和代码编辑组合在一起。

习　　题

2-1　说明在默认情况下，Apache、MySQL 以及 PHP 的配置文件名以及它们所在的路径。

2-2　在非集成环境下，Apache 服务器的配置主要有哪些？

实验：更改 Apache 服务器的端口号为 82

实验目的

（1）熟悉 Apache 服务器的配置文件中的相关配置。

（2）掌握 Apache 服务器的配置文件中常用配置的修改方法。

实验内容

在安装完 Apache 后再进行安装其他软件，有时候会出现服务器端口号发生冲突，导致其他软件安装不成功，（例如，安装迅雷）。这个时候用户只需要将 Apache 服务器的端口号改成其他的即可。这里将 Apache 服务器端口号改为 82。

实验步骤

将 Apache 服务器的端口号修改为 82，其具体做法如下。

（1）打开 Apache 目录下的 Apache2-2 子目录，找到 conf 文件夹（例如，E:\AppServ\Apache2-2\conf）

（2）通过记事本打开 httpd.conf 文件。

（3）按<Ctrl>+<F>组合键搜索 80，定位到“Listen”，将 80 端口修改为 82。

（4）单击“开始”/“管理工具”/“服务”，选择 Apache2-2，单击鼠标右键，选择“重新启动”Apache 服务器。

（5）对端口号修改后的 Apache 进行测试，打开浏览器，在地址栏中输入 http://localhost:82/，如果打开如图 2-66 所示的页面，则服务器端口修改成功，否则失败。

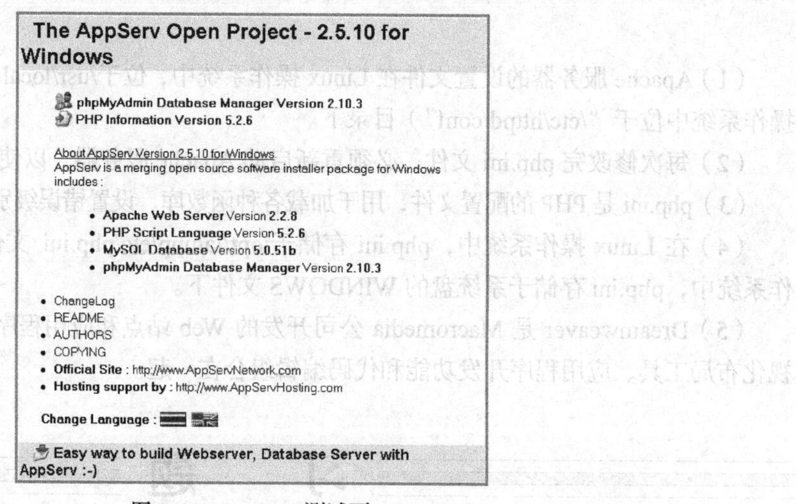

图 2-66 AppServ 测试页

在 localhost 和 82 之间要用冒号（:）连接，初学者很容易忽略。

第3章 PHP 开发基础

本章要点：

- PHP 标记及注释
- PHP 常量及预定义常量
- PHP 变量
- PHP 数据类型
- PHP 数据类型的转换和检测
- PHP 运算符及运算符的使用规则

PHP 是一个混合型语言，它从其他语言中（如 C、Shell、Perl、Java 等）获取最好的特性并且创建成一个易于使用、强大的脚本语言。前面介绍了 PHP 的基本概念，以及 PHP 开发环境的搭建，下面将具体介绍 PHP 的语法和语言结构。

3.1 PHP 标记

所谓标记，就是为了便于与其他内容区分所使用的一种特殊标记，PHP 共支持 4 种标记风格，下面一一介绍。

1. XML 标记风格

```
<?php
echo "这是 XML 标记风格";
?>
```

从上面的代码中可以看到，XML 风格标记是以“<?php”开始，以“?>”结尾的，中间包含的代码就是 PHP 语言代码。推荐使用这种标记风格，因为它不能被服务器禁用，在 XML、XHTML 中都可以使用。

2. 脚本标记风格

```
<script language="php">
echo "这是脚本风格的标记";
</script>
```

脚本标记风格是以“<script>”开头，以“</script>”结尾。

3．简短标记风格

```
<?
echo "这是简短风格的标记";
?>
```

如果想使用这种标记风格开发 PHP 程序，则必须保证 PHP 配置文件“php.ini”中的“short_open_tag”选项值设置为“on”。

4．ASP 标记风格

```
<%
echo "这是ASP风格的标记";
%>
```

如果想使用这种标记风格开发 PHP 程序，则必须保证 PHP 配置文件“php.ini”中的“asp_tags”设置为“on”。

3.2 编码规范

以 PHP 开发为例，编码规范就是融合了开发人员长时间积累下来的经验，形成一种良好统一的编程风格，这种良好统一的编程风格会在团队开发或二次开发时起到事半功倍的效果。编码规范是一种总结性的说明和介绍，并不是强制性的规则。从项目长远的发展以及团队效率来考虑，遵守编码规范是十分必要的。

3.2.1 书写规范

1．缩进

使用制表符（<Tab>键）缩进，缩进单位为 4 个空格左右。如果开发工具的种类多样，则需要在开发工具中统一设置。

2．大括号{}

有两种大括号放置规则是可以使用的：

- 将大括号放到关键字的下方、同列。

```
if ($expr)
{
    …
}
```

- 首括号与关键词同行，尾括号与关键字同列。

```
if ($expr){
    …
}
```

两种方式并无太大差别，但多数人都习惯选择第一种方式。

3．关键字、小括号、函数、运算符

- 不要把小括号和关键字紧贴在一起，要用空格隔开它们。例如：

```
if ($expr){                                    //if和“(”之间有一个空格
…
}
```

- 小括号和函数要紧贴在一起。以便区分关键字和函数。例如：

```
round($num)                            //round 和"("之间没有空格
```

- 运算符与两边的变量或表达式要有一个空格（字符连接运算符“.”除外）。例如：

```
    while ($boo == true){              //$boo 和"==", true 和"=="之间都有一个空格
    ...
}
```

- 当代码段较大时，上、下应当加入空白行，两个代码块之间只使用一个空行，禁止使用多行。
- 尽量不要在 return 返回语句中使用小括号。例如：

```
return 1;                                  //除非是必要，否则不需要使用小括号
```

3.2.2　命名规范

就一般约定而言，类、函数和变量的名字应该是让代码阅读者能够容易地知道这些代码的作用，应该避免使用模棱两可的命名。

1. 类命名

- 使用大写字母作为词的分隔，其他的字母均使用小写。
- 名字的首字母使用大写。
- 不要使用下画线('_')。

例如：Name、SuperMan、BigClassObject。

2. 类属性命名

- 属性命名应该以字符“m”为前缀。
- 前缀“m”后采用与类命名一致的规则。
- “m”总是在名字的开头起修饰作用，就像以“r”开头表示引用一样。

例如：mValue、mLongString 等。

3. 方法命名

方法的作用都是执行一个动作，达到一个目的，所以名称应该说明方法是做什么。一般名称的前缀和后缀都有一定的规律，如 Is（判断），Get（得到），Set（设置）。

方法的命名规范和类命名是一致的。例如：

```
class StartStudy{                        //设置类
    $mLessonOne = "";                    //设置类属性
    $mLessonTwo = "";                    //设置类属性
function GetLessonOne(){                 //定义方法，得到属性 mLessonOne 的值
    ...
}
}
```

4. 方法中参数命名

- 第一个字符使用小写字母。
- 在首字符后的所有字符都按照类命名规则首字符大写。

例如：

```
class EchoAnyWord{
function EchoWord($firstWord, $secondWord){
    ...
}
```

```
}
```

5. 变量命名

- 所有字母都使用小写。
- 使用'_'作为每个词的分界。

例如：$msg_error、$chk_pwd 等。

6. 引用变量

引用变量要带有“r”前缀。例如：

```
class Example{
    $mExam  = "";
    function SetExam(&$rExam){
        …
    }
    function &rGetExam(){
        …
    }
}
```

7. 全局变量

全局变量应该带前缀“g”。例如：`global = $gTest`、`global = $g`。

8. 常量/全局常量

常量/全局常量，应该全部使用大写字母，单词之间用'_'来分隔。例如：

```
define('DEFAULT_NUM_AVE',90);
define('DEFAULT_NUM_SUM',500);
```

9. 静态变量

静态变量应该带前缀“s”。例如：

```
static $sStatus = 1;
```

10. 函数命名

所有的名称都使用小写字母，多个单词使用“_”来分割。例如：

```
function this_good_idear(){
    …
}
```

以上的各种命名规则，可以组合一起来使用。例如：

```
class OtherExample{
    $msValue = "";                    //该参数既是类属性，又是静态变量
}
```

3.3 学习运用代码注释

注释可以理解为代码中的解释和说明，是程序中不可缺少的一个重要元素。使用注释不仅能够提高程序的可读性，而且还有利于程序的后期维护工作。注释不会影响到程序的执行，因为在执行时，注释部分的内容不会被解释器执行。

3.3.1 使用 PHP 注释

PHP 的注释有 3 种风格，下面分别进行介绍。

1．C++风格的单行注释（//）

```
<?php
echo "使用 C++风格的注释";
//echo "这就是 C++风格的注释";
?>
```

运行结果为：使用 C++风格的注释

上面代码使用 echo 输出语句分别输出了“使用 C++风格的注释”和“这就是 C++风格的注释”，但是因为使用注释符号（//）将第 2 个输出语句注释掉了，所以不会被程序执行。

2．C 风格的多行注释（/*…*/）

```
<?php
    /*
    echo "这是第一行注释信息";
    echo "这是第二行注释信息";
    */
    echo "使用 C 风格的注释";
?>
```

运行结果为：使用 C 风格的注释

上面代码虽然使用 echo 输出语句分别输出了“这是第一行注释信息”、“这是第二行注释信息”和“使用 C 风格的注释”，但是因为使用了注释符号“/*…*/”将前面两个输出语句注释掉了，所以没有被程序执行。

3．Shell 风格的注释（#）

```
<?php
echo "这是 Shell 脚本风格的注释";     #这里的内容是看不到的
?>
```

运行结果为：这是 Shell 脚本风格的注释

因为使用了注释符号“#”，所以在#注释符号后面的内容是不会被程序执行的。

在使用单行注释时，注释内容中不要出现“?>”标志，因为解释器会认为这是 PHP 脚本，而去执行“?>”后面的代码。例如：

```
<?php
echo"这样会出错的!!!!! "     //不会看到?>会看到
?>
```

运行结果为：这样会出错的!!!!! 会看到?>

3.3.2 有效使用注释

程序注释是书写规范程序时很重要的一个环节。注释主要针对代码的解释和说明，用来解释脚本的用途、版权说明、版本号、生成日期、作者、内容等，有助于读者对程序的阅读理解。合理使用注释有以下几项原则。

（1）注释语言必须准确、易懂、简洁。

（2）注释在编译代码时会被忽略，不会被编译到最后的可执行文件中，所以注释不会增加可执行文件的大小。

（3）注释可以书写在代码中的任意位置，但是一般写在代码的开头或者结束位置。

说明

避免在一行代码或表达式的中间插入注释，否则容易使代码可理解性变差。

（4）修改程序代码时，一定要同时修改相关的注释，保持代码和注释的同步。

（5）在实际的代码规范中，要求注释占程序代码的比例达到20%左右，即100行程序中包含20行左右的注释。

（6）在程序块的结束行右方加注释标记，以表明某程序块的结束。

（7）避免在注释中使用缩写，特别是非常用缩写。

（8）注释与所描述内容进行同样的缩排，可使程序排版整齐，并方便注释的阅读与理解。

3.4 PHP 常量

常量用于存储不经常改变的数据信息。常量的值被定义后，在程序的整个执行期间内，这个值都有效，并且不可再次对该常量进行赋值。

3.4.1 声明和使用常量

1. 使用 define()函数声明常量

在 PHP 中使用 define()函数来定义常量，函数的语法如下：

```
define(string constant_name,mixed value,case_sensitive=true)
```

define 函数的参数说明如表 3-1 所示。

表 3-1 define 函数的参数说明

参数	说明
constant_name	必选参数，常量名称，即标志符
value	必选参数，常量的值
case_sensitive	可选参数，指定是否大小写敏感，设定为 True，表示不敏感

2. 使用 constant()函数获取常量的值

获取指定常量的值和直接使用常量名输出的效果是一样的。但函数可以动态地输出不同的常量，在使用上更加灵活、方便。constant()函数的语法如下：

```
mixed constant(string const_name)
```

参数 const_name 为要获取常量的名称。如果成功则返回常量的值，失败则提示错误信息常量没有被定义。

3. 使用 defined()函数判断常量是否已经被定义

defined()函数的语法如下：

```
bool defined(string constant_name);
```

参数 constant_name 为要获取常量的名称，成功则返回 True，否则返回 False。

【例 3-1】 下面举一个例子，使用 define()函数来定义名为 MESSAGE 的常量，使用 constant()函数来获取该常量的值，最后再使用 defined()函数来判断常量是否已经被定义。代码如下：（实例位置：光盘\MR\ym\03\3-1）

```
<?php
/*使用 define 函数来定义名为 MESSAGE 的常量，并为其赋值为“能看到一次”，然后分别输出常量 MESSAGE
和 Message，因为没有设置 Case_sensitive 参数为 true，所以表示大小写敏感，因此执行程序时，解释器会认为
没有定义该常量而输出提示，并将 Message 作为普通字符串输出 */
    define("MESSAGE","能看到一次");
    echo MESSAGE;
    echo Message;
/*使用 define 函数来定义名为 COUNT 的常量，并为其赋值为“能看到多次”，并设置 Case_sensitive 参数
为 true，表示大小写不敏感，分别输出常量 COUNT 和 Count，因为设置了大小不敏感，因此程序会认为它和 COUNT
是同一个常量，同样会输出值*/
    define("COUNT","能看到多次",true);
    echo "<br>";
    echo COUNT;
    echo "<br>";
    echo Count;
    echo "<br>";
    echo constant("Count");          //使用 constant 函数来获取名为 Count 常量的值，并输出
    echo "<br>";                     //输出空行符
    echo (defined("MESSAGE"));       //判断 MESSAGE 常量是否已被赋值，如果已被赋值输出“1”，
如果未被赋值则返回 false
?>
```

运行结果如图 3-1 所示。

说明　在运行本示例时，由于 PHP 环境配置的不同（php.ini 中错误级别设置的不同），可能会出现不同的运行结果。图 3-1 中展示的是将 php.ini 文件中“error_reporting”的值设置为“E_ALL“后的结果。如果将“error_reporting”的值设置为“E_ALL & ~E_NOTICE”，那么将输出如图 3-2 所示的结果。

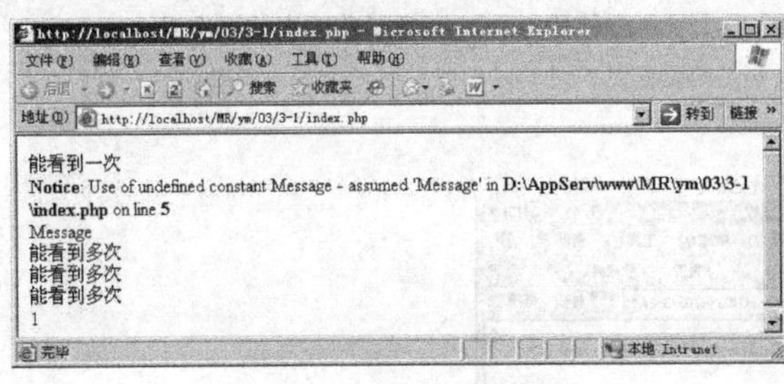

图 3-1　常量的输出结果

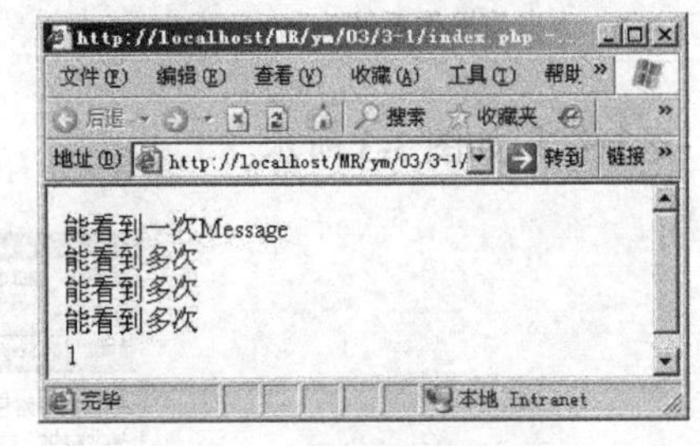

图 3-2　常量的输出结果

3.4.2　预定义常量

PHP 中提供了很多预定义常量，可以获取 PHP 中的信息，但不能任意更改这些常量的值。预定义常量的名称及其作用如表 3-2 所示。

表 3-2　PHP 中预定义常量

常 量 名	功　能
__FILE__	默认常量，PHP 程序文件名
__LINE__	默认常量，PHP 程序行数

续表

常 量 名	功 能
PHP_VERSION	内建常量，PHP 程序的版本，如“3.0.8_dev”
PHP_OS	内建常量，执行 PHP 解析器的操作系统名称，如“Windows”
TRUE	这个常量是一个真值（True）
FALSE	这个常量是一个假值（False）
NULL	一个 null 值
E_ERROR	这个常量指到最近的错误处
E_WARNING	这个常量指到最近的警告处
E_PARSE	这个常量指解析语法有潜在问题处
E_NOTICR	这个常量为发生不寻常，但不一定是错误处

__FILE__和__LINE__中的“__”是两条下画线，而不是一条“_”。表中以 E_开头的预定义常量，是 PHP 的错误调试部分。如需详细了解，请参考 error_reporting()函数。

【例 3-2】 下面使用预定义常量来输出 PHP 中的一些信息，代码如下：（实例位置：光盘\MR\ym\03\3-2）

```
<?php
echo "当前文件路径为：".__FILE__;                    //使用__FILE__常量获取当前文件路径
echo "<br>";
echo "当前行数为：".__LINE__;                        //使用__LINE__常量获取当前所在行数
echo "<br>";
echo "当前 PHP 版本信息为：".PHP_VERSION;            //使用 PHP_VERSION 常量获取当前 PHP 版本
echo "<br>";
echo "当前操作系统为：".PHP_OS;                      //使用 PHP_OS 常量获取当前操作系统
?>
```

运行结果如图 3-3 所示。

图 3-3 使用预定义常量获取 PHP 信息

3.5 PHP 变量

变量是可以随时改变的量。其主要用于存储临时数据信息，是编写程序中尤为重要的一部分。在定义变量的时候，通常要为其赋值，所以在定义变量的同时，系统会自动为该变量分配一个存储空间来存放变量的值。

3.5.1　声明变量

1．变量的定义

在 PHP 中变量的语法格式如下：

```
$变量名称=变量的值
```

2．变量的命名规则

- 在 PHP 中的变量名是区分大小写的。
- 变量名必须是以美元符号（$）开始。
- 变量名开头可以以下画线开始。
- 变量名不能以数字字符开头。
- 变量名可以包含一些扩展字符（如重音拉丁字母），但不能包含非法扩展字符（如汉字字符和汉字字母）。

正确的变量命名：

```
$name="mingri";              //定义一个变量，变量名为$name 变量值为 mingri
$_pwd="roof";                //定义一个变量，变量名为$pwd 变量值为 roof
$_123number=87665;           //定义一个变量，变量名为$123number 变量值为 87665
$_Class="roof";              //定义一个变量，变量名为$_Class 变量值为 roof
```

错误的变量命名：

```
$11112_var=11112;            //变量名不能以数字字符开头
$~%$_var="Lit";              //变量名不能包含非法字符
```

3.5.2　变量赋值

变量的赋值有 3 种方式。

1．直接赋值

直接赋值就是使用"=" 直接将值赋给某变量，例如：

```
<?php
$name=mingri;
$number=30;
echo $name;
echo $number;
?>
```

运行结果为：

```
mingri
30
```

上例中分别定义了$name 变量和$number 变量，并分别为其赋值，然后使用 echo 输出语句输出变量的值。

2．传值赋值

传值赋值就是使用 "=" 将一个变量的值赋给另一个变量，例如：

```
<?php
$a=10;
$b=$a;
echo $a."<br>";
echo $b;
?>
```

运行结果为：

```
10
10
```

在上面的例子中，先定义变量 a 并赋值为 10，然后又定义变量 b，并设置变量 b 的值等于变量 a 的值，此时变量 b 的值也为 10。

3．引用赋值

引用赋值是一个变量引用另一个变量的值，例如：

```
<?php
$a=10;
$b=&$a;
$b=20;
echo $a."<br>";
echo $b;
?>
```

运行结果为：

```
20
20
```

仔细观察一下，“$b=&$a”中多了一个“&”符号，这就是引用赋值。当执行“$b=&$a”语句时，变量 b 将指向变量 a，并且和变量 a 共用同一个值。

当执行“$b=20”时，变量 b 的值发生了变化，此时由于变量 a 和变量 b 共用同一个值，所以当变量 b 的值发生变化时，变量 a 也随之发生变化。

3.5.3 变量作用域

变量的作用域是指变量在哪些范围能被使用，在哪些范围不能被使用。PHP 中分为 3 种变量作用域，分别为局部变量、全局变量和静态变量。

1．局部变量

局部变量就是在函数的内部定义的变量，其作用域是所在函数。

【例 3-3】 下面自定义一个名为 example()的函数，然后分别在该函数内部及函数外部定义并输出变量 a 的值，具体代码如下：（实例位置：光盘\MR\ym\03\3-3）

```
<?php
function example(){
    $a="hello php!";        //在自定义函数 example()中定义变量 a
    echo "在函数内部定义的变量 a 的值为：".$a."<br>";
}
example();
$a="hello china!";        //在函数外部定义变量 a
echo "在函数外部定义的变量 a 的值为：".$a."<br>";
?>
```

图 3-4 局部变量示例运行结果图

运行结果如图 3-4 所示。

2．全局变量

全局变量是被定义在所有函数以外的变量，其作用域是整个 PHP 文件，但是在用户自定义函数内部是不可用的。想在用户自定义函数内部使用全局变量，要使用 global 关键词声明。

【例 3-4】 定义一个全局变量，并且在函数内部输出全局变量的值，具体代码如下：（实例位置：光盘\MR\ym\03\3-4）

```
<?php
$a="hello php!";                    //在自定义函数外部声明一个变量 a
function example(){                 //自定义一个函数，名为 example
    global $a;                      //使用 global 关键词声明并使用在函数外部定义的变量 a
    echo "在函数内部获得变量 a 的值为：".$a."<br>";
}
example();
?>
```

运行结果如图 3-5 所示。

图 3-5　全局变量示例运行结果

3. 静态变量

通过全局变量的理解，可以知道在函数内部定义的变量，在函数调用结束后，其变量将会失效。但有时仍然需要该函数内的变量有效，此时就需要将变量声明为静态变量。声明静态变量只需在变量前加“static”关键字即可。

【例 3-5】　下面分别在函数内声明静态变量和局部变量，并且执行函数，比较执行结果有什么不同。具体代码如下：（实例位置：光盘\MR\ym\03\3-5）

```
<?php
function example(){
    static $a=10;          //定义静态变量
    $a+=1;
    echo "静态变量 a 的值为：".$a."<br>";
}
function xy(){
    $b=10;          //定义局部变量
    $b+=1;
    echo "局部变量 b 的值为：".$b."<br>";

}
example();          //一次执行该函数体
example();          //二次执行该函数体
example();          //三次执行该函数体
xy();               //一次执行该函数体
xy();               //二次执行该函数体
xy();               //三次执行该函数体
?>
```

运行结果如图 3-6 所示。

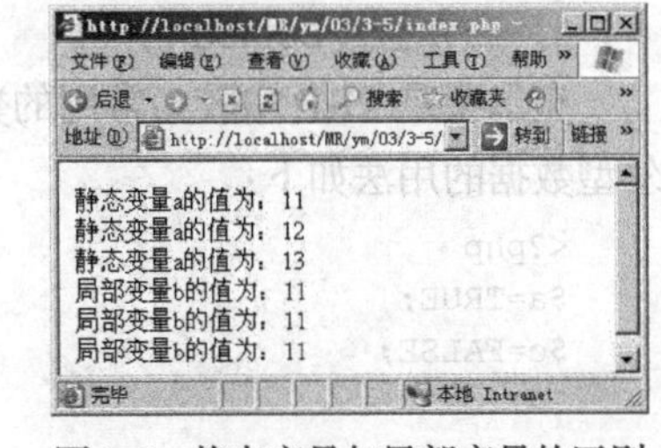

图 3-6　静态变量与局部变量的区别

3.5.4　可变变量

可变变量是一种独特的变量，这种变量的名称是由另外一个变量的值来确定的，声明可变变量的方法是在变量名称前加两个“$”符号。

声明可变变量的语法如下：

```
$$可变变量名称=可变变量的值
```

【例 3-6】　下面举例说明声明可变变量的方法，具体代码如下：（实例位置：光盘\MR\ym\03\3-6）

```
<?php
$a="mrkj";                    //定义变量
$$a="bccd";                   //声明可变变量，该变量名称为变量 a 的值
```

```
echo $a."<br>";                //输出变量 a
echo $$a."<br>";               //输出可变变量
echo $mrkj;                    //输出变量 mrkj
?>
```

运行结果如图 3-7 所示。

图 3-7 可变变量示例运行结果

3.6 PHP 数据类型

计算机操作的对象是数据，而每一个数据都有其类型，具备相同类型的数据才可以彼此操作。PHP 的数据类型可以分成 3 种，即标量数据类型、复合数据类型和特殊数据类型。

3.6.1 标量数据类型

标量数据类型是数据结构中最基本的单元，只能存储一个数据。PHP 中标量数据类型包括 4 种，如表 3-3 所示。

表 3-3 标量数据类型

类型	说明
boolean（布尔型）	这是最简单的类型，只有两个值，真（True）和假（False）
string（字符串型）	字符串就是连续的字符序列，可以是计算机所能表示的一切字符的集合
integer（整型）	整型数据类型只能包含整数，这些数据类型可以是正数或负数
float（浮点型）	浮点数据类型用来存储数字，和整型不同的是它有小数位

下面对各个数据类型进行详细介绍。

1. 布尔型（boolean）

布尔型是 PHP 中较为常用的数据类型之一，它保存一个真值（True）或者假值（False）。布尔型数据的用法如下：

```
<?php
$a=TRUE;
$c=FALSE;
?>
```

2. 字符串型（string）

字符串是连续的字符序列，由数字、字母和符号组成。字符串中的每个字符只占用一个字节。字符包含以下几种类型。

- 数字类型。例如 1、2、3 等。
- 字母类型。例如 a、b、c、d 等。
- 特殊字符。例如#、$、%、^、&等。
- 不可见字符。例如\n（换行符）、\r（回车符）、\t（Tab 字符）等。

其中，不可见字符是比较特殊的一组字符，是用来控制字符串格式化输出的，在浏览器上不可见，只能看到字符串输出的结果。

【例 3-7】 运用 PHP 的不可见字符串完成字符串的格式输出，程序代码如下：（实例位置：光盘\MR\ym\03\3-7）

```
<?php
echo  "PHP从入门到精通\rASP从入门到精通\nJSP程序开发范例宝典\tPHP函数参考大全"; //输出字符串
?>
```

"\r"：回车
"\n"：换行
"\t"：水平制表符

运行结果如图 3-8 所示，在 IE 浏览器中不能直接看到不可见字符串（\r、\n 和\t）的作用效果。只有通过"查看源文件"才能看到不可见字符串的作用效果，如图 3-9 所示。

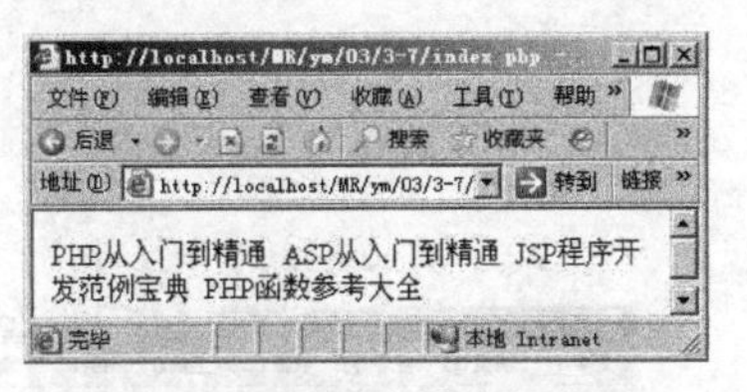

图 3-8　不可见字符串的应用

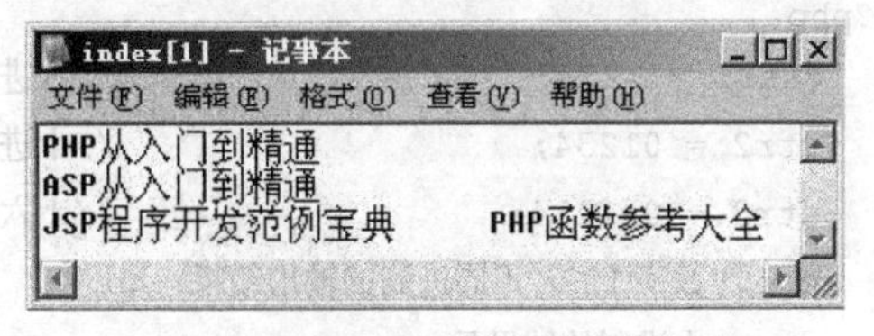

图 3-9　查看不可见字符串的作用

在 PHP 中，定义字符串有 3 种方式。

- 单引号（'）。
- 双引号（"）。
- 界定符（<<<）。

单引号和双引号是经常被使用的定义方式，定义格式如下：

```
$a ='字符串';
```

或

```
$a ="字符串";
```

双引号中所包含的变量会自动被替换成实际数值，而在单引号中包含的变量则按普通字符串输出。

在定义字符串时，尽量使用单引号，因为单引号的运行速度要比双引号快。

【例 3-8】　下面分别使用单引号、双引号、界定符输出变量的值，具体代码如下：（实例位置：光盘\MR\ym\03\3-8）

```
<?php
$a="你好！";
echo "$a"."<br>";              //使用双引号输出变量
ccho '$a'."<br>";              //使用单引号输出$a
                               //使用界定符输出变量
echo <<<std
   $a
std;
?>
```

运行结果如图 3-10 所示。

图 3-10　使用不同的方式输出变量的区别

使用界定符输出字符串时，结束标识符必须单独另起一行，并且不允许有空格。如果在标识符前后有其他符号或字符，则会发生错误。

3. 整型（integer）

整型数据类型只能包含整数。在 32 位的操作系统中，有效的范围是-2 147 483 648 ~ +2 147 483 647。整型数可以用十进制、八进制和十六进制来表示。如果用八进制，数字前面必须加 0，如果用十六进制，则需要加 0x。

【例 3-9】 下面看一个实例，分别输出八进制、十进制和十六进制的结果，具体代码如下：（实例位置：光盘\MR\ym\03\3-9）

```
<?php
    $str1 = 1234;                              //八进制变量
    $str2 = 01234;                             //十进制变量
    $str3 = 0x1234;                            //十六进制变量
    echo "数字 1234 不同进制的输出结果：<p>";
    echo "十进制的结果是：$str1<br>";
    echo "八进制的结果是：$str2<br>";
    echo "十六进制的结果是：$str3";
?>
```

运行结果如图 3-11 所示。

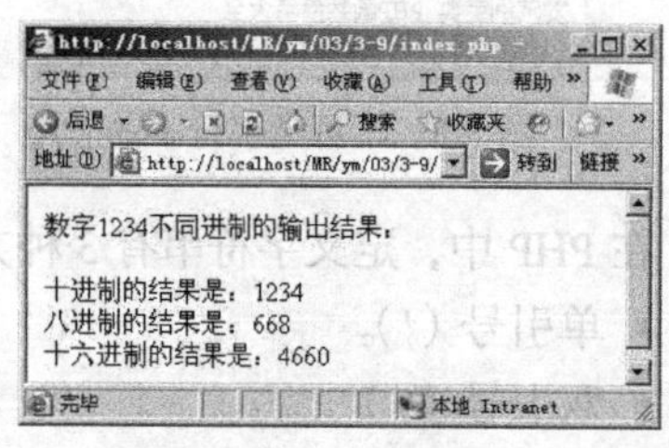

图 3-11 输出八进制、十进制和十六进制数据

如果给定的数值超出了 int 类型所能表示的最大范围，将会被当做 float 型处理，这种情况叫做整数溢出。同样，如果表达式的最后运算结果超出了 int 的范围，也会返回 float 型。

如果在 64 位的操作系统中，其运行结果可能会有所不同。

4. 浮点型（float）

浮点数据类型可以用来存储整数，也可以保存小数。它提供的精度比整数大得多。在 32 位的操作系统中，有效的范围是 1.7E-308 ~ 1.7E+308。在 PHP 4.0 以前的版本中，浮点型的标识为 double，也叫双精度浮点数，两者没什么区别。

浮点型数据默认有两种书写格式，一种是标准格式：

```
3.1415
0.333
-35.8
```

还有一种是科学记数法格式：

```
3.58E1
849.72E-3
```

例如：

```
<?php
$a=1.036;
$b=2.035;
$c=3.58E1;          //该变量的值为 3.58*12
?>
```

浮点型的数值只是一个近似值，所以要尽量避免浮点型之间比较大小，因为最后的结果往往是不准确的。

3.6.2　复合数据类型

复合数据类型包括两种：array（数组）和 object（对象）。

1．数组（array）

数组是一组数据的集合，它把一系列数据组织起来，形成一个可操作的整体。数组中可以包括很多数据：标量数据、数组、对象、资源，以及 PHP 中支持的其他语法结构等。

数组中的每个数据称为一个元素，每个元素都有一个唯一的编号，称为索引。元素的索引只能由数字或字符串组成。元素的值可以是多种数据类型。定义数组的语法格式如下：

```
$array['key'] = 'value';
```

或

```
$array(key1 => value1, key2 => value2……)
```

其中参数 key 是数组元素的索引，value 是数组元素的值。

【例 3-10】　下面举一个简单的数组应用示例，具体代码如下：（实例位置：光盘\MR\ym\03\3-10）

```
<?php
$array[0]="学习 PHP";                                    //定义$array 数组的第 1 个元素
$array[1]="快乐编程";                                    //定义$array 数组的第 2 个元素
$array[2]="编程无忧";                                    //定义$array 数组的第 3 个元素
$number=array(0=>'学习 PHP',1=>'快乐编程',2=>'编程无忧');   //定义$number 数组的所有元素
echo $array[0]."<br>";                                   //输出$array 数组的第 1 个元素值
echo $number[1];                                         //输出$number 数组的第 2 个元素值
?>
```

运行结果如图 3-12 所示。

图 3-12　数组应用

2．对象（object）

现在的编程语言用到的方法有两种：面向过程和面向对象。在 PHP 中，用户可以自由使用这两种方法。有关面向对象的技术可以参考本书后面的内容。

3.6.3　特殊数据类型

特殊数据类型包括两种：resource（资源）和 null（空值）。

1．资源（resource）

资源是由专门的函数来建立和使用的。它是一种特殊的数据类型，并由程序员分配。在使用资源时，要及时地释放不需要的资源。如果程序员忘记了释放资源，系统自动启用垃圾回收机制，避免内存消耗殆尽。

2．空值（null）

空值，顾名思义，表示没有为该变量设置任何值。另外，空值（null）不区分大小写，null 和 NULL 效果是一样的。被赋予空值的情况有以下 3 种：

- 没有赋任何值；
- 被赋值为 null；

- 被 unset()函数处理过的变量。

下面分别对这 3 种情况举例说明，具体代码如下：

```
<?php
$a;                    //没有赋值的变量
$b=NULL;               //被赋空值的变量
$c=3;
unset($c);             //使用 unset() 函数处理后，$c 的值为空
?>
```

3.6.4 转换数据类型

PHP 中的类型转换和 C 语言一样，非常简单。在变量前面加上一个小括号，并把目标数据类型写在小括号中即可。

PHP 中允许转换的类型如表 3-4 所示。

表 3-4　　类型强制转换

转换函数	转换类型	举例
(boolean),(bool)	将其他数据类型强制转换成布尔型	$a=1; $b=(boolean)$a; $b=(bool)$a;
(string)	将其他数据类型强制转换成字符串型	$a=1; $b=(string)$a;
(integer),(int)	将其他数据类型强制转换成整型	$a=1; $b=(int)$a; $b=(integer)$a;
(float),(double),(real)	将其他数据类型强制转换成浮点型	$a=1; $b=(float)$a; $b=(double)$a; $b=(real)$a;
(array)	将其他数据类型强制转换成数组	$a=1; $b=(array)$a;
(object)	将其他数据类型强制转换成对象	$a=1; $b=(object)$a;

在进行类型转换的过程中应该注意以下几点。

- 转换成 boolean 型。null、0 和未赋值的变量或数组，会被转换为 False，其他的为真。
- 转换成整型。

— 布尔型的 False 转为 0，True 转为 1。

— 浮点型的小数部分被舍去。

— 字符串型。如果以数字开头，就截取到非数字位，否则输出 0。

— 当字符串转换为整型或浮点型时，如果字符是以数字开头的，就会先把数字部分转换 为整型，再舍去后面的字串。如果数字中含有小数点，则会取到小数点前一位。

3.6.5 检测数据类型

PHP 中提供了很多检测数据类型的函数，可以对不同类型的数据进行检测，判断其是否属于某个类型。检测数据类型的函数如表 3-5 所示。

表 3-5　　检测数据类型函数

函数	检测类型	举例
is_bool	检查变量是否是布尔类型	is_book($a);
is_string	检查变量是否是字符串类型	is_string($a);

续表

函数	检 测 类 型	举例
is_float/is_double	检查变量是否为浮点类型	is_float($a); is_double($a);
is_integer/is_int	检查变量是否为整数	is_integer($a); is_int($a);
is_null	检查变量是否为 null	is_null($a);
is_array	检查变量是否为数组类型	is_array($a);
is_object	检查变量是否是一个对象类型	is_object($a);
is_numeric	检查变量是否为数字或由数字组成的字符串	is_numeric($a);

【例 3-11】 下面通过几个检测数据类型的函数来检测相应的字符串类型，具体代码如下：（实例位置：光盘\MR\ym\03\3-11）

```
<?php
$a=true;
$b="你好 PHP";
$c=123456;
echo "1. 变量是否为布尔型：".is_bool($a)."<br>";          //检测变量是否为布尔型
echo "2. 变量是否为字符串型：".is_string($b)."<br>";      //检测变量是否为字符串型
echo "3. 变量是否为整型：".is_int($c)."<br>";            //检测变量是否为整型
echo "4. 变量是否为浮点型：".is_float($c)."<br>";        //检测变量是否为浮点型
?>
```

运行结果如图 3-13 所示。

图 3-13　检测变量数据类型

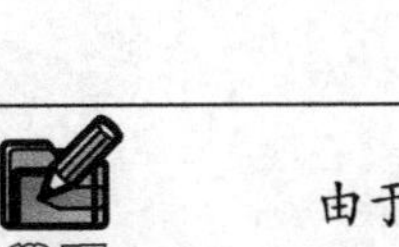

由于变量 C 不是浮点型，所以第 4 个判断的返回值为 false，即空值。

3.7　PHP 运算符

运算符是用来对变量、常量或数据进行计算的符号，它对一个值或一组值执行一个指定的操作。PHP 运算符包括算术运算符、字符串运算符、赋值运算符、位运算符、递增运算符或递减运算符等。下面分别对各种运算符进行介绍。

3.7.1　算术运算符

算术运算符主要用于处理算术运算操作，常用的算术运算符及作用如表 3-6 所示。

表 3-6　　常用的算术运算符

名称	操 作 符	实例
加法运算	+	$a + $b
减法运算	–	$a – $b
乘法运算	*	$a * $b
除法运算	/	$a / $b
取余数运算	%	$a % $b

注意

在算术运算符中使用“%”求余，如果被除数（$a）是负数的话，那么取得的结果也是一个负值。

【例 3-12】 下面通过算术运算符计算每月总的支出、剩余工资、房贷占工资的比例等。具体代码如下：（实例位置：光盘\MR\ym\03\3-12）

```
<?php
$a='4000';                              //定义变量 a，月工资为 4000
$b='1750';                              //定义变量 b，房贷 1750
$c='500';                               //定义变量 b，消费金额 500
echo $c + $b .'<br>';                   //计算每月总的支出金额
echo $a-$b-$c.'<br>';                   //计算每月剩余工资
echo $b/$a.'<br>';                      //计算房贷占总工资的比例
echo $b%$a.'<br>';                      //计算变量 b 和变量 b 余数
?>
```

运行结果如图 3-14 所示。

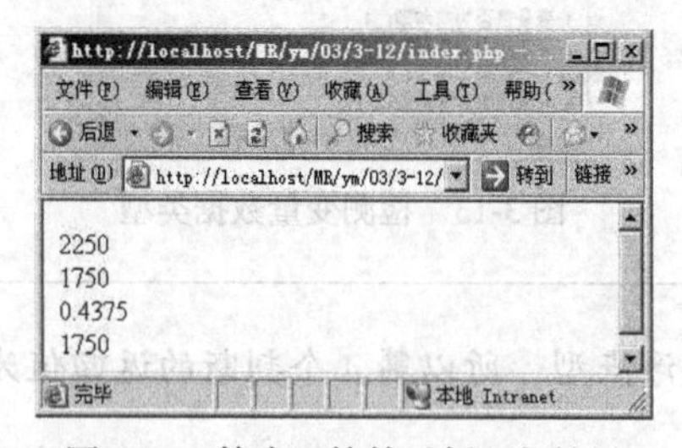

图 3-14　算术运算符示例运行结果

3.7.2　字符串运算符

字符串运算符主要用于处理字符串的相关操作，在 PHP 中字符串运算符只有一个；那就是“.”，该运算符用于将两个字符串连接起来，结合到一起形成一个新的字符串。应用格式如下：

```
$a.$b
```

此运算符在前面的例子中已经使用，例如上例中的：

```
echo $c + $b .'<br>';                   //计算每月总的支出金额
```

此处使用字符串运算符将 c+b 的值与字符串“
”连接，在输出 c+b 的值后执行换行操作。

3.7.3 赋值运算符

赋值运算符主要用于处理表达式的赋值操作，PHP 中提供了很多赋值运算符，其用法及意义如表 3-7 所示。

表 3-7 常用赋值运算符

操　作	符　号	实　例	展 开 形 式	意　义
赋值	=	$a=b	$a=3	将右边的值赋给左边
加	+=	$a+= b	$a=$a + b	将右边的值加到左边
减	-=	$a -= b	$a=$a - b	将右边的值减到左边
乘	*=	$a*= b	$a=$a * b	将左边的值乘以右边
除	/=	$a/= b	$a=$a / b	将左边的值除以右边
连接字符	.=	$a.= b	$a=$a. b	将右边的字符加到左边
取余数	%	$a%= b	$a=$a % b	将左边的值对右边取余数

下面举一个非常简单的赋值运算符的例子，就是为变量赋值：

```
$a=5;
```

此处应用“=”运算符，为变量 a 赋值，下面再举一个复杂一点的示例，代码如下：

```
<?php
$a=5;           //使用“=”运算符为变量 a 赋值
$b=10;          //使用“=”运算符为变量 b 赋值
$a*=$b;         //使用“*=”运算符获得变量 a 乘以变量 b 的值，并赋给变量 a
echo $a;        //输出重新赋值后变量 a 的值
?>
```

运行结果为：50

在执行 i=i+1 的操作时，建议使用 i+=1 来代替。因为其符合 C/C++的习惯，摈弃效率还高。

3.7.4 位运算符

位逻辑运算符是指对二进制位从低位到高位对齐后进行运算。在 PHP 中的位运算符如表 3-8 所示。

表 3-8 位运算符

符　号	作　用	举　例
&	按位与	$m & $n
|	按位或	$m | $n
^	按位异或	$m ^ $n
~	按位取反	$m ~ $n
<<	向左移位	$m << $n
>>	向右移位	$m >> $n

【例 3-13】 下面使用位运算符对变量中的值进行位运算操作，实例代码如下：（实例位置：光盘\MR\ym\03\3-13）

```
<?php
$m = 8 ;                              //运算时会将 8 转换为二进制码 1000
$n = 12 ;                             //运算时会将 12 转换为二进制码 1100
$mn = $m&$n ;                         //将 1000 和 1100 做与操作后转换为十进制码
echo $mn ."<br>";                     //输出转换结果
$mn = $m | $n ;                       //将 1000 和 1100 做或操作后转换为十进制码
echo $mn ."<br>";                     //输出转换结果
$mn = $m ^ $n ;                       //将 1000 和 1100 做异或操作后转换为十进制码
echo $mn ."<br>";                     //输出转换结果
$mn = ~$m ;                           //将 1000 做非操作后转换为十进制码
echo $mn ."<br>";                     //输出转换结果
?>
```

运行结果如图 3-15 所示。

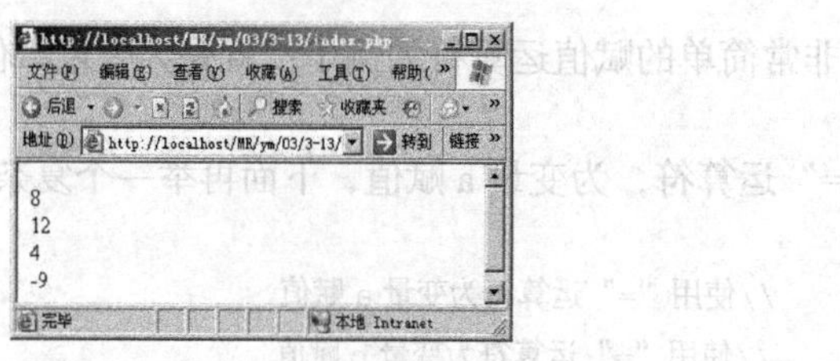

图 3-15　运算符示例运行结果

3.7.5　递增或递减运算符

递增运算符"++"和递减运算符"--"与算术运算符有些相同，都是对数值型数据进行操作。但算术运算符适合在两个或者两个以上不同操作数的场合使用，当只有一个操作数时，就可以使用"++"或者"--"运算符。

【例 3-14】 下面举个简单的例子，来加深对递增和递减运算符的理解，具体代码如下：（实例位置：光盘\MR\ym\03\3-14）

```
<?php
$a=10;
$b=5;
$c=8;
$d=12;
echo    "a=".$a."  b=".$b."  c=".$c."  d=".$d."<br>";
//输出上面 4 个变量的值， 是空格符
echo "++a=".++$a."<br>";              //计算变量 a 自加的值
echo "b++=".$b++."<br>";              //计算变量 b 自加的值
echo "--c=".--$c."<br>";              //计算变量 c 自减的值
echo "d--=".$d--."<br>";              //计算变量 d 自减的值
?>
```

运行结果如图 3-16 所示。

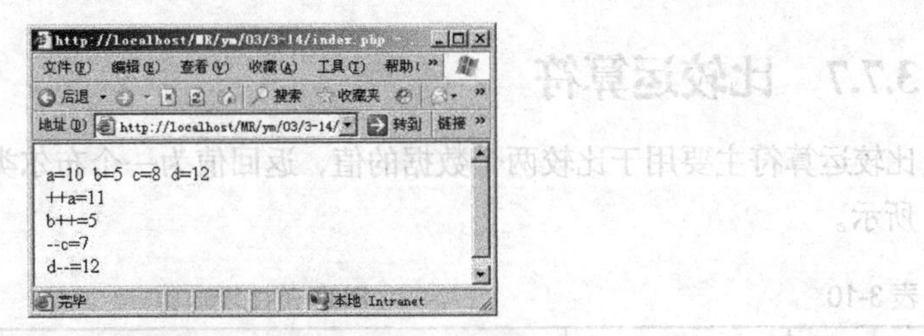

图 3-16　递增和递减运算符示例运行结果

上例中变量$b 自加和$d 自减后的值为什么没变?

当运算符位于变量前时（++$a），先自加，然后再返回变量的值；当运算符位于变量后时（$a++），先返回变量的值，然后再自加，即输出的是变量 a 的值，并非 a++的值。这就是为什么变量$b 自加和$d 自减后的值为什么没变的原因。

3.7.6　逻辑运算符

逻辑运算符用于处理逻辑运算操作，是程序设计中一组非常重要的运算符。PHP 的逻辑运算符如表 3-9 所示。

表 3-9　PHP 的逻辑运算符

运 算 符	实　例	结 果 为 真
&&或 and（逻辑与）	$m and $n 或$m && $n	当$m 和$n 都为真或假时，返回 TRUE 或 FALSE 当$m 和$N 有一个为假时，返回 FLASE
||或 or（逻辑或）	$m || $n 或$m or $n	当$m 和$n 都为真或假时，返回 TRUE 或 FALSE 当$m 和$N 有一个为真时，返回 TRUE
xor（逻辑异或）	$m xor $n	当$m 和$n 都为真或假时，返回 TRUE 或 FALSE 当$m 和$N 有一个为真时，返回 TRUE
!（逻辑非）	!$m	当$m 为假时返回 TRUE，当$m 为真时返回 FALSE

【例 3-15】　下面使用逻辑运算符判断如果变量存在，且值不为空，则执行数据的输出操作，否则弹出提示信息（变量值不能为空！）。具体代码如下：（实例位置：光盘\MR\ym\03\3-15）

```
<?php
$a="";                              //如果变量 a 值为空则输出提示信息，否则输出“明日科技欢迎您！”
if(isset($a) && !empty($a)){        //使用 and 判断变量 a 和变量 b
    echo "明日科技欢迎您！";
}else{
    echo "<script>alert('变量值不能为空！');</script>";
}
?>
```

运行结果如图 3-17 所示。

图 3-17　使用逻辑与判断变量的真假

本例在 if 语句中，应用逻辑与判断当变量存在，且值不为空的情况下输出数据，否则输出提示信息。

isset()函数检查变量是否设置，如果设置则返回 true，否则返回 false。

empty()函数检测变量是否为空，如果为空则返回 true，否则返回 false。

3.7.7 比较运算符

比较运算符主要用于比较两个数据的值，返回值为一个布尔类型。PHP 中的比较运算符如表 3-10 所示。

表 3-10　　PHP 的比较运算

运 算 符	实 例	结 果
<	小于	$m<$n，当$m 小于$n 时，返回 TRUE，否则返回 FALSE
>	大于	$m>$n，当$m 大于$n 时，返回 TRUE，否则返回 FALSE
<=	小于等于	$m<=$n，当$m 小于等于$n 时，返回 TRUE，否则返回 FALSE
>=	大于等于	$m>=$n，当$m 大于等于$n 时，返回 TRUE，否则返回 FALSE
==	相等	$m==$n，当$m 等于$n 时，返回 TRUE，否则返回 FALSE
!=	不等	$m!=$n，当$m 不等于$n 时，返回 TRUE，否则返回 FALSE
===	恒等	$m===$n，当$m 等于$n，并且数据类型相同，返回 TRUE，否则返回 FALSE
!==	非恒等	$m!==$n，当$m 不等于$n，并且数据类型不相同，返回 TRUE，否则返回 FALSE

这里面===和!==不太常见。

【例 3-16】　下面使用比较运算符比较小刘与小李的工资，具体代码如下：（实例位置：光盘\MR\ym\03\3-16）

```
<?php
$a=2150;                                    //小刘的工资 2150
$b=2240;                                    //小李的工资 2240
echo "a=".$a."  b=".$b."<br>";
echo "a < b 的返回值为： ";
echo var_dump($a<$b)."<br>";                  //比较 a 是否小于 b
echo "a >= b 的返回值为： ";
echo var_dump($a>=$b)."<br>";                 //比较 a 是否大于等于 b
echo "a == b 的返回值为： ";
echo var_dump($a==$b)."<br>";                 //比较 a 是否等于 b
echo "a != b 的返回值为： ";
echo var_dump($a!=$b)."<br>";                 //比较 a 是否不等于 b
?>
```

运行结果如图 3-18 所示。

图 3-18　比较运算符示例运行结果

3.7.8　三元运算符

三元运算符可以提供简单的逻辑判断，其应用格式为

```
表达式 1?表达式 2:表达式 3
```

如果表达式 1 的值为 TRUE，则执行表达式 2，否则执行表达式 3。

【例 3-17】 通过三元运算符定义分页变量的值，具体代码如下：（实例位置：光盘\MR\ym\03\3-17）

```
<?php
//通过三元运算符判断分页变量 page 的值，如果变量存在，则直接输出变量值，否则为变量赋值为 1
$page=(isset($_GET['page']))?$_GET['page']:"1";
echo $page;      //输出变量值
?>
<a href="index.php?page=2">分页超级链接</a>
```

运行结果如图 3-19 所示。

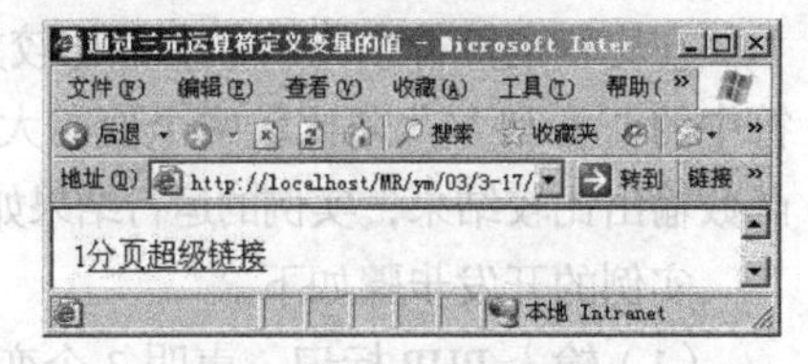

图 3-19　三元运算符

本例中介绍的方法在项目的实际开发中非常实用，特别是在分页技术中，根据超级链接传递的参数值定义分页变量。其原理是：首先应用 isset()函数检测$_GET['page']全局变量是否存在，如果存在则直接将该值赋给变量 page，否则为变量 page 赋值为 1。

3.7.9　运算符的使用规则

所谓使用规则就是当表达式中包含多种运算符时，运算符的执行顺序，与数学四则运算中的先算乘除后算加减是一个道理。PHP 的运算符优先级如表 3-11 所示。

表 3-11　运算符的优先级

优 先 级 别	运　算　符
1	or，and，xor
2	赋值运算符
3	||，&&
4	|，^
5	&，.
6	+，–
7	/，*，%
8	<<，>>
9	++，––
10	+，–（正、负号运算符），!，~
11	= =，!=，<>
12	<，<=，>，>=
13	?:
14	–>
15	=>

这么多的级别，如果要想都记住是不太现实的，也没有这个必要。如果写的表达式真的很复杂，而且包含较多的运算符，不妨多加 ( )。例如，$a and (($b != $c) or (5 * (50 – $d)))。这样就会减少出现逻辑错误的可能。

3.8 综合实例——比较某一天的产品销量

在比较运算符中提供了多种比较方式。本例应用比较运算符中的 “<” 和 “>” 来比较两个值的大小，然后使用 var_dump() 函数输出比较结果，实例的运行结果如图 3-20 所示。

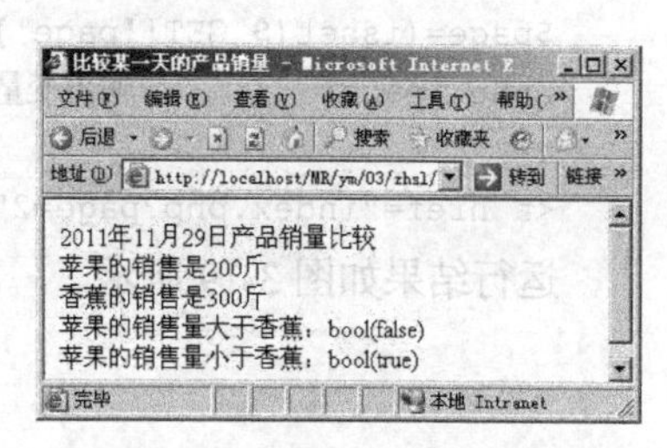

图 3-20　比较两个值的大小

实例的开发步骤如下。

（1）输入 PHP 标记，声明 3 个变量。

（2）使用 echo 语句输出 var_dump()函数判断的返回值，代码如下：

```
<?php
echo "2011年11月29日产品销量比较"."<br>";
$a=200;                                      //定义产品销量
$b=300;                                      //定义产品销量
echo "苹果的销售是200斤"."<br>";              //输出产品销量
echo "香蕉的销售是300斤"."<br>";              //输出产品销量
echo "苹果的销售量大于香蕉：";                //输出字符串文字
echo var_dump($a>$b)."<br>";                 //输出比较结果值
echo "苹果的销售量小于香蕉：";                //输出字符串文字
echo var_dump($a<$b)."<br>";                 //输出比较结果值
?>
```

知识点提炼

（1）所谓标记，就是为了便于与其他内容区分所使用的一种特殊标记。

（2）常量用于存储不经常改变的数据信息。常量的值被定义后，在程序的整个执行期间内，这个值都有效，并且不可再次对该常量进行赋值。

（3）变量可以随时改变的量。其主要用于存储临时数据信息，是编写程序中尤为重要的一部分。

（4）变量的作用域是指变量在哪些范围能被使用，在哪些范围不能被使用。

（5）可变变量是一种独特的变量，这种变量的名称是由另外一个变量的值来确定的，声明可变变量的方法是在变量名称前加两个 “$” 符号。

（6）复合数据类型包括两种：array（数组）和 object（对象）。

（7）特殊数据类型包括两种：resource（资源）和 null（空值）。

（8）PHP 中的类型转换和 C 语言一样，非常简单。在变量前面加上一个小括号，并把目标数据类型写在小括号中即可。

（9）在 PHP 中字符串运算符是“.”，该运算符用于将两个字符串连接起来，结合到一起形成一个新的字符串。

（10）所谓使用规则就是当表达式中包含多种运算符时，运算符的执行顺序，与数学四则运算中的先算乘除后算加减是一个道理。

习　题

3-1　PHP 的开始标记与结束标记有哪些？使用时有何注意事项？你更喜欢哪种标记方式？

3-2　PHP 注释种类有哪些？这些注释在何种场合下使用，并如何进行 HTML 注释？

3-3　PHP 的数据类型有哪些？每种数据类型适用于哪种应用场合？

3-4　“= = =”是什么运算符？举例说明“= =”运算符和“= = =”运算符的区别。

实验：计算长方形的面积

实验目的

（1）掌握 PHP 变量的命名与赋值。

（2）熟悉算术运算符的工作原理。

实验内容

已知长方形的长和宽，根据长方形面积公式，应用算术运算符计算出长方形的面积。实验的运行结果如图 3-21 所示。

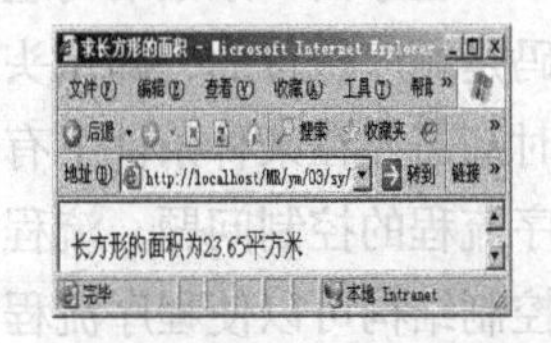

图 3-21　计算长方形的面积

实验步骤

（1）首先声明两个变量，这两个变量分别表示长方形的长与宽。

（2）然后根据长方形的面积公式，应用算术运算符将长方形的长与宽做乘法运算。

（3）最后利用 echo 语句输出计算结果。

实验实现的具体代码如下：

```
<?php
$L=4.3;
$H=5.5;
$M=$L*$H;
echo "长方形的面积为".$M."平方米";
?>
```

第4章 PHP流程控制语句

本章要点：

- 程序的3种控制结构
- if、switch条件控制语句
- while、do…while循环控制语句库
- for、foreach循环控制语句
- break、continue跳转语句
- include、require包含语句
- include_once、require_once包含语句

程序由一条条语句组成，每条语句都被用来实现一个具体的任务。一般情况下，一段程序代码是顺序执行的，即从头到尾按顺序逐行执行。顺序执行是程序最为基本最为简单的结构。但有时却需要在某种条件下有选择地执行指定的操作，或者重复地执行某一类程序，这就是所谓的程序流程的控制问题。流程控制语句包括条件控制语句、循环控制语句和跳转语句。合理使用这些控制结构可以使程序流程清晰、可读性强，从而提高工作效率。

4.1 程序的3种控制结构

在编程的过程中，所有的操作都是在按照某种结构有条不紊地进行，学习PHP语言，不仅要掌握其中的函数、数组、字符串等实际的知识，更重要的是通过这些知识形成一种属于自己的编程思想和编程方法。要想形成属于自己的编程思想和方法，那么首先就要掌握程序设计的结构，再配合以函数、数组、字符串等实际的知识，逐步形成一种属于自己的编程方法。

程序设计的结构大致可以分为顺序结构、选择结构和循环结构3种。在对这3种结构的使用中，几乎很少有哪个程序是单独地使用某一种结构来完成某个操作，基本上都是其中的2种或者3种结构结合使用。

4.1.1 顺序结构

顺序结构是最基本的结构方式，各流程依次按顺序执行。传统流程图的表示方式与N-S结构化流程图的表示方式分别如图4-1和图4-2所示。执行顺序为：开始→语句1→语句2→…→结束。

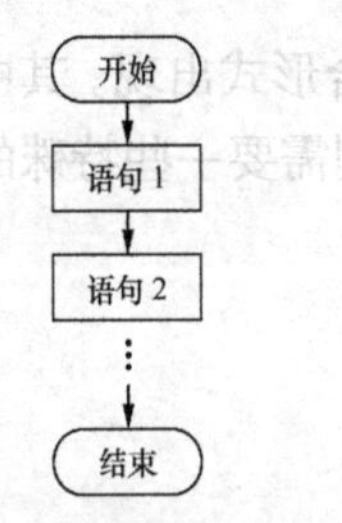

图 4-1　顺序结构传统流程图

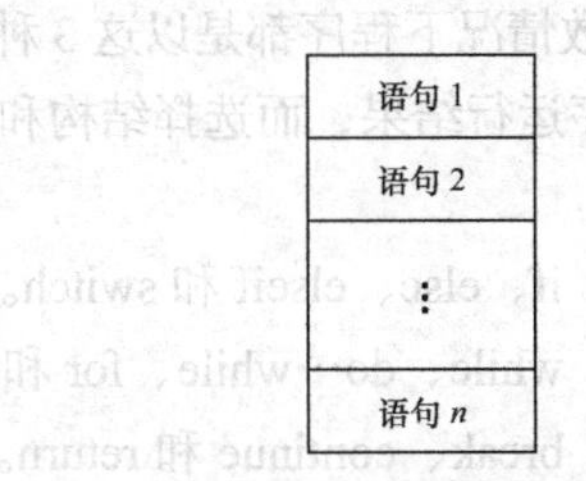

图 4-2　N-S 结构化流程图

4.1.2　选择（分支）结构

选择结构就是对给定条件进行判断，条件为真时执行一个分支，条件为假时执行另一个分支。其传统流程图表示方式与 N-S 结构化流程图表示方式分别如图 4-3 和图 4-4 所示。

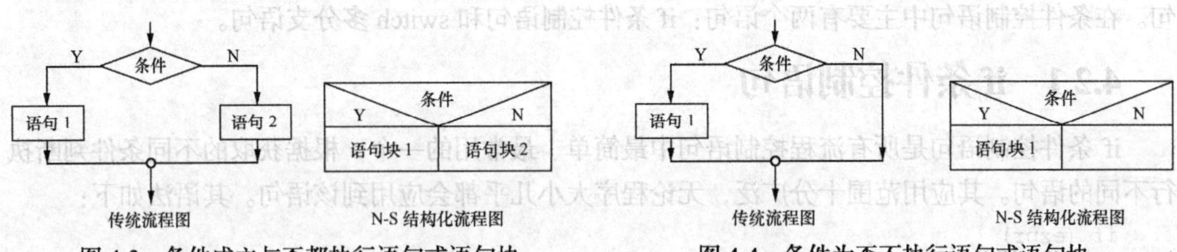

图 4-3　条件成立与否都执行语句或语句块　　图 4-4　条件为否不执行语句或语句块

4.1.3　循环结构

循环结构可以按照需要多次重复执行一行或者多行代码。循环结构分为两种：前测试型循环和后测试型循环。

前测试型循环，先判断后执行。当条件为真时反复执行语句或语句块，条件为假时，跳出循环，继续执行循环后面的语句，流程图如图 4-5 所示。

后测试型循环，先执行后判断。先执行语句或语句块，再进行条件判断，直到条件为假时，跳出循环，继续执行循环后面的语句，否则一直执行语句或语句块，流程图如图 4-6 所示。

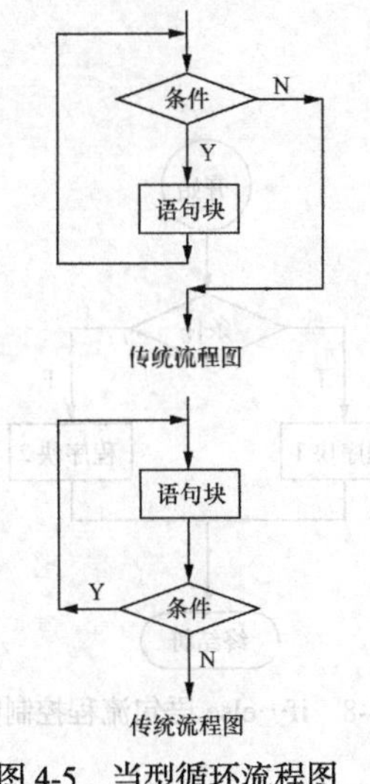

图 4-5　当型循环流程图

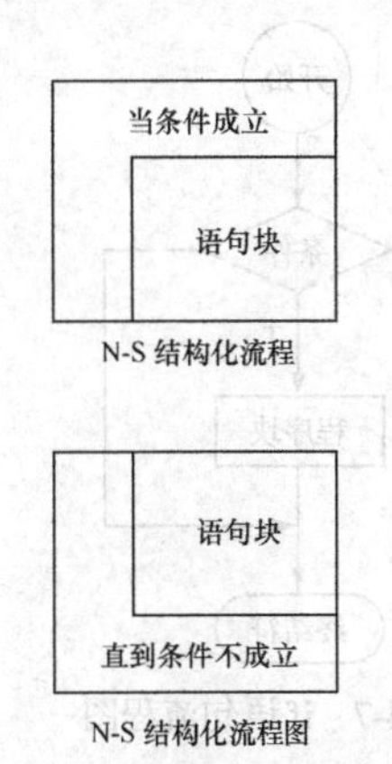

图 4-6　直到型循环流程图

在 PHP 中，大多数情况下程序都是以这 3 种结构的组合形式出现。其中的顺序结构很容易理解，就是直接输出程序运行结果，而选择结构和循环结构则需要一些特殊的控制语句来实现，包括以下 3 种控制语句。

- 条件控制语句：if、else、elseif 和 switch。
- 循环控制语句：while、do…while、for 和 foreach。
- 跳转控制语句：break、continue 和 return。

4.2 条件控制语句

所谓条件控制语句就是对语句中不同条件的值进行判断，进而根据不同的条件执行不同的语句。在条件控制语句中主要有两个语句：if 条件控制语句和 switch 多分支语句。

4.2.1 if 条件控制语句

if 条件控制语句是所有流程控制语句中最简单、最常用的一个，根据获取的不同条件判断执行不同的语句。其应用范围十分广泛，无论程序大小几乎都会应用到该语句。其语法如下：

```
if (expr)
   statement ;                       //这是基本的表达式
if () {}                             //这是执行多条语句的表达式
if () {}else {}                      //这是通过 else 延伸了的表达式
if () {}elseif() {} else {}          //这是加入了 elseif 同时判断多个条件的表达式
```

参数 expr 按照布尔求值。如果 expr 的值为 True，将执行 statement，如果值为 False，则忽略 statement。if 语句可以无限层地嵌套到其他 if 语句中去，实现更多条件的执行。

else 的功能是当 if 语句在参数 expr 的值为 False 时执行其他语句，即在执行的语句不满足该条件时执行 else 后大括号中的语句。

在同时判断多个条件的时候，PHP 提供了 elseif 的语句来扩展需求。elseif 语句被放置在 if 和 else 语句之间，满足多条件同时判断的需求。

if 语句的流程如图 4-7、图 4-8 和图 4-9 所示。

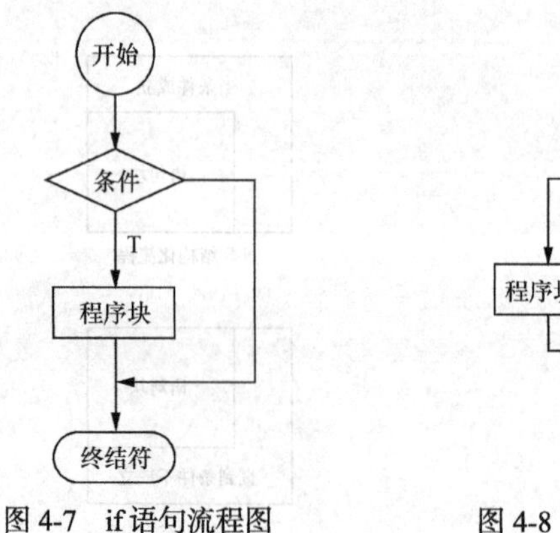

图 4-7　if 语句流程图

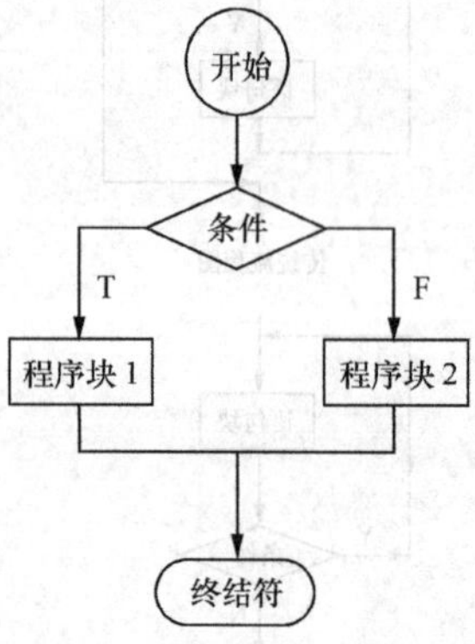

图 4-8　if…else 语句流程控制图

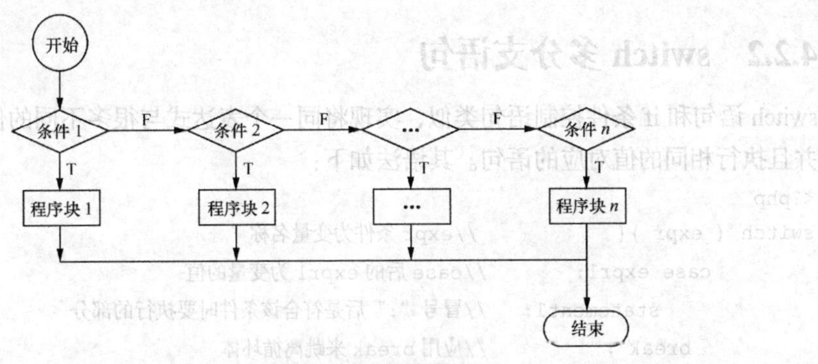

图 4-9　elseif 语句的流程控制图

【例 4-1】　通过 if 语句判断用户提交的登录信息是否为空。（实例位置：光盘\MR\ym\04\4-1）

创建 index.php 文件，创建一个用户登录页面，提交登录的用户名和密码。然后，在页面中通过$_POST[]方法获取表单中提交的用户名和密码，并且应用 if 语句判断用户提交的登录信息是否为空。关键代码如下：

```
<?php
/*
$_POST[]方法获取表单提交的按钮“sub”、用户名“text”和密码“pwd”的值
Isset()函数检测按钮变量 sub 是否存在。如果存在返回 true，否则返回 false
$_POST[text]!=""||$_POST[pwd]!=""判断用户名和密码是否为空，不为空返回 true，否则返回 false
测试成功通过 echo 语句返回提示信息
*/
<?php
        if(isset($_POST['sub'])){                                     //判断提交按钮值是否存在
            if($_POST['text']!="" && $_POST['pwd']!=""){              //判断提交的数据是否为空
                echo "<script>alert('测试成功');</script>";
            }else{
                echo "<script>alert('文本框内容不能为空');</script>";
            }
        }
    ?>
```

运行结果如图 4-10 所示。

图 4-10　用户登录模块的实现

4.2.2 switch 多分支语句

switch 语句和 if 条件控制语句类似，实现将同一个表达式与很多不同的值比较，获取相同的值，并且执行相同的值对应的语句。其语法如下：

```
<?php
switch ( expr ){                //expr 条件为变量名称
     case expr1:                //case 后的 expr1 为变量的值
          statement1;           //冒号“:”后是符合该条件时要执行的部分
      break ;                   //应用 break 来跳离循环体
     case expr2 :
          statement2 ;
      break ;
    default:
      statementN;
      break;
}
?>
```

参数说明如表 4-1 所示。

表 4-1　　switch 语句参数介绍

参数	说明
expr	表达式的值，即 switch 语句的条件变量的名称
expr1	放置于 case 语句之后，是要与条件变量 expr 进行匹配的值中的一个
statement1	在参数 expr1 的值与条件变量 expr 的值相匹配时执行的代码
break 语句	终止语句的执行，即当语句在执行过程中，遇到 break 就停止执行，跳出循环体
default	case 的一个特例，匹配任何其他 case 都不匹配的情况，并且是最后一条 case 语句

switch 语句的流程控制如图 4-11 所示。

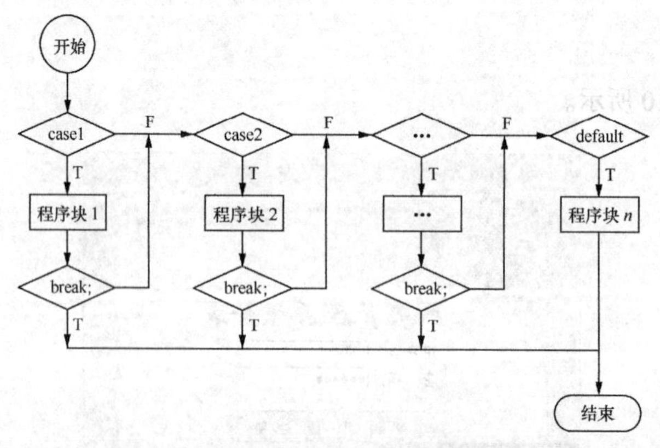

图 4-11　switch 语句流程控制图

【例 4-2】 应用 switch 语句判断成绩的等级情况，代码如下：(实例位置：光盘\MR\ym\04\4-2)

```
<?php
    $cont=49;                      //以下代码实现了根据$cont 的值，判断成绩等级的功能
    switch($cont) {
```

```
        case $cont==100;          //如果$cont 的值等于 100，则输出“满分”
            echo"满分";
            break;
      case $cont>=90;          //如果$cont 的值大于等于 90，则输出“优秀”
            echo"优秀";
            break;
        case $cont>=60;           //如果$cont 的值大于等于 60，则输出“及格”
            echo"及格";
            break;
        default:                  //如果$cont 的值小于 60，则输出“不及格”
            echo"不及格";
    }
?>
```

运行结果为：不及格

if 语句和 switch 语句可以从使用的效率上来进行区别，也可以从实用性角度去区分。如果从使用的效率上进行区分，在对同一个变量的不同值作条件判断时，使用 switch 语句的效率相对更高一些，尤其是判断的分支越多越明显。

如果从语句实用性的角度去区分，if 条件语句是实用性最强和应用范围最广的语句。

在程序开发的过程中，if 语句和 switch 语句的使用应该根据实际的情况而定，不要因为 switch 语句的效率高就一味地使用，也不要因为 if 语句常用就不应用 switch 语句。要根据实际的情况，具体问题具体分析，使用最适合的条件语句。一般情况下可以使用 if 条件语句，但是在实现一些多条件的判断中，特别是在实现框架的功能时就应该使用 switch 语句。

4.3　循环控制语句

循环语句是在满足条件的情况下反复地执行某一个操作。在 PHP 中，提供了 4 个循环控制语句，分别是 while 循环语句、do…while 循环语句、for 循环语句和 foreach 循环语句。

4.3.1　while 循环语句

while 循环语句的作用是反复地执行某一项操作，是循环控制语句中最简单的一个，也是最常用的一个。while 循环语句对表达式的值进行判断，当表达式为非 0 值时，执行 while 语句中的内嵌语句；当表达式的值为 0 值时，则不执行 while 语句中的内嵌语句。该语句的特点是：先判断表达式，后执行语句。while 循环控制语句的操作流程如图 4-12 所示。

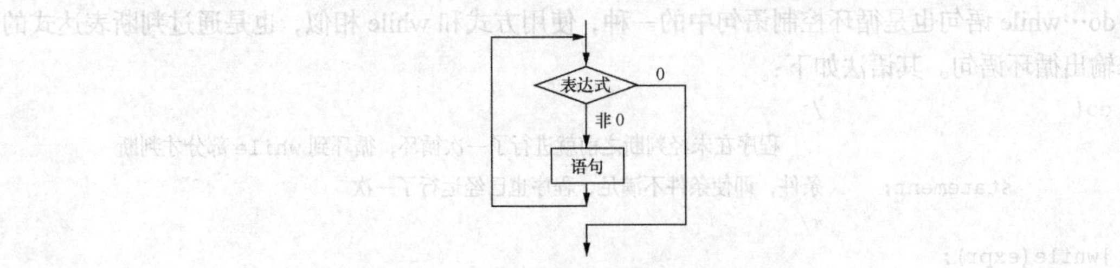

图 4-12　while 循环控制语句的操作流程

其语法如下：

```
while (expr){                                     /*
      statement;                                  先判断条件，当条件满足时执行语句块否则
                                               不向下执行
}                                              */
```

只要 while 表达式 expr 的值为 True，就重复执行嵌套中的 statement 语句，如果 while 表达式的值一开始就是 False，则循环语句一次也不执行。

【例 4-3】 下面展示 while 语句的应用，计算员工的工龄工资。正式员工在单位工作每增加一年，工龄工资增长 50 元，以 10 年为上限，计算一个员工总的工龄工资增加情况。核心代码如下：(实例位置：光盘\MR\ym\04\4-3)

```
<?php
$a=1;
$year=10;
while($a<=$year){
$price=50*12*$a;
          echo "您第".$a."年的工龄工资为<b>".$price."</b>元<br>";
          $a++;
}
?>
```

运行结果如图 4-13 所示。

计算员工的工龄工资
您第1年的工龄工资为600元
您第2年的工龄工资为1200元
您第3年的工龄工资为1800元
您第4年的工龄工资为2400元
您第5年的工龄工资为3000元
您第6年的工龄工资为3600元
您第7年的工龄工资为4200元
您第8年的工龄工资为4800元
您第9年的工龄工资为5400元
您第10年的工龄工资为6000元

图 4-13 计算员工的工龄工资

在应用 while 计算员工的工龄工资时，如果将变量 a 的值定义为 11 时，那么将不会输出员工第 11 年的工资。但是，如果应用下面的 do…while 循环语句执行此项操作时，那么就会得到意想不到的结果。而这个结果正是这两个语句之间区别的体现。

4.3.2 do…while 循环语句

do…while 语句也是循环控制语句中的一种，使用方式和 while 相似，也是通过判断表达式的值来输出循环语句。其语法如下：

```
do{                      /*
                              程序在未经判断之前就进行了一次循环，循环到 while 部分才判断
      statement;         条件，即使条件不满足，程序也已经运行了一次
                         */
}while(expr);
```

该语句的操作流程是:先执行一次指定的循环体语句,然后判断表达式的值,当表达式的值为非 0 时,返回重新执行循环体语句,如此反复,直到表达式的值等于 0 为止,此时循环结束。其特点是先执行循环体,然后判断循环条件是否成立。do…while 循环语句的操作流程如图 4-14 所示。

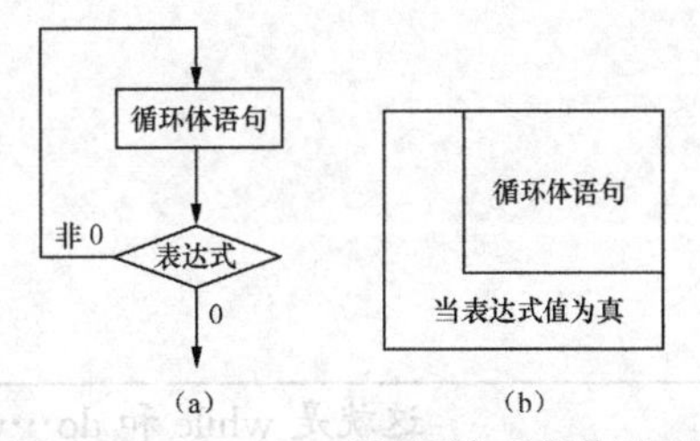

图 4-14 do…while 循环语句的操作流程

【例 4-4】 下面通过 do…while 语句计算一个员工总的工龄工资增加情况。核心代码如下:(实例位置:光盘\MR\ym\04\4-4)

```
<?php
        $a=1;                    //定义变量$a 的值为 1
        $year=10;
        do{
            $price=50*12*$a;
            echo "您第".$a."年的工龄工资为<b>".$price."</b>元<br>";
            $a++;
        }while($a<=$year);
?>
```

运行结果如图 4-15 所示。

计算员工的工龄工资

您第1年的工龄工资为600元
您第2年的工龄工资为1200元
您第3年的工龄工资为1800元
您第4年的工龄工资为2400元
您第5年的工龄工资为3000元
您第6年的工龄工资为3600元
您第7年的工龄工资为4200元
您第8年的工龄工资为4800元
您第9年的工龄工资为5400元
您第10年的工龄工资为6000元

图 4-15 计算员工的工龄工资

前面我们已经说过,如果使用 do…while 语句计算员工的工龄工资,当变量 a 的值等于 11 时,会得到一个意想不到的结果。下面就来具体操作一下,看看会得到一个什么样的结果。定义变量 a 的值为 11,重新执行示例,其代码如下:

```
<?php
    $a=11;                    //当直接定义变量$a 的值为 11 时,仍可以输出第 11 年的工资
    $year=10;                 //定义初始变量$year=10
    do{
        $price=50*12*$a;
        echo "您第".$a."年的工龄工资为<b>".$price."</b>元<br>";
        $a++;
    }while($a<=$year);       //当$year 等于 10 时程序没有停止,继续计算第 11 年的工资,当$year
等于 11 时判断条件不符合停止循环,但是第 11 年的工资已经输出了。
?>
```

运行结果如图 4-16 所示。

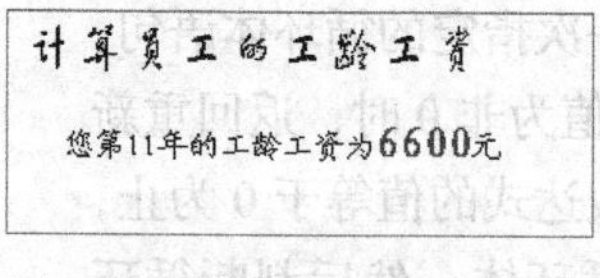

计算员工的工龄工资

您第11年的工龄工资为6600元

图 4-16 计算员工的工龄工资

说明

这就是 while 和 do…while 语句之间的区别。do…while 语句是先执行后判断，无论表达式的值是否为 True，都将执行一次循环；而 while 语句则是首先判断表达式的值是否为 True，如果为 True 则执行循环语句；否则将不执行循环语句。

编写这个示例意在说明 while 语句与 do…while 语句在执行判断上的一个小小区别，在实际的程序开发中不会出现上述的这种情况。

4.3.3 for 循环语句

for 语句是 PHP 中最复杂的循环控制语句，它拥有 3 个条件表达式。其语法如下：

```
for (expr1; expr2; expr3){
   statement
}
```

for 循环语句的参数说明如表 4-2 所示。

表 4-2 for 循环语句的参数介绍

参数	说明
expr1	必要参数。第 1 个条件表达式，在第一次循环开始时被执行
expr2	必要参数。第 2 个条件表达式，在每次循环开始时被执行，决定循环是否继续
expr3	必要参数。第 3 个条件表达式，在每次循环结束时被执行
statement	必要参数。满足条件后，循环执行的语句

其执行过程是：首先执行表达式 1；然后执行表达式 2，并对表达式 2 的值进行判断，如果值为真，则执行 for 循环语句中指定的内嵌语句，如果值为假，则结束循环，跳出 for 循环语句；最后执行表达式 3（切忌是在表达式 2 的值为真时），返回表达式 2 继续循环执行。for 循环语句的操作流程如图 4-17 所示。

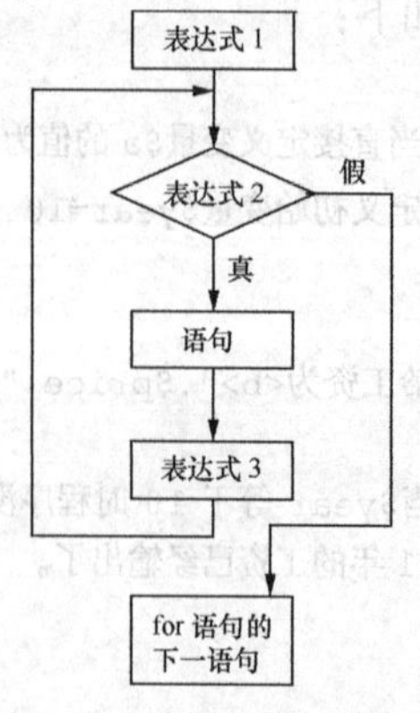

图 4-17 for 循环语句的流程图

【例 4-5】 下面使用 for 循环来计算 2~100 所有偶数之和。核心代码如下：(实例位置：光盘\MR\ym\04\4-5)

```
<?php
    $b="";
    for($a=0;$a<=100;$a+=2){            //执行 for 循环
        $b=$a+$b;                        //计算所有偶数之和
    }
    echo "结果为：<b>".$b."</b>";
?>
```

运行结果如图 4-18 所示。

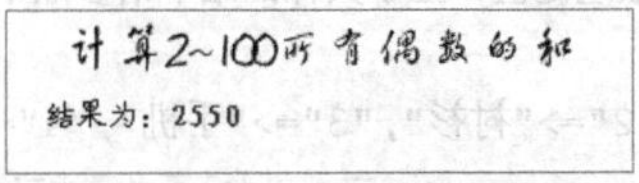

计算2~100所有偶数的和

结果为：2550

图 4-18　计算 2~100 所有偶数之和

在编程时，有时会遇到使用 for 循环的特殊语法格式来实现无限循环。语法格式为：

```
for(;;){
  …
}
```

对于这种无限循环可以通过 break 语句跳出循环。例如：

```
for(;;){
if(x <20)
        break;
    x++;
}
```

4.3.4　foreach 循环语句

foreach 循环控制语句自 PHP 4 开始被引入，主要用于处理数组，是遍历数组的一种简单方法。如果将该语句用于处理其他的数据类型或者初始化的变量，将会产生错误。该语句的语法有两种格式：

```
foreach (array_expression as $value){
   statement
}

foreach (array_expression as $key => $value){
   statement
}
```

参数 array_expression 是指定要遍历的数组，其中的$value 是数组的值，$key 是数组的键名；statement 是满足条件时要循环执行的语句。

在第一种格式中，当遍历指定的 array_expression 数组时，每次循环时，将当前数组单元的值赋予变量$value，并且将数组中的指针移动到下一个单元。

在第二种格式中的应用是相同的，只是在将当前单元的值赋予变量$value 的同时，将当前单元的键名也赋予了变量$key。

当使用 foreach 语句用于其他数据类型或者未初始化的变量时会产生错误。为了避免这个问题，最好使用 is_array()函数先来判断变量是否为数组类型。如果是，再进行其他操作。

【例 4-6】 下面应用 foreach 语句处理一个数组，实现输出购物车中商品的功能。这里假设将购物车中的商品存储于指定的数组中，然后通过 foreach 语句来输出购物车中的商品信息，其关键代码如下：(实例位置：光盘\MR\ym\04\4-6)

```
<?php
/*
        PHP 中的数组元素较其他编程语言有所不同，PHP 中的数组下标可以为数字，默认情况下数组下标以 0
为开始，数组下标还可以使用字符串作为数组键值，至于具体的细节请参照本书的数组课程讲解
*/
$name = array("1"=>"钢笔","2"=>"衬衫","3"=>"手机","4"=>"电脑");//定义数组并赋值。
$price = array("1"=>"108 元","2"=>"88 元","3"=>"666 元","4"=>"6666 元");
$counts = array("1"=>1,"2"=>1,"3"=>2,"4"=>1);
echo '<table width="480" border="1" cellpadding="1" cellspacing="1"
bordercolor= "#FFFFFF" bgcolor="#FF0000">
<tr>
    <td width="144" align="center" bgcolor="#FFFFFF"  class="STYLE1">商品名称</td>
    <td width="144" align="center" bgcolor="#FFFFFF"  class="STYLE1">价 格</td>
    <td width="144" align="center" bgcolor="#FFFFFF"  class="STYLE1">数量</td>
    <td width="144" align="center" bgcolor="#FFFFFF"  class="STYLE1">金额</td>
</tr>';
foreach($name as $key=>$value){                     //使用 foreach 语句遍历数组，输出键和值
   echo '<tr>
      <td height="24" align="center" bgcolor="#FFFFFF">'.$value.'</td>
      <td align="center" bgcolor="#FFFFFF">'.$price[$key].'</td>
      <td align="center" bgcolor="#FFFFFF">'.$counts[$key].'</td>
      <td align="center" bgcolor="#FFFFFF">'.$counts[$key]*$price[$key].'</td>
</tr>';
}
echo '</table>';
?>
```

运行结果如图 4-19 所示。

商品名称	价 格	数量	金额
钢笔	108元	1	108
衬衫	88元	1	88
手机	666元	2	1332
电脑	6666元	1	6666

图 4-19 应用 foreach 语句输出购物车中商品

4.4　跳转语句

跳转语句有 3 个：break 语句、continue 语句和 return 语句。其中前两个跳转语句使用起来非常简单而且非常容易掌握，主要原因是它们都被应用在指定的环境中，如 for 循环语句中。return 语句在应用环境上较前两者相对单一，一般被用在自定义函数和面向对象的类中。

4.4.1　break 跳转语句

break 关键字可以终止当前的循环，包括 while、do…while、for、foreach 和 switch 在内的所有控制语句。

break 语句不仅可以跳出当前的循环，还可以指定跳出几重循环。格式为：

```
break n;
```

参数 n 指定要跳出的循环数量。break 关键字的流程图如图 4-20 所示。

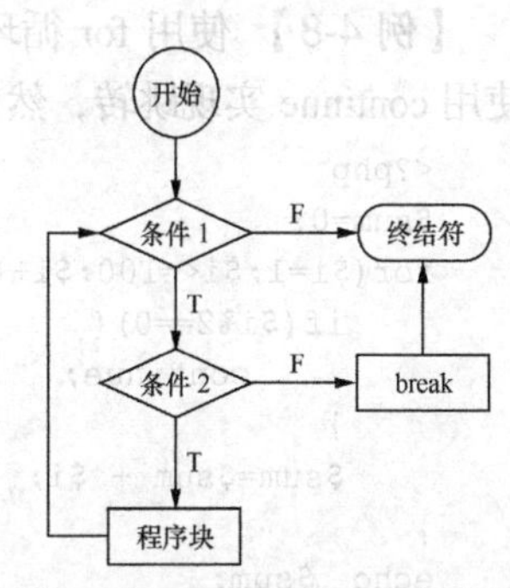

图 4-20　break 关键字的流程图

【例 4-7】 应用 for 循环控制语句声明变量$i，循环输出 4 个表情头像，当变量$i 等于 4 时，使用 break 跳转控制语句跳出 for 循环，代码如下：(实例位置：光盘\MR\ym\04\4-7)

```
<?php
for($i=1;$i<=4;$i++){                          //应用 for 循环控制语句输出表情头像
    if($i==4){                                 //判断变量是否等于 4
        break;                                 //如果等于 4，使用 break 语句跳转循环
    }
?>
<input type="radio" name="head" value="<?php echo("images/".$i.".jpg");?>" />
<img src="<?php echo("images/".$i.".jpg");?>" width="90" height="90" id="head"/>
<?php
  }
?>
```

运行结果如图 4-21 所示。

图 4-21　应用 break 跳转控制语句跳出循环

4.4.2　continue 跳转语句

程序执行 break 后，将跳出循环，而开始继续执行循环体的后续语句。continue 跳转语句的作用没有 break 那么强大，只能终止本次循环，而进入下一次循环中。在执行 continue 语句后，程序将结束本次循环的执行，并开始下一轮循环的执行操作。continue 也可以指定跳出几重循环。continue 跳转语句的流程图如图 4-22 所示。

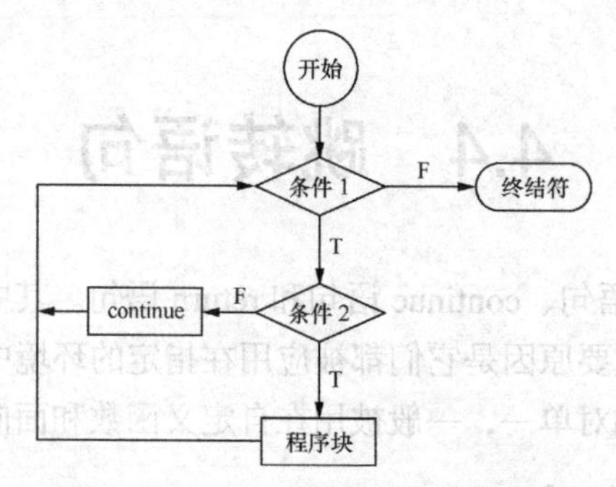

图 4-22　continue 跳转语句的流程图

【例 4-8】 使用 for 循环来计算 1~100 中所有奇数的和。在 for 循环中，当循环到偶数时，使用 continue 实现跳转，然后继续执行奇数的运算。代码如下：(实例位置：光盘\MR\ym\04\4-8)

```
<?php
$sum=0;
for($i=1;$i<=100;$i++){
    if($i%2==0){
        continue;
    }
    $sum=$sum + $i;
}
echo  $sum;
?>
```

运行结果为：2500

break 和 continue 语句都是实现跳转的功能，但还是有区别的：continue 语句只是结束本次循环，并不是终止整个循环的执行；而 break 语句则是结束整个循环过程。

4.5　包含语句

引用外部文件可以减少代码的重用性，是 PHP 编程的重要技巧。PHP 提供了 4 个非常简单却很有用的包含语句，它们允许重新使用任何类型的代码。使用任意一个语句均可将一个文件载入 PHP 脚本中，从而减少代码的重用性，提高代码维护和更新的效率。

4.5.1　include()语句

使用 include()语句包含外部文件时，只有代码执行到 include()函数时才将外部文件包含进来，当所包含的外部文件发生错误时，系统只给出一个警告，而整个 PHP 文件则继续向下执行。其语法如下：

```
void include(string filename);
```

参数 filename 是指定的完整路径文件名。

【例 4-9】 在设计 Web 页面时，为了保证页面具有一致的外观，可以将网页的头文件和尾文件进行单独存储，然后在其他页面中直接通过 include 语句包含网站的头文件和尾文件即可。如此即减少代码的冗余，也便于对网页头尾文件的维护和更新，其代码如下：(实例位置：光盘

\MR\ym\04\4-9)

```
<?php include("top.php");?>
<table border="0" align="center" cellpadding="0" cellspacing="0">
  <tr>
    <td><img src="images/bg02.gif"></td>
    <td><img src="images/bg03.gif"></td>
  </tr>
</table>
<?php include("bottom.php");?>
```

运行结果如图 4-23 所示。

图 4-23　include()函数的应用

4.5.2　require()语句

require()语句与 include()语句类似，都是实现对外部文件的调用。其语法如下：

```
void require(string filename);
```

参数 filename 是指定的完整路径文件名。

当使用 require()语句载入文件时，它会作为 PHP 文件的一部分被执行。例如，通过 require()语句载入一个 mr.html 网页文件，那么文件内的任何 PHP 命令都会被处理。但是，如果将 PHP 脚本单纯地放到 HTML 网页中，它是不会被处理的。

通过上面的分析可以看出，PHP 可以使用任何扩展名来命名包含文件，比如.inc 文件、.html 文件或其他非标准的扩展名文件等，但 PHP 通常用来解析扩展名被定义为.php 文件。建议读者使用标准的文件扩展名。

【例 4-10】　下面应用 require()语句包含并运行指定的外部文件 job.php。具体代码如下：(实例位置：光盘\MR\ym\04\4-10)

```
<table width="974" border="0" cellpadding="0" cellspacing="0">
  <tr>
    <td><?php require("job.php");?></td>          //require 语句包含指定文件
  </tr>
</table>
```

```
job.php 文件的代码如下：
<img src="images/top.jpg">
```

运行 index.php 页，输出 require()语句调用的 Web 页面。运行结果如图 4-24 所示。

图 4-24　使用 require()语句包含文件

4.5.3　include_once()语句

include_once()语句是 include()语句的延伸，它的作用和 incldue()函数几乎是相同的，唯一的区别在于 include_once()语句会在导入文件前先检测该文件是否在该页面的其他部分被导入过，如果有的话就不会重复导入该文件，这种区别是非常重要的。例如，要导入的文件中存在一些自定义函数，那么如果在同一个程序中重复导入这个文件，在第二次导入时便会发生错误，因为 PHP 不允许相同名称的函数被重复声明第二次。include_once()函数的语法如下：

```
void include_once (string filename);
```

filename 参数是指定的完整路径文件名。

【例 4-11】 下面应用 include_once()语句包含并运行指定的外部文件 job.php。代码如下：(实例位置：光盘\MR\ym\04\4-11)

```
<table width="974" border="0" cellpadding="0" cellspacing="0">
  <tr>
    <td><?php include_once("job.php");?></td>          //include_once 语句包含指定文件
  </tr>
</table>
job.php 文件的代码如下。
<img src="images/top.jpg">
```

运行结果如图 4-25 所示。

图 4-25　include_once()函数的应用

4.5.4　require_once()语句

require_once()语句是 require()语句的延伸，它的功能与 require()语句基本类似，不同的是，require_once()语句会先检查要导入的文件是否已经在该程序中的其他地方被调用过，如果有的话就不会再次重复调用该文件。如果同时应用 require_once()语句在同一页面中调用两个相同的文件，那么在输出的时候只有第一个文件被输出，第二次调用的文件不会被输出。require_once()语句的语法如下：

```
void require_once (string filename);
```

filename 参数是指定的完整路径文件名。

【例 4-12】 下面应用 require_once()语句调用外部文件，具体步骤如下。(实例位置：光盘\MR

\ym\04\4-12）

（1）首先，创建一个动态 PHP 文件，命名为 index.php，然后应用 require_once()函数嵌入 3 个外部文件，代码如下：

```
<table id="__01" width="800" height="632" border="0" cellpadding="0" cellspacing="0">
    <tr>
        <td colspan="2">
            <?php require_once("job1.php");?>        //require_once 语句包含文件
        </td>
    </tr>
    <tr>
        <td>
            <?php require_once("job2.php");?>
        </td>
        <td>
            <?php require_once("job3.php");?>
        </td>
    </tr>
</table>
```

本范例的运行结果如图 4-26 所示。

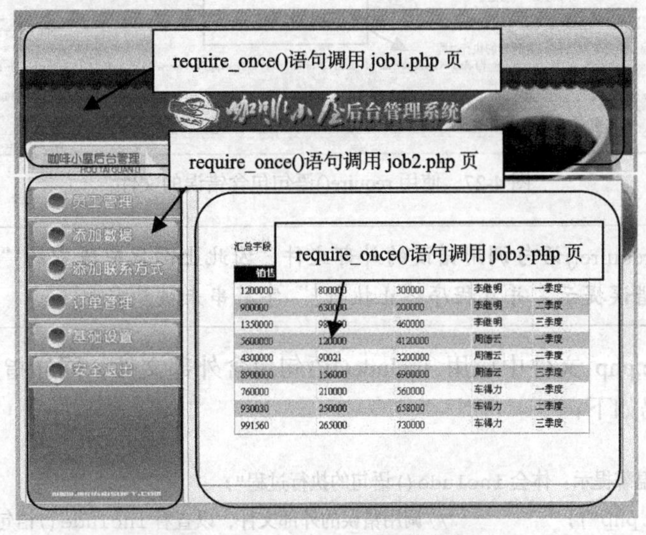

图 4-26　require_once()函数的应用

4.5.5　include()语句和 require()语句的区别

应用 require()语句来调用文件，其应用方法和 include()语句类似，但还存在一定的区别，区别如下。

- 在使用 require()语句调用文件时，如果没有找到文件，require()语句会输出错误信息，并且立即终止脚本的处理；而 include()语句在没有找到文件时则会输出警告，不会终止脚本的处理。
- 使用 require()语句调用文件时，只要程序一执行，会立刻调用外部文件；而通过 incldue()语句调用外部文件时，只有程序执行到该语句时，才会调用外部文件。

【例 4-13】　为了更好地区分 require()语句和 include()语句的区别，下面通过具体实例进行介绍。（实例位置：光盘\MR\ym\04\4-13）

（1）首先建立一个文件 index.php，分别使用 require 语句和 include 语句调用一个不存在的文件 topp.php。

（2）在 index.php 文件中应用 require()语句包含文件，并且指定错误的包含文件“topp.php”。程序代码如下：

```
<?php
echo "明日公司温馨提示：体会 require()语句的执行过程";
require("topp.php");            //调用错误的外部文件，以查看 require()语句的执行效果
echo "上面的文件名错了，因此弹出错误提示，并且程序终止执行！";
?>
```

上面是为了看出 require()语句在脚本中的执行效果，将正确的 top.php 文件名称写成错误的 topp.php 文件名。

当运行到 require()语句时，程序调用不存在的 topp.php 文件，因此弹出错误信息，并终止程序的运行，没有输出最后一行字符串。运行结果如图 4-27 所示。

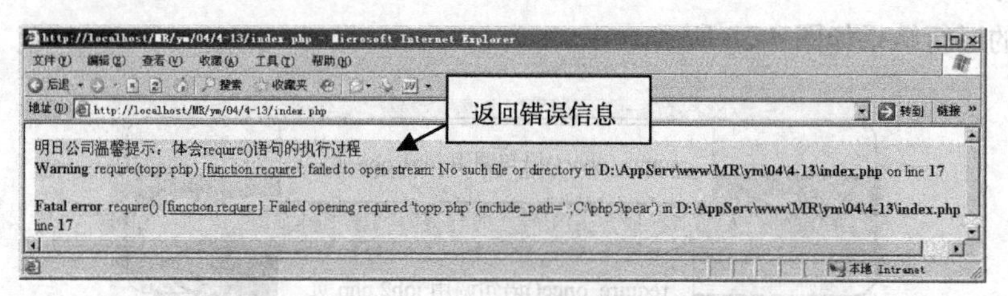

图 4-27　使用 require()语句包含错误的文件

由于 require()语句调用错误的外部文件，因此上面代码段中的“上面的文件名错了，因此弹出错误提示，并且程序终止执行！”字符串未被执行。

（3）在 include.php 文件中应用 include()语句包含外部文件，同样指定错误的文件名称 topp.php。程序代码如下：

```
<?php
echo "明日公司温馨提示：体会 include()语句的执行过程";
include("topp.php");          //调用错误的外部文件，以查看 include()语句的执行效果
echo "哈哈，虽然上面的文件名错了，但是程序还是会继续执行！我被输出了！";
?>
```

当运行到 include()语句时，由于程序调用不存在的 topp.php 文件，因此弹出警告信息。但与 require()语句不同的是，该程序没有终止执行，继续处理脚本文件，直到输出最后一行字符串为止，运行结果如图 4-28 所示。

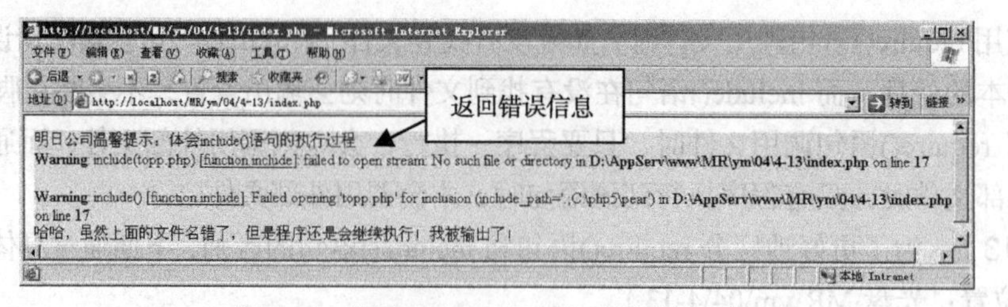

图 4-28　使用 include()语句包含错误的文件

4.6　综合实例——switch 网页框架

本实例中应用 switch 语句设计网站的布局，将网站头、尾文件设置为固定不变的板块，导航条也作为固定板块，而在主显示区中，应用 switch 语句根据超链接中传递的值不同，显示不同的内容，实例的运行结果如图 4-29 所示。

图 4-29　switch 多重判断语句

开发步骤如下。

（1）创建一个 index.php 页，在该页中插入一个 3 行 2 列的表格，利用表格来对页面进行布局，其主要是在表格的第 1 行载入网站的头部（导航条），第 2 行载入网站的主显示区，第 3 行载入网站的尾文件（网站的版权信息）。

（2）在 Dreamweaver 中通过热点为网站的导航条链接文字添加具体的链接地址。

（3）在主显示区中，应用 switch 语句根据超链接中传递的值不同，显示不同的内容。实例代码如下：

```
<?php
    switch($_GET[lmbs]){                    //获取超链接传递的变量
        case "最新商品":                    //判断如果变量的值等于“最新商品”
        include "new.php";                  //则执行该语句
    break;                                  //否则跳出循环
        case "热门商品":
        include "jollification.php";
    break;
        case "推荐商品":
        include "commend.php";
    break;
        case "订单查询":
        include "order_form.php";
    break;
        default:                            //判断当该值等于空时，执行下面的语句
```

```
            include "new.php";
        break;
        }
    ?>
    <map name="Map" id="Map">
    <area shape="rect" coords="9,92,65,113" href="#" />
    <area shape="rect" coords="78,89,131,115" href="index.php?lmbs=<?php echo urlencode("
最新商品");?>" />
    <area   shape="rect"   coords="145,92,201,114"   href="index.php?lmbs=<?php   echo
urlencode("推荐商品");?>" />
    <area   shape="rect"   coords="212,91,268,114"   href="index.php?lmbs=<?php   echo
urlencode("热门商品");?>" />
    <area   shape="rect"   coords="474,93,529,113"   href="index.php?lmbs=<?php   echo
urlencode("订单查询");?>" />
    </map>
```

知识点提炼

（1）程序设计的结构大致可以分为 3 种：顺序结构、选择结构和循环结构。

（2）顺序结构是最基本的结构方式，各流程依次按顺序执行。

（3）选择结构就是对给定条件进行判断，条件为真时执行一个分支，条件为假时执行另一个分支。

（4）循环结构可以按照需要多次重复执行一行或者多行代码。循环结构分为两种：前测试型循环和后测试型循环。

（5）前测试型循环，先判断后执行。当条件为真时反复执行语句或语句块，条件为假时，跳出循环，继续执行循环后面的语句。

（6）后测试型循环，先执行后判断。先执行语句或语句块，再进行条件判断，直到条件为假时，跳出循环，继续执行循环后面的语句，否则一直执行语句或语句块。

（7）if 条件控制语句是所有流程控制语句中最简单、最常用的一个，根据获取的不同条件判断执行不同的语句。

（8）switch 语句实现将同一个表达式与很多不同的值比较，获取相同的值，并且执行相同的值对应的语句。

（9）while 循环语句，其作用是反复地执行某一项操作，是循环控制语句中最简单的一个，也是最常用的一个。

（10）foreach 循环控制语句自 PHP 4 开始被引入，主要用于处理数组，是遍历数组的一种简单方法。

习　题

4-1　列举出常用的流程控制语句（4 种）。

4-2　通过什么函数向当前的代码中添加库代码？

4-3　描述出 include()语句和 require()语句的区别，并且指出它们的替代语句。

实验：if 语句判断闰年

实验目的

掌握 if 语句的工作原理。

实验内容

使用 if 语句判断指定的年份是否为闰年。

实验步骤

（1）声明一个变量，即要判断的年份。

（2）使用 if 语句进行闰年的判断，判断的条件是所选年份既能被 4 整除，同时又不能被 100 整除。

（3）使用 echo 语句输出判断的结果。本例实现的代码如下：

```
<?php
    $num = 2012;                                    //定义一个变量$num,并为其赋值为 2010
    if(($num%4)==0 && ($num%100)!=0){        //如果变量$num 能够被 4 整除，而同时不能被 100 整
除，则执行下面的语句
        echo "$num".'年'."是闰年";            //输出是闰年
    }else{                                          //否则输出是平年
        echo "$num".'年'."是平年";
    }
?>
```

运行结果为：2012 年是闰年

第5章 PHP函数

本章要点：

- PHP 函数的定义、调用，以及参数的传递
- PHP 变量函数库中的经典函数
- PHP 字符串函数库中的经典函数
- PHP 日期时间函数库中的经典函数
- PHP 数学函数库中的经典函数
- PHP 文件系统函数库中的经典函数
- MySQL 函数库中的经典函数

函数分为系统内部函数和用户自定义函数两种。在日常开发中，如果有一个功能或者一段代码要经常使用，就可以把它写成自定义函数，在需要的时候进行调用。除了自定义函数外，PHP 还提供了庞大的函数库，足有几千种的内置函数，可以直接使用它实现相应功能。在程序中调用函数的目的是为了简化编程、减少代码量、提高效率，达到增加代码重用性、避免重复开发的目的。本章将详细讲解函数的相关操作与常用的 PHP 内置函数。

5.1 PHP 函数

在开发过程中，经常要重复某种操作或处理，如数据查询、字符操作等，如果每个模块的操作都要重新输入一次代码，不仅令程序员头痛不已，而且对于代码的后期维护及运行效果也有着较大的影响，使用 PHP 函数即可让这些问题迎刃而解。

5.1.1 定义和调用函数

函数，就是将一些重复使用到的功能写在一个独立的代码块中，在需要时单独调用。创建函数的基本语法格式如下：

```
function fun_name($str1,$stgr2…$strn){
    fun_body;
}
```

说明

function：为声明自定义函数时必须使用到的关键字。

fun_name：为自定义函数的名称。

$str1…$strn：为函数的参数。

fun_body：为自定义函数的主体，是功能实现部分。

当函数被定义后，所要做的就是调用这个函数。调用函数的操作十分简单，只需要引用函数名并赋予正确的参数即可完成函数的调用。

【例 5-1】　定义函数 example()，计算传入的参数的平方，然后连同表达式和结果全部输出，代码如下：（实例位置：光盘\MR\ym\05\5-1）

```
<?php
    /*  声明自定义函数  */
    function example($num){
        return "$num * $num = ".$num * $num;              //返回计算后的结果
    }
    echo example(10);                                     //调用函数
?>
```

结果为：10 * 10 = 100

5.1.2　在函数间传递参数

在调用函数时需要向函数传递参数，被传入的参数称为实参，而函数定义的参数为形参。参数传递的方式有按值传递、按引用传递和默认参数 3 种。

1. 按值传递方式

按值传递是指将实参的值复制到对应的形参中，在函数内部的操作针对形参进行，操作的结果不会影响到实参，即函数返回后，实参的值不会改变。

【例 5-2】　首先定义一个函数 example()，功能是将传入的参数值做一些运算后再输出。接着在函数外部定义一个变量$m，也就是要传进来的参数。最后调用函数 example($m)，输出函数的返回值$m 和变量$m 的值，代码如下：（实例位置：光盘\MR\ym\05\5-2）

```
<?php
function example( $m ){                   //定义一个函数
    $m = $m * 5 + 10;
echo "在函数内：\$m = ".$m;               //输出形参的值
}
$m = 1;
example( $m ) ;                           //传递值，将$m 的值传递给形参$m
echo "<p>在函数外 \$m = $m <p>" ;         //实参的值没有发生变化，输出 m=1
?>
```

运行结果如图 5-1 所示。

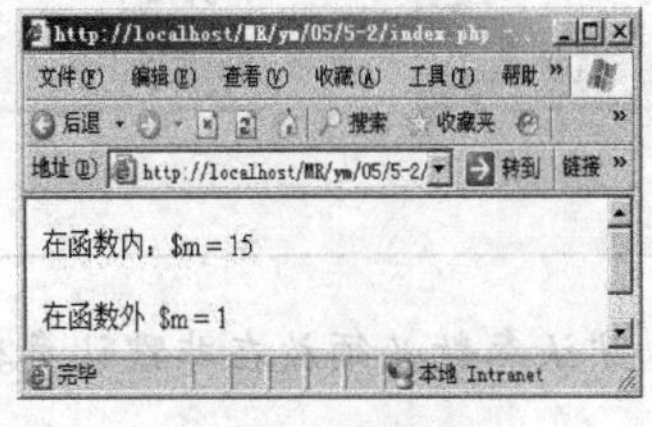

图 5-1　按值传递

2. 按引用传递方式

按引用传递就是将实参的内存地址传递到形参中。这时，在函数内部的所有操作都会影响到实参的值，返回后实参的值会发生变化。引用传递方式就是传值时在原基础上加&号即可。

【例 5-3】 仍然使用例 5-2 中的代码，唯一不同的地方就是多了一个&号，代码如下：（实例位置：光盘\MR\ym\05\5-3）

```
<?php
function example( &$m ){                          //定义一个函数，同时传递参数$m 的变量
    $m = $m * 5 + 10;
echo "在函数内：\$m = ".$m;                       //输出形参的值
}
$m = 1;
example( $m ) ;                                   //传递值：将$m 的值传递给形参$m
echo "<p>在函数外：\$m = $m <p>" ;                 //实参的值发生变化，输出 m=15
?>
```

运行结果如图 5-2 所示。

3. 默认参数（可选参数）

还有一种设置参数的方式，默认参数即可选参数。可以指定某个参数为可选参数，将可选参数放在参数列表末尾，并且指定其默认值为空。

【例 5-4】 使用可选参数实现一个简单的价格计算功能，设置自定义函数 values 的参数$tax 为可选参数，其默认值为空。第一次调用该函数，并且给参数$tax 赋值 0.25，输出价格；第二次调用该函数，不给参数$tax 赋值，输出价格，代码如下：（实例位置：光盘\MR\ym\05\5-4）

```
<?php
    function values($price,$tax=""){              //定义一个函数，其中的一个参数初始值为空
        $price=$price+($price*$tax);              //声明一个变量$price，等于两个参数的运算结果
        echo "价格:$price<br>";                    //输出价格
    }
    values(100,0.25);                             //为可选参数赋值 0.25
    values(100);                                  //没有给可选参数赋值
?>
```

运行结果如图 5-3 所示。

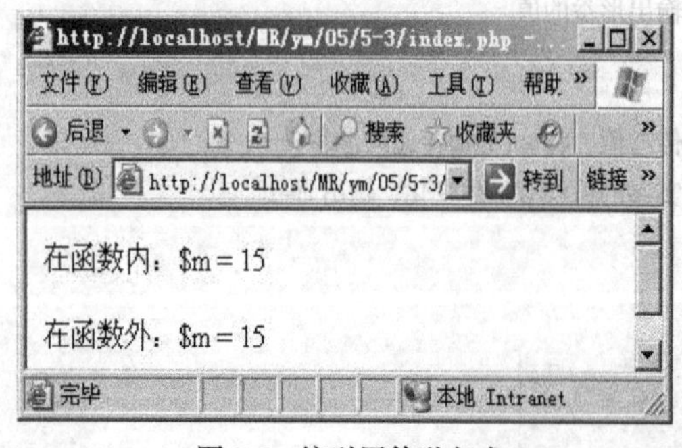

图 5-2 按引用传递方式

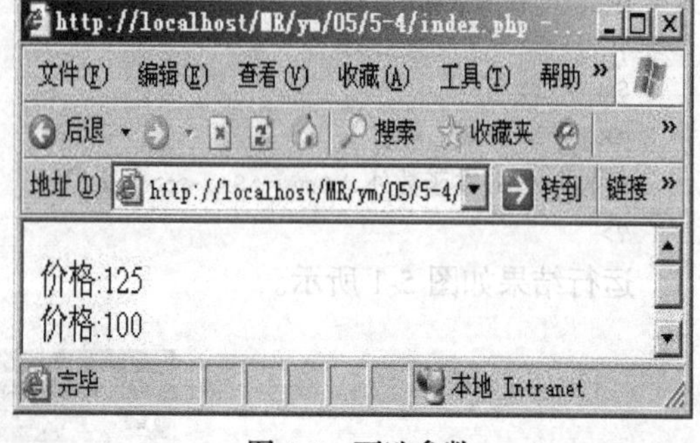

图 5-3 可选参数

当使用默认参数时，默认参数必须放在非默认参数的右侧，否则函数可能出错。

从 PHP 5 开始，默认值也可以通过引用传递。

5.1.3　从函数中返回值

前面介绍了如何定义和调用一个函数，并且讲解了如何在函数间传递值，这里将讲解函数的返回值。通常，函数将返回值传递给调用者的方式是使用关键字 return。

return()将函数的值返回给函数的调用者，即将程序控制权返回到调用者的作用域。如果在全局作用域内使用 return()关键字，那么将终止脚本的执行。

【例 5-5】　使用 return()函数返回一个操作数。先定义函数 values，函数的作用是输入物品的单价、重量，然后计算总金额，最后输出商品的价格，代码如下：（实例位置：光盘\MR\ym\05\5-5）

```
<?php
    function values($price,$tax=0.45){                //定义一个函数，函数中的一个参数有默认值
        $price=$price+($price*$tax);                  //计算物品金额
        return $price;                                //返回金额
    }
    echo values(100);                                 //调用函数
?>
```

运行结果为：145

return 语句只能返回一个参数，也即只能返回一个值，不能一次返回多个。如果要返回多个结果，就要在函数中定义一个数组，将返回值存储在数组中返回。

5.1.4　变量函数

变量函数也称作可变函数。如果一个变量名后有圆括号，PHP 将寻找与变量的值同名的函数，并且将尝试执行它。这样就可以将不同的函数名称赋予同一个变量，赋予变量哪个函数名，在程序中使用变量名并在后面加上圆括号时，就调用哪个函数执行，类似面向对象中的多态特性。变量函数还可以被用于实现回调函数、函数表等。

【例 5-6】　首先定义 a()、b()、c() 3 个函数，分别用于计算两个数的和、平方和及立方和。并将 3 个函数的函数名（不带圆括号）以字符串的方式赋予变量$result，然后使用变量名$result 后面加上圆括号并传入两个整型参数，此时就会寻找与变量$result 的值同名的函数执行，代码如下：（实例位置：光盘\MR\ym\05\5-6）

```
<?php
    //声明第一个函数 a，计算两个数的和，需要两个整型参数，返回计算后的值
    function a($a,$b){
        return $a+$b;
    }
    //声明第一个函数 b，计算两个数的平方和，需要两个整型参数，返回计算后的值
    function b($a,$b){
        return $a*$a+$b*$b;
    }
    //声明第一个函数 c，计算两个数的立方和，需要两个整型参数，返回计算后的值
    function c($a,$b){
```

```
        return $a*$a*$a+$b*$b*$b;
    }
    $result="a";       //将函数名“a”赋值给变量$result，执行$result()时则调用函数a()
    //$result="b";     将函数名“b”赋值给变量$result，执行$result()时则调用函数b()
    //$result="c";     将函数名“c”赋值给变量$result，执行$result()时则调用函数c()
    echo"运算结果是：".$result(2,3);
?>
```

运行结果如图 5-4 所示。

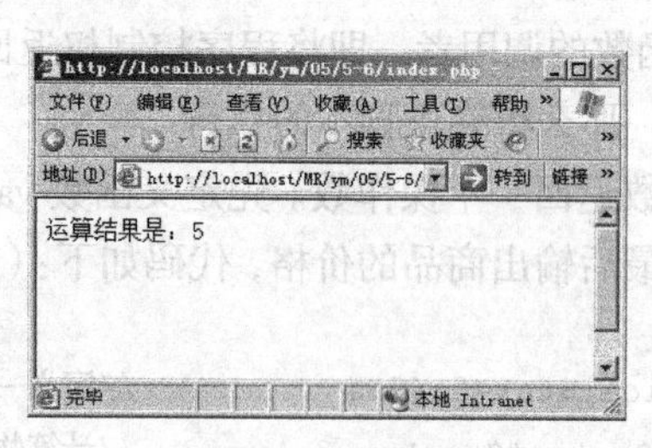

图 5-4　变量函数

注意　大多数函数都可以将函数名赋值给变量，形成变量函数。但变量函数不能用于语言结构，例如 echo(),print(),unset(),isset(),empty(),include(),require()以及类似的语句。

5.1.5　对函数的引用

按引用传递参数可以修改实参的内容。引用不仅可用于普通变量、函数参数，也可用于函数本身。对函数的引用，就是对函数返回结果的引用。

【例 5-7】　首先定义一个函数，在函数名前加“&”符。接着通过变量$str 引用该函数，最后输出变量$str，实际上就是$tmp 的值，代码如下：（实例位置：光盘\MR\ym\05\5-7）

```
<?php
function &example($tmp=0){                    //定义一个函数，注意加“&”符
    return $tmp;                               //返回参数$tmp
}
$str = &example("看到了");                    //声明一个函数的引用$str;
echo $str."<p>";                               //输出$str
?>
```

结果为：看到了

注意　和参数传递不同，这里必须在两个地方使用“&”符，用来说明返回的是一个引用。

5.1.6　取消引用

当不再需要引用时，可以取消引用。取消引用使用 unset 函数，它只是断开了变量名和变量内容之间的绑定，而不是销毁变量内容。

【例 5-8】　首先声明一个变量和变量的引用，输出引用后取消引用，再次调用引用和原变量。可以看到，取消引用后对原变量没有任何影响，代码如下：（实例位置：光盘\MR\ym\05\5-8）

```
<?php
$num = 1234;                              //声明一个整型变量
$math = &$num;                            //声明一个对变量$num 的引用$math
echo "\$math is:  ".$math."<br>";         //输出引用$math
unset($math);                             //取消引用$math
echo "\$num is:  ".$num;                  //输出原变量
?>
```

运行结果为：$math is: 1234　　　$num is: 1234

5.2　PHP 变量函数库

除了用户自行编写的函数库外，PHP 自身也提供了很多内置的函数，PHP 变量函数库就是其中一个。但并不是所有的函数都会经常用到。因此，读者只要熟悉一些常用的函数即可。这里将根据实际开发的需求，介绍一些常用的变量函数，如表 5-1 所示。

表 5-1　　　　　　　　　　　　常用的变量函数介绍

类型	说明
empty	检查一个变量是否为空，为空则返回 TRUE；否则返回 FALSE
gettype	获取变量的类型
intval	获取变量的整数值
is_array	检查变量是否为数组类型
is_int	检查变量是否为整数
is_numeric	检查变量是否为数字或由数字组成的字符串
isset	检查变量是否被设置，即是否被赋值
print_r	打印变量
settype	设置变量的类型，可将变量设为另一个类型
unset	释放给定的变量，即销毁这个变量
var_dump	打印变量的相关信息

isset()函数检查变量是否被设置，设置则返回 TRUE，否则返回 FALSE。其语法如下：

```
bool isset ( mixed var [, mixed var [, ...]])
```

参数说明：var 为必要参数，输入的变量。var2 为可选参数，此参数是输入的变量，可有多个。

【例 5-9】 应用 isset()函数和 empty()函数判断用户提交的用户名和密码是否为空，代码如下：（实例位置：光盘\MR\ym\05\5-9）

```
<?php
if(isset($_POST['Submit']) && $_POST['Submit']=="登录"){                    //通过 isset()函数
对登录按钮进行判断
$user=$_POST['user'];                                                      //通过$_POST 函数调
用表单文本域的值
$pass=$_POST['pass'];
```

```
        if(empty($user)||empty($pass)){                                //通过 if 语句判断用
户名或是密码不能为空
            echo "<script>alert('用户名或密码不能为空');</script>";      //用户名或是密码为空
时，给出提示
        }
    }
    ?>
```

运行结果如图 5-5 所示。

图 5-5　用户名或密码不能为空

isset()只能用于变量，因为传递任何其他参数都将造成解析错误。若想检测常量是否已设置，可使用 defined()函数。

5.3　PHP 字符串函数库

PHP 字符串函数库是 PHP 开发中一项非常重要的内容，必须掌握其中常用函数的使用方法。在表 5-2 中对 PHP 常用的字符串函数进行了总结。

表 5-2　常用字符串介绍

函数	功能
addcslashes	实现转义字符串中的字符，即在指定的字符前面加上反斜线
explode	将字符串依指定的字符串或字符 separator 切开
echo	用来输出字符串
ltrim	删除字符串开头的连续空白
md5	计算字符串的 md5 哈希值
strlen	获取指定字符串的长度
str_ireplace	将某个指定的字符串都替换为另一个指定的字符串（大小写不敏感）
str_repeat	将指定的字符串重复输出
str_replace	取代所有在字串中出现的字串
strchr	获取指定字符串（A）在另一个字符串（B）中首次出现的位置
stristr	获取指定字符串（A）在另一个字符串（B）中首次出现的位置到（B）字符串末尾的所有字符串
strstr	获取一个指定字符串在另一个字符串中首次出现的位置到后者末尾的子字符串
substr_replace	将字符串中的部分字符串替换为指定的字符串
substr	从指定的字符串 str 中按照指定的位置 start 截取一定长度 length 的字符

1. explode 函数

explode()函数将字符串依指定的字符串或字符 separator 切开。其语法如下：

```
array explode(string separator, string string [,int limit])
```

返回由字符串组成的数组，每个元素都是 string 的一个子串，它们被字符串 separator 作为边界点分隔出来。

- 如果设置了 limit 参数，则返回的数组包含最多 limit 个元素，而最后那个元素将包含 string 的剩余部分。
- 如果 separator 为空字符串（""），explode()函数将返回 FALSE。
- 如果 separator 所包含的值在 string 中找不到，那么 explode()函数将返回包含 string 单个元素的数组。
- 如果参数 limit 是负数，则返回除了最后的 limit 个元素外的所有元素。

【例 5-10】 在电子商务网站的购物车中，通过特殊标识符“@”将购买的多种商品组合成一个字符串存储在数据表中，在显示购物车中的商品时，以“@”作为分割的标识符进行拆分，将商品字符串分割成 *N* 个数组元素，最后通过 foreach 循环语句输出数组元素，即输出购买的商品。代码如下：（实例位置：光盘\MR\ym\05\5-10）

```
<?php
$str="品牌电脑@品牌手机@高档男士衬衫@高档女士挎包";        //定义字符串常量
$str_arr=explode("@",$str);                            //应用标识@分割字符串
foreach($str_arr as $key=>$value){                     //使用 foreach 语句遍历数组，输出键和值
    echo $value."<br>";                                //输出商品
}
?>
```

运行结果如图 5-6 所示。

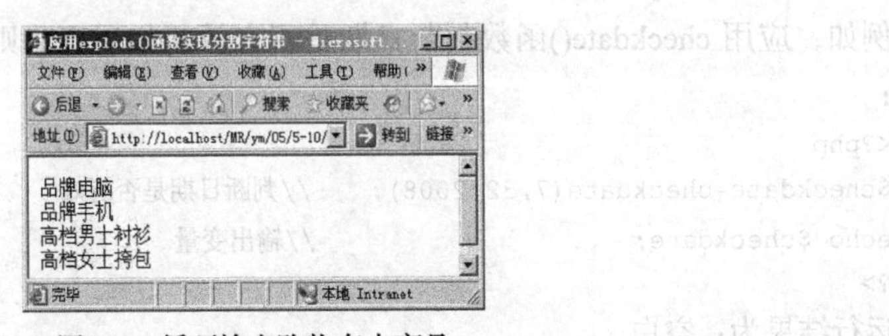

图 5-6　循环输出购物车中商品

2. md5 函数

md5 函数计算字符串的 md5 哈希，该函数是一种编码的方式，但是不能解码。其语法如下：

```
string md5 ( string str , bool raw_output )
```

参数 str 为被加密的字符串；参数 raw_output 为布尔型，TRUE 表示加密字符串以二进制格式返回。

例如，应用 md5()函数对字符串“明日科技”进行编码，代码如下：

```
<?php
    echo md5("明日科技");  //63bac9345fcfdf1ec8cfa82f1c996c29
?>
```

运行结果为：63bac9345fcfdf1ec8cfa82f1c996c29

5.4 PHP 日期时间函数库

PHP 通过内置的日期和时间函数，完成对日期和时间的各种操作，其常用日期和时间函数如表 5-3 所示。

表 5-3　　常用日期函数介绍

函数	功能
checkdate	验证日期的有效性
date	格式化一个本地时间/日期
microtime	返回当前 UNIX 时间戳和微秒数
mktime	获取一个日期的 UNIX 时间戳
strftime	根据区域设置格式化本地时间/日期
strtotime	将任何英文文本的日期时间描述解析为 UNIX 时间戳
time	返回当前的 UNIX 时间戳

1. checkdate()函数

checkdate()函数用于验证日期的有效性，如果日期有效则返回 TRUE，否则返回 FALSE。其语法如下：

```
bool checkdate ( int month, int day, int year)
```

参数说明：month 的有效值是从 1 到 12；day 的有效值在给定的 month 所应该具有的天数范围之内，包括闰年；year 的有效值是从 1 到 32767。

例如，应用 checkdate()函数判断日期是否有效，如果正确则输出 1，否则不输出。其代码如下：

```
<?php
$checkdate=checkdate(7,32,2008);     //判断日期是否有效
echo $checkdate;                     //输出变量
?>
```

运行结果为：空白

2. mktime 函数

mktime()函数用于返回一个日期的 UNIX 时间戳。其语法如下：

```
int mktime ( int hour, int minute, int second ,int month, int day ,int year , int is_dst)
```

mktime()函数根据给出的参数返回 UNIX 时间戳。时间戳是一个长整数，包含了从 UNIX 新纪元（1970 年 1 月 1 日）到给定时间的秒数。其参数可以从右向左省略，任何省略的参数会被设置成本地日期和时间的当前值。其中参数 is_dst 在夏令时可以被设为 1，如果不是则设为 0；如果不知道是否为夏令时则设为-1（默认值）。

【例 5-11】 应用 mktime()函数获取系统当前的时间戳，然后通过 date()函数来对其进行格式化，输出时间，代码如下：（实例位置：光盘\MR\ym\05\5-11）

```
<?php
echo "mktime 函数返回的时间戳:". mktime()."<br>";
```

```
echo date( "M-d-Y", mktime());
?>
```

运行结果如图 5-7 所示。

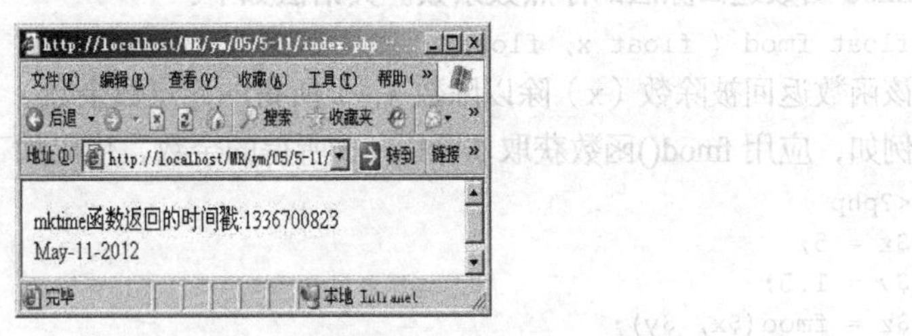

图 5-7　获取当前时间戳

5.5　PHP 数学函数库

PHP 提供了大量的内置数学函数，大大提高了开发人员在数学运算上的精准度。在表 5-4 中介绍了一些常用的 PHP 数学函数。

表 5-4　常用数学函数介绍

类型	说明
ceil	返回不小于参数 value 值的最小整数，如果有小数部分则进一位
mt_rand	返回随机数中的一个值
mt_srand	配置随机数的种子
rand	产生一个随机数，返回随机数的值
round	实现对浮点数进行四舍五入
floor	实现舍去法取整，该函数返回不大于参数 value 值的下一个整数，将 value 值的小数部分舍去取整
fmod	返回除法的浮点数余数
getrandmax	获取随机数最大的可能值
max	返回参数中的最大值
min	返回参数中数值最小值

1．floor 函数

floor 函数实现舍去法取整，返回不大于参数 valuc 值的下一个整数，将 value 值的小数部分舍去取整。floor()函数返回的类型是浮点型，因为浮点型值的范围通常比整型要大。其语法如下：

```
float floor ( float value)
```

例如，应用 floor()函数对数值 6、7.2 和 8.9 进行取整，代码如下：

```
<?php
echo floor(6). "<br>";
echo floor(7.2). "<br>";
echo floor(8.9). "<br>";
?>
```

运行结果为：6 7 8

2. fmod 函数

fmod 函数返回除法的浮点数余数。其语法如下：

```
float fmod ( float x, float y)
```

该函数返回被除数（x）除以除数（y）所得的浮点数余数。

例如，应用 fmod()函数获取 5 除以 1.5 所得的余数，代码如下：

```
<?php
$x = 5;
$y = 1.5;
$z = fmod($x, $y);
echo $z;
?>
```

运行结果为：0.5

【例 5-12】 max()函数被广泛的应用于网站的最高访问量的统计或者销售系统中的销售统计。本例应用 max()函数获取一年中商品月销量最高的值。（实例位置：光盘\MR\ym\05\5-12）

（1）创建一个 form 表单，添加表单元素，用于提交一年中每个月的销售数据。

（2）在本页中编写 PHP 脚本，通过 isset()函数判断是否执行提交操作。如果执行提交操作，通过$_POST[]全局数组获取每个月的销售数据，并赋予指定的变量，并且将这些数据存储到一个数组中，最终通过 max()函数统计数组中的最大值；如果没执行提交操作，那么为执行的变量赋空值。

代码如下：

```
<?php
if(isset($_POST['Submit']) && $_POST['Submit']=="提交"){
    $month1=$_POST['month1'];
    $month2=$_POST['month2'];
//此处省略了部分代码
$array=array($_POST['month1'],$_POST['month2'],$_POST ['month3'],$_POST['month4'],$_POST
['month5'],$_POST['month6'],$_POST['month7'],$_POST['month8'],$_POST['month9'],$_POST
['month10'],$_POST['month11'],$_POST['month12']);
    $max=max($array);
 }else{
    $month1="";
    $month2="";
//此处省略了部分代码
    $max="";
 }
?>
```

（3）输出月销售量最高的数据。

运行结果如图 5-8 所示。

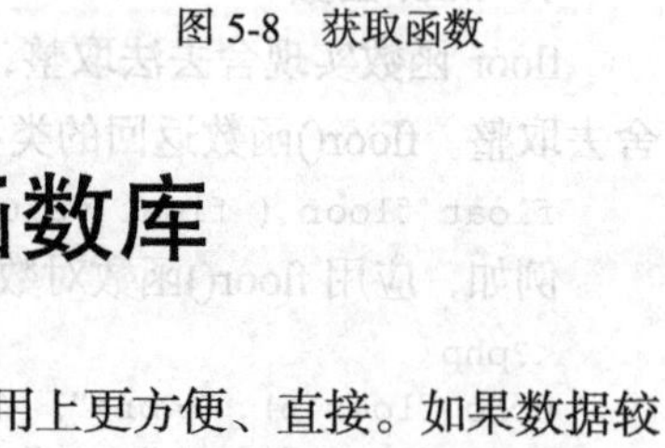

图 5-8 获取函数

5.6 PHP 文件系统函数库

文件是存取数据的方式之一。相对于数据库来说，文件在使用上更方便、直接。如果数据较少、较简单，使用文件无疑是最合适的方法。PHP 对文件的操作是通过内置的文件操作系统函数来完成的。常用的文件系统操作函数如表 5-5 所示。

表 5-5　　文件系统函数

函数	功能
basename	返回文件路径中基本的文件名
copy	将某文件由当前目录拷贝到其他目录，如果成功则返回 TRUE，失败则返回 FALSE
file_exists	判断指定的目录或文件是否存在，如果存在则返回 TRUE，否则返回 FALSE
file_put_contents	将字符串写入指定的文件中
file	读取某文件的内容，并将结果保存到数组中，数组内每个元素的内容对应读取文件的一行
filetype	返回文件的类型。可能的值有 fifo、char、dir、block、link、file 和 unknown
fopen	打开某文件，并返回该文件的标识指针。该文件可以是本地的，也可以是远程的
fread	从文件指针所指文件中读取指定长度的数据
is_dir	如果该函数参数所代表的路径为目录并且该目录存在，则返回 TRUE，否则返回 FALSE
is_uploaded_file	判断文件是否应用 HTTP POST 方式上传的，如果是则返回 TRUE，否则返回 FALSE
mkdir	新建一个目录
move_uploaded_file	应用 POST 方法上传文件
readfile	读入一个文件，并将读入的内容写入输出缓冲
rmdir	删除指定的目录，如果删除成功则返回 TRUE，否则返回 FALSE
unlink	用于删除文件，如果删除成功则返回 TRUE，否则返回 FALSE

1. fopen ()函数

fopen ()函数用于打开某文件，并返回该文件的标识指针。该文件可以是本地的，也可以是远程的。其语法如下：

```
resource fopen(string filename, string mode [,bool use_include_path [, resource context]])
```

fopen ()函数中的各参数说明如表 5-6 所示。

表 5-6　　fopen()函数的参数说明

参数	说明
filename	必要参数。用于指定要打开文件的本地或远程地址
mode	必要参数。用于指定要打开文件的模式
use_include_path	可选参数。如果将该参数设置为 TRUE，PHP 会尝试按照 include_path 标准包含路径中的每个指向去打开文件
context	可选参数。设置提高文件流性能的一些选项

2. mkdir()函数

mkdir()函数用于判断某文件是否存在，并且是否可写。如果存在，并且可写则返回 TRUE；否则返回 FALSE。其语法如下：

```
bool mkdir(string pathname [, int mode])
```

参数说明：pathname 为必要参数，用于指定新建目录的名称；mode 为可选参数，用于指定新建目录的模式。

【例 5-13】 下面就应用文件和目录的操作技术编写一个实例，实现文件、目录的创建和删除功能。代码如下：（实例位置：光盘\MR\ym\05\5-13）

创建 index.php 文件，首先判断文件夹和文件是否存在，如果存在则利用 file_get_contents()函数读取文本文件信息，然后删除文件夹及文件；如果不存在则使用 mkdir()和 fopen()函数创建文件夹和文件并向文件中写入文本信息。代码如下：

```
<?php
    if(!is_dir('txt')){                                    //判断 txt 是不是文件夹目录
        mkdir('txt');                                      //创建名为 txt 的文件夹目录
        $open=fopen("txt/in.txt","w+");                    //以读写方式打开文件 in.txt
            if(is_writable("txt/in.txt")){                 //如果此文件为可写模式
                if(fwrite($open,"今天是美好的一天，一定要开心哦！")>0){
                                                           //当文件写入成功时
                    fclose($open);                         //关闭文件
                    echo "<script>alert('写入成功')</script>";
                                                           //输出成功提示
                }
            }
    }else{                                                 //如果 txt 文件目录存在
        if(is_file("txt/in.txt")){                         //判断目录下是否存在 in.txt 文件
            if(is_readable("txt/in.txt")){                 //判断此文件是否可读
                echo file_get_contents("txt/in.txt");      //输出文本数据信息
                unlink("txt/in.txt");                      //删除 in.txt 文件
                rmdir('txt');                              //删除目录
            }
        }
    }
?>
```

运行结果如图 5-9、图 5-10 所示。

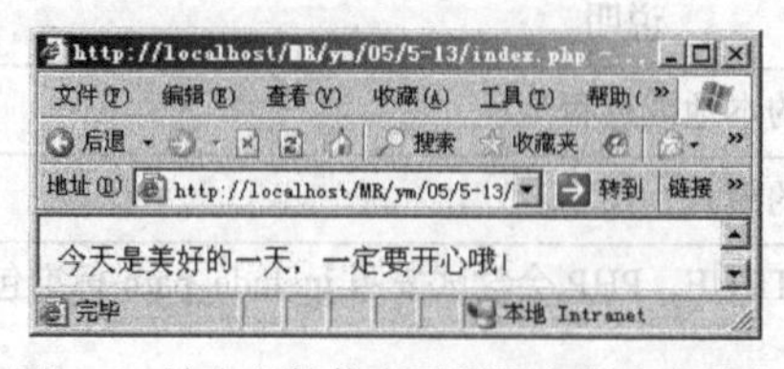

图 5-9 输出文件信息及删除文件和文件夹

图 5-10 创建文件夹及文件并写入信息

5.7 MySQL 函数库

PHP 支持多种数据库，而且内置了很多数据库操作的函数库。其中的 MySQL 函数库是最为常用的一种。在下面的表 5-7 中列举了 MySQL 函数库中的常用函数。

表 5-7　　常用的 MySQL 函数

函数	功能
mysql_close	关闭 MySQL 连接
mysql_connect	打开一个到 MySQL 服务器的连接
mysql_create_db	新建一个 MySQL 数据库
mysql_error	返回上一个 MySQL 操作产生的文本错误信息
mysql_fetch_array	从结果集中获取一行作为关联数组，或数字数组，或两者兼有
mysql_fetch_assoc	从结果集中获取一行作为关联数组
mysql_fetch_field	从结果集中获取列信息并作为对象返回
mysql_fetch_object	从结果集中获取一行作为对象
mysql_fetch_row	从结果集中获取一行作为枚举数组
mysql_num_rows	获取结果集中行的数目
mysql_query	发送一条 MySQL 查询
mysql_select_db	选择 MySQL 数据库

1. mysql_connect 函数

打开一个到MySQL服务器的连接。如果成功则返回一个MySQL连接标识;失败则返回 false。其语法如下:

```
resource mysql_connect ( [string server [, string username [, string password [, bool new_link [, int client_flags]]]]] )
```

mysql_connect()函数的参数说明如表 5-8 所示。

表 5-8　　mysql_connect()函数的参数说明

参数	说明
server	MySQL 服务器。可以包括端口号，如“hostname:port”，或者到本地套接字的路径，如对于 localhost 的“:/path/to/socket”。如果 PHP 指令 mysql.default_host 未定义（默认情况），则默认值是“localhost:3306”
username	用户名。默认值是服务器进程所有者的用户名
password	密码。默认值是空密码
new_link	如果用同样的参数第二次调用 mysql_connect()函数，将不会建立新连接，而将返回已经打开的连接标识。参数 new_link 改变此行为并使 mysql_connect()函数总是打开新的连接，甚至当 mysql_connect()函数曾在前面被用同样的参数调用过
client_flags	client_flags 参数可以是以下常量的组合：MYSQL_CLIENT_SSL，MYSQL_CLIENT_COMPRESS，MYSQL_CLIENT_IGNORE_SPACE 或 MYSQL_CLIENT_I　NTERACTIVE

下面一个示例应用 mysql_connect()函数连接 MySQL 服务器，代码如下：

```
<?php
$link = mysql_connect("localhost", "root", "111");          //连接 Mysql 服务器
mysql_select_db("db_database05");                            //连接数据库
if (!$link) {
    die("数据源连接失败:" . mysql_error());
}
```

```
echo "数据源连接成功!";
?>
```

本示例的运行结果：数据源连接成功!

2. mysql_select_db()函数选择 MySQL 数据库

MySQL 服务器连接成功后，接下来使用 mysql_select_db()函数选择 MySQL 数据库。其语法如下：

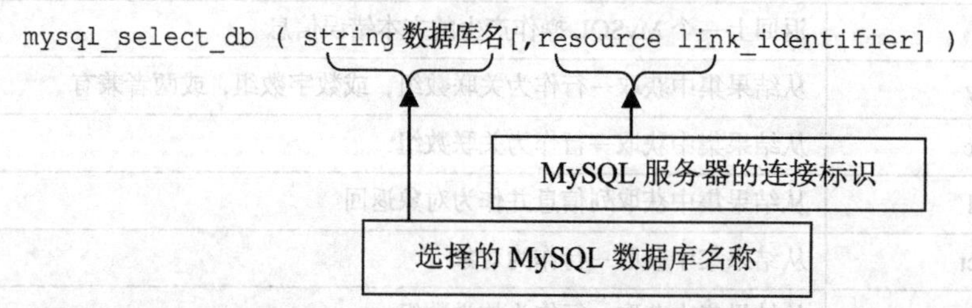

【例 5-14】 本例应用 mysql_connect()函数连接 MySQL 服务器，此函数包含 3 个必选参数（MySQL 服务器的服务源、用户名和密码）。应用 mysql_select_db()函数连接数据库名为 db_database05 的数据库，其中连接标识必须填写，否则连接数据库失败。（实例位置：光盘 \MR\ym\05\5-14）

本实例核心代码如下：

```
<?php
$conn=mysql_connect("localhost","root","111") or die ("连接 MySQL 服务器失败");
//连接 MySQL 服务器
$select=mysql_select_db("db_database05",$conn);
//选择数据库
if($select){
    echo "数据库选择成功";
}
?>
```

连接成功后将输出“数据库选择成功”的字样。

在实际的程序开发过程中，将 MySQL 服务器的连接和数据库的选择存储于一个单独文件中，在需要使用的脚本中通过 require 语句包含这个文件即可。这样做既有利于程序的维护，同时也避免了代码的冗余。在本章后面的章节中，将 MySQL 服务器的连接和数据库的选择存储在根目录下的 conn 文件夹下，文件名称为 conn.php。

3. mysql_query 函数

向与指定的连接标识符关联的服务器中的当前活动数据库发送一条 MySQL 查询。其语法结构如下：

```
resource mysql_query ( string query [, resource link_identifier] )
```

query 为字符串类型，传入的是 SQL 的指令；link_identfier 为资源类型，传入的是由 mysql_connect()函数或 mysq1_pconnect()函数返回的连接号。如果省略该参数，则会使用最后一个打开的 MySQL 数据库连接。

查询字符串不应以分号结束。

【例 5-15】 本例中应用 mysql_connect()函数连接 MySQL 服务器，应用 mysql_query()函数连接数据库名为 db_database05 的数据库，并设置数据库的编码格式为 UTF- 8 。（实例位置：光盘\MR\ ym\05\5-15）

本实例核心代码如下：

```
<?php
$conn = mysql_connect("localhost", "root", "111") or die("连接数据库服务器失败! ".mysql_error()); //连接 MySQL 服务器
$select=mysql_query("use db_database05",$conn);       //选择数据库 db_database05
mysql_query("set names utf8");                        //设置数据库编码格式 utf8
if($select){
    echo "数据库选择成功!";
}
?>
```

连接成功后同样返回“数据库选择成功!”的字样。

5.8 PHP 数组函数库

在 PHP 中，提供了大量的内置数组函数。表 5-9 中给出一些在实际程序开发中比较常用的数组函数，如果需要使用数组函数实现某些特殊的功能，建议参考 PHP 中文手册，那里有对所有数组函数的详细介绍，可以根据自已所要实现的功能进行选择、学习或者研究。

表 5-9 常用的数组函数

函数	功能
count	统计数组中元素的个数
array_push	向数组中添加元素
array_pop	获取并返回数组中的最后一个元素
array_unique	删除数组中重复的元素
array_keys	获取数组中重复元素的所有键名
array_search	获取数组中指定元素的键名
explode	将字符串分割成数组
implode	将数组中的元素组合成一个新字符串
array_rand	从数组中随机取出一个或多个单元
arsort	对数组进行逆向排序
asort	对数组进行排序
in_array	在数组中搜索某个值，如果找到则返回 true，否则返回 false

1. count()函数

在 PHP 中，应用 count()函数可以对数组中的元素个数进行统计，在讲解使用 for 循环遍历数组时已经应用到。下面详细介绍一下该函数，语法格式如下：

```
int count ( mixed var [, int mode])
```

参数 var 指定操作的数组对象；参数 mode 为可选参数，如果 mode 的值设置为

COUNT_RECURSIVE（或 1），count()函数检测多维数组。参数 mode 的默认值是 0，该函数返回数组元素的个数。

说明　如果 count()函数的操作对象是“NULL”，那么返回结果是 0。count()函数对没有初始化的变量返回 0，但对于空的数组也会返回 0。如果要判断变量是否初始化，则可以应用 isset()函数。count()函数不能识别无限递归。

【例 5-16】　下面使用 count()函数统计数组中的元素个数，并输出统计结果。代码如下：（实例位置：光盘\MR\ym\05\5-16）

```
<?php
$array=array(0 =>'PHP 学习', 1 =>'JAVA 学习', 2 =>'VB 学习',3=>"VC 学习");
echo count($array);                //统计数组中元素个数，并使用 echo 语句输出统计结果
?>
```

运行结果为：4

2. array_push()函数

在 PHP 中，使用 array_push()函数可以向数组中添加元素，将传入的元素添加到某个数组的末尾，并返回数组新的单元总数。语法如下：

```
int array_push ( array &array, mixed var [, mixed ...])
```

参数 array 为指定的数组；参数 var 是压入数组中的值。

【例 5-17】　使用 array_push()函数向数组中添加元素，并输出添加元素后的数组，代码如下：（实例位置：光盘\MR\ym\05\5-17）

```
<?php
$array=array(0 =>'PHP 学习', 1 =>'JAVA 学习');       //声明数组
echo "添加前的数组元素：";
print_r($array);
echo "<br>";
array_push($array,'C 语言学习');                      //向数组中添加元素
echo "添加后的数组元素：";
print_r($array);                                      //输出添加后的数组结构
?>
```

运行结果如图 5-11 所示。

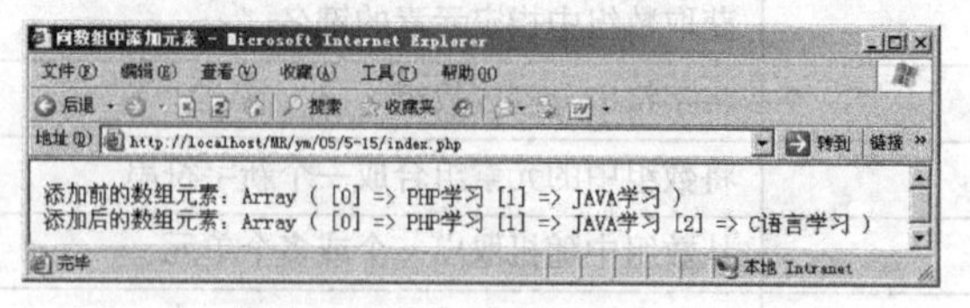

图 5-11　使用 array_push()函数向数组中添加元素

5.9　综合实例——超长文本的分页输出

超长文本的分页输出需要使用 3 个方面的技术：第一，自定义函数，通过自定义函数读取文本文件，可以避免中文字符串出现乱码；第二，字符串函数，需要通过 strlen()函数计算字符串的长度，通过 substr()函数对字符串进行截取；第三，文件系统函数，通过 file_get_contents()函数读

取文本文件中的数据。实例运行结果如图 5-12 所示。

图 5-12　超长文本的分页输出

具体实现步骤如下。

（1）指定分页操作，拼接地址栏参数并通过 GET 方式获取。

（2）定义上一页、下一页等跳转链接，通过 GET 方式传递参数值。

（3）分别利用 msubstr()、unhtml()和字符串函数 strlen()、substr()实现截取、HTML 格式输出和获取字符串长度。实现代码如下：

```
<?php
if ($_GET[page]=="") {                                     //定义初识变量的值
    $_GET[page]=1;                                         //变量值为 1
}
include("function.php");                                   //调用自定义函数文件
?>
<?php
//读取超长文本中的数据，实现超长文本中数据的分页显示
if($_GET[page]){
    $counter=file_get_contents("file/file.txt");           //读取文本文件
   $length=strlen(unhtml($counter));                       //获取文件长度，通过自定义函数去除特殊字符和空格
   $page_count=ceil($length/850);                          //对超长文本进行分页，每页显示 850 个字符
   $c=msubstr($counter,0,($_GET[page]-1)*850);             //计算上一页的字节
   $c1=msubstr($counter,0,$_GET[page]*850);                //计算下一页的字节
    echo substr($c1,strlen($c),strlen($c1)-strlen($c)); //获取当前的字节
}
?>
<span class="STYLE3">页次：<?php echo $_GET[page];?> / <?php echo $page_count;?> 页</span>分页：
<?php
if($_GET[page]!=1){
    echo  "<a href=index.php?page=1>首页</a> ";
```

```
        echo "<a href=index.php?page=".($_GET[page]-1).">上一页</a> ";
    }
    if($_GET[page]<$page_count){
        echo "<a href=index.php?page=".($_GET[page]+1).">下一页</a> ";
        echo  "<a href=index.php?page=".$page_count.">尾页</a>";
    }
    ?>
```

知识点提炼

（1）函数，就是将一些重复使用到的功能写在一个独立的代码块中，在需要时单独调用。

（2）在调用函数时需要向函数传递参数，被传入的参数称为实参，而函数定义的参数为形参。

（3）按值传递是指将实参的值复制到对应的形参中，在函数内部的操作针对形参进行，操作的结果不会影响到实参，即函数返回后，实参的值不会改变。

（4）按引用传递就是将实参的内存地址传递到形参中。这时，在函数内部的所有操作都会影响到实参的值，返回后实参的值会发生变化。引用传递方式就是传值时在原基础上加&号即可。

（5）默认参数即可选参数，可以指定某个参数为可选参数，将可选参数放在参数列表末尾，并且指定其默认值为空。

（6）函数将返回值传递给调用者的方式是使用关键字 return。

（7）按引用传递参数可以修改实参的内容。引用不仅可用于普通变量、函数参数，也可作用于函数本身。对函数的引用，就是对函数返回结果的引用。

（8）取消引用使用 unset 函数，它只是断开了变量名和变量内容之间的绑定，而不是销毁变量内容。

习　题

5-1　举例说明什么是变量函数。

5-2　编写一个获取 3 个数字中最大值的函数。

5-3　编写一个为数字取绝对值的函数。

5-4　在函数间传递参数的方式有几种？说明这几种参数传递方式的区别。

5-5　描述 mysql_fetch_row()和 mysql_fetch _array()函数之间有什么区别。

实验：购物车中数据的读取

实验目的

（1）掌握 explode()函数的语法格式和应用。

（2）了解 session 购物车的设计原理。

（3）巩固前面学习 for 循环语句。

实验内容

购物车中数据的读取。实验的运行结果如图 5-13 所示。

图 5-13　购物车中商品展示

实验步骤

SESSION 购物车的设计原理：当用户登录网站时，系统将为每个用户分配两个 SESSION 变量$producelist 和$quatity，分别用来存储用户放入购物车中的商品 id 和商品数量，将@作为分隔符，实现将多个 id 值同时保存在一个$producelist 变量中。例如，用户分别将 id 为 1、2、3 的商品放入购物车中，这时 SESSION 变量$producelist 的值应该为“1@2@3@”。这就是 SESSION 购物车的设计原理。购物车中数据的读取，具体步骤如下：

首先应用 explode()函数读取 SESSION 变量中存储的字符串，并返回数组元素。

然后应用 for 循环语句读取数组中的元素值，将获取的元素值作为条件，执行查询语句，从数据库中读取数据；

最后完成商品金额的计算，并输出购买商品信息。关键代码如下：

```
<?php
$total=0;
$array=explode("@",$_SESSION[producelist]);         //读取 Session 中存储的商品 id，返回数组
$arrayquatity=explode("@",$_SESSION[quatity]);   //读取 Session 中存储的商品数量，返回数组
for($i=0;$i<count($array)-1;$i++){                   //for 循环获取商品的数量和 ID
    $id=$array[$i];                                  //获取商品 ID
    $num=$arrayquatity[$i];                          //获取商品数量
    if($id!=""){                                     //判断是否存在指定的商品
        $sql=mysql_query("select * from tb_shangpin where id='".$id."'",$conn);
        $info=mysql_fetch_array($sql);               //获取查询结果
        $total1=$num*$info[huiyuanjia];              //计算商品金额
        $total+=$total1;                             //计算总的金额
        $_SESSION["total"]=$total;                   //为 Session 变量赋值
?>
```

第6章 字符串

本章要点：

- 初识字符串
- 转义、还原字符串
- 截取字符串
- 分割、合成字符串
- 替换字符串
- 检索字符串
- 去掉字符串首尾空格和特殊字
- 字符串与 HTML 转换

字符串的操作，主要是使用 PHP 的内置 STRING 函数库，通过它实现对字符串的各种操作，是 Web 程序开发不可缺少的内容之一。PHP 程序员必须熟练地掌握字符串的处理技术，才能编写出更加实用、完善的 Web 程序。本章将对字符串的常用技术进行讲解。

6.1 初识字符串

字符串是由零个或多个字符构成的一个集合。字符包含以下几种类型。

- 数字类型。例如 1、2、3 等。
- 字母类型。例如 a、b、c、d 等。
- 特殊字符。例如#、$、%、^、&等。
- 不可见字符。例如\n（换行符）、\r（回车符）、\t（Tab 字符）等。

其中，不可见字符是比较特殊的一组字符，是用来控制字符串格式化输出的，在浏览器上不可见，只能看到字符串输出的结果。

例如，在下面的代码中通过 echo 语句输出一组字符串，程序代码如下：

```
<?php
    echo "PHP从入门到精通\rASP从入门到精通\nJSP程序开发范例宝典\tPHP函数参考大全";    // 输出字符串
?>
```

在 IE 浏览器中不能直接查看到字符串的运行结果，只有通过“查看源文件”才能看到不可见字符串的运行结果。

运行结果为：PHP 从入门到精通

ASP 从入门到精通

JSP 程序开发范例宝典　PHP 函数参考大全

6.2　转义、还原字符串

在 PHP 编程的过程中，经常会遇到这样的问题，将数据插入数据库中时可能引起一些问题，出现错误或者乱码等，因为数据库将传入的数据中的字符解释成控制符。针对这样的问题，需要对特殊的字符进行转义。

因此，在 PHP 语言中提供了专门处理这些问题的技术，通过 addslashes()函数和 stripslashes()函数转义和还原字符串。

addslashes()函数用来给字符串 str 加入斜线“\”，对指定字符串中的字符进行转义。它可以转义的字符包括单引号“'”、双引号“"”、反斜杠“\”、NULL 字符“0”。语法如下：

```
string addslashes ( string str)
```

参数 str 为将要被操作的字符串。

addslashes()函数常用的地方就是在生成 SQL 语句时，对 SQL 语句中的部分字符进行转义。

既然有转义，就应该有还原。stripslashes()函数将 addslashes()函数转义后的字符串 str 还原。stripslashes()函数语法如下：

```
string stripslashes(string str);
```

参数 str 为将要被操作的字符串。

【例 6-1】　应用 addslashes()函数对字符串进行转义，然后应用 stripslashes()函数进行还原，代码如下：（实例位置：光盘\MR\ym\06\6-1）

```
<?php
 $str = "select * from tb_book where bookname = 'PHP 编程宝典'";
 $a = addslashes($str);                                  //对字符串中的特殊字符进行转义
 echo $a."<br>";                                         //输出转义后的字符
 $b = stripslashes($a);                                  //对转义后的字符进行还原
 echo $b."<br>";                                         //将字符原义输出
?>
```

运行结果为：select * from tb_book where bookname = \'PHP 编程宝典\'

select * from tb_book where bookname = 'PHP 编程宝典'

所有数据在插入数据库之前，有必要应用 addslashes()函数进行字符串转义，以免特殊字符未经转义在插入数据库的时候出现错误。另外，对于应用 addslashes()函数实现的自动转义字符串可以应用 stripslashes()函数进行还原，但数据在插入数据库之前必须再次进行转义。

如何控制转义、还原字符串的范围？

通过 addcslashes()函数和 stripcslashes()函数可以对指定范围内的字符串进行转义、还原。

（1）addcslashes()函数对指定字符串中的字符进行转义，即在指定的字符 charlist 前加上反斜线。通过该函数可以将要添加到数据库中的字符串进行转义，从而避免出现乱码等问题。语法如下：

```
string addcslashes ( string str, string charlist)
```

参数 str 为将要被操作的字符串；参数 charlist 指定在字符串中的哪些字符前加上反斜线“\”，如果参数 charlist 中包含有\n、\r 等字符，将以 C 语言风格转换，而其他非字母数字且 ASCII 码低于 32 位以及高于 126 位的字符均转换成使用 8 进制表示。

（2）stripcslashes()函数实现对 addcslashes()函数转义的字符串 str 进行还原。语法如下：

```
string stripcslashes ( string str)
```

参数 str 为将要被操作的字符串。

6.3 截取字符串

在 PHP 中对字符串进行截取应用 substr()函数。对字符串进行截取是一个最为常用的方法。substr()函数从字符串中按照指定位置截取一定长度的字符。如果使用一个正数作为子串起点来调用这个函数，将得到从起点到字符串结束的这个字符串；如果使用一个负数作为子串起点来调用，将得到一个原字符串尾部的一个子串，字符个数等于给定负数的绝对值。语法如下：

```
string substr ( string str, int start [, int length])
```

- 参数 str 用来指定字符串对象。
- 参数 start 用来指定开始截取字符串的位置，如果参数 start 为负数，则从字符串的末尾开始截取。
- 参数 length 为可选项，指定截取字符的个数，如果 length 为负数，则表示取到倒数第 length 个字符。

substr()函数的操作流程如图 6-1 所示。

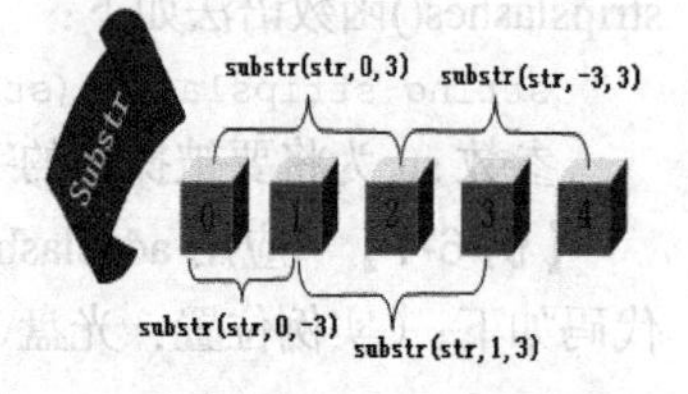

图 6-1 substr()函数的操作流程

substr 函数中参数 start 的指定位置是从 0 开始计算的，即字符串中的第一个字符表示为 0。

【例 6-2】 在开发 Web 程序时，为了保持整个页面的合理布局，经常需要对一些（例如：公告标题、公告内容、文章的标题、文章的内容等）超长输出的字符串内容进行截取，并通过“…”代替省略内容，代码如下：（实例位置：光盘\MR\ym\06\6-2）

```
<html xmlns="http://www.w3.org/1999/xhtml">
<head>
<meta http-equiv="Content-Type" content="text/html; charset=gb2312" />
<title>截取字符串</title>
</head>
<body>
<?php
$str="为进一步丰富编程词典的内容和观赏性，公司决定组织“春季盎然杯”摄影大赛，本次参赛作品要求全部
```

```
为春季拍摄，旨在展示我国北方地区春季生机盎然的景色。";
    if(strlen($str)>40){                         //如果文本的字符串长度大于 40
        echo substr($str,0,40)."…";              //输出文本的前 50 个字符串，然后输出省略号
    }else{                                       //如果文本的字符串长度小于 40
        echo $str;                               //直接输出文本
    }
    ?>
    </body>
    </html>
```

运行结果如图 6-2 所示。

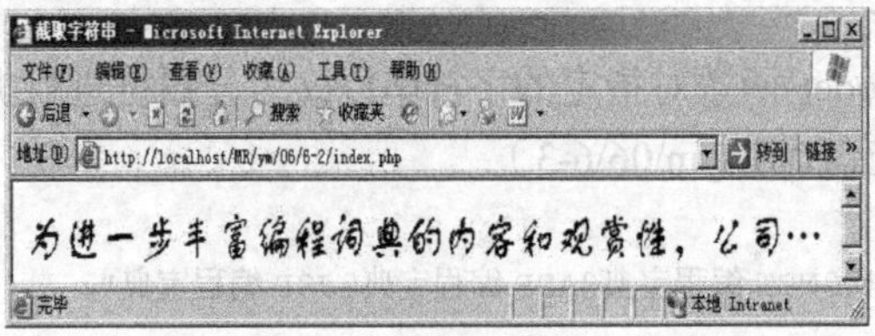

图 6-2　substr()函数截取字符串

说明

在应用 substr()函数对字符串进行截取时，应该注意页面的编码格式，切忌页面编码格式不能设置为 UTF-8。如果页面是 UTF-8 编码格式，那么应该使用 iconv_substr()函数进行截取。

说明

strlen()函数获取字符串的长度，汉字占两个字符，数字、英文、小数点、下画线和空格占一个字符。

通过 strlen()函数还可以检测字符串长度。例如，在用户注册中，通过 strlen()函数获取用户填写用户名的长度，然后判断用户名长度是否符合指定的标准。关键代码如下：

```
<?php
if(strlen($_POST["pwd"])<6){          //检测用户密码的长度是否小于 6，弹出警告信息
    echo "<script>alert('用户密码的长度不得少于 6 位!请重新输入');
history. back();</script>";
}else{                                //用户密码大于等于 6 位，则弹出该提示信息
    echo "用户信息输入合法! ";
}
?>
```

6.4　分割、合成字符串

分割字符串将指定字符串中的内容按照某个规则进行分类存储，进而实现更多的功能。例如，在电子商务网站的购物车中，可以通过特殊标识符“@”将购买的多种商品组合成一个字符串存储在数据表中，在显示购物车中的商品时，通过以“@”作为分割的标识符进行拆分，将商品字符串分割成 *N* 个数组元素，最后通过 for 循环语句输出数组元素，即输出购买的商品。

字符串的分割使用 explode()函数，按照指定的规则对一个字符串进行分割，返回值为数组。语法如下：

```
array explode(string separator,string str [,int limit])
```

explode()函数的参数说明如表 6-1 所示。

表 6-1　　explode()函数的参数说明

参　数	说　明
separator	必要参数，指定的分割符。如果 separator 为空字符串（""），explode()将返回 false。如果 separator 所包含的值在 str 中找不到，那么 explode()函数将返回包含 str 单个元素的数组
str	必要参数，指定将要被进行分割的字符串
limit	可选参数，如果设置了 limit 参数，则返回的数组包含最多 limit 个元素，而最后的元素将包含 string 的剩余部分；如果 limit 参数是负数，则返回除了最后的-limit 个元素外的所有元素

【例 6-3】　应用 explode()函数对指定的字符串以@为分隔符进行拆分，并输出返回的数组，代码如下：（实例位置：光盘\MR\ym\06\6-3）

```
<?php
    $str="PHP 编程宝典@NET 编程宝典@ASP 编程宝典@JSP 编程宝典";        //定义字符串常量
    $str_arr=explode("@",$str);                                        //应用标识@分割字符串
    print_r($str_arr);                                                 //输出字符串分割后的结果
?>
```

运行结果为：Array ([0] => PHP 编程宝典 [1] => NET 编程宝典 [2] => ASP 编程宝典 [3] => JSP 编程宝典)

既然可以对字符串进行分割，返回数组，那么就一定可以对数组进行合成，返回一个字符串。这就是 implode()函数，将数组中的元素组合成一个新字符串。语法如下：

```
string implode(string glue, array pieces)
```

参数 glue 是字符串类型，指定分隔符。参数 pieces 是数组类型，指定要被合并的数组。

例如，应用 implode()函数将数组中的内容以*为分隔符进行连接，从而组合成一个新的字符串。代码如下：

```
<?php
$str="PHP 编程宝典*NET 编程宝典*ASP 编程宝典*JSP 编程宝典";   //定义字符串常量
$str_arr=explode("*",$str);                                //应用标识*分割字符串
$array=implode("*",$str_arr);                              //将数组合成字符串
echo $array;                                               //输出字符串
?>
```

结果为：PHP 编程宝典*NET 编程宝典*ASP 编程宝典*JSP 编程宝典

6.5 替换字符串

字符串的替换技术，可以屏蔽帖子或者留言板中的非法字符，也可以对查询的关键字进行描红。PHP 中提供 str_ireplace()函数和 substr_replace()函数实现字符串的替换功能。

6.5.1 str_ireplace()函数

str_ireplace()函数使用新的子字符串（子串）替换原始字符串中被指定要替换的字符串。语法如下：

```
mixed str_ireplace ( mixed search, mixed replace, mixed subject [, int &count])
```

将所有在参数 subject 中出现的参数 search 以参数 replace 取代，参数&count 表示取代字符串执行的次数。

str_ireplace()函数的参数说明如表 6-2 所示。

表 6-2　　str_ireplace()函数的参数说明

参　数	说　明
search	必要参数，指定需要查找的字符串
replace	必要参数，指定替换的值
subject	必要参数，指定查找的范围
count	可选参数，获取执行替换的数量

【例 6-4】　应用 str_ireplace()函数将文本中的字符串“mrsoft”替换为“吉林省明日科技”，代码如下：（实例位置：光盘\MR\ym\06\6-4）

```
<?php
$str="MRSOFT 公司是一家以计算机软件技术为核心的高科技企业";          //定义字符串常量
echo str_ireplace("mrsoft","吉林省明日科技",$str);              //输出替换后的字符串
?>
```

结果为：吉林省明日科技公司是一家以计算机软件技术为核心的高科技企业。

本函数不区分大小写。如果需要对大小写加以区分，可以使用 str_replace()函数。

关键字描红是指将查询关键字以特殊的颜色、字号或字体进行标识。这样可以使浏览者快速检索到所需的关键字，方便浏览者从搜索结果中查找所需内容。查询关键字描红适用于模糊查询。

6.5.2　substr_replace()函数

substr_replace()函数对指定字符串中的部分字符串进行替换。语法如下：

```
string substr_replace(string str, string repl,int start[,int length])
```

substr_replace()函数的参数说明如表 6-3 所示。

表 6-3　　substr_replace()函数的参数说明

参　数	说　明
string	指定要操作的原始字符串
replacement	指定替换后的新字符串
start	指定替换字符串开始的位置。正数表示起始位置从字符串开头开始；负数表示起始位置从字符串的结尾开始；0 表示起始位置从字符串中的第一个字符开始
length	可选参数，指定返回的字符串长度。默认值是整个字符串。正数表示起始位置从字符串开头开始；负数表示起始位置从字符串的结尾开始；0 表示“插入”非“替代”

注意 如果参数 start 设置为负数，而参数 length 数值小于或等于 start 数值，那么 length 的值自动为 0。

【例 6-5】 使用 substr_replace()函数对指定字符串进行替换，代码如下：（实例位置：光盘\MR\ym\06\6-5）

```
<?php
$str="用今日的辛勤工作，换明日的双倍回报！";        //定义字符串常量
$replace="百倍";                                  //定义要替换的字符串
echo substr_replace($str,$replace,26,4);          //替换字符串
?>
```

在上面的代码中，使用 substr_replace()函数将字符串“双倍”替换为字符串“百倍”。

运行结果为：用今日的辛勤工作，换明日的百倍回报！

6.6 检索字符串

在 PHP 中，提供了很多应用于字符串查找的函数，如 strstr()函数和 substr_count()函数。PHP 也可以像 Word 那样实现对字符串的查找功能。

6.6.1 strstr()函数

strstr()函数获取一个指定字符串在另一个字符串中首次出现的位置到后者末尾的子字符串。如果执行成功，则返回剩余字符串（存在相匹配的字符）；否则返回 false。语法如下：

```
string strstr ( string haystack, string needle)
```

参数 haystack 指定从哪个字符串中进行搜索；参数 needle 指定搜索的对象。如果该参数是一个数值，那么将搜索与这个数值的 ASCII 码相匹配的字符。

【例 6-6】 应用 strstr()函数获取上传图片的后缀，并判断上传图片格式是否正确。如果正确则将图片上传到服务器根目录下的 upload 文件夹下，否则给出提示信息。代码如下：（实例位置：光盘\MR\ym\06\6-6）

```
<form name="form" method="post" action="index.php" enctype="multipart/form-data">
    <input name="u_file" type="file" size="24"/>
    (<span class="STYLE1">*上传图片是.jpg 格式，大小不能超过 1.2MB</span>)
    <input type="image" name="imageField" src="imges/sc.bmp"
onClick="form.submit ();">
</form>
<?php
header("Content-type:text/html;charset=utf-8");
if($_FILES[u_file][name]==true){
        $file_path = "./upload\\";                          //定义图片在服务器中的存储位置
        $picture_name=$_FILES[u_file][name];                //获取上传图片的名称
        $picture_name=strstr($picture_name , ".");//通过 strstr()函数截取上传图片的后缀
        if($picture_name!= ".jpg" && $picture_name!= ".JPG" ){
                                                            //根据后缀判断图片的格式
            echo "<script>alert('上传图片格式不正确,请重新上传');
window.location.href= 'index.php';</script>";
        }else if($_FILES[u_file][tmp_name]){
```

```
move_uploaded_file($_FILES[u_file][tmp_name],$file_path.$_FILES[u_file][name]);
                                                                   //执行图片上传
        echo "<script>alert('图片上传成功!');
window.location.href= 'index.php'; </script>";
      }else{
        echo "<script>alert('上传图片失败! ');
window.location.href= 'index.php'; </script>";
      }
}
?>
```

运行结果如图6-3所示。

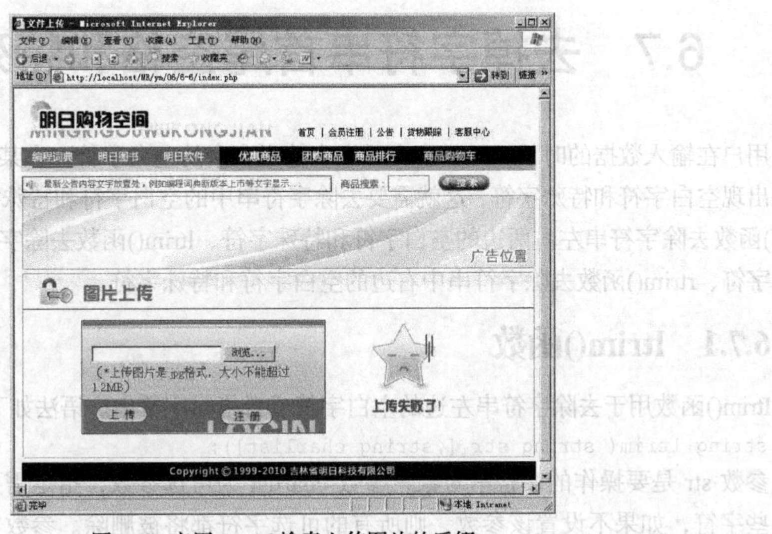

图6-3　应用strstr()检索上传图片的后缀

检索字符串函数扩展

strstr()函数区分大小写，如果不需要对大小写加以区分，可以使用stristr()函数。

strstr()函数从指定字符在另一个字符串中首次出现的位置开始查找。如果想从指定字符在另一个字符串中最后一次出现的位置开始查找，则可以使用strrchr()函数。strrchr()函数区分大小写。

stripos()函数查找指定字符串（A）在另一个字符串（B）中首次出现的位置。该函数不区分大小写。如果要区分大小写，可以使用strpos()函数。

strripos()函数查找指定字符串（A）在另一个字符串（B）中最后一次出现的位置。本函数不区分大小写。如果要区分大小写，可以使用strrpos()函数。

6.6.2 substr_count()函数

检索字符串的函数，都是检索指定字符串在另一字符串中出现的位置，这里再介绍一个检索子串在字符串中出现次数的函数——substr_count()函数。substr_count()函数获取子串在字符串中出现的次数，语法如下：

```
int substr_count(string haystack,string needle)
```

参数haystack是指定的字符串，参数needle为指定的子串。

例如，使用 substr_count()函数获取子串在字符串中出现的次数，代码如下：

```
<?php
$str="PHP 编程宝典、JavaWeb 编程宝典、Java 编程宝典、VB 编程宝典";      //输出查询的字符串
echo substr_count($str,"编程宝典");                                  //输出查询的字符串
?>
```

运行结果为：4

检索子串出现的次数一般常用于搜索引擎中，针对子串在字符串中出现的次数进行统计，便于用户第一时间掌握子串在字符串中出现的次数。

6.7 去掉字符串首尾空格和特殊字符

用户在输入数据的时候，经常会在无意中输入多余的空白字符，在某些情况下，字符串中不允许出现空白字符和特殊字符，这就需要去除字符串中的空白字符和特殊字符。在 PHP 中提供了 trim()函数去除字符串左右两边的空白字符和特殊字符、ltrim()函数去除字符串左边的空白字符和特殊字符、rtrim()函数去除字符串中右边的空白字符和特殊字符。

6.7.1 ltrim()函数

ltrim()函数用于去除字符串左边的空白字符或者指定字符串。语法如下：

```
string ltrim( string str [,string charlist]);
```

参数 str 是要操作的字符串对象，参数 charlist 为可选参数，指定需要从指定的字符串中删除哪些字符，如果不设置该参数，则所有的可选字符都将被删除。参数 charlist 的可选值如表 6-4 所示。

表 6-4　ltrim()函数的参数 charlist 的可选值

参数值	说明
\0	NULL，空值
\t	tab，制表符
\n	换行符
\x0B	垂直制表符
\r	回车符
" "	空白字符

除了以上默认的过滤字符列表外，也可以在 Charlist 参数中提供要过滤的特殊字符。

【例 6-7】 使用 ltrim()函数去除字符串左边的空白字符及特殊字符“(:*_*”，代码如下：（实例位置：光盘\MR\ym\06\6-7）

```
<?php
```

```
$str="   (:@_@  有一条路走过了总会想起!   @_@:)     ";
$strs="   (:*_*  有一条路走过了总会想起!    *_*:)     ";
echo $str."\n";                                          //输出原始字符串
echo ltrim($str)."\n";                                   //去除字符串左边的空白字符
echo $strs."\n";                                         //输出原始字符串
echo ltrim($strs,"(:*_* ");                              //去除字符串左边的特殊字符(:*_*
?>
```

查看源文件，看到的运行结果如图 6-4 所示。

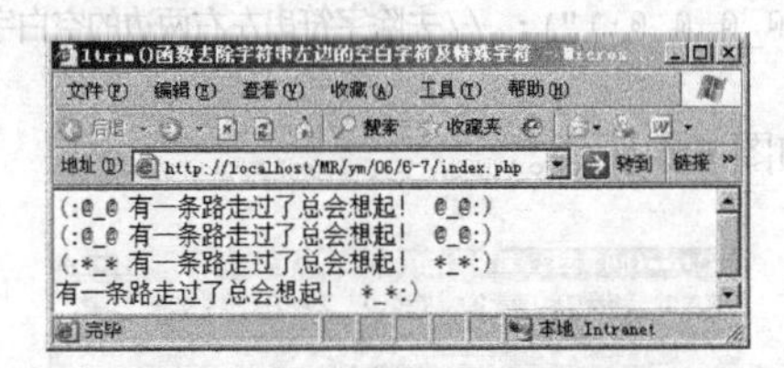

图 6-4　去除字符串左边的空白字符及特殊字符

6.7.2　rtrim()函数

rtrim()函数用于去除字符串右边的空白字符和特殊字符。语法如下：

```
string rtrim(string str [,string charlist]);
```

参数 str 指定操作的字符串对象，参数 charlist 为可选参数，指定需要从指定的字符串中删除哪些字符，如果不设置该参数，则所有的可选字符都将被删除。参数 charlist 的可选值如表 6-4 所示。

例如，使用 rtrim()函数去除字符串右边的空白字符及特殊字符“(:*_*”，代码如下：

```
<?php
$str="   (:@_@  有一条路走过了总会想起!   @_@:)     ";
$strs="   (:*_*  有一条路走过了总会想起!    *_*:)     ";
echo $str."\n";                              //输出原始字符串
echo rtrim($str)."\n";                       //去除字符串右边的空白字符
echo $strs."\n";                             //输出原始字符串
echo rtrim($strs,"  *_*:)");                 //去除字符串右边的特殊字符(:*_*
?>
```

查看源文件，看到的运行结果如图 6-5 所示。

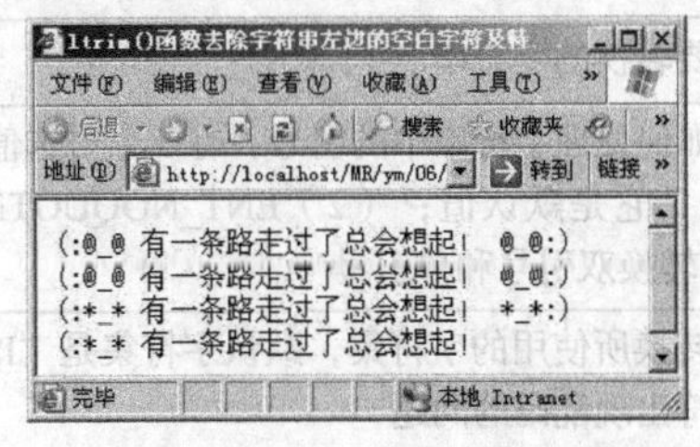

图 6-5　去除字符串右边的空白字符及特殊字符

6.7.3　trim()函数

trim()函数用于去除字符串开始位置和结束位置的空白字符，并返回去掉空白字符后的字符串。语法如下：

```
string trim(string str [,string charlist]);
```

参数 str 是操作的字符串对象，参数 charlist 为可选参数，指定需要从指定的字符串中删除哪些字符，如果不设置该参数，则所有的可选字符都将被删除。参数 charlist 的可选值如表 6-4 所示。

例如，使用 trim()函数去除字符串左右两边的空白字符及特殊字符 "\r\r(: :)"，代码如下：

```
<?php
$str="  \r\r(:@_@去除字符串左右两边的空白和特殊字符 @_@:)     ";
echo $str."\n";                              //输出原始字符串
echo trim($str)."\n";                        //去除字符串左右两边的空白字符
echo trim($str,"\r\r(:@_@ @_@:)"); //去除字符串左右两边的空白字符和特殊字符\r\r(:@_@ @_@:)
?>
```

查看源文件的运行结果如图 6-6 所示。

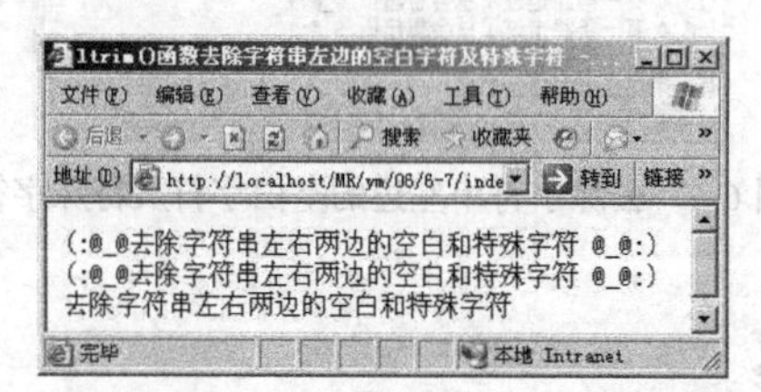

图 6-6 trim()函数去除字符串左右的空格和特殊字符

6.8 字符串与 HTML 转换

字符串与 HTML 之间的转换直接将源代码在网页中输出，而不被执行。这个操作应用最多的地方就是在论坛或者博客的帖子输出中，通过转换直接将提交的源码输出，而确保源码不被解析。完成这个操作主要应用 htmlentities()函数。

htmlentities()函数将所有的字符都转成 HTML 字符串，语法如下：

```
string htmlentities(string string,[int quote_style],[string charset])
```

参数说明如表 6-5 所示。

表 6-5 htmlentities()函数的参数说明

参数	说明
string	必要参数，指定要转换的字符串
quote_style	可选参数，选择如何处理字符串中的引号，有 3 个可选值：（1）ENT_COMPAT，转换双引号，忽略单引号，它是默认值；（2）ENT_NOQUOTES，忽略双引号和单引号；（3）ENT_QUOTES，转换双引号和单引号
charset	可选参数，确定转换所使用的字符集，默认字符集是"ISO-8859-1"，指定字符集后就能够避免转换中文字符出现乱码的问题

htmlentities()函数支持的字符集如表 6-6 所示。

表 6-6 htmlentities()函数支持的字符集

字符集	说明
BIG5	繁体中文

续表

字符集	说明
BIG5-HKSCS	香港扩展的 BIG5，繁体中文
cp866	DOS 特有的西里尔（Cyrillic）字符集
cp1251	Windows 特有的西里尔字符集
cp1252	Windows 特有的西欧字符集
EUC-JP	日文
GB2312	简体中文
ISO-8859-1	西欧，Latin-1
ISO-8859-15	西欧，Latin-9
KOI8-R	俄语
Shift-JIS	日文
UTF-8	ASCII 兼容的多字节 8 编码

【例 6-8】 使用 htmlentities()函数将论坛中的帖子进行输出，将转换后的代码和未转换的代码进行对比。代码如下：（实例位置：光盘\MR\ym\06\6-8）

```
<?php
$str='<table width="300" border="1" cellpadding="1" cellspacing="1" bgcolor="#0198FF">
    <tr>
    <td align="center" height="35" bgcolor="#FFFFFF">明日科技——用今日的辛勤工作，换明日百倍回报！</td>
      </tr>
      <tr>
         <td align="center" bgcolor="#FFFFFF" ><img src="images/beg.JPG"></td>
      </tr>
    </table>';
    echo htmlentities($str,ENT_QUOTES," utf-8")."<br>";        //设置转换的字符集为"utf-8"
?>
```

运行结果如图 6-7 所示。

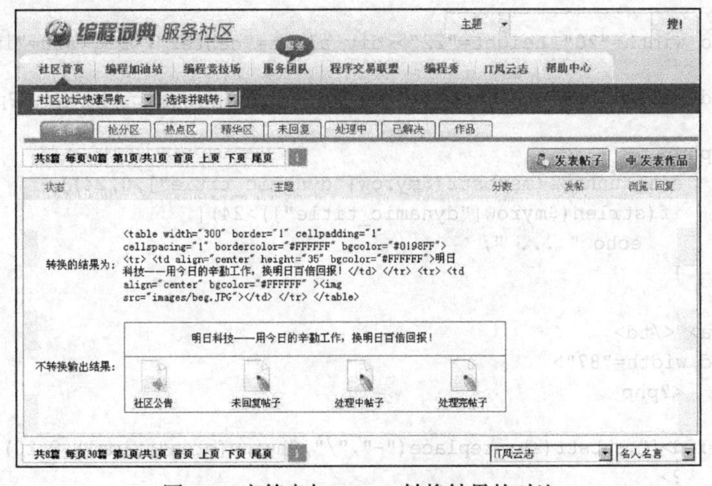

图 6-7　字符串与 HTML 转换结果的对比

6.9 综合实例——控制页面中输出字符串的长度

在论坛或者电子商务等网站中，经常会输出一些公告信息、最新动态等内容，这些内容都是以标题的形式进行输出，为标题设置超链接，链接到相关内容的详细信息页面。

在输出标题信息时，由于要考虑页面规范化、设计合理，所以要对输出的标题长度进行限制，如果标题的总长度超出指定范围，就需要使用省略号进行替换。

本实例应用 strlen()函数获取字符串的长度，在输出字符串时进行判断。如果字符串超出指定的长度，则使用指定的字符进行替换，并在输出时间字符串时，应用 str_replace()函数将“-”替换为“/”。实例的运行结果如图 6-8 所示。

图 6-8 控制页面中输出字符串的长度

具体实现步骤如下。

（1）创建 index.php 页面，首先通过 include_once 语句调用数据库连接文件和字符串处理文件，然后执行查询语句，查询出数据表中的记录，最后输出最新动态的标题和发布时间，并判断如果标题的内容超过 24 个字节，则输出省略号，截取发布时间。其关键代码如下：

```
<?php
    include_once("conn/conn.php"); //调用连接数据库的文件
    include_once("function.php");
?>
<table width="365" height="22" border="0" align="center" cellpadding="0" cellspacing=
"0">
<?php
    $sql=mysql_query("select * from tb_new_dynamic order by id desc limit 0,6",$id);
    while($myrow=mysql_fetch_array($sql)){
?>
<tr>
        <td width="20" height="22"><div align="center"><img src="images/01.JPG"/>
</div></td>
        <td width="258" height="22"><a href="new_dynamic.php?id=<?php echo $myrow
["id"];?>">
        <?php
            echo unhtml(msubstr($myrow["dynamic_title"],0,24));
            if(strlen($myrow["dynamic_title"])>24){
                echo " ... ";
            }
        ?>
        </a> </td>
        <td width="87">
            <?php
echo"<fontcolor=red>[".substr(str_replace("-","/",$myrow[createtime]),0,10)."]</font>";
            ?>
        </td>
```

```
</tr>
<tr><td colspan="3"></td></tr>
<?php  }  ?>
</table>
```

（2）创建 new_dynamic.php 页面，根据超链接中传递的 ID 值，从数据表中查询出指定的记录，并输出记录的详细内容。其关键代码如下：

```
<?php
    include_once("conn/conn.php"); //调用连接数据库的文件
    include_once("function.php");
?>
<?php
$sql=mysql_query("select * from tb_new_dynamic where id='".$_GET[id]."'",$id);
    while($myrow=mysql_fetch_array($sql)){
?>
<td align="left" valign="top" class="STYLE1"><span class="STYLE1">
<?php echo $myrow[dynamic_title];?> <br><br>
<?php echo $myrow[dynamic_content];?></span></td>
<?php }?>
```

知识点提炼

（1）字符串是由零个或多个字符构成的一个集合。

（2）在 PHP 中，通过 addslashes()函数和 stripslashes()函数转义和还原字符串。

（3）在 PHP 中对字符串进行截取应用 substr()函数。

（4）分割字符串将指定字符串中的内容按照某个规则进行分类存储，进而实现更多的功能。

（5）字符串的替换技术，可以屏蔽帖子或者留言板中的非法字符，也可以对查询的关键字进行描红。

（6）在 PHP 中，可以通过 strstr()函数和 substr_count()函数来检索字符串。

（7）在 PHP 中提供了 trim()函数去除字符串左右两边的空白字符和特殊字符、ltrim()函数去除字符串左边的空白字符和特殊字符、rtrim()函数去除字符串中右边的空白字符和特殊字符。

习 题

6-1 如何将 1234567890 转换成 1,234,567,890 每 3 位用逗号隔开的形式？

6-2 描述如何实现字符串的翻转功能。

6-3 如何实现中文字符串的无乱码截取？

6-4 举例说明 str_replace()函数和 substr_replace()函数的区别。

6-5 编写两个获取文件扩展名的函数（例如在‘/ym/sl/index.php’路径中得到 php 或者是.php）。

实验：查询关键字描红

实验目的

（1）熟悉查询关键字描红的原理。

（2）掌握 str_ireplace()函数的语法格式及具体应用。

（3）在具体的实例中，能熟练应用前面所学的函数。

实验内容

对查询的关键字进行描红处理。实验的运行结果如图 6-9 所示。

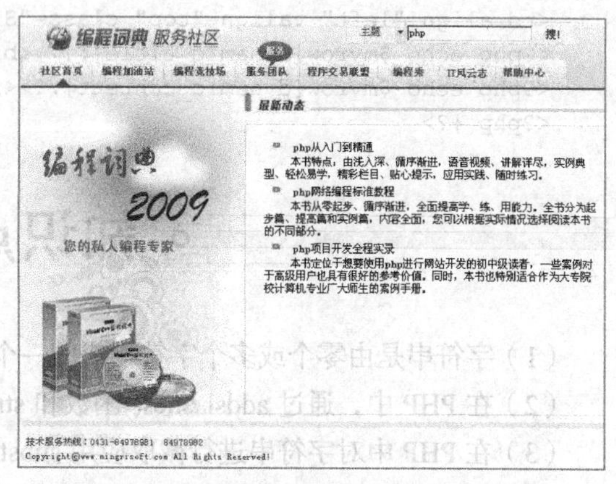

图 6-9　查询关键字描红的结果

实验步骤

查询关键字描红关键就是应用 str_ireplace()函数对提交的关键字进行替换。打个比方说就是首先为关键字进行了一下包装，然后应用 str_ireplace()函数用包装后的关键字替换掉原来未包装的关键字。其包装的手法就是将关键字的字体加粗，并设置为红色，具体步骤如下。

（1）创建一个 index.php 页，在该页中插入一个用于查询关键字的表单，表单元素包括用于输入关键字的文本域 txt_tj，以及一个搜索按钮。

（2）连接数据库，将查询到的数据输出到页面中。

（3）应用 str_ireplace()函数对提交的关键字进行替换，替换后的关键字的字体加粗，并设置成红色，其实现的主要代码如下：

```
<?php
//定义替换字符串
$string=str_ireplace($txt_tj,"<font
color='#FF0000'><strong>$txt_tj</strong></font>",$info[bookname]);
echo $string;                                          //输出替换信息
?>
<?php
$strings=$_POST["txt_tj"];
$string=str_ireplace($_POST["txt_tj"],"<font
color='#FF0000'><strong>$strings</strong></font>",$info[synopsis]);
echo $string;
?>
```

运行结果如图 6-9 所示。

第 7 章 数组

本章要点：

- 数组概述
- 数组类型
- 声明数组
- 遍历、输出数组
- 获取数组中最后一个元素
- 删除重复数组
- 获取数组中指定元素的键值
- 数组键与值的排序
- 将数组中元素合成字符串

数组提供了一种快速、方便地管理一组相关数据的方法，是 PHP 程序设计中的重要内容。通过数组可以对大量性质相同的数据进行存储、排序、插入、删除等操作，从而可以有效地提高程序开发效率及改善程序的编写方式。本章将对 PHP 中的数组操作技术进行系统、详细地讲解。

7.1 数组概述

数组是一组数据的集合，它将数据按照一定规则组织起来，形成一个可操作的整体。数组是对大量数据进行有效组织和管理的手段之一，通过数组函数可以对大量性质相同的数据进行存储、排序、插入、删除等操作，从而可以有效地提高程序开发效率及改善程序的编写方式。

数组的本质是储存、管理和操作一组变量。数组与变量的比较如图 7-1 所示。

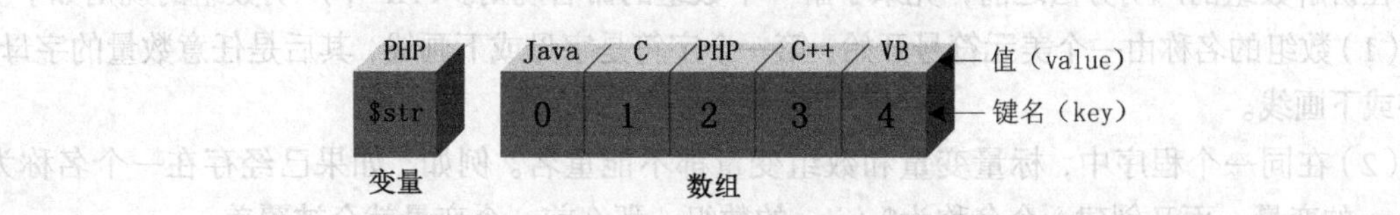

图 7-1　变量与数组

7.2 数组类型

PHP 中将数组分为一维数组、二维数组和多维数组，但是无论是一维还是多维，可以统一将数组分为两种：数字索引数组（indexed array）和关联数组（associative array）。数字索引数组使用数字作为键名（如图 7-1 中展示的就是一个数字索引数组），关联数组使用字符串作为键名（见图 7-2）。

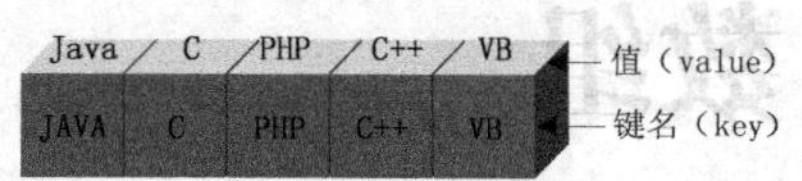

图 7-2　关联数组

1. 数字索引数组

数字索引数组的下标（键名）由数字组成，默认从 0 开始，每个数字对应数组元素在数组中的位置，不需要特别指定，PHP 会自动为数字索引数组的键名赋一个整数值，然后从这个值开始自动增量。当然，也可以指定从某个具体位置开始保存数据。

数组中的每个实体都包含两项：键名和值。可以通过键名来获取相应数组元素（值），如果键名是数值那么就是数字索引数组，如果键名是数值与字符串的混合，那么就是关联数组。

下面创建一个数字索引数组，代码如下：

```
$arr_int = array ("PHP 入门与实战","C#入门与实战","VB 入门与实战");//声明数字索引数组
```

2. 关联数组

关联数组的下标（键名）由数值和字符串混合的形式组成。如果一个数组中，有一个键名不是数字，那么这个数组就叫做关联数组。

关联数组使用字符串键名来访问存储在数组中的值，如图 7-2 所示。

下面创建一个关联索引数组，代码如下：

```
$arr_string = array ("PHP"=>"PHP 入门与实战","JAVA"=>"JAVA 入门与实战","C#"=>"C#入门与实战");    //声明关联数组
```

关联数组的键名可以是任何一个整数或字符串。如果键名是一个字符串，则要给这个键名或索引加上一个定界修饰符——单引号（'）或双引号（"）。对于数字索引数组，为了避免不必要的麻烦，最好也加上定界符。

7.3 声明数组

在讲解数组的声明方法之前，先来了解一下数组的命名规则。PHP 中声明数组的规则如下。

（1）数组的名称由一个美元符号开始，第一个字符是字母或下画线，其后是任意数量的字母、数字或下画线。

（2）在同一个程序中，标量变量和数组变量都不能重名。例如，如果已经存在一个名称为 $string 的变量，而又创建一个名称为$string 的数组，那么前一个变量就会被覆盖。

（3）数组的名称区分大小写，如$String 与$string 是不同的。

声明数组的方法有两种，分别为用户声明和函数声明。下面介绍用户如何自己创建数组和使用什么函数可以直接创建数组。

7.3.1　用户创建数组

用户创建数组应用的是标识符“[]”，通过标识符“[]”可以直接为数组元素赋值。其基本格式如下：

```
$arr['key'] = value;
$arr['0'] = value;
```

其中 key 可以是 int 型或者字符串型数据，value 可以是任何值。

【例 7-1】 应用标识符“[]”创建数组 array，然后应用 print_r()函数输出数组元素。代码如下：（实例位置：光盘\MR\ym\07\7-1）

```
<?php
$array['0']="PHP 入门与实战";                //通过标识符[]定义数组元素值
$array['1']="JAVA 入门与实战";               //通过标识符[]定义数组元素值
$array['2']="VB 入门与实战";                 //通过标识符[]定义数组元素值
$array['3']="VC 入门与实战";                 //通过标识符[]定义数组元素值
print_r($array);                            //输出所创建数组的结构
?>
```

运行结果如图 7-3 所示。

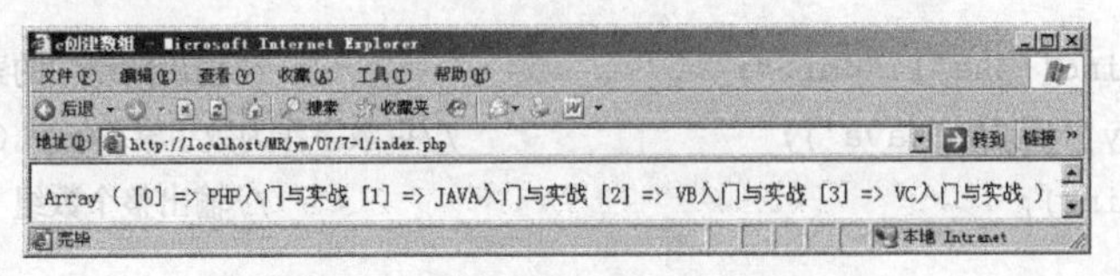

图 7-3　通过标识符[]创建的数组结构

本例中使用 print_r()函数输出数组元素，因为使用 print_r 输出数组，将会按照一定格式输出数组中所有的键名和元素。而使用 echo 语句可以输出数组中指定的某个元素，下面使用 echo 语句输出数组中的第一个元素，如图 7-4 所示。

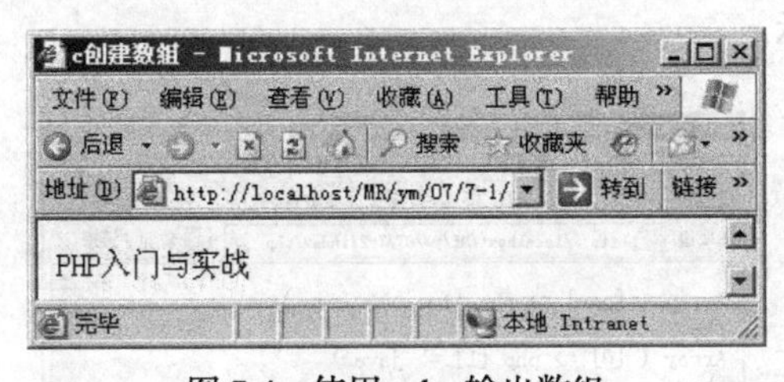

图 7-4　使用 echo 输出数组

（1）用户创建数组，比较适合创建不知大小的数组，或者创建大小可能发生改变的数组。

（2）切忌在通过标识符[]直接为数组元素赋值，同一数组元素中的数组名称必须相同。

7.3.2　函数创建数组

PHP 中最常用的创建数组的函数是 array()，其语法如下：

```
array array ( [mixed ...])
```

参数 mixed 的格式为"key => value"，多个参数 mixed 用逗号分开，分别定义键名（key）和值（value）。

应用 array()函数声明数组时，数组下标（键名）既可以是数值索引也可以是关联索引。下标与数组元素值之间用"=>"进行连接，不同数组元素之间用逗号进行分隔。

应用 array()函数定义数组时，可以在函数体中只给出数组元素值，而不必给出键名。

（1）数组中的索引（key）可以是字符串或数字。如果省略了索引，会自动产生从 0 开始的整数索引。如果索引是整数，则下一个产生的索引将是目前最大的整数索引+1。如果定义了两个完全相同的索引，则后面一个会覆盖前一个。

（2）数组中的各数据元素的数据类型可以不同，也可以是数组类型。当 mixed 是数组类型时，就是二维数组。

【例 7-2】 应用 array()函数声明数组，并输出数组中的元素。代码如下：（实例位置：光盘\MR\ym\07\7-2）

```
<?php
$arr_string=array('one'=>'php','two'=>'java');          //以字符串作为数组索引，指定关键字
print_r($arr_string);                                    //通过 print_r()函数输出数组
echo "<br>";
echo $arr_string['one']."<br>";                          //输出数组中的索引为 JAVA 的元素
$arr_int=array('php','java');                //以数字作为数组索引，从 0 开始，没有指定关键字
print_r($arr_int);                                       //输出整个数组
echo "<br>";
echo $arr_int['0']."<br>";                               //输出数组中的第 1 个元素

$arr_key=array(0 =>'PHP 入门与实战', 1 =>'JAVA 入门与实战', 1 =>'VB 入门与实战');
                                                         //指定相同的索引
print_r($arr_key);                                       //输出整个数组，发现只有两个元素
?>
```

运行结果如图 7-5 所示。

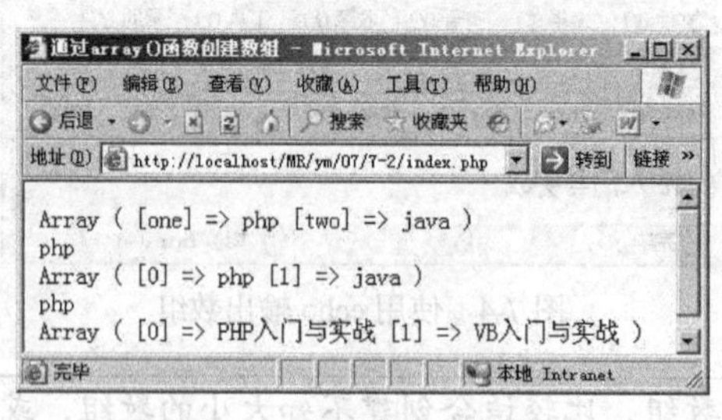

图 7-5 查看数组的结构

7.3.3 创建二维数组

上述创建的数组都是只有一列数据内容的，因此称为一维数组。如果将两个一维数组组合成一个数组，那么就称为二维数组。

【例 7-3】 下面应用 array()函数创建一个二维数组，并输出数组的结构。代码如下：（实例位置：光盘\MR\ym\07\7-3）

```
<?php
$str = array (
    "网络编程图书"=>array ("PHP入门与实战","C#入门与实战","VB入门与实战"),
        "历史图书"=>array ("1"=>"春秋","2"=>"战国","3"=>"左传"),
        "文学图书"=>array ("明朝那些事儿",3=>"狼图腾","鬼吹灯")
    );                              //声明二维数组
print_r ($str) ;                   //输出数组元素
?>
```

运行本示例，查看运行结果的源文件如图 7-6 所示。

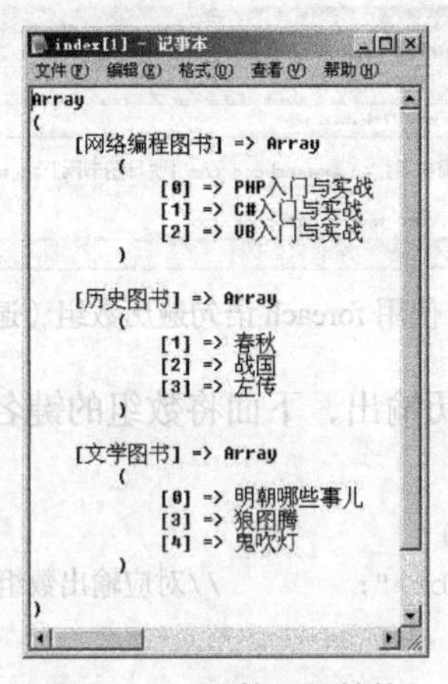

图 7-6　二维数组的结构

根据创建二维数组的方法举一反三，就可以很容易地创建三维、四维等多维数组。

7.4　遍历、输出数组

7.4.1　遍历数组

遍历数组就是按照一定的顺序依次访问数组中的每个元素，直到访问完为止。PHP 中可以通过流程语句（foreach 和 for 循环语句）和函数（list()和 each()）来遍历数组，下面分别介绍这几种遍历数组的方法。

1. foreach

在第 4 章中已经介绍了 foreach 语句的循环结构，下面使用该语句来遍历数组。

【例 7-4】　使用 foreach 语句遍历一维数组$str，具体代码如下：（实例位置：光盘\MR\ym\07\7-4）

```
<?php
//创建数组
$str=array('编程词典网'=>'www.mrbccd.com',
        '明日图书网'=>'www.mingribook.com',
);
```

```
echo "原数组：";
print_r($str);
echo "<br>";
echo "遍历后的值：";
foreach($str as $link){                //遍历数组
    echo $link."  ";
}
?>
```

运行结果如图 7-7 所示。

图 7-7　使用 foreach 语句遍历数组（遍历值）

上面的例子中是将数组的值遍历输出，下面将数组的键名和元素值都遍历输出，只需将上例中的 foreach 循环语句改为：

```
foreach($str as $key=>$link){
    echo "$key----$link"."<br>";          //对应输出数组中的键名和元素值
}
```

运行结果如图 7-8 所示。

图 7-8　使用 foreach 语句遍历数组（遍历键名和值）

【例 7-5】 上面是遍历一维数组的方法，如果想要遍历多维数组，该怎么办呢？方法很简单，只要使用两个 foreach 语句来处理就可以了，具体代码如下：（实例位置：光盘\MR\ym\07\7-5）

```
<?php
$str = array (
    "网络编程图书"=>array ("PHP 入门与实战","C#入门与实战","VB 入门与实战"),
        "历史图书"=>array ("1"=>"春秋","2"=>"战国","3"=>"左传"),
        "文学图书"=>array ("明朝那些事儿",3=>"狼图腾","鬼吹灯")
    );                                              //二维数组
foreach($str as $key=>$link){                       //使用 foreach 语句获取一维数组的元素和值
    foreach($link as $value){                       //使用 foreach 语句获取上一个 foreach 语句遍历
得到的元素和值中的值
        echo $value."<br>";
    }
}
?>
```

运行结果如图 7-9 所示。

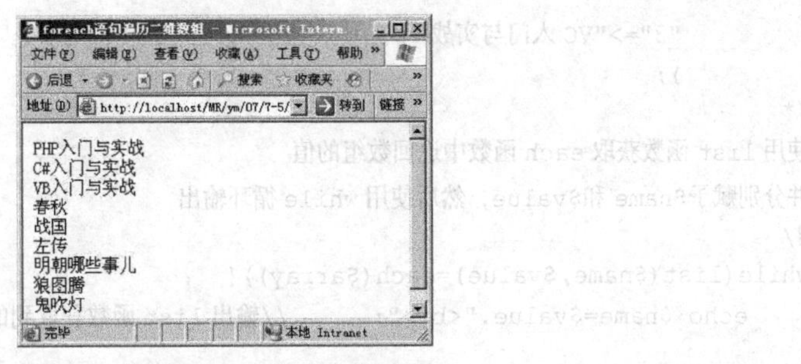

图 7-9　使用 foreach 遍历多维数组

2. for 语句遍历数组

如果要遍历的数组是数字索引数组，并且数组的索引值为连续的整数时，可以使用 for 循环来遍历，但前提条件是需要应用 count()函数获取到数组中元素的数量，然后将获取的元素数量作为 for 循环执行的条件，才能完成数组的遍历。

【例 7-6】　下面使用 for 循环来遍历数组$array，代码如下：（实例位置：光盘\MR\ym\07\7-6）

```
<?php
$array=array(                                        //定义数组
            "0"=>"PHP 入门与实战",
            "1"=>"JAVA 入门与实战",
            "2"=>"VB 入门与实战",
            "3"=>"VC 入门与实战"
            );
for($i=0;$i<count($array);$i++){                    //使用 for 循环遍历数组
   echo $array[$i]."<br>";                           //输出数组元素
}
?>
```

运行结果如图 7-10 所示。

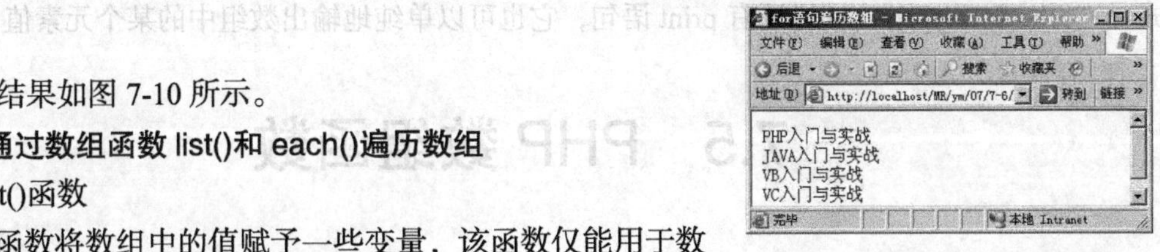

图 7-10　使用 for 循环遍历数组

3. 通过数组函数 list()和 each()遍历数组

- list()函数

list()函数将数组中的值赋予一些变量，该函数仅能用于数字索引的数组，且数字索引从 0 开始。语法如下：

```
void list ( mixed ...)
```

参数 mixed 为被赋值的变量名称。

- each()函数

each()函数返回数组中的键名和对应的值，并向前移动数组指针。其语法如下：

```
array each ( array array)
```

参数 array 为输入的数组。

【例 7-7】　下面使用 list()和 each()函数来遍历数组$array，具体代码如下：（实例位置：光盘\MR\ym\07\7-7）

```
<?php
$array=array(                                //定义数组
        "0"=>"PHP 入门与实战",
        "1"=>"JAVA 入门与实战",
        "2"=>"VB 入门与实战",
```

```
        "3"=>"VC 入门与实战"
        );
/*
使用 list 函数获取 each 函数中返回数组的值
并分别赋予$name 和$value，然后使用 while 循环输出
*/
while(list($name,$value)=each($array)){
    echo $name=$value."<br>";        //输出 list 函数获取到的键名和值
}
?>
```

运行结果如图 7-11 所示。

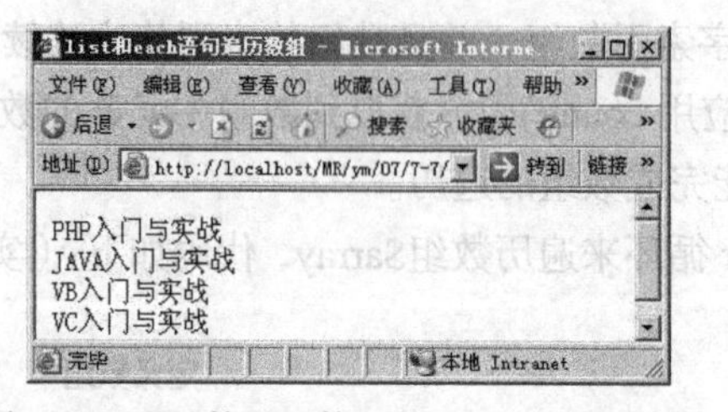

图 7-11　通过数组函数 list()和 each()遍历数组

7.4.2　输出数组元素

在前面已经实践过数组的输出，就是 print_r()函数和 echo 语句。

- print_r()函数可以输出数组的结构，也可以使用 var_dump()函数，同样是输出数组的结构。
- echo 语句则是单纯的输出数组中的某个元素，而且要有标识符[]和数组索引的配合，其格式是"echo $array[0]"。同样还有 print 语句，它也可以单纯地输出数组中的某个元素值。

7.5　PHP 数组函数

7.5.1　获取数组中最后一个元素

在 PHP 中，通过 array_pop()函数可以获取并返回数组中的最后一个元素，并将数组的长度减一，如果数组为空（或者不是数组）将返回 null。语法如下：

```
mixed array_pop ( array &array)
```

参数 array 为输入的数组。

【例 7-8】　首先应用 array_push()函数向数组中添加元素，然后应用 array_pop()函数获取数组中最后一个元素，最后输出最后一个元素值。代码如下：（实例位置：光盘\MR\ym\07\7-8）

```
<?php
$array=array(0 =>'PHP 入门与实战', 1 =>'JAVA 入门与实战');      //声明数组
array_push($array,'VB 入门与实战','VC 入门与实战');             //向数组中添加元素
$last_array=array_pop($array);                                  //获取数组中最后一个元素
echo $last_array;                                               //返回结果为 VC 入门与实战
?>
```

运行结果为：VC 入门与实战

7.5.2 删除数组中重复元素

在 PHP 中，使用 array_unique()函数可以将数组中重复的元素删除。语法如下：

```
array array_unique ( array array)
```

参数 array 为输入的数组。

虽然 array_unique()函数只保留重复值的第一个键名。但是，这第一个键名并不是在未排序的数组中同一个值的第一个出现的键名，只有当两个字符串的表达式完全相同时（(string) $elem1 === (string) $elem2），第一个单元才被保留。

【例 7-9】 首先定义一个数组，然后应用 array_push()函数向数组中添加元素，并输出数组，最后应用 array_unique()函数，删除数组中重复元素，并输出数组。代码如下：（实例位置：光盘\MR\ym\07\7-9）

```
<?php
$arr_int = array ("PHP", "JAVA","VC");          //定义数组
    array_push ($arr_int, "PHP","VC");             //向数组中添加元素
    print_r($arr_int);                             //输出添加后的数组
    $result=array_unique($arr_int);                //删除添加后数组中重复的元素
    print_r($result);                              //输出删除重复元素后的数组
    ?>
```

运行结果如图 7-12 所示。

图 7-12 删除数组中重复元素

使用 unset()函数可删除数组中的某个元素，如将上例中$arr_int 数组的第 2 个元素删除，代码如下：

```
unset($arr_int[1]);
```

7.5.3 获取数组中指定元素的键名

获取数组中指定元素的键名可以使用 array_search()函数或者 array_keys()函数。

（1）array_search()函数可获取数组中指定元素的键名。成功则返回元素的键名，否则返回 false。其语法如下：

```
mixed array_search ( mixed needle, array haystack [, bool strict])
```

array_search()函数的参数说明如表 7-1 所示。

表 7-1 array_search()函数的参数说明

参　数	说　明
needle	指定在数组中搜索的值，如果 needle 是字符串，则比较以区分大小写的方式进行
haystack	指定被搜索的数组
strict	可选参数，如果值为 TRUE，还将在 haystack 中检查 needle 的类型

说明

array_search()函数是区分字母大小写的。

【例 7-10】 使用 array_search()函数获取数组中元素的键名，具体代码如下：（实例位置：光盘\MR\ym\07\7-10）

```
<?php
$arr=array("苹果","桔子","香蕉","梨");          //创建数组，数组中有 4 个元素
$name=array_search("香蕉",$arr);         //使用 array_search 获取$arr 数组中“香蕉”的键名，然后将获取的结果赋给$name 变量
echo $name;                               //输出结果
?>
```

运行结果为：2

（2）array_keys()函数获取数组中重复元素的所有键名。如果查询的元素在数组中出现两次以上，那么 array_search()函数则返回第一个匹配的键名。如果想要返回所有匹配的键名，则需要使用 array_keys()函数。语法如下：

```
array array_keys ( array input [, mixed search_value [, bool strict]] )
```

array_keys()返回 input 数组中的数字或者字符串的键名。如果指定可选参数 search_value，则只返回该值的键名，否则 input 数组中的所有键名都会被返回。

【例 7-11】 使用 array_keys 函数来获取数组中重复元素的所有键名，具体代码如下：（实例位置：光盘\MR\ym\07\7-11）

```
<?php
$arr=array("苹果","桔子","香蕉","梨","香蕉");
$name=array_keys($arr,"香蕉");    //使用 array_keys 获取$arr 数组中“香蕉”的所有键值
print_r($name);                  //因为 array_keys 函数返回的是数组类型的值，所以使用 print_r 输出
?>
```

运行结果为：Array ([0] => 2 [1] => 4)

7.5.4 数组键与值的排序

在 PHP 中拥有 4 个基本的数组排序函数，分别为 sort()、rsort()、ksort()、krsort()函数，分别对应的排序功能为数组值正序、值倒序、键正序、键倒序。使用起来都比较简单，因为它们是无返回值的地址模式函数，因此只需要排序的数组变量放到函数的制定参数中即可。格式如下：

```
void asort ( array &array [, int sort_flags])
void rsort ( array &array [, int sort_flags])
int ksort  ( array &array [, int sort_flags])
int krsort ( array &array [, int sort_flags])
```

array 为必要参数，输入的数组；sort_flags 为可选参数，可改变排序的行为。排序类型标记如下：

- SORT_REGULAR (正常比较单元)
- SORT_NUMERIC (单元被作为数字来比较)
- SORT_STRING (单元被作为字符串来比较)

【例 7-12】 分别应用 sort()、rsort()、ksort()、krsort()函数对数组进行值正序、值倒序、键正序、键倒序的排列，具体代码如下：（实例位置：光盘\MR\ym\07\7-12）

```
<?php
$arr=array("C"=>10,"A"=>2,"B"=>20);
```

```
sort($arr);        //值正序
print_r($arr);
$arr=array("C"=>10,"A"=>2,"B"=>20);
rsort($arr);       //值倒序
print_r($arr);
$arr=array("C"=>10,"A"=>2,"B"=>20);
ksort($arr);       //键正序
print_r($arr);
$arr=array("C"=>10,"A"=>2,"B"=>20);
krsort($arr);      //键倒序
print_r($arr);
?>
```

运行效果如图7-13所示。

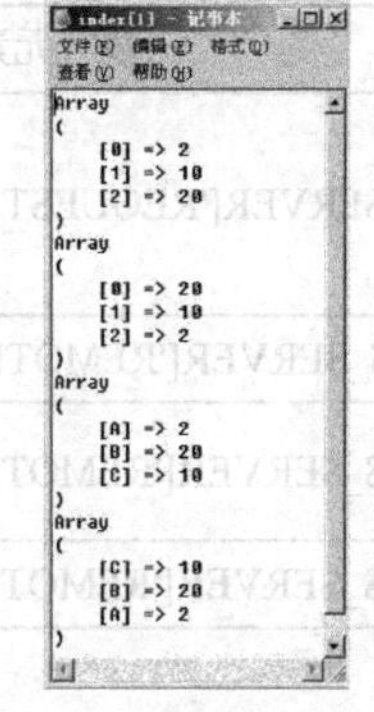

图7-13 数组排序函数的应用

7.5.5 字符串与数组的转换

通过字符串函数explode()可以将字符串分割成数组，而通过数组函数implode()可以将数组中的元素组合成一个新字符串。implode()函数的语法如下：

```
string implode(string glue, array pieces)
```

参数glue是字符串类型，指定分隔符。参数pieces是数组类型，指定要被合并的数组。

例如，应用implode()函数将数组中的内容以*为分隔符进行连接，从而组合成一个新的字符串。代码如下：

```
<?php
$str="PHP编程宝典*NET编程宝典*ASP编程宝典*JSP编程宝典";      //定义字符串常量
$str_arr=explode("*",$str);                                  //应用标识*分割字符串
$array=implode("*",$str_arr);                                //将数组合成字符串
echo $array;                                                 //输出字符串
?>
```

结果为：PHP编程宝典*NET编程宝典*ASP编程宝典*JSP编程宝典

7.6 PHP的全局数组

应用PHP提供的全局数组，可以获取大量与环境有关的信息。例如，可以应用这些数组获取当前用户会话、用户操作环境、本地操作环境等信息。下面将对PHP中常用的全局数组进行介绍。

7.6.1 $_SERVER[ ]全局数组

$_SERVER[ ]全局数组包含由Web服务器创建的信息，应用该数组可以获取服务器和客户配置及当前请求的有关信息。下面对$_SERVER[ ]数组进行介绍，如表7-2所示。

表7-2 $_SERVER[ ]全局数组

数组元素	说明
$_SERVER['SERVER_ADDR']	当前运行脚本所在的服务器的IP地址
$_SERVER['SERVER_NAME']	当前运行脚本所在服务器主机的名称。如果该脚本运行在一个虚拟主机上，该名称是由那个虚拟主机所设置的值决定

续表

数组元素	说明
$_SERVER['REQUEST_METHOD']	访问页面时的请求方法。例如，"GET"、"HEAD"、"POST"，"PUT"。如果请求的方式是 HEAD，PHP 脚本将在送出头信息后中止（这意味着在产生任何输出后，不再有输出缓冲）
$_SERVER['REMOTE_ADDR']	正在浏览当前页面用户的 IP 地址
$_SERVER['REMOTE_HOST']	正在浏览当前页面用户的主机名。反向域名解析基于该用户的 REMOTE_ADDR
$_SERVER['REMOTE_PORT']	用户连接到服务器时所使用的端口
$_SERVER['SCRIPT_FILENAME']	当前执行脚本的绝对路径名。注意：如果脚本在 CLI 中被执行，作为相对路径，例如 file.php 或者../file.php，$_SERVER['SCRIPT_FILENAME'] 将包含用户指定的相对路径
$_SERVER['SERVER_PORT']	服务器所使用的端口，默认为"80"。如果使用 SSL 安全连接，则这个值为用户设置的是 HTTP 端口
$_SERVER['SERVER_SIGNATURE']	包含服务器版本和虚拟主机名的字符串
$_SERVER['DOCUMENT_ROOT']	当前运行脚本所在的文档根目录，在服务器配置文件中定义

【例 7-13】 下面应用$_SERVER[ ]全局数组获取脚本所在地的 IP 地址及服务器和客户端的相关信息。（实例位置：光盘\MR\ym\07\7-13）

通过$_SERVER[ ]全局数组获取服务器和客户端的 IP 地址，客户端连接主机的端口号，以及服务器的根目录。其代码如下：

```
<?php
    echo "当前服务器 IP 地址是：<b>".$_SERVER ['SERVER_ADDR']."</b><br>";
    echo "当前服务器的主机名称是：<b>".$_SERVER
['SERVER_NAME']."</b><br>";
    echo "客户端 IP 地址是：<b>".$_SERVER ['REMOTE
_ADDR']."</b><br>";
    echo"客户端连接到主机所使用的端口：<b>".$_SERVER
['REMOTE_PORT']."</b><br>";
    echo "当前运行的脚本所在文档的根目录：<b>".$
_SERVER['DOCUMENT_ROOT']."</b><br>";
?>
```

运行结果如图 7-14 所示。

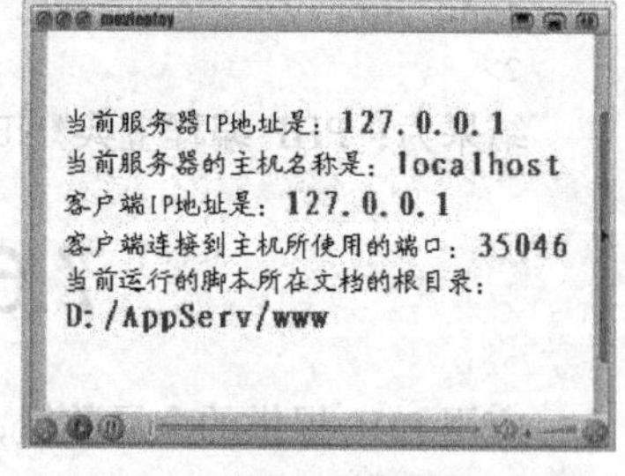

图 7-14　获取 IP 地址及相关信息

7.6.2　$_GET[ ]和$_POST[ ]全局数组

PHP 中提供$_GET[ ]和$_POST[ ]全局数组分别用来接收 GET 方法和 POS 方法传递到当前页面的数据。那么这两种方法在页面间传递数据有何区别呢？其中，用 GET 方法在页面间传递数据时，所传递的内容会以查询字符串的形式显示在浏览器的地址栏中，而通过 POST 方法在页面传递数据时，所传递的数据不会显示在浏览器中。

【例 7-14】 下面开发一个实例，获取用户的注册信息。分别通过 GET 方法和 POST 方法完成数据的提交，并且应用$_GET[ ]和$_POST[ ]全局数组获取用户提交的数据，从返回的结果中体会二者之间的区别。（实例位置：光盘\MR\ym\07\7-14）

（1）创建 index.php 文件，同时定义两个 form 表单，分别使用 GET 方法和 POST 方法提交数据，将通过 GET 方法提交的数据传递到 get.php 文件，将通过 POST 方法提交的数据传递到 post.php 文件。

（2）创建 get.php 文件，通过$_GET[ ]全局数组获取 GET 方法提交的数据。其代码如下：

```
<?php
if(isset($_GET['sub'])){
        echo "用户名: ".$_GET['text']."  "."<br>密码: ".$_GET['pwd']."<br>"."QQ: ".$_GET['qq']."  "."<br>邮箱: ".$_GET['mail'];
    }
?>
```

运行结果如图 7-15 所示。

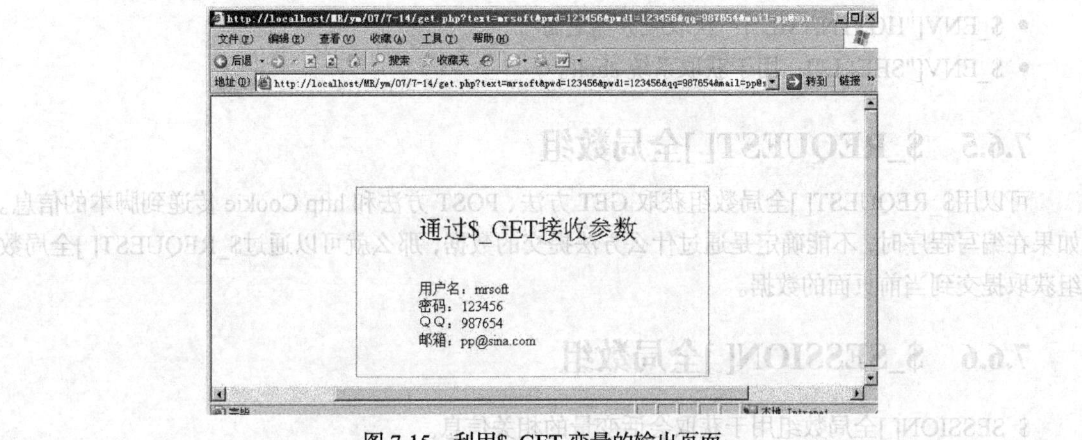

图 7-15 利用$_GET 变量的输出页面

（3）创建 post.php 文件，通过$_POST[ ]全局数组获取 POST 方法提交的数据。其代码如下：

```
<?php
    if(isset($_POST['sub'])){
        echo "用户名: ".$_POST['text']."  "."<br>密码: ".$_POST['pwd']."<br>"."QQ: ".$_POST['qq']."  "."<br>邮箱: ".$_POST['mail'];
    }
?>
```

运行结果如图 7-16 所示。

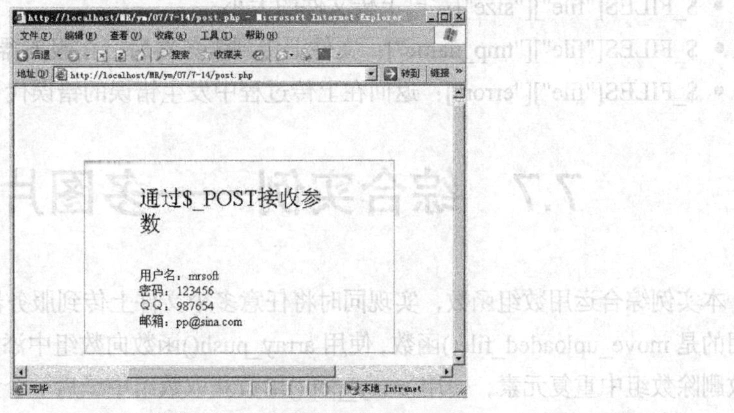

图 7-16 利用$_POST 变量的输出页面

7.6.3 $_COOKIE 全局数组

$_COOKIE[ ]全局数组存储了通过 http Cookie 传递到脚本的信息。PHP 中可以通过 setcookie()函数设置 Cookie 的值，用$_COOKIE[ ]数组接收 Cookie 的值，$_COOKIE[ ]数组的下标为 Cookie 的名称。

7.6.4 $_ENV[ ]全局数组

$_ENV[ ]全局数组用于提供与服务器有关的信息。例如：

- $_ENV["HOSTNAME"]：获取服务器名称。
- $_ENV["SHELL"]：用于获取系统 shell。

7.6.5 $_REQUEST[ ]全局数组

可以用$_REQUEST[ ]全局数组获取 GET 方法、POST 方法和 http Cookie 传递到脚本的信息。如果在编写程序时，不能确定是通过什么方法提交的数据，那么就可以通过$_REQUEST[ ]全局数组获取提交到当前页面的数据。

7.6.6 $_SESSION[ ]全局数组

$_SESSION[ ]全局数组用于获取会话变量的相关信息。

7.6.7 $_FILES[ ]全局数组

与其他全局数组不同，$_FILES[ ]数组为一个多维数组，该数组用于获取通过 POST 方法上传文件时的相关信息。如果为单文件上传，则该数组为二维数组；如果为多文件上传，则该数组为三维数组。下面对该数组的具体参数取值进行描述。

- $_FILES["file"]["name"]：从客户端上传的文件名称。
- $_FILES["file"]["type"]：从客户端上传的文件类型。
- $_FILES["file"]["size"]：已上传文件的大小。
- $_FILES["file"]["tmp_name"]：文件上传到服务器后，在服务器中的临时文件名。
- $_FILES["file"]["error"]：返回在上传过程中发生错误的错误代号。

7.7 综合实例——多图片上传

本实例综合运用数组函数，实现同时将任意多个文件上传到服务器的功能。这里文件的上传使用的是 move_uploaded_file()函数，使用 array_push()函数向数组中添加元素，使用 array_unique()函数删除数组中重复元素，使用 array_pop()函数获取数组中最后一个元素，并将数组长度减 1，使用 count()函数获取数组的元素个数。实例的运行结果如图 7-17 所示。

图 7-17 在多文件上传中应用数组函数

实例的操作步骤如下。

（1）在 index.php 文件中创建表单，指定 post 方法提交数据，设置 enctype="multipart/form-data" 属性，添加表单元素，完成文件的提交操作。

```
<form action="index_ok.php" method="post" enctype="multipart/form-data" name="form1">
    <tr>
      <td width="88" height="30" align="right" class="STYLE1">内容 1: </td>
      <td width="369"><input name="picture[]" type="file" id="picture[]"
size= "30"></td>
      </tr>
......//省略了部分代码
    <tr>
      <td height="30" align="right" class="STYLE1">内容 5: </td>
      <td><input name="picture[]" type="file" id="picture[]" size="30"></td>
      </tr>
    <tr>
      <td><input type="image" name="imageField" src="images/02-03 (3).jpg"></td>
      </tr>
  </form>
```

（2）在 index_ok.php 文件中，通过$_FILES 预定义变量获取表单提交的数据，通过数组函数完成对上传文件元素的计算，最后使用 move_uploaded_file()函数将上传文件添加服务器指定文件夹下。

```
<?php
   if(!is_dir("./upfile")){                          //判断服务器中是否存在指定文件夹
       mkdir("./upfile");                            //如果不存在，则创建文件夹
   }
   array_push($_FILES["picture"]["name"],"");        //向表单提交的数组中增加一个空元素
  $array=array_unique($_FILES["picture"]["name"]); //删除数组中重复的值
  array_pop($array);                                //删除数组中最后一个单元
   for($i=0;$i<count($array);$i++){                  //根据元素个数执行 for 循环
   $path="upfile/".$_FILES["picture"]["name"][$i]; //定义上传文件存储位置
       if(move_uploaded_file($_FILES["picture"]["tmp_name"][$i],$path)){
                                                     //执行文件上传操作
           $result=true;
       }else{
```

```
            $result=false;
        }
    }
    if($result==true){
        echo "文件上传成功，请稍等...";
        echo "<meta http-equiv=\"refresh\" content=\"3; url=index.php\">";
    }else{
        echo "文件上传失败，请稍等...";
        echo "<meta http-equiv=\"refresh\" content=\"3; url=index.php\">";
    }
    ?>
```

通过 POST 方法实现多文件上传，在创建 form 表单时，必须指定 enctype="multipart/form-data"属性。

知识点提炼

（1）数组是一组数据的集合，将数据按照一定规则组织起来，形成一个可操作的整体。

（2）数组的本质是储存、管理和操作一组变量。

（3）数组分为两种：数字索引数组（indexed array）和关联数组（associative array）。

（4）数字索引数组使用数字作为键名，关联数组使用字符串作为键名。

（5）数字索引数组的下标（键名）由数字组成，默认从 0 开始，每个数字对应数组元素在数组中的位置，不需要特别指定，PHP 会自动为数字索引数组的键名赋一个整数值，然后从这个值开始自动增量。

（6）关联数组的下标（键名）由数值和字符串混合的形式组成。如果一个数组中，有一个键名不是数字，那么这个数组就叫做关联数组。

（7）数组的名称由一个美元符号开始，第一个字符是字母或下画线，其后是任意数量的字母、数字或下画线。

（8）在同一个程序中，标量变量和数组变量都不能重名。

（9）数组的名称区分大小写。

（10）用户创建数组应用的是标识符“[]”，通过标识符“[]”可以直接为数组元素赋值。

习 题

7-1 sort()、asort()和 ksort()3 者之间有什么差别？分别在什么情况下会使用上面 3 个函数？

7-2 有一数组$a=array(8,2,7,5,1);，请将其重新排序，按从小到大的顺序输出。

7-3 编写一个函数，对数组中元素按从大到小的顺序排序，并且执行效率要高。（注意：不可以使用 PHP 内置函数）

7-4 编写一个函数对二维数组进行排序。

实验：通过客户端 IP 地址限制投票次数

实验目的

（1）熟悉 MySQL 数据库与 PHP 的综合应用，为以后学习 MySQL 做准备。

（2）掌握$_SERVER[]全局数组中的$_SERVER['REMOTE_ADDR']参数的具体应用。

（3）熟练应用条件语句。

实验内容

制作一个简单的投票系统，通过获取客户端 IP 地址来限制用户的投票次数，每个 IP 地址只可以投票一次，如果重复投票将给出提示。实验的运行结果如图 7-18 所示。

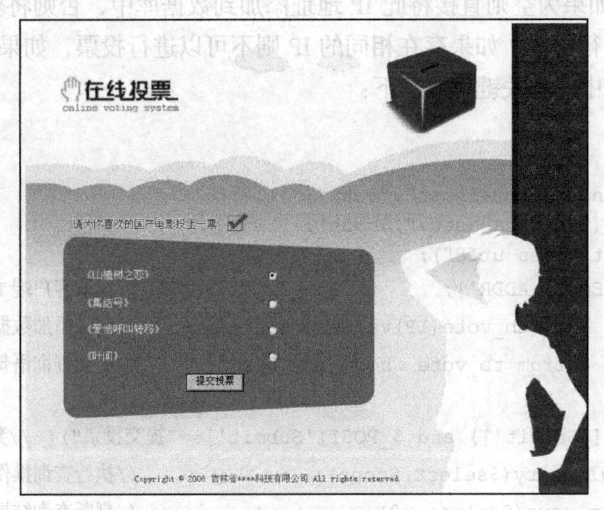

图 7-18　在线投票

实验步骤

（1）创建一个 index.php 页。在该页中插入一个表单，在表单中添加投票的主题及选项，并为每个选项添加一个单选按钮，最后添加一个提交按钮，用于提交投票选项。index.php 页实现的主要代码如下：

```
<form id="form1" name="form1" method="post" action="index_ok.php">
  ....省略部分代码....
      <tr>
        <td width="153" height="39"><span class="STYLE2">《山楂树之恋》</span></td>
        <td width="207"><label>
          <div align="center">
            <input type="radio" name="radiobutton" value="radiobutton" />
          </div>
        </label></td>
      </tr>
      <tr>
```

```
            <td height="35"><span class="STYLE2">《集结号》</span></td>
            <td><label>
              <div align="center">
                <input type="radio" name="radiobutton" value="radiobutton" />
                </div>
            </label></td>
          </tr>
          ....省略部分代码....
            <td height="34" colspan="2" align="center"><label>
              <input type="submit" name="Submit" value="提交投票" />
            </label></td>
          </tr>
    ....省略部分代码....
</form>
```

（2）创建表单的处理页 index_ok.php。在该页中首先连接数据库，然后利用$_SERVER[]全局数组中的$_SERVER['REMOTE_ADDR']参数来获取存储在数据库中的 IP 地址，接下来判断数据库中数据是否为空，如果为空则直接将此 IP 地址添加到数据库中，否则将获取的 IP 地址与数据库中存数的 IP 地址进行比较，如果存在相同的 IP 则不可以进行投票，如果不存在相同的 IP，可将此 IP 添加到数据库中。其关键代码如下：

```
<?php
//连接数据库
$conn=mysql_connect("localhost","root","111");
mysql_select_db("db_database07",$conn);
mysql_query("set names utf8");
$ip=$_SERVER['REMOTE_ADDR'];                          //获取客户端 IP 地址
$insert="insert into tb_vote(IP)values('$ip')";       //定义添加数据语句
$select="select * from tb_vote where ip='$ip'";       //定义查询语句，查询 IP 地址在数据库中是否存在
if(isset($_POST['Submit']) and $_POST['Submit']=="提交投票"){ //判断按钮的执行操作
    $value=mysql_query($select,$conn);                //执行查询操作
    if(mysql_num_rows($value)==0){                    //判断查询结果是否等于 0
        $result=mysql_query($insert,$conn);           //如果等于 0，执行添加语句，将 IP 地址添加到数据库中
        if($result){                                  //判断添加操作是否成功执行
            echo "<script>alert('投票成功！');window.location.href='index.php';</script>";
    //如果成功执行，则提示投票成功
        }else{
            echo "<script>alert('投票失败！');window.location.href='index.php';</script>";
    //否则提示投票失败
        }
    }else{
        echo "<script>alert('您已经投过票了！');window.location.href='index.php';</script>";
    }
}
?>
```

第 8 章 Web 交互

本章要点：

- HTTP 基础
- 创建表单、表单元素设置、表单处理方法
- 获取表单参数
- 文件上传
- 表单验证
- HTML 响应头信息应用，重定向、设置过期时间和文件下载

PHP 被设计为一种 Web 脚本语言，尽管它也可以用于编写命令行和图形界面程序，但绝大部分还是用于 Web 开发。动态网站会涉及表单（form）、会话（session）、重定向（redirection）等概念，本章将介绍如何在 PHP 中实现它们。

8.1 HTTP 基础

Web 的运行是基于 HTTP（HyperText Transfer Protocol，超文本传输协议）的。HTTP 规定了浏览器如何向 Web 服务器请求文件，以及服务器如何根据请求返回文件。

当一个 Web 浏览器请求一个 Web 页面时，它会发送一个 HTTP 请求消息给 Web 服务器。这个请求消息总是包含某些头部信息作为响应。回应消息也包含头部信息和消息主体。HTTP 请求的第一行通常是这样的：

```
GET /index.html HTTP/1.1
```

这一行指定一个称为方法（method）的 HTTP 命令，其后指明文档的地址和正使用的 HTTP 版本。这段代码表达的意思是：通过 GET 方法进行请求，并采用 HTTP 1.1 协议来请求名称为 index.html 的服务器端文档。

在第一行之后，请求还可能包含一些可选的头部信息，给服务器附加的数据，例如：

```
User-Agent: Mozilla/5.0 (Windows; U; Windows NT 6.1; zh-CN; rv:1.9.1.3) Gecko/20090824 Firefox/3.5.3
Accept: text/html,application/xhtml+xml,application/xml;q=0.9,*/*;q=0.8
Accept-Language: zh-cn,zh;q=0.5
Accept-Encoding: gzip,deflate
Accept-Charset: GB2312,utf-8;q=0.7,*;q=0.7
```

User-Agent 头提供 Web 浏览器相关的信息，而 Accept 头指定了浏览器接受的 MIME 类型。在所有头部信息之后，请求会包含一个空白的行，说明头部信息已经结束。请求也可以包含附加的数据，如果采用了相对应的方法（例如，用 POST 方法）。如果请求不包含任何数据，它就会以一行空白行结束。

Web 服务器接收请求后，处理并返回一个响应。HTTP 响应的第一行看起来是这样的：

```
HTTP/1.1 200 OK
```

这一行指定协议的版本、状态码和状态码的描述。本例中状态码为“200”，说明请求成功（因此状态码的描述是“OK”）。在状态行之后，响应消息包含了一些头部信息，用于向客户端浏览器提供附加信息。例如：

```
    Date: Fri, 20 May 2011 03:10:50 GMT
    Server: Apache/2.2.14 (Win32) DAV/2 mod_ssl/2.2.14 OpenSSL/0.9.8l mod_autoindex_color
PHP/5.3.1 mod_apreq2-20090110/2.7.1 mod_perl/2.0.4 Perl/v5.10.1
    Content-Length: 5197
    Keep-Alive: timeout=5, max=99
    Connection: Keep-Alive
    Content-Type: text/html;charset=UTF-8
```

Server 一行提供了 Web 服务器软件的相应信息；Content-Type 指定响应中数据的 MIME 类型。在这些信息之后是一个空白行，如果请求成功，空行之后就是所请求的数据。

最常用的两种 HTTP 方法是 GET 和 POST。GET 方法用于从服务器中获得文档、图像或数据库检索结构的信息；POST 则用于向服务器发送信息，如信用卡的号码或其他信息要提交到服务器并存储到服务器上的数据库中。当用户在浏览器的地址栏中键入一个 URL 并访问或者单击网页上的一个链接时，浏览器都使用 GET 方法。而用户提交一个表单时，既可以使用 POST 方法，也可以使用 GET 方法，具体使用哪种方法由 form 标签的 method 属性确定。在“表单处理”一节中将详细讨论 GET 方法和 POST 方法。

8.2 变量

这里讲解的不是 PHP 脚本中的普通变量，而是 PHP 脚本中获取服务器环境信息，请求信息（包括表单参数和 cookie）的方法。通常把这些信息统称为 EGPCS（Environment、GET、POST、Cookies、Server）。

如果 php.ini 文件中的 register_globals 选项被启用，PHP 就会为第一个表单参数、请求信息服务器环境创建一个独立的全局变量。这个功能非常方便，它可以让浏览器为程序初始化任何变量。但这个功能也非常危险。这一点将在后续的章节中介绍。

如果忽略 register_globals 的设置，PHP 将创建 6 个包含 EGPCS 信息的全局数组，通过它们获取 EGPCS 传递的数据。

- $_COOKIE：获取 COOKIE 中传递的所有 cookie 值，数组的键名是 cookie 名称。
- $_GET：获取 GET 请求传递的参数值，数组的键名是表单参数的名称。
- $_POST：获取 POST 请求传递的参数，数组的键名是表单参数的名称。
- $_FILES：获取上传文件的所有信息。
- $_SERVER：获取服务器的相关信息。
- $_ENV：获取环境变量的值，键名是环境变量的名称。

这些变量不但是全局的，而且在函数的定义中也是可见的。$_REQUEST 数组也由 PHP 自动生成，包含了$_GET、$_POST、$_COOKIE3 个数组的所有元素。

PHP 还会创建一个$_SERVER['PHP_SELF']的变量，用于存放当前脚本的路径和名称（相对于文档根目录，如/08/stat.php）。

8.3 服务器信息

$_SERVER 数组包含很多服务器相关的有用信息。其中大部分信息来自于 CGI 规范（http://hoohoo.ncsa.uiuc.edu/cgi/env.html）中所要求的环境变量（environment variable）。

下面对$_SERVER[ ]数组进行介绍，如表 8-1 所示。

表 8-1 $_SERVER[ ]数组

参数	说明
$_SERVER['DOCUMENT_ROOT']	当前运行脚本所在的文档根目录。在服务器配置文件中定义
$_SERVER['HTTP_HOST']	当前请求的 Host: 头信息的内容
$_SERVER['PHP_SELF']	当前正在执行脚本的文件名，与 document root 相关。例如，URL 地址为 http://example.com/test.php/foo.bar 的脚本中使用$_SERVER['PHP_SELF']将会得到/test.php/foo.bar 这个结果
$_SERVER['REMOTE_ADDR']	请求本页的机器 IP 地址，如“192.168.1.59”
$_SERVER['REQUEST_URI']	访问此页面所需的 URI，如“/index.html”
$_SERVER['SERVER_NAME']	主机名，DNS 别名，或者 IP 地址，如“www.example.com”
$_SERVER['SERVER_SIGNATURE']	包含服务器版本和虚拟主机名的字符串
$_SERVER ['argv']	传递给该脚本的参数。当脚本运行在命令行方式时，argv 变量传递给程序 C 语言样式的命令行参数。当调用 GET 方法时，该变量包含请求的数据
$_SERVER[' argc ']	包含传递给程序的命令行参数的个数（如果运行在命令行模式）
$_SERVER['GATEWAY_INTERFACE']	所遵循的 CGI 标准的版本号，如“CGI/1.1”
$_SERVER ['SERVER_SOFTWARE']	一个用于标识服务器的字符串，如“Apache/2.2.14 (Win32) DAV/2 mod_ssl/2.2.14 OpenSSL/0.9.8l mod_autoindex_color PHP/5.3.1 mod_apreq2-20090110/2.7.1 mod_perl/2.0.4 Perl/v5.10.1”
$_SERVER['SERVER_PROTOCOL ']	请求页面时通信协议的名称和版本，如“HTTP/1.0”
$_SERVER['REQUEST_METHOD']	客户端获取文档的方法，如“GET”
$_SERVER['REQUEST_TIME']	请求开始时的时间戳。从 PHP 5.1.0 起有效
$_SERVER['QUERY_STRING']	检索字符串，URL 中问号？后面的部分。例如，URL 为“index.php?subject_id=35”，则$_SERVER['QUERY_STRING'] 为“subject_id=35”
$_SERVER['HTTP_ACCEPT']	当前请求的 Accept: 头信息的内容
$_SERVER['HTTP_ACCEPT_CHARSET']	当前请求的 Accept-Charset: 头信息的内容，如“iso-8859-1,*,utf-8”

续表

参数	说明
$_SERVER['HTTP_ACCEPT_ENCODING']	当前请求的 Accept-Encoding: 头信息的内容，如“gzip”
$_SERVER['HTTP_ACCEPT_LANGUAGE']	当前请求的 Accept-Language: 头信息的内容，如“en”
$_SERVER['HTTP_CONNECTION']	当前请求的 Connection: 头信息的内容，如“Keep-Alive”
$_SERVER['HTTP_REFERER']	浏览器来到当前页面的上一个页面，如“http://www.example.com/last_page.html”
$_SERVER['HTTP_USER_AGENT']	标识浏览器的字符器，如“Mozilla/5.0 (compatible; MSIE 8.0; Windows NT 6.1)”，表示访问当前页面的用户使用的操作系统、浏览器类型、版本等
$_SERVER['HTTPS']	如果脚本是通过 HTTPS 被访问，则被设为一个非空的值
$_SERVER['REMOTE_HOST']	请求本页的机器主机名，如 dialup-192-168-0-1.example.com。机器没有 DNS 记录，则这个变量为空，只给出 REMOTE_ADDR 值
$_SERVER['REMOTE_PORT']	用户连接到服务器时所使用的端口
$_SERVER['SCRIPT_FILENAME']	当前执行脚本的绝对路径名 注：如果脚本在 CLI 中被执行，作为相对路径，如 file.php 或 ../file.php，$_SERVER['SCRIPT_FILENAME'] 将包含用户指定的相对路径
$_SERVER['SERVER_ADMIN']	该值指明了 Apache 服务器配置文件中的 SERVER_ADMIN 参数。如果脚本运行在一个虚拟主机上，则该值是那个虚拟主机的值
$_SERVER['SERVER_PORT']	请求发送到的服务器端口号，如“80”
$_SERVER['PATH_TRANSLATED']	PATH_INFO 的值，由服务器转换成文件名，如“/home/httpd/htdocs/list/users”
$_SERVER['SCRIPT_NAME']	当前页面的 URL 路径，用于自引用脚本，如“/~me/menu.php”
$_SERVER['PHP_AUTH_DIGEST']	当作为 Apache 模块运行时，进行 HTTP Digest 认证的过程中，此变量被设置成客户端发送的“Authorization”HTTP 头内容（以便做进一步的认证操作）
$_SERVER['PHP_AUTH_USER']	当 PHP 运行在 Apache 或 IIS（PHP 5 是 ISAPI）模块方式下，并且正在使用 HTTP 认证功能，这个变量便是用户输入的用户名
$_SERVER['PHP_AUTH_PW']	当 PHP 运行在 Apache 或 IIS（PHP 5 是 ISAPI）模块方式下，并且正在使用 HTTP 认证功能，这个变量便是用户输入的密码
$_SERVER['AUTH_TYPE']	如果本页面受到密码保护，则本变量指明了保护本页面的验证方法，如“basic”

【例 8-1】 通过$_SERVER[ ]数组获取服务器和客户端的 IP 地址，客户端连接主机的端口号，以及服务器的根目录。其代码如下：（实例位置：光盘\MR\ym\08\8-1）

```
<?php
    echo "当前服务器 IP 地址是：<b>".$_SERVER['SERVER_ADDR']."</b><br>";
    echo "当前服务器的主机名称是：<b>".$_SERVER['SERVER_NAME']."</b><br>";
```

```
    echo "客户端 IP 地址是：<b>".$_SERVER
['REMOTE_ADDR']."</b><br>";
    echo "客户端连接到主机所使用的端口：<b>".$_SERVER
['REMOTE_PORT']."</b><br>";
    echo "当前运行的脚本所在文档的根目录：<b>".$_SERVER
['DOCUMENT_ROOT']."</b><br>";
?>
```

运行结果如图 8-1 所示。

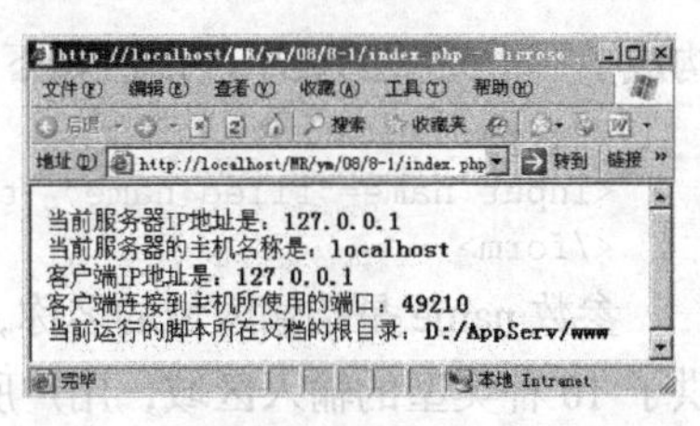

图 8-1　获取服务器和客户端的 IP 地址

8.4　表单处理

因为表单变量可以通过$_GET 和$_POST 数组得到，所以用 PHP 处理表单是十分容易的。尽管如此，表单处理还是有很多技巧的，本节将进行一一介绍。

8.4.1　创建表单

表单是使用<form></form>标签来创建并定义表单的开始和结束位置，中间包含多个元素。表单结构如下：

```
<form name="form_name" method="method" action="url" enctype="value" target=
"target_win" id="id">
……                                    //省略插入的表单元素
</form >
```

<form>标记的属性如表 8-2 所示。

表 8-2　表单的常用属性

属性	描述
name	表单名称
id	表单的 ID 号
method	该属性用于定义表单中数据的提交方式，可取值为 GET 和 POST 中的一个。GET 方法将表单内容附加在 URL 地址后面进行提交，所以对提交信息的长度进行了限制，不可以超过 8192 个字符，同时 GET 方法不具有保密性，不适合处理如信用卡卡号等要求保密的内容，而且不能传送非 ASCII 的字符；POST 方法将用户在表单中填写的数据包含在表单的主体中，一起传送到服务器，不会在浏览器的地址栏中显示，这种方式传送的数据没有大小限制。默认为 GET 方法
action	该属性定义将表单中的数据提交到哪个文件中进行处理，这个地址可以是绝对 URL，也可以是相对的 URL。如果这个属性是空值则提交到当前文件
enctype	设置表单资料的编码格式
target	该属性和链接中的同名属性类似，用来指定目标窗口或目标帧

8.4.2　添加表单元素

表单（form）由表单元素组成。常用的表单元素有以下几种标记：输入域标记<input>、选择域标记<select>和<option>、文本域标记<textarea>等。下面分别进行介绍。

1. 输入域标记<input>

输入域标记<input>是表单中最常用的标记之一。常用的文本域、按钮、单选按钮、复选框等构成了一个完整的表单。语法如下：

```
<form>
<input name="filed_name"  type="type_name">
</form>
```

参数 name 是指输入域的名称，参数 type 是指输入域的类型。在<input type="">标记中一共提供了 10 种类型的输入区域，用户所选择使用的类型由 type 属性决定。type 属性取值及举例如表 8-3 所示。

表 8-3　　type 属性取值及举例

值	举例	说明	运行结果
text	<input name="user" type="text" value=" 纯 净 水 " size="12" maxlength="1000">	name 为文本框的名称，value 是文本框的默认值，size 指文本框的宽度（以字符为单位），maxlength 指文本框的最大输入字符数	添加一个文本框： 纯净水
hidden	<input type="hidden" name="ddh">	隐藏域，用于在表单中以隐含方式提交变量值。隐藏域在页面中对于用户而言是不可见的，添加隐藏域的目的在于通过隐藏的方式收集或者发送信息。浏览者单击发送按钮发送表单的时候，隐藏域的信息也被一起发送到 action 指定的处理页	添加一个隐藏域：
password	<input name="pwd" type="password" value="666666" size="12" maxlength="20">	密码域，用户在该文本框输入字符时将被替换显示为 * 号，起到保密作用	添加一个密码域： ******
file	<input name="file" type="file" enctype="multipart/form-data" size="16" maxlength="200">	文件域，当文件上传时，可用来打开一个模式窗口以选择文件。然后将文件通过表单上传到服务器，如上传 Word 文件等各种类型的文件。但是必须注意的是，上传文件时需要指明表单的属性 enctype="multipart/form-data"才可以实现上传功能	添加一个文件域： 浏览...
image	<input name="imageField" type="image" src="images/banner.gif" width="120" height="24" border="0">	图像域是指可以用在提交按钮位置上的图片，这幅图片具有按钮的功能	添加一个图像域：
radio	<input name="sex" type="radio" value="1" checked>男 <input name="sex" type="radio" value="0">女	单选按钮，用于设置一组选择项，用户只能选择一项 checked 属性用来设置单选按钮默认值	添加一组单选按钮（如：您的性别为：） 男 女
checkbox	<input name="checkbox" type="checkbox" value="1" checked>封面 <input name="checkbox" type="checkbox" value="1" checked>正文内容 <input name="checkbox" type="checkbox" value="0">价 格	复选框，允许用户选择多个选择项。checked 属性用来设置该复选框默认值。例如，收集个人信息时，要求在个人爱好的选项中进行多项选择等	添加一组复选框（如：影响您购买本书的因素：） 封面 正文内容 价 格

续表

值	举例	说明	运行结果
submit	<input type="submit" name="Submit" value="提交">	将表单的内容提交到服务器端	添加一个提交按钮： 提交
reset	<input type="reset" name="Submit" value="重置">	清除与重置表单内容，用于清除表单中所有文本框的内容，而且使选择菜单项恢复到初始值	添加一个重置按钮： 重置
button	<input type="button" name="Submit" value="按钮">	按钮可以激发提交表单的动作，可以在用户需要修改表单的时候，将表单恢复到初始的状态，还可以依照程序的需要，发挥其他作用。普通按钮一般是配合 JavaScript 脚本来进行表单的处理	添加一个普通按钮： 按钮

2. 选择域标记<select>和<option>

通过选择域标记<SELECT>和<OPTION>可以建立一个列表或者菜单。菜单节省空间，正常状态下只能看到一个选项，单击按钮打开菜单后才能看到全部的选项。列表可以显示一定数量的选项，如果超出了这个数量，会自动出现滚动条，浏览者可以通过拖动滚动条来查看各选项。语法如下：

```
<select name="name" size="value" multiple>
<option value="value" selected>选项 1</option>
<option value="value">选项 2</option>
<option value="value">选项 3</option>
…
</select>
```

参数 name 表示选择域的名称；参数 size 表示列表的行数；参数 value 表示菜单选项值；参数 multiple 表示以菜单方式显示数据，省略则以列表方式显示数据。

选择域标记<select>和<option>的显示方式及举例如表 8-4 所示。

表 8-4　　选择域标记<select>和<option>的显示方式及举例

显示方式	举例	说明	运行结果
列表方式	<select name="spec" id="spec"> <option value="0" selected>网络编程</option> <option value="1">办公自动化</option> <option value="2">网页设计</option> <option value="3">网页美工</option> </select>	下拉列表框，通过选择域标记<select>和<option>建立一个列表，列表可以显示一定数量的选项，如果超出了这个数量，会自动出现滚动条，浏览者可以通过拖动滚动条来查看各选项。selected 属性用来设置该菜单项时默认被选中	请选择所学专业： 网络编程 网络编程 办公自动化 网页设计 网页美工
菜单方式	<select name="spec" id="spec" multiple > <option value="0" selected>网络编程</option> <option value="1">办公自动化</option> <option value="2">网页设计</option> <option value="3">网页美工</option> </select>	multiple 属性用于下拉列表<select>标记中，指定该选项用户可以使用 Ctrl 键和 Shift 键进行多选	请选择所学专业： 网络编程 办公自动化 网页设计 网页美工

说明　上面的表格中给出了静态菜单项的添加方法，而在 Web 程序开发过程中，也可以通过循环语句动态添加菜单项。

3. 文本域标记<TEXTAREA>

文本域标记<TEXTAREA>用来制作多行的文本域，可以在其中输入更多的文本。语法如下：

```
<textarea name="name" rows=value cols=value value="value" warp="value">
    …文本内容
</textarea>
```

参数 name 表示文本域的名称；rows 表示文本域的行数；cols 表示文本域的列数（这里的 rows 和 cols 以字符为单位）；value 表示文本域的默认值。warp 用于设定显示和送出时的换行方式，值为 off 表示不自动换行；值为 hard 表示自动按回车键换行，换行标记一同被发送到服务器，输出时也会换行；值为 soft 表示自动按回车键换行，换行标记不会被发送到服务器，输出时仍然为一列。

文本域标记<TEXTAREA>的值及举例如表 8-5 所示。

表 8-5　文本域标记<TEXTAREA>的值及举例

值	举例	说明	运行结果
textarea	<textarea name="remark" cols="20" rows="4" id="remark"> 请输入您的建议! </textarea>	文本域，也称多行文本框，用于多行文本的编辑 缺省 warp 属性时，默认为自动换行方式	请发表您的建议： 请输入您的建议！

【例 8-2】　下面创建一个表单，表单元素包含文本域、单选按钮、复选框、下拉列表、提交按钮等。具体代码如下：（实例位置：光盘\MR\ym\08\8-2）

```
<form id="form1" name="form1" method="post" action="">
  <table width="286" border="0" align="center">
    <tr>
      <td width="72"><span class="STYLE1">用户名：</span></td>
      <td width="204"><label>
        <input type="text" name="textfield" />
      </label></td>
    </tr>
    <tr>
      <td><span class="STYLE1">密码：</span></td>
      <td><label>
        <input type="password" name="textfield2" />
      </label></td>
    </tr>
    <tr>
      <td><span class="STYLE1">性别：</span></td>
      <td><label>
       <input name="radiobutton" type="radio" value="radiobutton" checked="checked" />
        <span class="STYLE1">男      </span>
        <input type="radio" name="radiobutton" value="radiobutton" />
      <span class="STYLE1">女</span></label></td>
    </tr>
```

```
<!--省略部分代码-->
  <tr>
    <td colspan="2" align="center"><label>
      <input type="submit" name="Submit" value="提交" />
    </label>
      <label>
      <input type="submit" name="Submit2" value="取
消" />
      </label></td>
  </tr>
</table>
<p>
  <label></label>
</p>
</form>
```

上述表单创建的界面效果如图 8-2 所示。

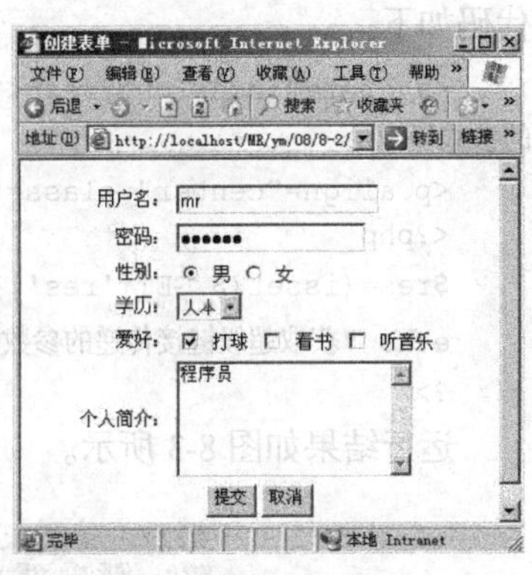

图 8-2 表单创建的界面效果

8.4.3 方法

客户端可以用两种 HTTP 方法向服务器传送表单数据：GET 和 POST。采用哪种方法是由表单标签（<form>）中的 method 属性所指定的。理论上说在 HTML 中 method 是不区分大小写的，但是实际上有些浏览器要求 method 为大写。

一个 GET 请求把表单的参数编码成 URL 形式，称为查询字符串（query string）：

```
/path/to/index.php?subject=despicable&length=3
```

一个 POST 提求则通过 HTTP 请求的主体来传递表单参数，不需要考虑 URL。

- GET 方法和 POST 方法的最明显区别是 URL 行。因为 GET 请求的所有表单参数都编码在 URL 中，用户可以把一个 GET 请求加入浏览器收藏夹，而对 POST 请求却无法这样做。
- GET 和 POST 请求之间的最大不同是相当微妙的。HTTP 规范指明 GET 请求是幂等的（idempotent。也就是说，一个对于一个特定 URL 的 GET 请求（包含表单参数），与对应于这一特定 URL 的两个或多个 GET 请求是一样的。因此，Web 浏览器可以把 GET 请求得到的响应页面缓存起来。这是因为不管页面被请求了多少次，响应页面都是不变的。正因为幂等性，GET 请求中用于那些响应页面永不改变的情况，如将一个单词分解成小块，或者对数字进行乘法运算。
- POST 请求不具有幂等性。这意味着它们无法被缓存，在每次刷新页面时，都会重新连接服务器。显示或者刷新页面时，可能会看到浏览器提示“Repost form data?(重新发送表单数据)”。所以 POST 适用于响应内容可能会随时间改变的情况，如显示购物车的内容，或者在一个论坛中显示当前主题。

现实中，幂等性常常被忽略。目前浏览器的缓存功能都很差，并且“刷新”按钮很容易被用户点到，所以程序员通常只考虑是否想将参数显示在浏览器的 URL 地址栏上，如果不想显示，就用 POST 方法。但要记住，在服务器的响应页面可能会变化的情况下（例如下订单或者更新数据库），不要使用 GET 方法。

【例 8-3】 下面开发一个实例，获取用户的登录信息，以及超级链接传递的参数值，具体步骤如下。（实例位置：光盘\MR\ym\08\8-3）

（1）创建 index.php 文件，同时定义两个 form 表单，分别使用 GET 方法和 POST 方法提交数据，将通过 GET 方法提交的数据传递到 get.php 文件，将通过 POST 方法提交的数据传递到 post.php 文件。

（2）在 index.php 文件中，创建一个超级链接链接到 index.php 页，为超级链接设置一个参数 res，设置参数值为明日科技，通过 urlencode()函数对参数值进行编码。在本页中通过 isset()函数验证$_GET['res']是否存在，如果存在则将该值赋予变量$res，否则为变量$res 赋值为空。其关键代码如下：

```
<a href="index.php?res=<?php echo urlencode('明日科技');?>">$_GET[]方法获取超级链接传递的参数值</a>
<p align="center" class="STYLE1">
<?php
$res=(isset($_GET['res']))?$_GET['res']:""; //检测超级链接参数值是否存在
echo "获取超级链接传递的参数值：".$res;
?>
```

运行结果如图 8-3 所示。

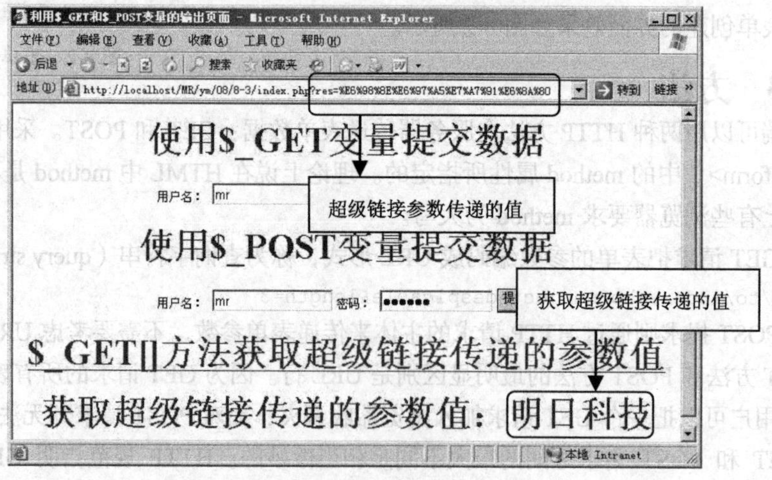

图 8-3　利用$_GET 变量的输出页面

（3）创建 get.php 文件，通过$_GET[ ]全局数组获取 GET 方法提交的数据。运行结果如图 8-4 所示。

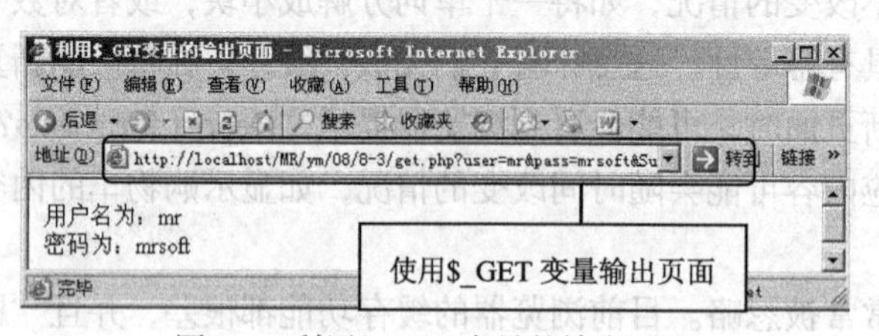

图 8-4　利用$_GET 变量的输出页面

其代码如下：

```
<?php
if(isset($_GET['Submit']) and $_GET['Submit']=="提交"){
    echo "用户名为：".$_GET['user']."<br>";
    echo "密码为：".$_GET['pass'];
}
?>
```

（4）创建 post.php 文件，通过$_POST[ ]全局数组获取 POST 方法提交的数据。运行结果如图

8-5 所示。

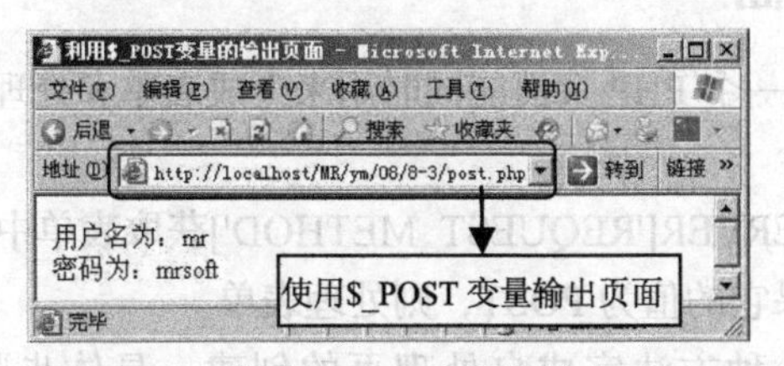

图 8-5 利用$_POST 变量的输出页面

具体代码如下：

```
<?php
if(isset($_POST['user']) and $_POST['Submit2']=="提交"){
    echo "用户名为：".$_POST['user']."<br>";
    echo "密码为：".$_POST['pass'];
}
?>
```

在 PHP 程序中使用$_POST、$_GET 和$_FILES 数组来访问表单的参数。数组的键名是表单参数的名称，数组元素的值是表单参数的值。表单参数名称区分字母大小写。如果在编写 Web 程序时忽略字母大小写，那么在程序运行时将获取不到表单参数的值或弹出错误提示信息。

8.4.4 对参数进行自动引号处理

如果 php.ini 中的 magic_quotes_gpc 选项启用，那么 PHP 将在所有 cookie 数据以及 GET 和 POST 参数上自动调用 addslashes()函数。这使得在数据库查询中使用表单参数变得简单，但同时也对那些没有在数据库查询中使用的表单参数造成了麻烦，因为这需要在单引号、双引号、反斜杆、空字节等前面添加上反斜杆以进行转义。

例如，在文本框中输入“PHP'MRSOFT”，并单击“提交”按钮，你就会发现被分块的字符串其实是“PHP\'MRSOFT”。这就是 magic_quotes_gpc 的作用。

为了处理用户输入的字符串，可以禁用 php.ini 中的 magic_quotes_gpc 选项或者对$_GET、$_POST 和$_COOKIES 使用 stripslashes()函数进行转义还原。其方法如下：

```
$value=ini_get('magic_quotes_gpc')                //获取配置选择的值
    ?stripslashes($_GET['word'])                  //原样返回转义的字符串
    :$_GET['word'];
```

如果需要处理大量字符串，还可以封装一个自定义函数：

```
function raw_param ($name){
    return ini_get('magic_quotes_gpc')
        ?stripslashes($_GET[$name])
        :$_GET[$name];
}
```

编写 PHP 程序时依赖 magic_quotes_gpc 将导致很多问题，所以在新版的 PHP 所带的 php.ini 中，magic_quotes_gpc 默认设置为不启用。在 PHP6 中，本特性将被彻底移除。

8.4.5 自处理页面

所谓自处理页面，就是一个 PHP 页面能同时用来生成表单和处理表单。实现此功能有以下两种方法。

第一种方法，应用$_SERVER['REQUEST_METHOD']获取表单中 method 的值，如果它的值为 GET，则生成表单；如果它的值为 POST，则处理表单。

【例 8-4】 应用第一种方法完成自处理页的创建，具体步骤如下。(实例位置：光盘\MR\ym\08\8-4)

创建 index.php 文件，应用 if 语句判断$_SERVER['REQUEST_METHOD']获取的提交方法，如果方法为 GET，那么输出创建的表单；如果方法为 POST，则获取表单提交的用户名和密码值。其关键代码如下：

```
<?php
if($_SERVER['REQUEST_METHOD']=='GET'){        //判断客户端获取文档的方法
?>
<form id="form2" name="form2" method="POST" action="<?php echo
$_SERVER['PHP_ SELF'];?>">
  <p align="center" class="STYLE1">自助处理页</p>
  <p align="center"><span class="STYLE2">用户名: </span>
    <label>
    <input name="user" type="text" size="15" id="user" />
   </label>
    <span class="STYLE2">密码: </span>
    <label>
    <input name="pass" type="password" size="15" id="pass" />
  </label>
    <label>
    <input type="submit" name="Submit" value="提交" />
    </label>
  </p>
</form>
<?php
}else if($_SERVER['REQUEST_METHOD']=='POST'){//判断客户端获取文档的方法
   echo "用户名为: ".$_POST['user']."<br>";
   echo "密码为: ".$_POST['pass'];
}else{
   echo "无内容";
}
?>
```

运行结果如图 8-6 所示。

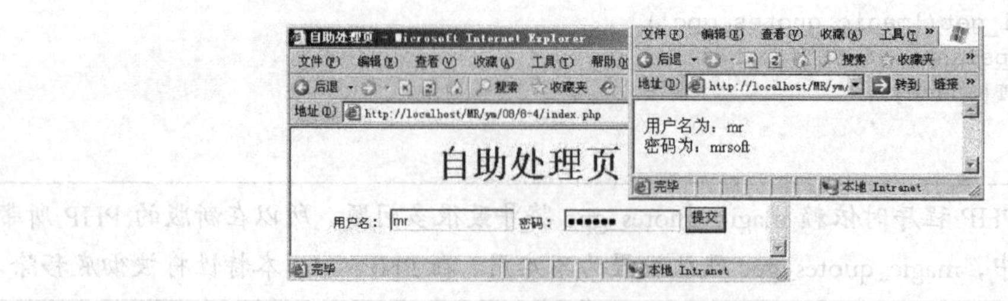

图 8-6 利用$_GET 变量的输出页面

第二种方法，通过 isset()函数判断指定的参数是否被创建，如果存在则执行处理表单的操作，否则执行生成表单的操作。其关键代码如下：

```
<?php
if(!isset($_POST['user'])){          //判断参数是否被设置
?>
<form id="form2" name="form2" method="POST" action="<?php echo
$_SERVER['PHP_ SELF'];?>">
  <p align="center" class="STYLE1">自助处理页</p>
  <p align="center"><span class="STYLE2">用户名：</span>
      <label>
      <input name="user" type="text" size="15" id="user" />
    </label>
      <span class="STYLE2">密码：</span>
      <label>
      <input name="pass" type="password" size="15" id="pass" />
    </label>
      <label>
      <input type="submit" name="Submit" value="提交" />
      </label>
  </p>
</form>
<?php
}else{
    echo "用户名为：".$_POST['user']."<br>";
    echo "密码为：".$_POST['pass'];
}
?>
```

8.4.6 粘性表单

很多网站使用一种称为“粘性表单”（sticky form）的技术。用这种技术，设置一个查询表单的默认值为先前查询的值。例如，如果在百度(http://www.baidu.com)上查询“明日科技”，则在结果页面的顶端的另一个查询文本框中，包含先前的查询关键字“明日科技”。如果将查询的关键字改为“明日科技 编程词典”，那么只要简单地在后面补充即可。这就是粘性表单。

【例 8-5】 通过粘性表单设置查询的关键字，具体步骤如下。（实例位置：光盘\MR\ym\08\8-5）

创建 index.php 文件，首先应用 if 语句和 isset()函数判断查询的关键字是否存在，如果存在将查询关键字赋给变量$key；否则为变量$key 赋空值。然后创建表单，将数据提交到本页，将变量$key 的值作为关键字文本框的默认值，设置粘性表单。其关键代码如下：

```
<?php
if(!isset($_POST['key'])){                    //判断参数是否被设置
    $key='';                                  //如果为提交查询关键字，则为变量赋值为空
}else{
    $key=$_POST['key'];                       //否则将提交的关键字赋给指定的变量
}
?>
<form id="form2" name="form2" method="POST" action="<?php echo
$_SERVER['PHP_ SELF'];?>">
  <p align="center" class="STYLE1">粘性表单</p>
  <p align="center"><span class="STYLE2">关键字：</span>
```

```
      <label>
       <input name="key" type="text" size="15" id="key" value="<?php echo $key;?>" />
      </label>
       <label>
       <input type="submit" name="Submit" value="查询" />
       </label>
  </p>
</form>
 <p align="center" class="STYLE1">
<?php
     echo "查询结果:" $key."<br>";
?>
</p>
```

运行结果如图 8-7 所示。

图 8-7 粘性表单应用

8.4.7 多值参数

用 HTML 中的 select 标签创建选择列表，允许用户进行多重选择。为了确保 PHP 识别浏览器传递来的多个值，需要在 HTML 表单的字段名后加上“[]”，例如：

```
<select name="languages[]">
     <input name="c">C</input>
     <input name="c++">C++</input>
     <input name="php">PHP</input>
     <input name="perl">Perl</input>
</select>
```

现在，当用户提交表单时，$_POST['languages']包含一个数组而不是一个字符串。这个数组包含用户所选择的值。

【例 8-6】 获取表单中 select 标签提交的多值参数，其步骤如下。（实例位置：光盘\MR\ym\08\8-6）

创建 index.php 文件，首先应用 if 语句和 array_key_exists ()函数判断提交值是否存在，如果存在将其赋予变量$languages；否则为变量$languages 赋空值。然后创建表单，将数据提交到本页。其关键代码如下：

```
<?php
if(!array_key_exists('Submit',$_POST)){          //判断提交的数组中是否存在该值
    $languages='';                               //如果不存在，为变量赋值为空
}else{
    $languages=$_POST['languages'];              //否则将提交的数据赋予指定的变量
}
?>
<form id="form2" name="form2" method="POST" action="<?php echo
$_SERVER['PHP_ SELF'];?>">
     <p align="center" class="STYLE1">多值参数/p>
     <p align="center"><span class="STYLE2">关键字：</span>
     <select name="languages[]" multiple>
          <option value=="c">C</input>
          <option value=="c++">C++</input>
          <option value=="php">PHP</input>
          <option value=="perl">Perl</input>
     </select>
     <label>
```

```
        <input type="submit" name="Submit"
value="提交" />
        </label>
        </p>
    </form>
     <p align="center" class="STYLE1">
    <?php
        print_r($languages);
    ?> </p>
```

运行效果如图 8-8 所示。

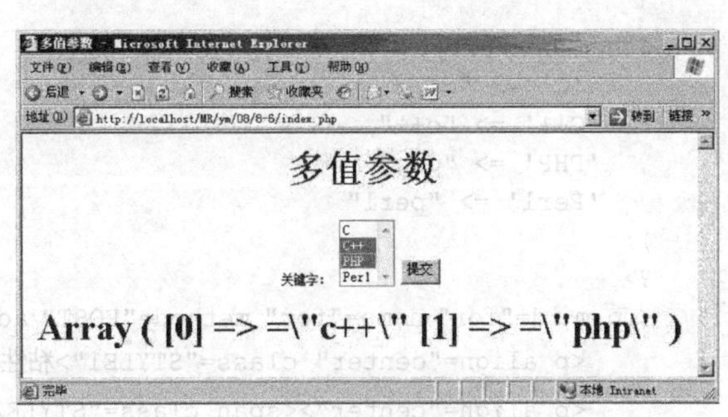

图 8-8　多值参数应用

上述介绍的是通过下拉列表实现多值参数传递，还可以应用复选框实现多值参数传递，即将复选框（check box）的名称设置为统一的 name[]格式即可。

8.4.8　粘性多值参数

前面介绍了粘性表单，那么是否可以让多值参数的表单也具有粘性呢？答案是肯定的。其方法是封装一个自定义函数，改编复选框创建的方式，以此来达到表单的粘性功能。自定义函数 make_checkbox 的语法如下：

```
    function make_checkbox($name, $checked, $option){
        foreach($option as $value => $label){
            printf('%s <input type="checkbox" name="%s[]" value="%s" ',
$label , $name , $value);
            if(in_array($value, $checked)){
                echo "checked";
            }
            echo "/>  \n";
        }
    }
```

自定义函数 make_checkbox 创建具有相同名称的复选框，其中参数 name 指定复选框组的名称；参数 checked 设置复选框默认值；参数 option 定义复选框的名称和值。

【例 8-7】　通过自定义函数 make_checkbox 创建粘性多值表单，具体步骤如下。（实例位置：光盘\MR\ym\08\8-7）

创建 index.php 文件，首先判断是否执行提交操作，如果未执行，则定义空数组；否则将提交的值赋予数组。然后载入自定义函数 make_checkbox，将复选框的名称和值定义到数组中。接着创建表单，通过自定义函数创建复选框。最后输出复选框提交的数组。其关键代码如下：

```
    <?php
    if(!array_key_exists('Submit',$_POST)){                    //判断参数是否被设置
        $languages=array();                                    //如果为空，则定义空数组
    }else{
        $languages=$_POST['languages'];                        //否则将提交的值赋给指定数组
    }
    ?>
    <?php
    //省略了自定义函数
    //定义复选框的名称和值
```

```
$checkbox=array(
    'C' => "c",
   'C++' => "c++",
   'PHP' => "php",
   'Perl' => "perl"
);
?>
<form id="for" name="for" method="POST" action="<?php echo $_SERVER['PHP_SELF'];?>">
    <p align="center" class="STYLE1">粘性多值参数</p>
    <p align="center"><span class="STYLE2">最流行的语言: </span>
<?php
make_checkbox('languages',$languages,$checkbox);
?>
    </p>
   <p align="center" class="STYLE1"><label>
    <input    type="submit"    name="Submit"
value="提交" />
    </label></p>
</form>
<p align="center" class="STYLE1">
<?php
print_r($languages);
?>
```

运行结果如图 8-9 所示。

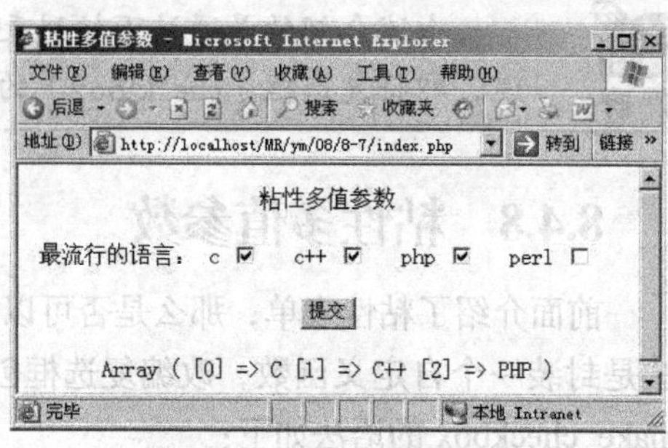

图 8-9 粘性多值参数应用

8.4.9 表单验证

在使用和存储表单提交的数据时，通常需要对这些数据进行验证，其验证的方法很多。首先是在客户端使用 JavaScript。但是用户可以禁用 JavaScript，甚至使用一个不支持 JavaScript 的浏览器，所以用这个方法还不够。

更为稳妥的方式是通过 PHP 来完成验证。验证表单元素是否为空，首先通过 isset()函数检测变量是否设置，然后通过 empty()检测变量是否为空。

【例 8-8】 创建一个用户登录模块，应用 isset()和 empty()函数在本页完成对用户登录信息的验证操作。其关键代码如下：（实例位置：光盘\MR\ym\08\8-8）

```
<form id="form1" name="form1" method="post" action="<?php echo
$_SERVER['PHP_ SELF'];?>">
<tr>
<td height="30" align="center" class="STYLE1">用户名:
<input name="user" type="text" size="16" /></td>
</tr>
<tr>
<td height="30" align="center" class="STYLE1">密  码:
<input name="password" type="password" size="16" /></td>
    </tr>
<tr>
<td height="30" align="center"><input type="submit" name="Submit" value="登录" /></td>
</tr>
</form>
<?php
if(isset($_POST['Submit'])){                               //判断登录按钮是否被设置
    $user = $_POST['user'];                                //获取用户名
```

```
        $password = $_POST['password'];                    //获取密码
        if(empty($user) || empty($password)){             //验证用户名和密码是否为空
            echo "<script>alert('用户名和密码不能为空! ');
window.location.href='index.php'; </script>";
        }else{
            echo "输入的用户名为: $user 密码为: $password <br />";
        }
    }
    ?>
```

运行结果如图 8-10 所示。

通过 PHP 对具体的表单元素值进行验证，如果是单纯的数字、英文字符串、字符串大小写的区分等，PHP 中有相应的函数可以独立完成。但是，如果是对电话号码、E-mail 或者 IP 地址等进行验证时，必须借助正则表达式的帮助。

图 8-10 验证表单元素是否为空

【例 8-9】 通过 preg_match()和 preg_match_all()函数对表单中提交的手机号码和座机号码进行验证，并返回各自的匹配次数。其关键代码如下：（实例位置：光盘\MR\ym\08\8-9）

首先创建 form 表单，添加表单元素，将电话号码提交到 index.php；然后编写 PHP 脚本，通过$_POST[]方法获取表单提交的电话号码；最后通过 preg_match()函数对座机号码进行匹配，通过 preg_match_all()函数对手机号码进行匹配。其关键代码如下：

```
    <?php
        $checktel="/^(\d{3}-)(\d{8})$|^(\d{4}-)(\d{7})$|^(\d{4}-)(\d{8})$/";
                                                    //定义验证座机号码的正则表达式
        $checkphone="/^13(\\d{9})$|^15(\\d{9})$/";   //定义验证手机号码的正则表达式
        if(isset($_POST['check_tel']) && !empty($_POST['check_tel'])){
                                                    //判断是否有数据提交
            $counts=preg_match($checktel,$_POST['check_tel']);
            if($counts==1){                         //执行验证操作
                echo "<script>alert('电话号码格式正
确!');window.location.href='index.php'; </script>";
            }else{
                echo "<script>alert('电话号码格式不正
确!');window.location.href='index.php'; </script>";
            }
        }
        if(isset($_POST['check_phone']) and !empty($_POST['Submites'])){
            $counts=preg_match_all($checkphone,$_POST['check_phone'],$arr);
            if($counts > 0){
                print_r($arr);
                echo "<script>alert('手机号码格式正
确!');window.location.href='index.php'; </script>";
            }else{
                print_r($arr);
                echo "<script>alert('手机号码格式不正
确!');window.location.href='index.php'; </script>";
```

```
        }
    }
?>
```

运行结果如图 8-11 所示。

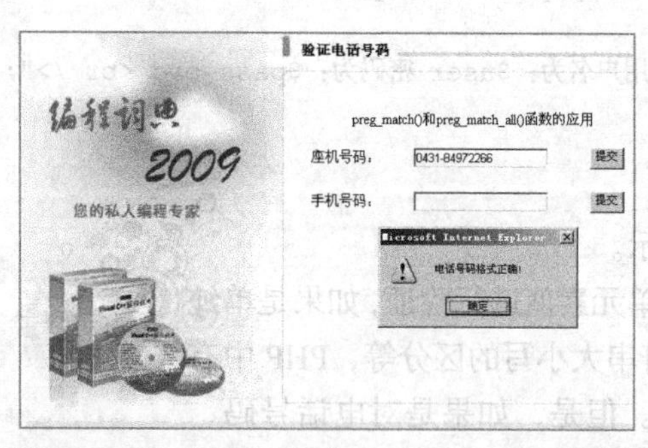

图 8-11　preg_match()函数和 preg_match_all()函数

8.5 设置响应头

服务器发送回来的 HTTP 响应包含以下信息：用于识别响应主体内容的头（header），发送响应的服务器，响应消息有多少字节，响应何时发出等。PHP 和 Apache 已经完成对头信息的处理：将文档识别为 HTML 和计算 HTML 页面的长度等。绝大多数 Web 程序不需要自己设置头。但是，如果想让服务器返回的不是 HTML，或者想设置页面的过期时间，重定向客户端浏览器到另一个地址，或是产生一个特定的 HTTP 错误，就需要使用 header()函数来设置头部。header()函数的语法如下：

```
void header ( string string [, bool replace [, int http_response_code]] )
```

header()函数的参数说明如表 8-6 所示。

表 8-6　header()函数的参数说明

参数	说明
string	必要参数。输入的头部信息
replace	可选参数。指明是替换掉前一条类似的标头还是增加一条相同类型的标头。默认为替换，但如果将其设为 false 则可以强制发送多个同类标头
http_response_code	可选参数。强制将 HTTP 响应代码设为指定值，此参数是 PHP5.3.0 以后添加的

设置 header 一定要在生成主体内容之前完成，这意味着所有 header()（或 setcookie()，如果你想设置 cookie）要在文件的最前面，甚至在<html>标签之前。

8.5.1 不同的内容类型

Content-Type 头指定被返回文档的类型。它通常是“text/html”，指明它是一个 HTML 文档，但还有其他一些有用的文档类型。例如，“text/plain”让浏览器强制性地将内容当做纯文本来处理。这个类型就类似于自动地“查看源代码”，它在调试时很有用。

【例 8-10】 应用 header()函数在登录页面中，以图像格式输出验证码，其步骤如下。（实例位置：光盘\MR\ym\08\8-10）

首先创建 index.php 文件，编写用户登录的表单；通过 img 标签指定 png.php 文件，输出 png.php 文件中生成的验证码。其关键代码如下：

```
<img src="png.php" border="0" />
```

然后创建 png.php 文件，通过 header()函数和 GD2 函数库中的函数生成图像验证码。其代码如下：

```
<?php
header("Content-type:image/png");   //发送头部信息，生成 png 的图片文件
$str = 'abcdefghijkmnpqrstuvwxyz1234567890';
$l = strlen($str);                   //得到字串的长度
$authnum = '';
for($i=1;$i<=4;$i++){
    $num=rand(0,$i-1);               //每次随机抽取一位数字
    $authnum.= $str[$num];           //将通过数字得来的字符连起来一共是 4 位
}
srand((double)microtime()*1000000);
$im = imagecreate(50,20);            //图片宽与高
$black = imagecolorallocate($im, 0,0,0);
$white = imagecolorallocate($im, 255,255,255);
$gray = imagecolorallocate($im, 200,200,200);
imagefill($im,68,30,$black);         //将 4 位整数验证码绘入图片
imagestring($im, 5, 8, 2, $authnum, $white);
                                     //字符在图片的位置

imagepng($im);
imagedestroy($im);
?>
```

运行结果如图 8-12 所示。

图 8-12 图片验证码

8.5.2 重定向

通过 header()函数可以向浏览器发送一个新的 URL，并让浏览器转向到这个地址。这样的重定向（redirection）操作，只需要通过设置 Location 头即可。例如，通过 header()函数重定向到 http://www.mrbccd.com，其代码如下：

```
header("Location: http://www.mrbccd.com");
```

重定向操作更倾向于绝对路径，如果提供相对的 URL（如"/index.php"），重定向会在服务器内部进行。这种方法很少用，因为浏览器并不知道它得到的页面是否是所请求的。如果在新的文档中存在相对 URL，浏览器会将它们解释成相对于所请求的文档，而不是被发送的文档。

8.5.3 设置过期时间

服务器可以显式地通知浏览器（或者那些存在于服务器的浏览器之间的代理服务器缓存）文档的过期时间。代理服务器和浏览器缓存在过期之前可保持文件，或提前结束它。重新载入一个被缓存的页面不需要和服务器进行通信。但是尝试获取一个已经过期的文档就需要与服务器取得联系。

为一个文档设置过期时间，应用的是 Expires 头：

```
header("Expires:   Mon,  08  Jul  2011  08:08:08  GMT");
```

例如，控制文档在页面生成后的 2 小时后过期。使用 time()和 gmstrftime()函数生成过期日期字符串：

```
<?php
$now=time();                          //获取系统当前时间戳
$then=gmstrftime("%a,%d %b %Y %H:%M:%s GMT",$now + 60*60*2);    //格式化时间
header("Expires:$then");              //定义文档过期时间
?>
```

8.5.4 HTTP 认证

HTTP 认证（HTTP authentication）通过请求的 header 和响应状态来工作。浏览器可以将用户名和密码放在请求的头里发送。如果认证凭证（credential，即指用户名和密码）未发送或者不匹配，服务器将发送一个“401 Unauthorized”响应并通过 WWW 认证头来确定当前认证的区域（realm）（一个字符串，诸如“Mary's Pictures”或“Your Shopping Cart”）。这通常会导致浏览器弹出一个“Enter username and password for…”对话框，且该页面会重新请求更新头中的认证凭证。

为了用 PHP 来处理认证，可检查用户名和密码（$_SERVER 数组中的 PHP_AUTE_USER 和 PHP_AUTH_PW 两个元素）并调用 header()函数来设置区域，然后发送一个“401 Unauthorized”响应。其关键代码如下：

```
header('WWW-Authenticate:Basic realm="Top Secret Files"');
header("HTTP/1.0 401 Unauthorized");
```

header()函数还可以强制客户端每次访问页面时获取最新资料，而不是使用存在于客户端的缓存。其关键代码如下：

```
header("Expires: Mon, 08 Jul 2011 08:08:08 GMT");
//设置页面的过期时间(用格林尼治时间表示)
header("Last-Modified: " . gmdate("D, d M Y H:i:s") . "GMT");
//设置最后更新日期(用格林尼治时间表示)，使浏览器获取最新资料
header("Cache-Control: no-store,no-cache, must-revalidate"); //控制页面不使用缓存
header("Cache-Control: post-check=0,pre-check=0",false);      //控制页面不使用缓存
header("Pragma: no-cache");                                   //参数（与以前的服务器兼容），即兼容 HTTP1.0 协议
```

8.6 综合实例——简易博客

本例主要是综合应用表单及表单中的多种元素开发一个简单的博客前台页面，主要是博客文章的展示以及用户注册页面的展示，简易博客的运行结果，如图 8-13 所示。

图 8-13　简易博客——我的文章

实例的具体实现步骤如下。

（1）创建 index.php 文件，通过 include_once 语句包含外部文件 top.php，输出网页头文件内容；通过 switch 语句设计一个框架，依据 URL 传递的参数值进行判断，

根据参数值的不同通过 include 语句包含不同的文件。Index.php 的代码如下：

```
<?php
include_once("top.php");
?>
<?php
switch($_GET['title']){                    //根据 URL 传递的参数值进行判断
    case "我的文章":                        //判断当值等于我的文章时
        include("art.php");                 //包含 art.php 文件
    break;
    case "我的相册":
        include("pic.php");
    break;
    case "注册":
        include("reg.php");
    break;
    default:
        include("main.php");
}
?>
```

（2）创建 top.php 文件，设计网站的头文件。在 top.php 中为首页、我的文章、我的相册和注册设置超链接，并通过 urlencode()函数对超链接传递的参数值进行编码。代码如下：

```
<map name="Map" id="Map">
  <area shape="rect" coords="466,149,509,179" href="index.php" />
<area   shape="rect"   coords="576,148,651,178"   href="index.php?title=<?php   echo
urlencode("我的文章");?>" />
<area   shape="rect"   coords="706,146,780,179"   href="index.php?title=<?php   echo
urlencode("我的相册");?>" />
<area shape="rect" coords="725,5,788,72" href="reg.php?title=<?php echo urlencode("
注册");?>" />
<area shape="rect" coords="608,62,611,66" href="#" />
</map>
```

（3）创建 reg.php 文件，设计用户注册页面。创建表单，以 post 方式将表单中的数据提交到本页，并通过$_POST[]方法获取表单中提交的数据。页面设计效果如图 8-14 所示。

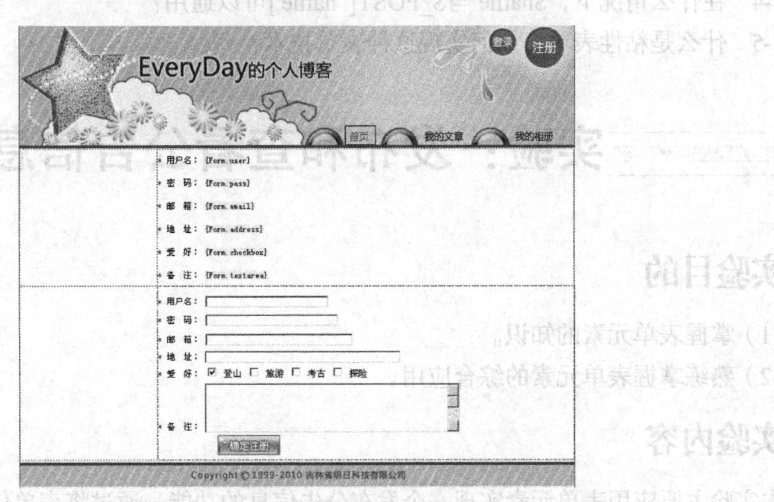

图 8-14　用户注册页面设计效果

（4）创建 art.php、pic.php 和 main.php 文件，这些文件中没有实质性的内容，存储的都只是单独的图片。

上述就是简易博客的开发步骤。

知识点提炼

（1）HTTP 规定了浏览器如何向 Web 服务器请求文件，以及服务器如何根据请求返回文件。

（2）最常用的两种 HTTP 方法是 GET 和 POST。GET 方法用于从服务器中获得文档、图像或数据库检索结构的信息。

（3）如果 php.ini 文件中的 register_globals 选项被启用，PHP 就会为第一个表单参数、请求信息服务器环境创建一个独立的全局变量。

（4）表单是使用<form></form>标签来创建并定义表单的开始和结束位置，中间包含多个元素。

（5）一个 GET 请求把表单的参数编码成 URL 形式，称为查询字符串（query string）。

（6）一个 POST 提求则通过 HTTP 请求的主体来传递表单参数，不需要考虑 URL。

（7）所谓自处理页面，就是一个 PHP 页面能同时用来生成表单和处理表单。

（8）Content-Type 头指定被返回文档的类型。它通常是“text/html”，指明它是一个 HTML 文档，但还有其他一些有用的文档类型。

（9）HTTP 认证（HTTP authentication）通过请求的 header 和响应状态来工作。

习 题

8-1 简述 POST 和 GET 两种方法的区别。

8-2 如何通过 form 表单控制上传文件的大小？

8-3 如何设置<form>表单中的只读属性？

8-4 在什么情况下，$name 与$_POST[' name']可以通用？

8-5 什么是粘性表单？如何实现这种表单技术？

实验：发布和查看公告信息

实验目的

（1）掌握表单元素的知识。

（2）熟练掌握表单元素的综合应用。

实验内容

本实验主要应用表单元素实现一个发布公告信息的功能，通过将表单信息提交到数据处理页获取表单元素的值，实现查看公告信息的功能。在 IE 浏览器中输入地址，按 Enter 键，运行结果如图 8-15 所示。添加相应的公告信息后，单击“发布”按钮，查看公告信息页面的运行结果如图 8-16 所示。

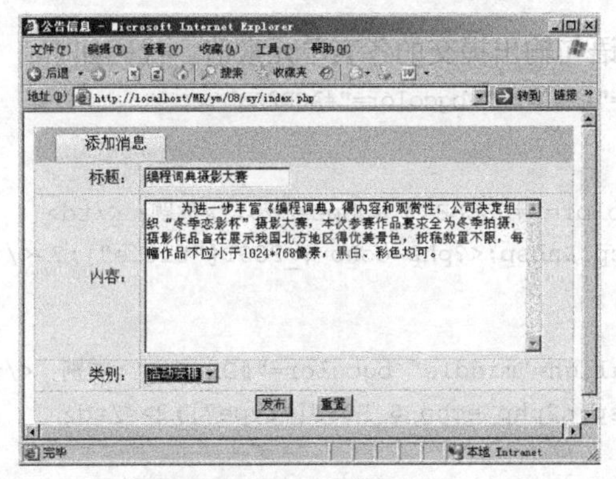

图 8-15　发布公告信息

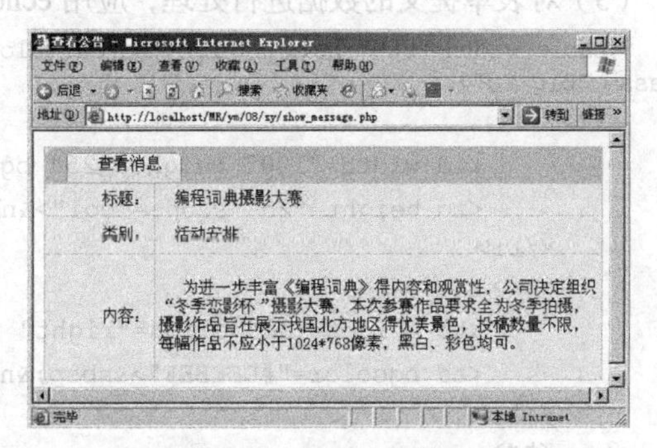

图 8-16　查看公告信息

实验步骤

（1）应用开发工具（如 Dreamweaver）新建一个 PHP 动态页，存储为 index.php。

（2）创建 form 表单（设置表单的数据处理页为 show_message.php），添加文本框、编辑框、下拉列表框、“提交”按钮和“重置”按钮，并应用表格对表单元素进行合理布局。程序代码如下：

```
    <form action="show_message.php" method="post" name="addmess" id="addmess">
    <table width="560" height="180" bordercolor="#ACD2DB" bgcolor="#ACD2DB"
class= "big_td">
    <tr>
            <td width="100" height="25" bgcolor="#DEEBEF" scope="col">标题：</td>
            <td height="25" align="left" valign="middle" bgcolor="#DEEBEF" scope="col">
                <input type="text" name="title" id="title" />
             </td>
        </tr>
        <tr>
            <td align="right" valign="middle" bgcolor="#DEEBEF">内容：</td>
            <td align="left" valign="middle" bgcolor="#DEEBEF">
                <textarea name="content" id="content" cols="56" rows="10"></textarea>
            </td>
        </tr>
        <tr>
            <td height="30" align="right" valign="middle" bgcolor="#DEEBEF">类别：</td>
            <td height="30" align="left" valign="middle" bgcolor="#DEEBEF">
                <select name="type" id="type">
                    <option value="企业公告" selected="selected">企业公告</option>
                    <option value="活动安排">活动安排</option>
                </select>
            </td>
        </tr>
    <tr>
            <td height="30" colspan="2" align="center" valign="middle"
bgcolor= "#DEEBEF">
                <input name="submit" type="submit" id="submit"  value="发布" />
                <input name="submit2" type="reset" id="submit2" value="重置" />
```

```
            </td>
        </tr>
    </table>
    </form>
```

（3）对表单提交的数据进行处理，应用 echo 语句输出提交的各表单元素值。代码如下：

```
    <table width="560" height="192" bordercolor="#ACD2DB" bgcolor="#ACD2DB"
class= "big_td">
    <tr>
            <td width="100" height="25" bgcolor="#DEEBEF" scope="col">标题：</td>
            <td height="25" scope="col">  <?php echo $_POST["title"];?></td>
        </tr>
        <tr>
            <td height="31" align="right" valign="middle" bgcolor="#DEEBEF">类别：</td>
            <td bgcolor="#DEEBEF">  <?php echo $_POST["type"];?></td>
        </tr>
        <tr>
            <td height="104" align="right" valign="middle" bgcolor="#DEEBEF">内容：</td>
            <td height="104" bgcolor="#DEEBEF">  <?php echo
$_POST ["content"];?></td>
        </tr>
    </table>
```

第 9 章 MySQL 数据库

本章要点：

- MySQL 概述
- MySQL 服务器的启动和关闭
- 操作 MySQL 数据库，创建、选择和删除
- 操作 MySQL 数据表，创建、查看、修改、重命名和删除
- 操作 MySQL 数据，添加、修改、删除和查询
- MySQL 数据类型
- phpMAdmin 管理 MySQL 数据库

数据库作为程序中数据的主要载体，在整个项目中扮演着重要的角色。PHP 自身可以与大多数数据库进行连接，但 MySQL 数据库是开源界所公认的，与 PHP 结合最好的数据库，其具有安全、跨平台、体积小、高效等特点，可谓 PHP 的“黄金搭档”。在本章中将对 MySQL 数据库的基础知识进行系统讲解，为下一章中实现 PHP 与 MySQL 数据库的完美结合打下坚实的基础。

9.1 MySQL 概述

学习编程语言，至少要掌握一种数据库，学习 PHP 语言，则非常有必要掌握 MySQL。虽然现在 PHP 对数据库的支持越来越多，如 Access、MS SQL Server、Oracle、DB2 等，但是在 LAMP 的开发模式中，MySQL 仍然牢牢占据一席之地。

9.1.1 MySQL 的特点

- MySQL 是一个关系数据库管理系统，把数据存储在表格中，使用标准的结构化查询语言——SQL 进行访问数据库。
- MySQL 是完全免费的，在网上可以任意下载，并且可以查看到它的源文件，进行必要的修改。
- MySQL 服务器的功能齐全，运行的速度极快，十分可靠，有很好的安全性。
- MySQL 服务器在客户机、服务器或嵌入系统中使用，是一个客户机\服务器系统，能够支持多线程，支持多个不同的客户程序和管理工具。

9.1.2 SQL 和 MySQL

SQL（Structured Query Language，结构化查询语言）与其说是一门语言，倒不如说是一种标准，数据库系统的工业标准。大多数的 RDBMS 开发商的 SQL 都基于这个标准，虽然在有些地方并不是完全相同，但这并不妨碍对 SQL 的学习和使用。

下面给出 SQL 标准的关键字及其功能，如表 9-1 所示。

表 9-1　SQL 标准语句

功能类型	SQL 关键字	功能
数据查询语言	Select	从一个或多个表中查询数据
数据定义语言	Create/Alter/Drop table Create/Alter/Drop index	创建/修改/删除表 创建/修改/删除索引
数据操纵语言	Insert Delete Update	向表中插入新数据 删除表中的数据 更新表中现有的数据
数据控制语言	Grant Revoke	为用户赋予特权 收回用户的特权

在 MySQL 中，不仅支持 SQL 标准，而且还对其进行了扩展，使得它能够支持更为强大的功能。下面介绍 MySQL 支持的 SQL 语句，如表 9-2 所示。

表 9-2　MySQL 支持的 SQL 关键字

SQL 关键字	功能
创建、删除和选择数据库	Create/Drop database/Use
创建、更改和删除表/索引	Create/Alter/Drop table Create/Alter/Drop index
查询表中的信息	Select
取数据库、表和查询的有关信息	Describe、Explain、Show
修改表中的信息	Delete、Insert、Update、Load data、Optimize table、Replace
管理语句	Flush、Grant、Kill、Revoke
其他语句	Create/Drop function、Lock/Unlock tables、Set

在 MySQL 中，可以直接使用 SQL 语句，这些语句几乎可以不加修改地嵌入 PHP 语言中去。另外，MySQL 还允许在 SQL 语句中使用注释，有 3 种编写注释的方式：

- 以“#”号开头直到行尾的所有内容都是注释；
- 以“-- ”号开头直到行尾的所有内容都是注释，注意在“--”后面还有一个空格；
- 以“/*”开始，以“*/”结束的所有内容都是注释，可以对多行进行注释。

9.2 MySQL 服务器的启动和关闭

通过系统服务器、命令提示符（DOS）都可以启动和停止 MySQL，操作非常简单。但通常情况下，不要暂停或停止 MySQL 服务器，否则数据库将无法使用。

9.2.1 启动 MySQL 服务器

启动 MySQL 服务器的方法有两种：系统服务器和命令提示符（DOS）。

1. 通过系统服务器启动 MySQL

选择“开始”/“设置”/“控制面板”/“管理工具”/“服务”选项，打开“服务”窗口，从“名称”列中找到“MySQL”服务，单击鼠标右键，选择“所有任务”/“启动”，如图 9-1 所示。

2. 在命令提示符下启动 MySQL

选择“开始”/“运行”选项，输入“cmd”，进入 DOS 窗口，在命令提示符下输入如下指令：

```
\> net start MySQL
```

按下回车键就会看到启动信息，如图 9-2 所示。

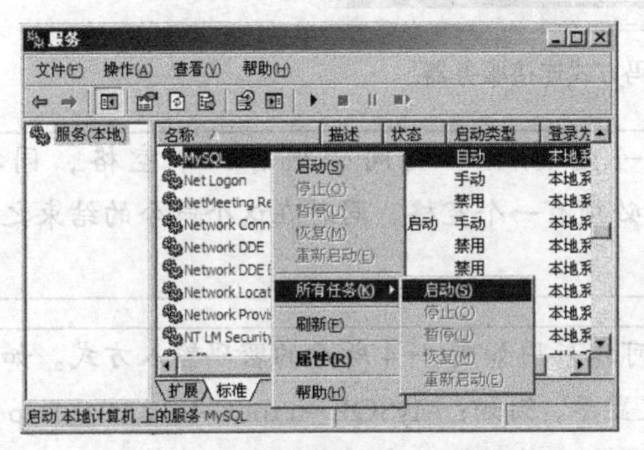

图 9-1 通过系统服务启动 MySQL

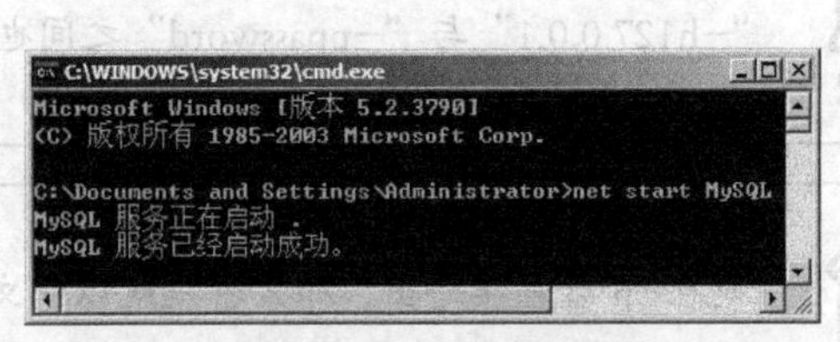

图 9-2 在命令提示符下启动 MySQL

要在命令提示符下操作 MySQL 服务器，其前提是在本机的“计算机”/“系统属性”/“环境变量”/“系统变量”/“path”中已经完成 MySQL 启动文件夹（例如 E:\xampp\mysql\bin）的加载操作，否则不能通过命令操作 MySQL。添加环境变量的运行效果如图 9-3 所示。

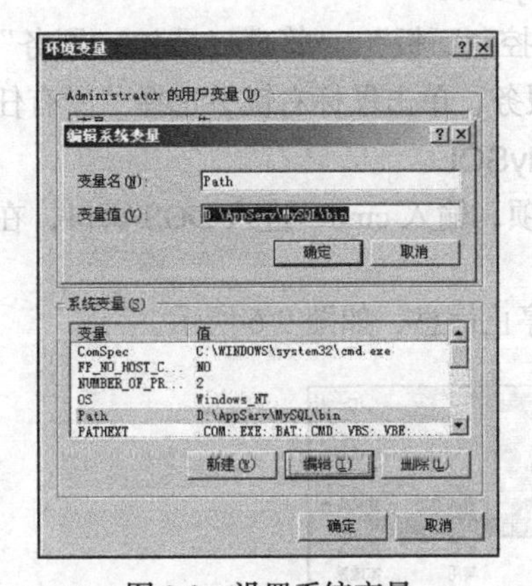

图 9-3 设置系统变量

9.2.2 连接 MySQL 服务器

MySQL 服务器启动后，就是连接服务器。连接 MySQL 服务器也有两种方法：一种是进入 DOS 窗口，通过命令来连接；另一种是使用 MySQL 数据库系统函数连接，有关通过 MySQL 数据库系统函数连接数据库将在下一章中进行详细讲解，这里只介绍在命令提示符（DOS）中操作数据库。

选择“开始”/“运行”选项，输入“cmd”，进入DOS窗口。在命令提示符下输入如下指令：

```
\> MySQL -uroot -h127.0.0.1 -ppassword
```

其中-u后输入的是用户名root；-h后输入的是MySQL数据库服务器地址；-p后输入的是密码。输入完命令语句后，按下回车键就进入MySQL数据库中，如图9-4所示。

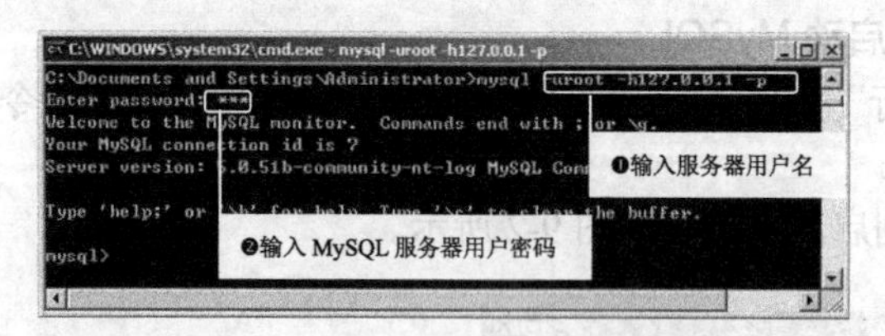

图 9-4　以隐藏密码方式连接服务器

注意　在输入的用户名“-uroot”与“-h127.0.0.1”之间必须有一个空格，同样在“-h127.0.0.1”与“-ppassword”之间也必须有一个空格，同时在这个命令的结束之处不必书写“;”。

说明　为了保护MySQL数据库的密码，可以采用如图9-4所示的密码输入方式。如果密码在-p后直接给出，那么密码就以明文显示，例如：MySQL -u root -h 127.0.0.1 -p 111。按回车键后再输入密码将以加密的方式显示，然后按回车键即可成功连接MySQL服务器。

9.2.3　关闭 MySQL 服务器

关闭MySQL服务器的方法有系统服务和命令提示符（DOS）两种。

1．通过系统服务器关闭 MySQL

选择“开始”/“设置”/“控制面板”/“管理工具”/“服务”选项，打开“服务”窗口，从“名称”列中找到“MySQL”服务，单击鼠标右键，选择“所有任务”/“停止”，如图9-5所示。

2．在命令提示符下关闭 MySQL

选择“开始”/“运行”选项，输入cmd，进入DOS窗口，在命令提示符下输入如下指令：

```
\> net stop MySQL
```

按下回车键后可看到服务停止信息，如图9-6所示。

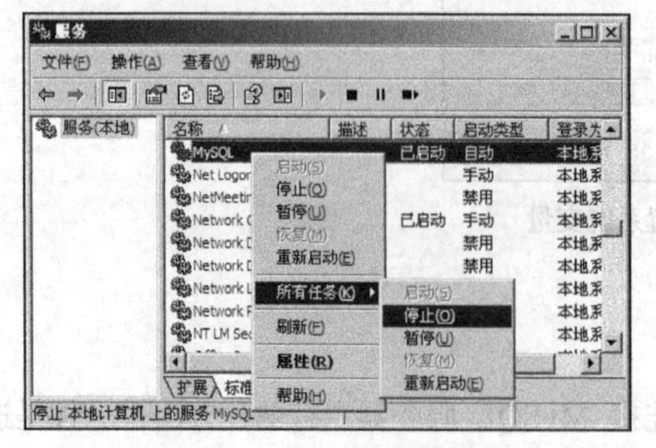

图 9-5　停止 MySQL 服务器

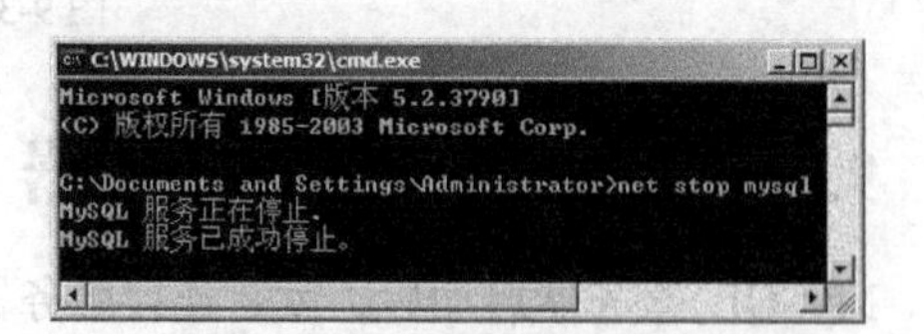

图 9-6　在命令提示符中关闭 MySQL 服务器

9.3 操作 MySQL 数据库

针对 MySQL 数据库的操作可以分为创建、选择和删除 3 种。

9.3.1 创建新数据库

在 MySQL 中，应用 CREATE DATABASE 语句创建数据库。其语法格式如下：

```
CREATE DATABASE db_name ;
```

其中，db_name 是要创建的数据库名称，该名称必须是合法的，对于数据库的命名，有如下规则。

- 不能与其他数据库重名。
- 名称可以是任意字母、阿拉伯数字、下画线（_）或者“$”组成，可以使用上述的任意字符开头，但不能使用单独的数字，那样会造成它与数值相混淆。
- 名称最长可为 64 个字符组成（还包括表、列和索引的命名），而别名最多可长达 256 个字符。
- 不能使用 MySQL 关键字作为数据库名、表名。

下面通过 CREATE DATABASE 语句创建一个名称为 db_database09 的数据库。运行结果如图 9-7 所示。

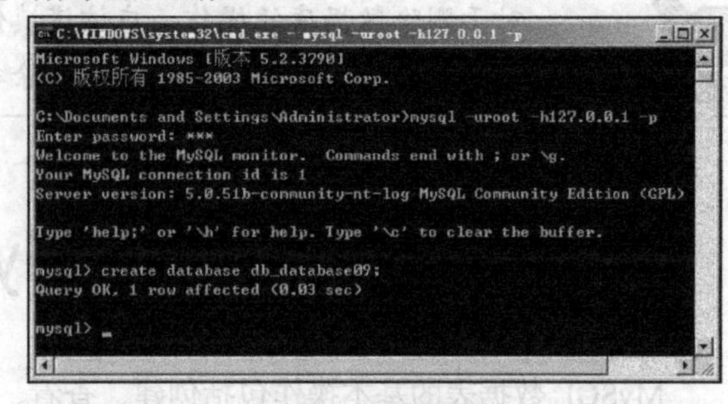

图 9-7 创建数据库

在创建数据库时，首先连接 MySQL 服务器，用户名是 root，密码是 111，然后编写“create database db_database09;” SQL 语句，数据库创建成功。

9.3.2 选择指定数据库

USE 语句用于选择一个数据库，使其成为当前默认数据库。其语法如下：

```
USE db_name ;
```

例如，选择名称为 db_database09 的数据库，操作命令如图 9-8 所示。

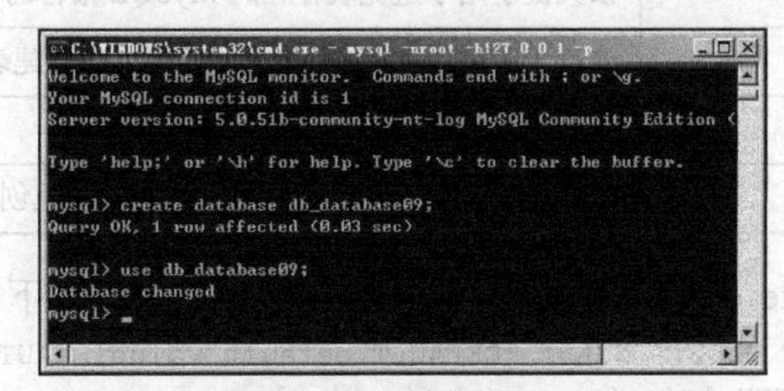

图 9-8 选择数据库

如图 9-8 所示，已经进入 db_database09 数据库中。

9.3.3 删除指定数据库

删除数据库使用的是 DROP DATABASE 语句，语法如下：

```
DROP DATABASE db_name;
```

例如，通过 DROP DATABASE 语句删除名称为 db_database09 的数据库，操作命令如图 9-9 所示。

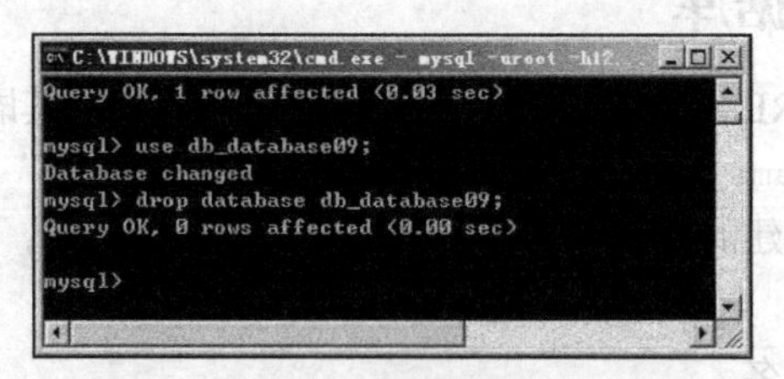

图 9-9 删除数据库

对于删除数据库的操作，应该谨慎使用，一旦执行这项操作，数据库的所有结构和数据都会被删除，没有恢复的可能，除非数据库有备份。

9.4 操作 MySQL 数据表

MySQL 数据表的基本操作包括创建、查看、修改、重命名和删除。

9.4.1 创建一个表

创建数据表使用 CREATE TABLE 语句，其语法如下：

```
CREATE [TEMPORARY] TABLE [IF NOT EXISTS] 数据表名
[(create_definition,…)][table_options] [select_statement]
```

CREATE TABLE 语句的参数说明如表 9-3 所示。

表 9-3 CREATE TABLE 语句的参数说明

关键字	说明
TEMPORARY	如果使用该关键字，表示创建一个临时表
IF NOT EXISTS	该关键字用于避免表存在时 MySQL 报告的错误
create_definition	这是表的列属性部分。MySQL 要求在创建表时，表要至少包含一列
table_options	表的一些特性参数
select_statement	SELECT 语句描述部分，用它可以快速地创建表

下面介绍列属性 create_definition 部分，每一列定义的具体格式如下：

```
col_name  type [NOT NULL | NULL] [DEFAULT default_value] [AUTO_INCREMENT]
        [PRIMARY KEY ] [reference_definition]
```

属性 create_definition 的参数说明如表 9-4 所示。

表 9-4 属性 create_definition 的参数说明

参数	说明
col_name	字段名
type	字段类型
NOT NULL | NULL	指出该列是否允许是空值，系统一般默认允许为空值，所以当不允许为空值时，必须使用 NOT NULL
DEFAULT default_value	表示默认值
AUTO_INCREMENT	表示是否是自动编号，每个表只能有一个 AUTO_INCREMENT 列，并且必须被索引
PRIMARY KEY	表示是否为主键。一个表只能有一个 PRIMARY KEY。如表中没有一个 PRIMARY KEY，而某些应用程序需要 PRIMARY KEY，MySQL 将返回第一个没有任何 NULL 列的 UNIQUE 键，作为 PRIMARY KEY
reference_definition	为字段添加注释

例如，创建一个简单的数据表，使用 CREATE TABLE 语句在 MySQL 数据库 db_database09 中创建一个名为 tb_admin 的数据表，该表包括 id、user、password 和 createtime 4 个字段。创建的 SQL 语句如下：

```
CREATE TABLE `tb_admin` (
`id` INT( 4 ) NOT NULL AUTO_INCREMENT PRIMARY KEY ,
`user` VARCHAR( 50 ) CHARACTER SET utf8 COLLATE utf8_unicode_ci NOT NULL ,
`password` VARCHAR( 50 ) CHARACTER SET utf8 COLLATE utf8_unicode_ci NOT NULL ,
`createtime` DATETIME NOT NULL ) ENGINE = MYISAM CHARACTER SET utf8 COLLATE
utf8_unicode_ci;
```

在命令模式下的运行结果如图 9-10 所示。

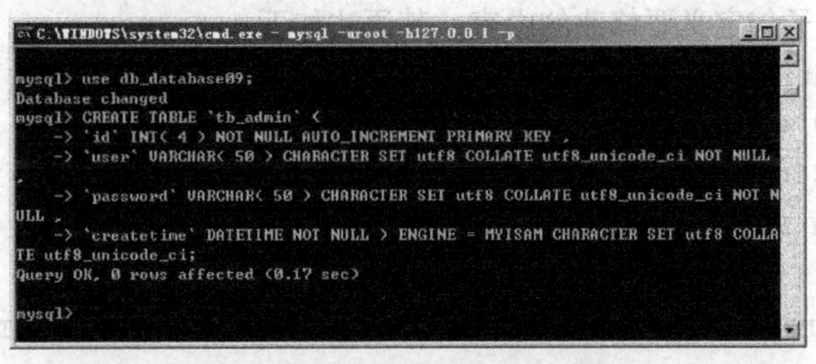

图 9-10 创建 MySQL 数据库

说明 在输入 SQL 语句时，可以一行全部输出，也可以每个字段都换行输出，这里建议用换行输出，这样看上去美观、易懂，在语句出现错误时更容易查找。

9.4.2 查看数据表结构

对于一个创建成功的数据表，可以使用 SHOW COLUMNS 语句或 DESCRIBE 语句查看数据表的结构。

1. SHOW COLUMNS 语句

SHOW COLUMNS 语句查看一个指定的数据表，其语法如下：

```
SHOW [FULL] COLUMNS FROM 数据表名 [FROM 数据库名];
```

或写成

```
SHOW [FULL] COLUMNS FROM 数据表名.数据库名;
```

例如，使用 SHOW COLUMNS 语句查看数据表 tb_admin 表结构，如图 9-11 所示。

2. DESCRIBE 语句

DESCRIBE 语句的语法如下：

```
DESCRIBE 数据表名;
```

其中，DESCRIBE 可以简写成 DESC。在查看表结构时，也可以只列出某一列的信息。其语法格式如下：

```
DESCRIBE 数据表名 列名;
```

例如，使用 DESCRIBE 语句的简写形式查看数据表 tb_admin 中的某一列信息，如图 9-12 所示。

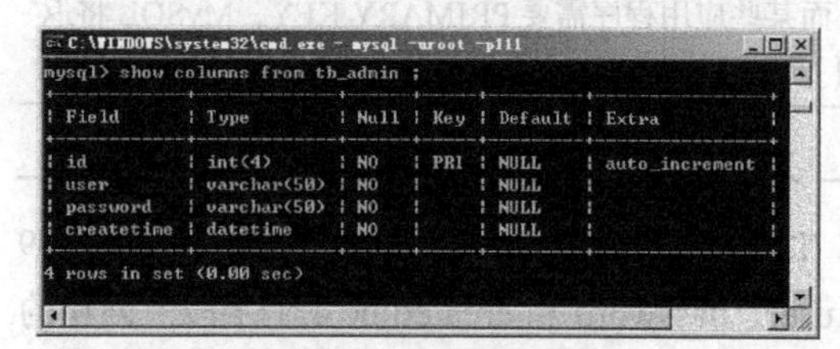

图 9-11　查看表结构

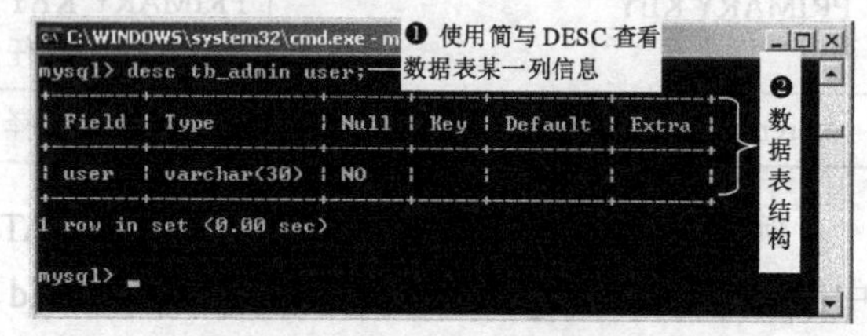

图 9-12　查看表的某一列信息

9.4.3　修改数据表结构

修改表结构使用 ALTER TABLE 语句。修改表结构包括：增加或者删除字段、修改字段名称或者字段类型、设置取消主键外键、设置取消索引、修改表的注释等。其语法如下：

```
Alter[IGNORE] TABLE 数据表名 alter_spec[,alter_spec]…
```

其中，alter_spec 子句定义要修改的内容，其语法如下：

```
alter_specification:
    ADD [COLUMN] create_definition [FIRST | AFTER column_name ]     //添加新字段
  | ADD INDEX [index_name] (index_col_name,...)                     //添加索引名称
  | ADD PRIMARY KEY (index_col_name,...)                            //添加主键名称
  | ADD UNIQUE [index_name] (index_col_name,...)                    //添加唯一索引
  | ALTER [COLUMN] col_name {SET DEFAULT literal | DROP DEFAULT}//修改字段名称
  | CHANGE [COLUMN] old_col_name create_definition                  //修改字段类型
  | MODIFY [COLUMN] create_definition                               //修改子句定义字段
  | DROP [COLUMN] col_name                                          //删除字段名称
  | DROP PRIMARY KEY                                                //删除主键名称
  | DROP INDEX index_name                                           //删除索引名称
  | RENAME [AS] new_tbl_name                                        //更改表名
  | table_options
```

ALTER TABLE 语句允许指定多个动作，其动作间使用逗号分隔，每个动作表示对表的一个修改。

说明　在使用 ALTER TABLE 语句修改数据表时，如果指定 IGNORE 参数，当出现重复的行时，则只执行一行，其他重复的行被删除。

例如，添加一个新的字段 email，类型为 varchar(50)，not null，将字段 user 的类型由 varchar(50)改为 varchar(80)，代码如下：

```
alter table tb_admin add email varchar(50) not null ,modify user varchar(80);
```

在命令模式下的运行情况如图 9-13 所示。

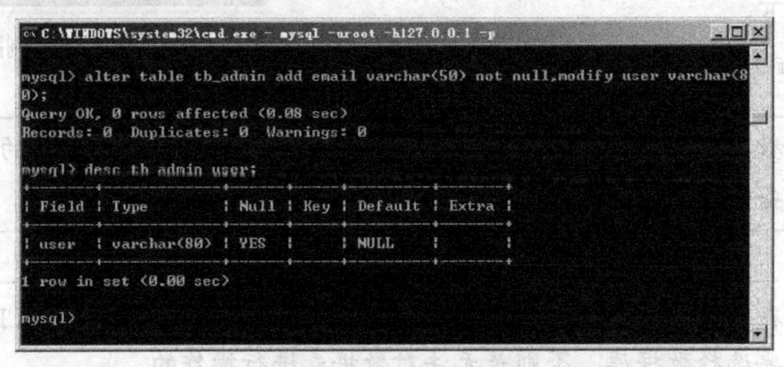

图 9-13　修改表结构

图 9-13 中只给出了修改 user 字段类型的结果，读者可以通过语句 MySQL> show tb_admin;查看整个表的结构，以确认 email 字段是否添加成功。

通过 alter 修改表列，其前提是必须将表中数据全部删除，然后才可以修改表列。

9.4.4　重命名数据表

重命名数据表使用 RENAME TABLE 语句，其语法如下：

```
RENAME TABLE 数据表名1 To 数据表名2
```

RENAME TABLE 语句可以同时对多个数据表进行重命名，多个表之间以逗号“,”分隔。

例如，对数据表 tb_admin 进行重命名，更名后的数据表为 tb_user，如图 9-14 所示。

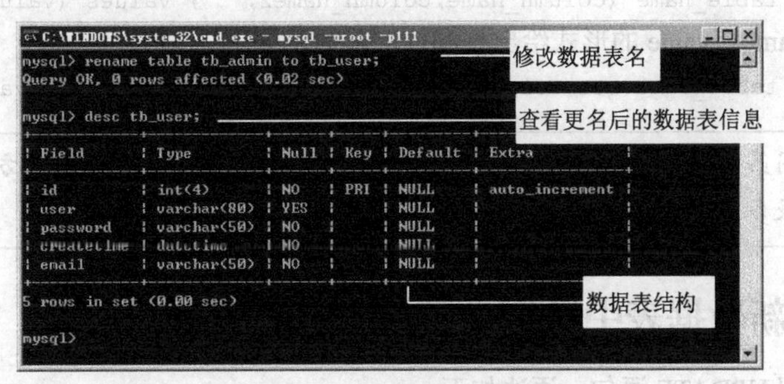

图 9-14　对数据表进行更名

9.4.5　删除指定数据表

删除数据表使用 DROP TABLE 语句，其语法如下：

```
DROP TABLE 数据表名;
```

例如，删除数据表 tb_user，如图 9-15 所示。

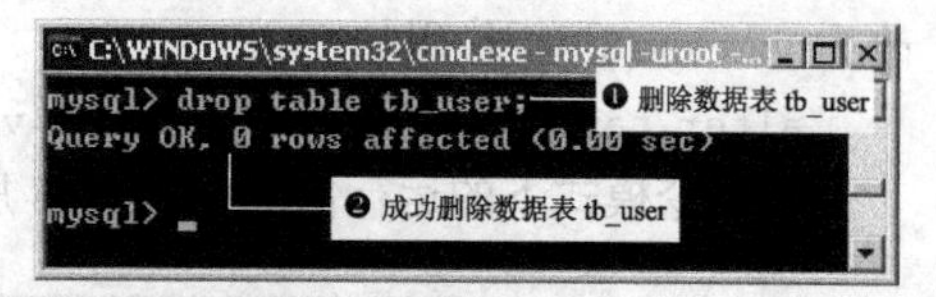

图 9-15　删除数据表

在删除数据表的过程中删除一个不存在的表将会产生错误，如果在删除语句中加入 IF EXISTS 关键字则不会出错。其语法如下：

```
drop table if exists 数据表名;
```

删除数据表的操作应该谨慎使用。一旦删除数据表，那么表中的数据将会被全部清除，没有备份则无法恢复。

无论在执行 CREATE TABLE、ALTER TABLE 和 DROP TABLE 中的任何操作时，首先必须要选择数据库，否则是无法对数据表进行操作的。

9.5　操作 MySQL 数据

数据库中包含数据表，而数据表中包含数据。在 MySQL 与 PHP 的结合应用中，真正被操作的是数据表中的数据，因此如何更好地操作和使用这些数据才是使用 MySQL 数据库的根本。

9.5.1　向数据表中添加数据（INSERT）

建立一个数据库，并在数据库中创建一个数据表，首先要向数据表中添加数据。这项操作可以通过 INSERT 语句来完成。

下面通过向 db_database09 数据库的 tb_mrbook 表中添加一条记录，介绍 INSERT 语句的 3 种语法。

（1）列出新添加数据的所有的值。其语法如下：

```
insert into table_name values (value1,value2, … )
```

（2）给出要赋值的列，然后再给出值。其语法如下：

```
insert into table_name (column_name,column_name2, … ) values (value1, value1, … )
```

（3）用 col_name = value 的形式给出列和值。其语法如下：

```
insert into table_name set column_name1 = value1,column_name2 = value2, …
```

采用第一种语法格式的好处是输入的 SQL 语句短小，错误查找方便。不利的是，如果字段很多，不容易看到数据是属于哪一列的，不易匹配。

9.5.2　更新数据表中数据（UPDATE）

更新数据使用 UPDATE 语句，语法如下：

```
update table_name
set column_name = new_value1,column_name2 = new_value2, …
where condition
```

其中 table_name 是更新的表名称；SET 子句指出要修改的列和它们给定的值；WHERE 子句是可选的，如果应用它将指定记录中那行应该被更新，否则，所有的记录行都将被更新。

例如，下面将管理员信息表 tb_user 中用户名为 tsoft 的管理员密码 111 修改为 123456，如图 9-16 所示。

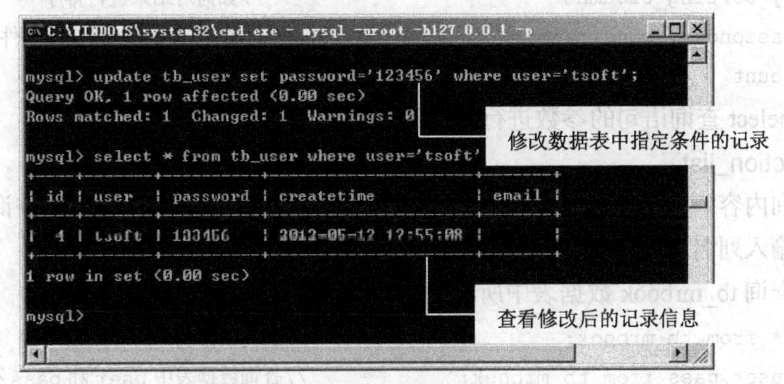

图 9-16 修改指定条件的记录

注意 更新时一定要保证 WHERE 子句的正确性，一旦 WHERE 子句出错，将会破坏所有改变的数据。

9.5.3 删除数据表中数据（DELETE）

删除数据使用 DELETE 语句，语法如下：

```
delete from table_name
where condition
```

该语句在执行过程中，删除 table_name 表中的记录，如果没有指定 WHERE 条件，将删除所有的记录；如果指定 WHERE 条件，将按照指定的条件进行删除。

例如，删除管理员数据表 tb_user 中用户名为“mr”的记录信息，如图 9-17 所示。

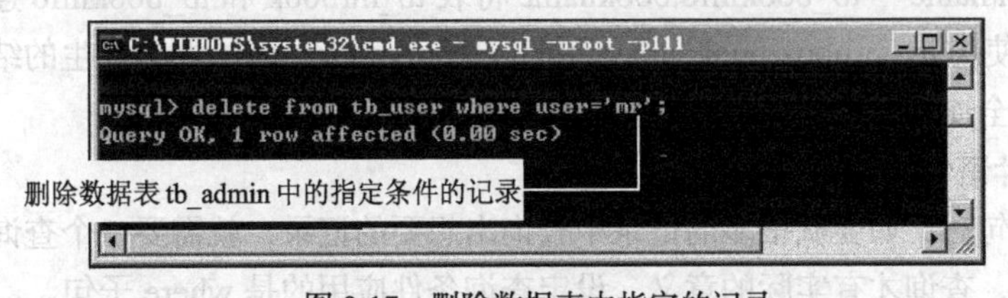

图 9-17 删除数据表中指定的记录

说明 （1）在实际的应用中，在执行删除操作时，执行删除的条件一般应该为数据的 id，而不是具体某个字段值，这样可以避免一些不必要的错误发生。

（2）使用 DELETE 语句删除整个表的效率并不高，还可以使用 TRUNCATE 语句，它可以很快地删除表中所有的内容。

9.5.4 查询数据表中数据

创建数据库的目的不只是保存数据，更重要的是为了使用其中的数据。要从数据库中把数据查询出来，使用的是 SELECT 查询语句。SELECT 语句的语法如下：

```
select selection_list                    //要查询的内容，选择哪些列
from table_list                          //从什么表中查询，从何处选择行
```

```
where primary_constraint                    //查询时需要满足的条件，行必须满足的条件
group by grouping_columns                   //如何对结果进行分组
order by sorting_cloumns                    //如何对结果进行排序
having secondary_constraint                 //查询时满足的第二个条件
limit count                                 //限定输出的查询结果
```

下面对 select 查询语句的参数进行详细的讲解。

1. selection_list

设置查询内容。如果要查询表中所有列，可以将其设置为“*”；如果要查询表中某一列或多列，则直接输入列名，并以“,”为分隔符。

例如，查询 tb_mrbook 数据表中所有列和查询 user 和 pass 列的代码如下：

```
select * from tb_mrbook;                  //查询数据表中所有数据
select user,pass from tb_mrbook;          //查询数据表中 user 和 pass 列的数据
```

2. table_list

指定查询的数据表。即可以从一个数据表中查询，也可以从多个数据表中进行查询，多个数据表之间用“,”进行分隔，并且通过 where 子句使用连接运算来确定表之间的联系。

例如，从 tb_mrbook 和 tb_bookinfo 数据表中查询 bookname='PHP 编程宝典'的作者和价格，其代码如下：

```
select tb_mrbook.id,tb_mrbook.bookname,
    -> author,price from tb_mrbook,tb_bookinfo
    -> where tb_mrbook.bookname = tb_bookinfo.bookname and
    -> tb_bookinfo.bookname = 'php 入门与精通';
```

在上面的 SQL 语句中，因为两个表都有 id 字段和 bookname 字段，为了告诉服务器要显示的是哪个表中的字段信息，要加上前缀。语法如下：

表名.字段名

tb_mrbook.bookname = tb_bookinfo.bookname 将表 tb_mrbook 和 tb_bookinfo 连接起来，叫做等同连接；如果不使用 tb_mrbook.bookname = tb_bookinfo.bookname，那么产生的结果将是两个表的笛卡儿积，叫做全连接。

3. where 条件语句

在使用查询语句时，如要从很多的记录中查询出想要的记录，就需要一个查询的条件。只有设定了查询的条件，查询才有实际的意义。设定查询条件应用的是 where 子句。

where 子句的功能非常强大，通过它可以实现很多复杂的条件查询。在使用 where 子句时，需要使用一些比较运算符，常用比较运算符如表 9-5 所示。

表 9-5　　常用的 where 子句比较运算符

运算符	名称	示例	运算符	名称	示例
=	等于	id=5	is not null	n/a	id is not null
>	大于	id>5	between	n/a	id between1 and 15
<	小于	id<5	in	n/a	id in (3,4,5)
=>	大于等于	id=>5	not in	n/a	name not in (shi,li)
<=	小于等于	id<=5	like	模式匹配	name like (‘shi%’)
!=或<>	不等于	id!=5	not like	模式匹配	name not like (‘shi%’)
Is null	n/a	id is null	regexp	常规表达式	name 正则表达式

表 9-5 中列举的是 where 子句常用的比较运算符，示例中的 id 是记录的编号，name 是表中的用户名。

例如，应用 where 子句，查询 tb_mrbook 表，条件是 type（类别）为 PHP 的所有图书，代码如下：

```
select * from tb_mrbook where type = 'php';
```

4. GROUP BY 对结果分组

通过 GROUP BY 子句可以将数据划分到不同的组中，实现对记录进行分组查询。在查询时，所查询的列必须包含在分组的列中，目的是使查询到的数据没有矛盾。在与 AVG()或 SUM()函数一起使用时，GROUP BY 子句能发挥最大作用。

例如，查询 tb_mrbook 表，按照 type 进行分组，求每类图书的平均价格。代码如下：

```
select bookname,avg(price),type from tb_mrbook group by type;
```

5. DISTINCT 在结果中去除重复行

使用 DISTINCT 关键字，可以去除结果中重复的行。

例如，查询 tb_mrbook 表，并在结果中去掉类型字段 type 中的重复数据。代码如下：

```
select distinct type from tb_mrbook;
```

6. ORDER BY 对结果排序

使用 ORDER BY 可以对查询的结果进行升序和降序（DESC）排列，在默认情况下，ORDER BY 按升序输出结果。如果要按降序排列可以使用 DESC 来实现。

如果对含有 NULL 值的列进行排序时，如果是按升序排列，NULL 值将出现在最前面，如果是按降序排列，NULL 值将出现在最后。

例如，查询 tb_mrbook 表中的所有信息，按照“id”进行降序排列，并且只显示 3 条记录。其代码如下：

```
select * from tb_mrbook order by id desc limit 3;
```

7. LIKE 模糊查询

LIKE 属于较常用的比较运算符，通过它可以实现模糊查询。它有两种通配符：“%”和下画线“_”。

“%”可以匹配一个或多个字符，而“_”只匹配一个字符。

例如，查找所有第二个字母是“h”的图书，代码如下：

```
select * from tb_mrbook where bookname like('_h%');
```

8. CONCAT 联合多列

使用 CONCAT 函数可以联合多个字段，构成一个总的字符串。

例如，把 tb_mrbook 表中的书名（bookname）和价格（price）合并到一起，构成一个新的字符串。代码如下：

```
select id,concat(bookname,":",price) as info,f_time,type from tb_mrbook;
```

其中合并后的字段名为 CONCAT 函数形成的表达式“concat(bookname,":",price)”，看上去十分复杂，通过 AS 关键字给合并字段取一个别名，这样看上去就很清晰。

9. LIMIT 限定结果行数

LIMIT 子句可以对查询结果的记录条数进行限定，控制它输出的行数。

例如，查询 tb_mrbook 表，按照图书价格降序排列，显示 3 条记录。代码如下：

```
select * from tb_mrbook order by price desc limit 3;
```

使用 LIMIT 还可以从查询结果的中间部分取值。首先要定义两个参数，参数 1 是开始读取的

第一条记录的编号（在查询结果中，第一个结果的记录编号是 0，而不是 1）；参数 2 是要查询记录的个数。

例如，查询 tb_mrbook 表，从编号 1 开始（即从第 2 条记录），查询 4 条记录。代码如下：

```
select * from tb_mrbook where id limit 1,4;
```

10. 使用函数和表达式

在 MySQL 中，还可以使用表达式来计算各列的值，作为输出结果。表达式还可以包含一些函数。

例如，计算 tb_mrbook 表中各类图书的总价格，代码如下：

```
select sum(price) as total,type from tb_mrbook group by type;
```

在对 MySQL 数据库进行操作时，有时需要对数据库中的记录进行统计，如求平均值、最小值、最大值等，这时可以使用 MySQL 中的统计函数。常用统计函数如表 9-6 所示。

表 9-6　常用统计函数

名称	说明
avg（字段名）	获取指定列的平均值
count（字段名）	如指定了一个字段，则会统计出该字段中的非空记录。如在前面增加 DISTINCT，则会统计不同值的记录，相同的值当做一条记录。如使用 COUNT（*）则统计包含空值的所有记录数
min（字段名）	获取指定字段的最小值
max（字段名）	获取指定字段的最大值
std（字段名）	指定字段的标准背离值
stdtev（字段名）	与 STD 相同
sum（字段名）	指定字段所有记录的总和

除了使用函数之外，还可以使用算术运算符、字符串运算符及逻辑运算符来构成表达式。

例如，可以计算图书打八折之后的价格，代码如下：

```
select *, (price * 0.8) as '80%' from tb_mrbook;
```

9.6 MySQL 数据库备份和恢复

在前面的章节中，我们已经对 MySQL 数据库、数据表的各种操作进行了详细讲解，下面将介绍如何实现对 MySQL 数据库中的数据进行备份和恢复。

9.6.1 数据的备份

在命令模式下完成对数据的备份，使用的是 MYSQLDUMP 命令。通过该命令可以将数据以文本文件的形式存储到指定的文件夹下。

说明

要在命令模式下操作 MySQL 数据库，必须要对计算机的环境变量进行设置，选择“我的电脑”，单击鼠标右键，选择“属性”命令，在弹出的对话框中单击“高级”按钮，然后在新弹出的对话框中选择“环境变量”选项，并在用户变量的文本框中找到变量“path”并选中它，单击“编辑”按钮，在变量 path 的变量值文本框中添加“D:\webpage\AppServ\MySQL\bin”（MySQL 数据库中 bin 文件夹的安装路径），然后单击“确定”按钮。其中添加的 bin 文件夹的路径根据自己安装 MySQL 数据库的位置而定。

如果使用集成化的安装包来配置 PHP 的开发环境，那么就不需要进行上述的配置操作，因为集成化安装包已经自行配置完成。但是，如果是独立安装的 MySQL，那么就必须进行上述的配置，才能在命令模式下操作 MySQL 数据库。

通过 MYSQLDUMP 命令备份整个数据库的操作步骤如下。

（1）选择“开始”菜单中的“运行”命令，如图 9-18 所示。

（2）在如图 9-19 所示的对话框中输入“cmd”，单击“确定”按钮，进入命令模式。

图 9-18　选择运行命令

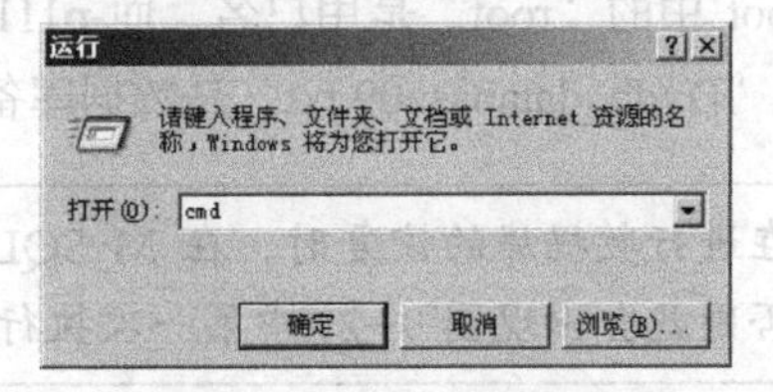

图 9-19　进行命令模式

（3）在命令模式中直接输入“mysqldump –uroot –p111 db_database09 >D:\db_database09.txt”，然后按回车键即可，如图 9-20 所示。

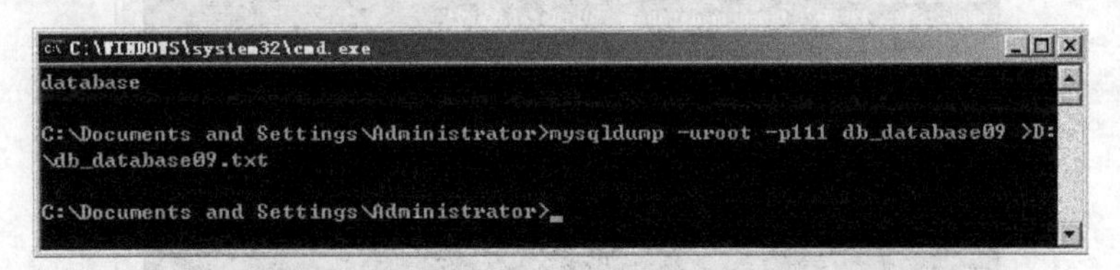

图 9-20　通过命令备份 db_database09 数据库

其中，-uroot 中的“root”是用户名，而-p111 中的“111”是密码，“db_database09”是数据库名，“D:\db_database09.txt”是数据库备份存储的位置。

最后可以查看一下，在这个文件夹是否存在备份的数据库文件。

在输入命令的过程中，在“–uroot”中是没有空格的，在该命令的结尾处也没有任何的结束符，只要按回车键即可。

9.6.2　数据恢复

既然可以对数据库进行备份，那么就一定可以对数据库文件进行恢复操作。执行数据库的恢复操作使用的是 MYSQL 命令。其命令格式如下：

```
mysql -uroot -p111 db_database09 <D:\db_database09.txt”
```

其中 mysql 是使用的命令，–u 后的 root 代表用户名，–p 后的 111 代表密码，db_database 代表数据库名（或表名），“<”号后面的“D:\db_database09.txt”是数据库备份文件存储的位置。

实现数据库恢复的操作步骤如下。

（1）选择“开始”菜单中的“运行”命令。

（2）在弹出的对话框中输入“cmd”，单击“确定”按钮，进入命令模式。

（3）在命令模式中直接输入“mysql –uroot –p111 db_database09 <D:\db_database09.txt”，然后

按回车键即可，如图 9-21 所示。

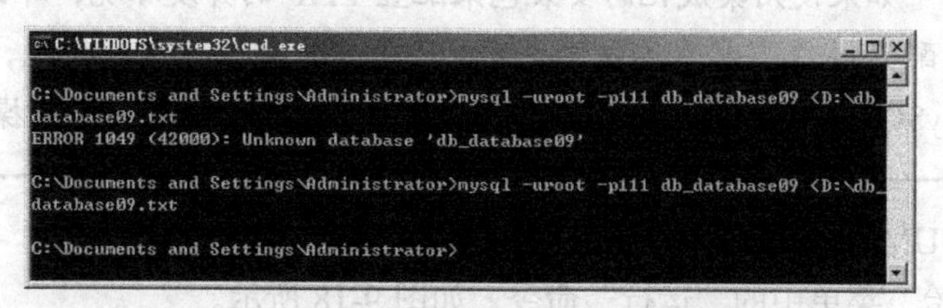

图 9-21　通过命令备份 db_database09 数据库

其中，-uroot 中的“root”是用户名，而-p111 中的“111”是密码，“db_database09”是要恢复的数据库名，“D:\db_database09.txt”是数据库备份文件存储的位置。

在进行数据库的恢复时，在 MySQL 数据库中必须存在一个空的、将要恢复的数据库，否则就会出现图 9-21 中第一次执行恢复操作时的错误。

最后可以查看一下，数据库是否恢复成功，如图 9-22 所示。

```
C:\WINDOWS\system32\cmd.exe - mysql -uroot -p111
C:\Documents and Settings\Administrator>mysql -uroot -p111 db_database09 <D:\db_
database09.txt
ERROR 1049 (42000): Unknown database 'db_database09'

C:\Documents and Settings\Administrator>mysql -uroot -p111 db_database09 <D:\db_
database09.txt

C:\Documents and Settings\Administrator>mysql -uroot -p111
Welcome to the MySQL monitor.  Commands end with ; or \g.
Your MySQL connection id is 34
Server version: 5.0.51b-community-nt-log MySQL Community Edition (GPL)

Type 'help;' or '\h' for help. Type '\c' to clear the buffer.

mysql> use db_database09;
Database changed
mysql> select * from tb_user;
+----+-------+----------+---------------------+-------+
| id | user  | password | createtime          | email |
+----+-------+----------+---------------------+-------+
|  4 | tsoft | 123456   | 2012-05-12 12:55:08 |       |
+----+-------+----------+---------------------+-------+
1 row in set (0.00 sec)

mysql>
```

图 9-22　查看数据库

9.7　MySQL 数据类型

在 MySQL 数据库中，每一条数据都有其数据类型。MySQL 支持的数据类型主要分成 3 类：数字类型、字符串（字符）类型、日期和时间类型。

9.7.1　数字类型

MySQL 支持所有的 ANSI/ISO SQL 92 数字类型。这些类型包括准确数字的数据类型（NUMERIC、DECIMAL、INTEGER 和 SMALLINT），还包括近似数字的数据类型（FLOAT、REAL 和 DOUBLE PRECISION）。其中的关键词 INT 是 INTEGER 的同义词，关键词 DEC 是 DECIMAL 的同义词。

数字类型总体可以分成整型和浮点型两类，详细内容如表 9-7 和表 9-8 所示。

表 9-7 整数数据类型

数据类型	取值范围	说明	单位
TINYINT	符号值：-127~127 无符号值：0~255	最小的整数	1 字节
BIT	符号值：-127~127 无符号值：0~255	最小的整数	1 字节
BOOL	符号值：-127~127 无符号值：0~255	最小的整数	1 字节
SMALLINT	符号值：－32768~32767 无符号值：0~65535	小型整数	2 字节
MEDIUMINT	符号值：－8388608~8388607 无符号值：0~16777215	中型整数	3 字节
INT	符号值：－2147683648~2147683647 无符号值：0~4294967295	标准整数	4 字节
BIGINT	符号值： -9223372036854775808~9223372036854775807 无符号值：0~18446744073709551615	大整数	8 字节

表 9-8 浮点数据类型

数据类型	取值范围	说明	单位
FLOAT	+(-)3.402823466E+38	单精度浮点数	8 或 4 字节
DOUBLE	+(-)1.7976931348623157E+308 +(-)2.2250738585072014E-308	双精度浮点数	8 字节
DECIMAL	可变	一般整数	自定义长度

在创建表时，使用哪种数字类型，应遵循以下原则。

（1）选择最小的可用类型，如果值永远不超过 127，则使用 TINYINT 比 INT 强。

（2）对于完全都是数字的，可以选择整数类型。

（3）浮点类型用于可能具有小数部分的数，如货物单价、网上购物交付金额等。

9.7.2 字符串类型

字符串类型可以分为 3 类：普通的文本字符串类型（CHAR 和 VARCHAR）、可变类型（TEXT 和 BLOB）和特殊类型（SET 和 ENUM）。它们之间都有一定的区别，取值的范围不同，应用的地方也不同。

（1）普通的文本字符串类型，即 CHAR 和 VARCHAR 类型，CHAR 列的长度被固定为创建表所声明的长度，取值为 1~255；VARCHAR 列的值是可变长度的字符串，取值和 CHAR 一样。普通的文本字符串类型如表 9-9 所示。

表 9-9 普通的文本字符串类型

类型	取值范围	说明
[national] char(M) [binary|ASCII|unicode]	0~255 个字符	固定长度为 M 的字符串，其中 M 的取值范围为 0~255。National 关键字指定了应该使用的默认字符集。Binary 关键字指定了数据是否区分大小写（默认是区分大小写的）。ASCII 关键字指定了在改列中使用 latin1 字符集。Unicode 关键字指定了使用 UCS 字符集

续表

类型	取值范围	说明
char	0~255 个字符	Char(M)类似
[national] varchar(M) [binary]	0~255 个字符	长度可变，其他和 char(M)类似

（2）TEXT 和 BLOB 类型。它们的大小可以改变，TEXT 类型适合存储长文本，而 BLOB 类型适合存储二进制数据，支持任何数据，如文本、声音、图像等。TEXT 和 BLOB 类型如表 9-10 所示。

表 9-10　　TEXT 和 BLOB 类型

类型	最大长度（字节数）	说明
TINYBLOB	2^8~1(225)	小 BLOB 字段
TINYTEXT	2^8~1(225)	小 TEXT 字段
BLOB	2^16~1(65 535)	常规 BLOB 字段
TEXT	2^16~1(65 535)	常规 TEXT 字段
MEDIUMBLOB	2^24~1(16 777 215)	中型 BLOB 字段
MEDIUMTEXT	2^24~1(16 777 215)	中型 TEXT 字段
LONGBLOB	2^32~1(4 294 967 295)	长 BLOB 字段
LONGTEXT	2^32~1(4 294 967 295)	长 TEXT 字段

（3）特殊类型 ENUM 和 SET

如表 9-11 所示。

表 9-11　　ENUM 和 SET 类型

类型	最大值	说明
Enum (“value1”, “value2”, …)	65 535	该类型的列只可以容纳所列值之一或为 NULL
Set (“value1”, “value2”, …)	64	该类型的列可以容纳一组值或为 NULL

说明

在创建表时，使用字符串类型时应遵循以下原则。

（1）从速度方面考虑，要选择固定的列，可以使用 CHAR 类型。

（2）要节省空间，使用动态的列，可以使用 VARCHAR 类型。

（3）要将列中的内容限制在一种选择，可以使用 ENUM 类型。

（4）允许在一个列中有多于一个的条目，可以使用 SET 类型。

（5）如果要搜索的内容不区分大小写，可以使用 TEXT 类型。

（6）如果要搜索的内容区分大小写，可以使用 BLOB 类型。

9.7.3 日期和时间数据类型

日期和时间类型包括 DATETIME、DATE、TIMESTAMP、TIME 和 YEAR。其中的每种类型都有其取值的范围，如赋予它一个不合法的值，将会被“0”代替。日期和时间数据类型如表 9-12 所示。

表 9-12 日期和时间数据类型

类型	取值范围	说明
DATE	1000-01-01 9999-12-31	日期，格式 YYYY-MM-DD
TIME	-838:58:59 835:59:59	时间，格式 HH：MM：SS
DATETIME	1000-01-01 00:00:00 9999-12-31 23:59:59	日期和时间，格式 YYYY-MM-DD HH：MM：SS
TIMESTAMP	1970-01-01 00:00:00 2037 年的某个时间	时间标签，在处理报告时使用显示格式取决于 M 的值
YEAR	1901-2155	年份可指定两位数字和四位数字的格式

在 MySQL 中，日期的顺序是按照标准的 ANSISQL 格式进行输出的。

9.8 phpMyAdmin 图形化管理工具

phpMyAdmin 是众多 MySQL 图形化管理工具中应用最广泛的一种，是一款使用 PHP 开发的 B/S 模式的 MySQL 客户端软件，该工具是基于 Web 跨平台的管理程序，并且支持简体中文。用户可以在官方网站 www.phpMyAdmin.net 上免费下载到最新的版本。phpMyAdmin 为 Web 开发人提供了类似于 Access、SQL server 的图形化数据库操作界面，通过该管理工具可以完全对 MySQL 进行操作，如创建数据库、数据表、生成 MySQL 数据库脚本文件等。

9.8.1 管理数据库

在浏览器地址栏中输入“http://localhost/phpMyAdmin/”，进入 phpMyAdmin 图形化管理主界面，接下来就可以进行 MySQL 数据库的操作。下面将介绍如何创建、修改和删除数据库。

1. 创建数据库

在 phpMyAdmin 的主界面，首先在文本框中输入数据库的名称“db_study”，然后在下拉列表框中选择所要使用的编码，一般选择“gb2312_Chinese_ci”简体中文编码格式，单击“创建”按钮，创建数据库，如图 9-23 所示。成功创建数据库后，将显示如图 9-24 所示的界面。

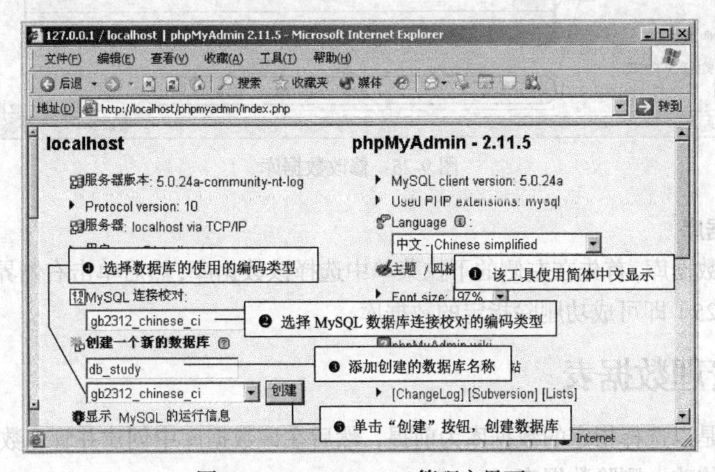

图 9-23 phpMyAdmin 管理主界面

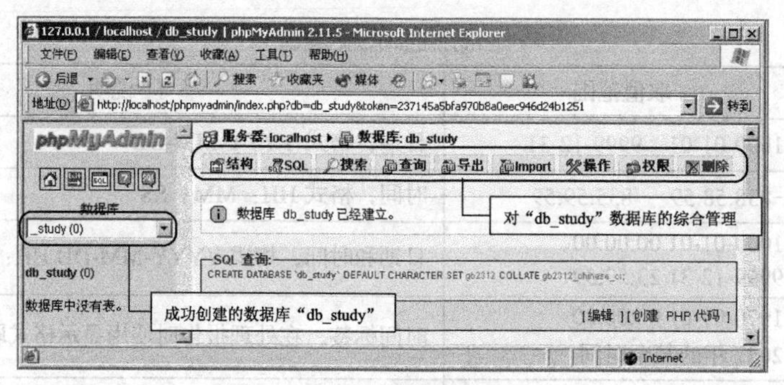

图 9-24　成功创建数据库

在右侧界面中可以对该数据库进行相关操作，如结构、SQL、导出、搜索、查询、删除等，单击相应的超级链接进入相应的操作界面。但是在创建的数据库后还没有创建数据表的情况下，只能够执行结构、SQL、import、操作、权限和删除 6 项操作，其他 3 项操作 搜索 查询 导出 不能执行，当指向其超级链接时，弹出不可用标记。

2. 修改数据库

在如图 9-24 所示的界面中，在右侧界面还可以对当前数据库进行修改。单击界面中的 操作 超级链接，进入修改操作页面。

（1）可以对当前数据库执行创建数据表的操作，只要在创建数据表的提示信息下面的两个文本框中分别输入要创建的数据表的名称和字段总数，然后单击“执行”按钮即可进入到创建数据表结构页面。

（2）也可以对当前的数据库重命名，在“重新命名数据库为”下的文本框中输入新的数据库名称，单击“执行”按钮，即可成功修改数据库名称。修改数据库名称如图 9-25 所示。

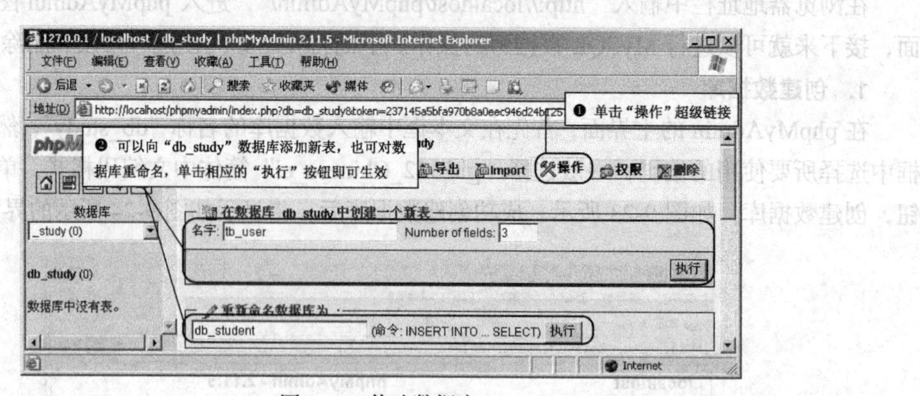

图 9-25　修改数据库

3. 删除数据库

要删除某个数据库，首先在左侧的下拉菜单中选择该数据库，然后单击右侧界面中的 删除 超级链接（见图 9-25）即可成功删除指定的数据库。

9.8.2　管理数据表

管理数据表是以选择指定的数据库为前提，然后在该数据库中创建并管理数据表。下面就来介绍如何创建、修改、删除数据表。

1. 创建数据表

创建数据库 db_study 后，在右侧的操作页面中输入数据表的名称和字段数，然后单击“执行”按钮，即可创建数据表，如图 9-26 所示。

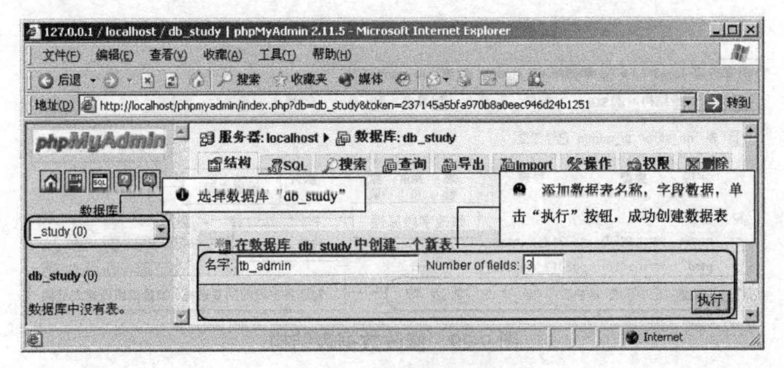

图 9-26　创建数据表

成功创建数据表 tb_admin 后，将显示数据表结构界面。在表单中对各个字段的详细信息进行录入，包括字段名、数据类型、长度/值、编码格式、是否为空、主键等，以完成对表结构的详细设置。当所有的信息都输入以后，单击“保存”按钮，创建数据表结构，如图 9-27 所示。成功创建数据表结构后，将显示如图 9-28 所示的界面。

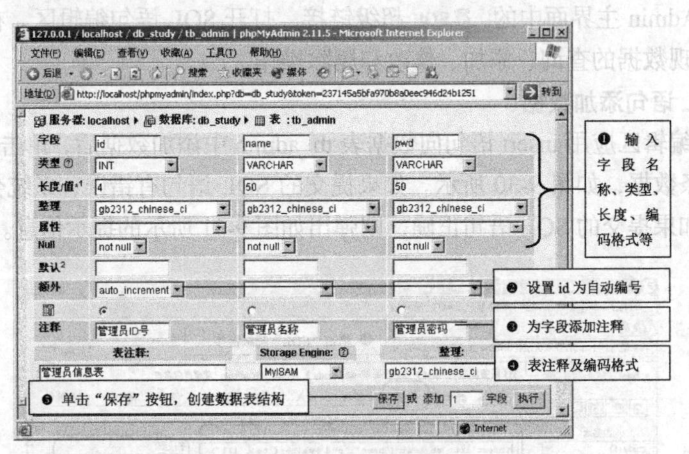

图 9-27　创建数据表结构

单击“执行”按钮，可以对数据表结构以横版显示进行表结构编辑。

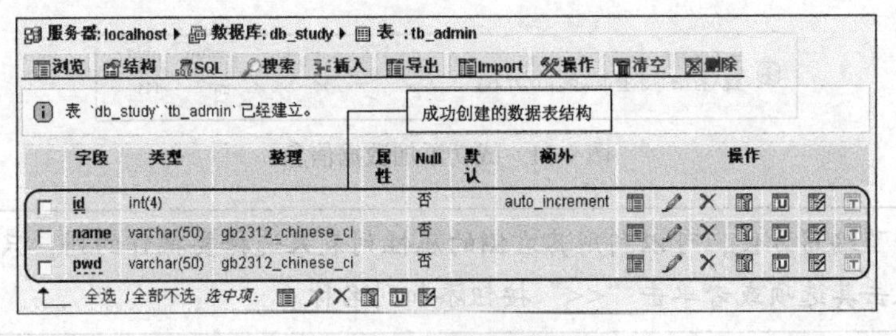

图 9-28　成功创建数据表

2. 修改数据表

一个新的数据表被创建后，进入数据表页面中，在这里可以通过改变表的结构来修改表，可以执行添加新的列、删除列、索引列、修改列的数据类型或者字段的长度/值等操作，如图 9-29 所示。

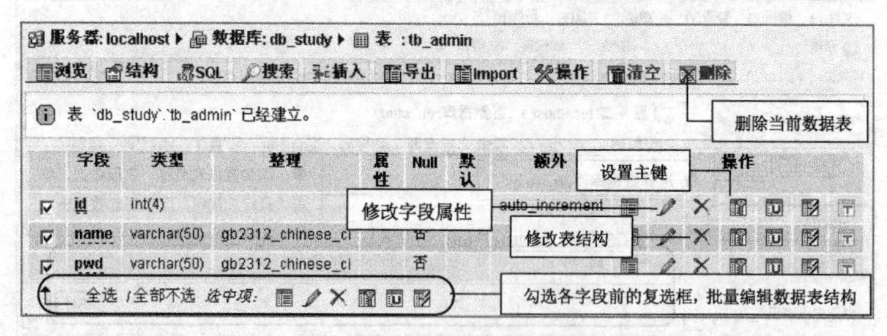

图 9-29 修改数据表结构

3. 删除数据表

要删除某个数据表，首先在左侧的下拉菜单中选择该数据库，在指定的数据库中选择要删除的数据表，然后单击右侧界面中的删除超级链接（见图 9-29）即可成功删除指定的数据表。

9.8.3 管理数据记录

单击 phpMyAdmin 主界面中的SQL超级链接，打开 SQL 语句编辑区。在编辑区输入完整的 SQL 语句，实现数据的查询、添加、修改和删除操作。

1. 使用 SQL 语句添加数据

在 SQL 语句编辑区应用 insert 语句向数据表 tb_admin 中添加数据后，单击“执行”按钮，向数据表中添加一条数据，如图 9-30 所示。如果提交的 SQL 语句有错误，系统会给出一个警告，提示用户修改；如果提交的 SQL 语句正确，则弹出如图 9-31 所示的提示信息。

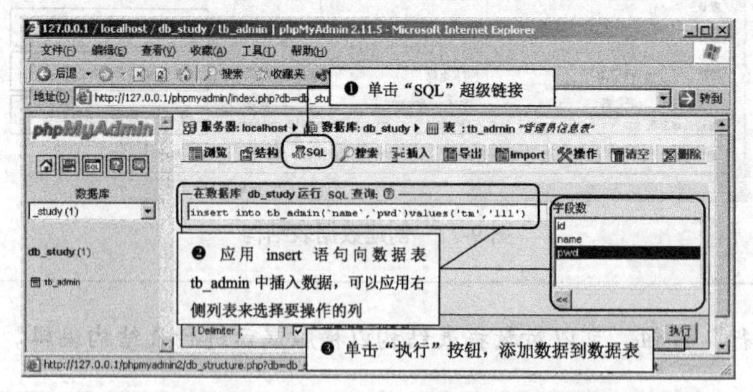

图 9-30 使用 SQL 语句向数据表中添加数据

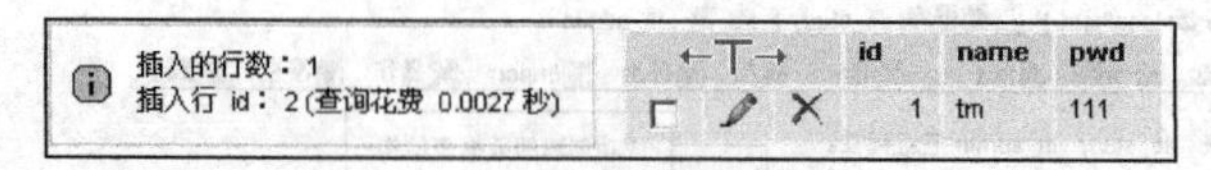

图 9-31 成功添加数据信息

说明：为了编写方便，可以利用其右侧的属性列表来选择要操作的列，只要选中要添加的列，双击其选项或者单击“<<”按钮添加列名称。

2. 使用 SQL 语句修改数据

在 SQL 语句编辑区应用 update 语句修改数据信息，将 ID 为 1 的管理员的名称改为“纯净水”，密码改为“111”，添加的 SQL 语句如图 9-32 所示。

单击“执行”按钮，数据修改成功。比较修改前后的数据如图 9-33 所示。

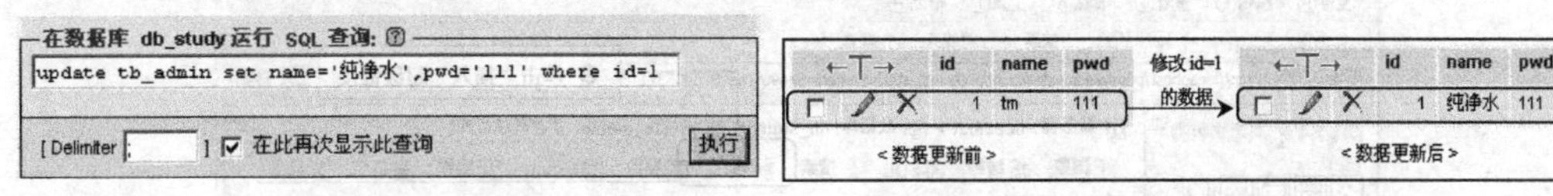

图 9-32　添加修改数据信息的 SQL 语句　　　　图 9-33　修改单条数据的实现过程

3. 使用 SQL 语句查询数据

在 SQL 语句编辑区应用 select 语句检索指定条件的数据信息，将 ID 小于 4 的管理员全部显示出来，添加的 SQL 语句如图 9-34 所示。

单击“执行”按钮，该语句的实现过程如图 9-35 所示。

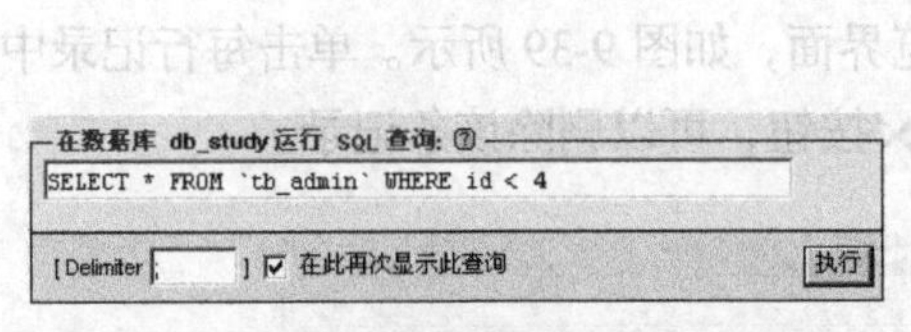

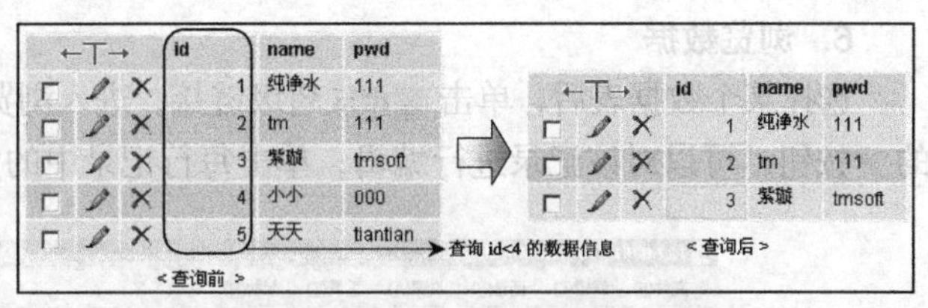

图 9-34　添加查询数据信息的 SQL 语句　　　　图 9-35　查询指定条件的数据信息的实现过程

除了对整个表的简单查询外，还可以执行复杂的条件查询（使用 where 子句提交 LIKE、ORDER BY、GROUP BY 等条件查询语句）及多表查询，读者可通过上机进行实践，灵活运用 SQL 语句功能。

4. 使用 SQL 语句删除数据

在 SQL 语句编辑区应用 delete 语句检索指定条件的数据或全部数据信息，删除名称为“tm”的管理员信息，添加的 SQL 语句如图 9-36 所示。

图 9-36　添加删除指定数据信息的 SQL 语句

如果 delete 语句后面没有 where 条件值，那么将删除指定数据表中的全部数据。

单击“执行”按钮，弹出确认删除操作对话框，单击“确定”按钮，执行数据表中指定条件的删除操作。该语句的实现过程如图 9-37 所示。

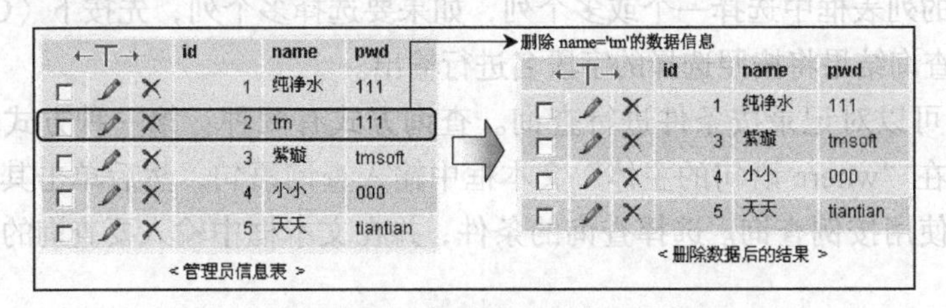

图 9-37　删除指定条件的数据信息的实现过程

5. 通过 form 表单插入数据

选择某个数据表后，单击插入超级链接，进入插入数据界面，如图 9-38 所示。在界面中输入各字段值，单击“执行”按钮即可插入记录。默认情况下，一次可以插入两条记录。

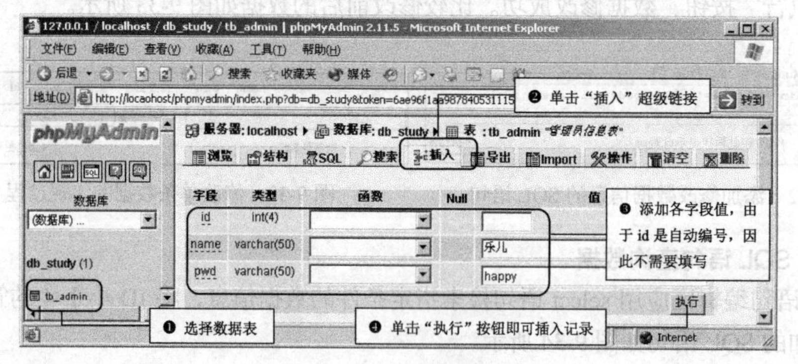

图 9-38　插入数据

6. 浏览数据

选择某个数据表后，单击浏览超级链接，进入浏览界面，如图 9-39 所示。单击每行记录中的按钮，可以对该记录进行编辑；单击每行记录中的按钮，可以删除该条记录。

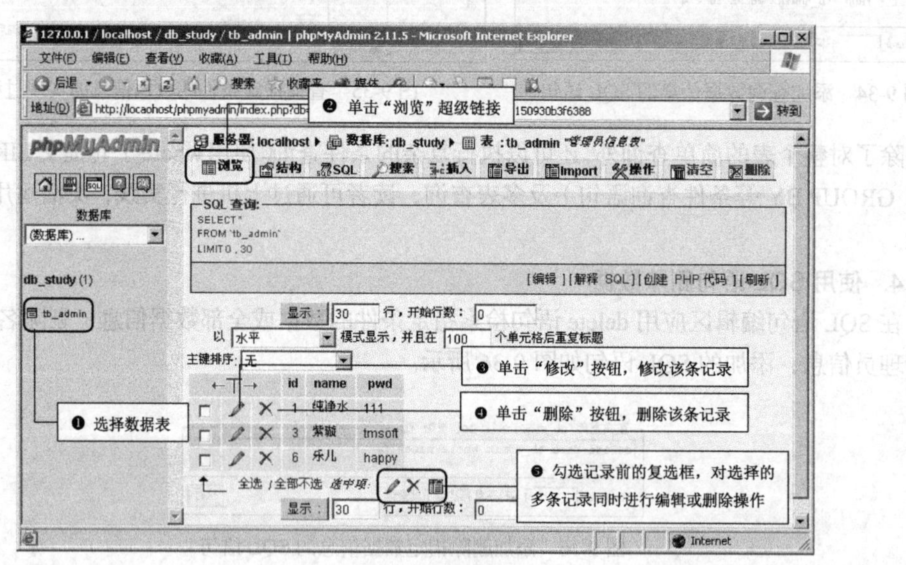

图 9-39　浏览数据

7. 搜索数据

选择某个数据表后，单击搜索超级链接，进入搜索页面，如图 9-40 所示。在这个页面中，可以在选择字段的列表框中选择一个或多个列，如果要选择多个列，先按下〈Ctrl〉键并单击要选择的字段名，查询结果将按照选择的字段名进行输出。

在该界面中可以对记录按条件进行查询。查询方式有两种：第一种方式选择构建 where 语句查询。直接在“where 语句的主体”文本框中输入查询语句，然后单击其后的“执行”按钮；第二种方式使用按例查询。选择查询的条件，并在文本框中输入要查询的值，单击“执行”按钮。

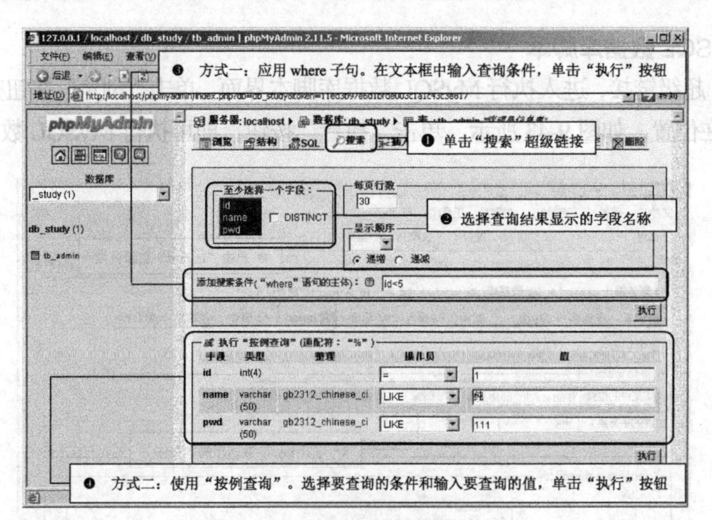

图 9-40　搜索查询

9.8.4　导入/导出数据

导入和导出 MySQL 数据库脚本是互逆的两个操作。导入是执行扩展名为“.sql”的文件，将数据导入数据库中；导出是将数据表结构、表记录存储为“.sql”的脚本文件。通过导入和导出的操作实现数据库的备份和还原。

1. 导出 MySQL 数据库脚本

单击 phpMyAdmin 主界面中的 导出 超级链接，打开导出编辑区，如图 9-41 所示。选择导出文件的格式，这里默认使用选项“SQL”，勾选“另存为文件”复选框，单击“执行”按钮，弹出如图 9-42 所示的“文件下载”对话框，单击“保存”按钮，将脚本文件以“.sql”格式存储在指定位置。

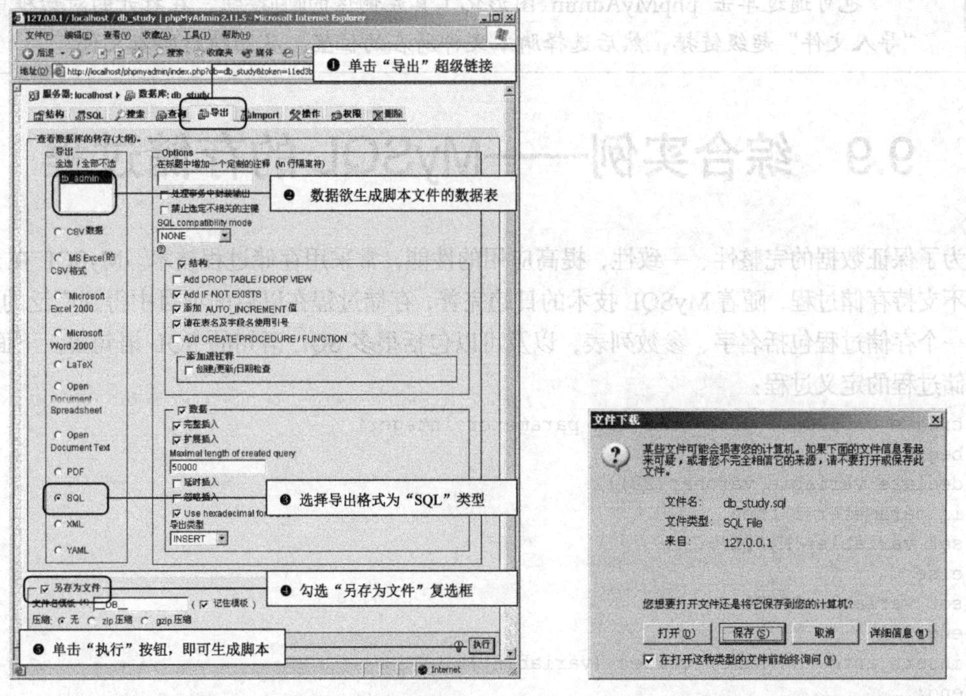

图 9-41　生成 MySQL 脚本文件设置界面

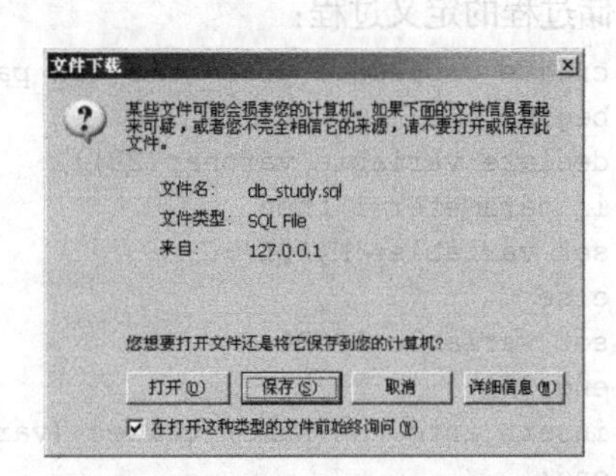

图 9-42　存储 MySQL 脚本对话框

2. 导入 MySQL 数据库脚本

单击 Import 超级链接，进入执行 MySQL 数据库脚本界面，单击“浏览”按钮查找脚本文件（如 db_study.sql）所在位置，如图 9-43 所示，单击“执行”按钮，即可执行 MySQL 数据库脚本文件。

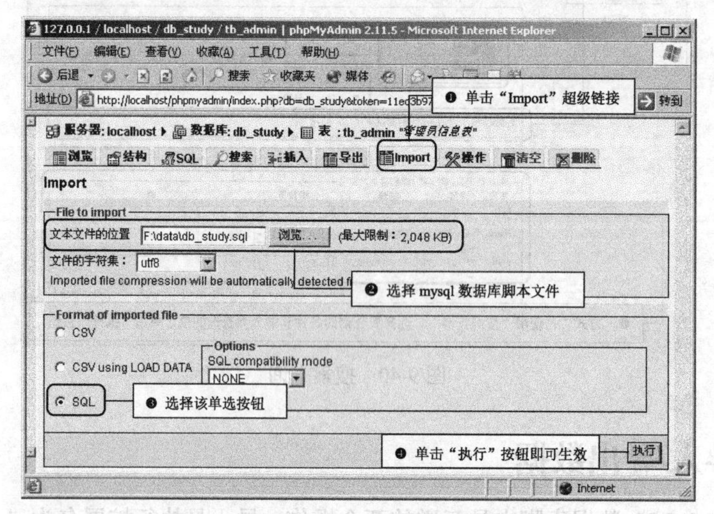

图 9-43　执行 MySQL 数据库脚本文件

在执行 MySQL 脚本文件前，首先检测是否有与所导入同名的数据库，如果没有同名的数据库，则要在数据库中创建一个名称与数据文件中的数据库名相同的数据库，然后再执行 MySQL 数据库脚本文件。另外，在当前数据库中，不能有与将要导入数据库中的数据表重名的数据表存在，如果有重名的表存在，导入文件就会失败，提示错误信息。

也可通过单击 phpMyAdmin 图形化工具左侧区的 SQL 按钮，在打开的对话框中单击“导入文件”超级链接，然后选择脚本文件所在的位置，从而执行脚本文件。

9.9　综合实例——MySQL 的存储过程

为了保证数据的完整性、一致性，提高应用的性能，常采用存储过程技术。MySQL 在 5.0 之前并不支持存储过程，随着 MySQL 技术的日趋完善，存储过程在以后的项目中得到广泛的应用。

一个存储过程包括名字、参数列表，以及可以包括很多 SQL 语句的 SQL 语句集。下面为一个存储过程的定义过程：

```
create procedure proc_name (in parameter integer)
begin
declare variable varchar(20);
if parameter=1 then
set variable='MySQL';
else
set variable='PHP';
end if;
insert into tb (name) values (variable);
end;
```

MySQL 中存储过程的建立以关键字 create procedure 开始，后面紧跟存储过程的名称和参数。MySQL 的存储过程名称不区分大小写，如 PROCE1()和 proce1()代表同一存储过程名。存储过程名不能与 MySQL 数据库中的内建函数重名。

存储过程的参数一般由 3 部分组成。第一部分可以是 in、out 或 inout。in 表示向存储过程中传入参数；out 表示向外传出参数；inout 表示定义的参数可传入存储过程并可以被存储过程修改后传出存储过程，存储过程默认为传入参数，所以参数 in 可以省略。第二部分为参数名。第三部分为参数的类型，该类型为 MySQL 数据库中所有可用的字段类型，如果有多个参数，参数之间可以用逗号进行分割。

MySQL 存储过程的语句块以 begin 开始，以 end 结束。语句体中可以包含变量的声明、控制语句、SQL 查询语句等。由于存储过程内部语句要以分号结束，所以在定义存储过程前应将语句结束标志“;”更改为其他字符，并且该字符应该在存储过程中出现的几率也较低，可以用关键字 delimiter 更改，例如：

```
MySQL>delimiter //
```

存储过程创建之后，可用如下语句进行删除，参数 proc_name 指存储过程名。

```
drop procedure proc_name
```

在 MySQL 的命令中创建存储过程的具体步骤如下。

（1）MySQL 存储过程是在命令提示符下创建的，所以首先应该打开“命令提示符”。

（2）进入“命令提示符”后，首先应该登录 MySQL 数据库服务器，在命令提示符下键入如下命令：

```
MySQL -u用户名 -p用户密码
```

（3）更改语句结束符号，本实例将语句结束符更改为“ //”，代码如下：

```
delimiter //
```

（4）创建存储过程前应首先选择某个数据库，代码如下：

```
use 数据库名
```

（5）创建存储过程。

下面编写一个实现用户注册功能的存储过程。在创建存储过程前，为了防止结束符冲突，首先使用 delimiter 语句将 MySQL 默认的结束符“;”更改为“//”，然后创建存储过程，其创建代码如图 9-44 所示。

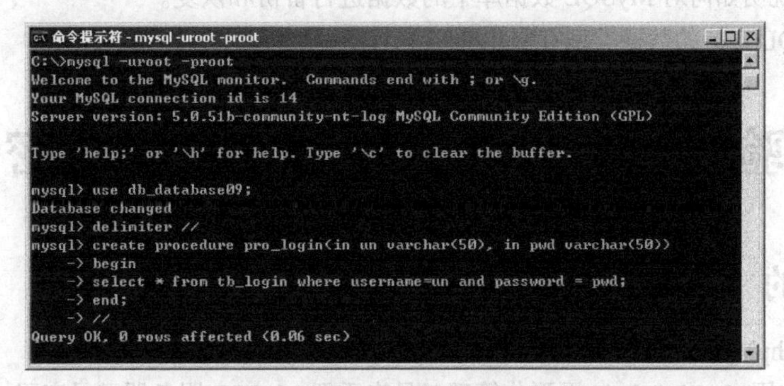

图 9-44　创建用户登录验证的存储过程

（6）通过 call 语句调用存储过程：

```
call pro_login('".$username."', '".$password."')
```

知识点提炼

（1）MySQL 是一个关系数据库管理系统，把数据存储在表格中，使用标准的结构化查询语言——SQL 进行访问数据库。

（2）MySQL 是完全免费的，在网上可以任意下载，并且可以查看到它的源文件，进行必要的修改。

（3）MySQL 服务器在客户机、服务器或嵌入系统中使用，是一个客户机\服务器系统，能够支持多线程，支持多个不同的客户程序和管理工具。

（4）在命令模式下完成对数据的备份，使用的是 MYSQLDUMP 命令。通过该命令可以将数据以文本文件的形式存储到指定的文件夹下。

（5）在 MySQL 数据库中，每一条数据都有其数据类型。MySQL 支持的数据类型，主要分成 3 类：数字类型、字符串（字符）类型、日期和时间类型。

（6）MySQL 支持所有的 ANSI/ISO SQL 92 数字类型。

（7）字符串类型可以分为 3 类：普通的文本字符串类型（CHAR 和 VARCHAR）、可变类型（TEXT 和 BLOB）和特殊类型（SET 和 ENUM）。

（8）日期和时间类型包括 DATETIME、DATE、TIMESTAMP、TIME 和 YEAR。其中的每种类型都有其取值的范围，如赋予它一个不合法的值，将会被“0”代替。

（9）phpMyAdmin 是众多 MySQL 图形化管理工具中应用最广泛的一种，是一款使用 PHP 开发的 B/S 模式的 MySQL 客户端软件，该工具是基于 Web 跨平台的管理程序，并且支持简体中文。

习 题

9-1 应用两种不同的语法格式向数据表中添加一条数据。

9-2 在对数据表中的数据进行更新或删除操作时需要注意什么问题？

9-3 举例说明如何对 MySQL 数据库中的数据进行备份和恢复。

9-4 MySQL 支持的数据类型有哪几种？

实验：重置 MySQL 服务器登录密码

实验目的

（1）熟悉 phpMyAdmin 图形化管理工具的相关操作。

（2）掌握应用 phpMyAdmin 图形化管理工具来重置 MySQL 服务器登录密码。

实验内容

在 phpMyAdmin 中重置 MySQL 服务器登录密码。

实验步骤

在 phpMyAdmin 图形化管理工具中，重置 MySQL 服务器的登录密码，其步骤如下。

（1）单击 phpMyAdmin 主界面中的权限超链接，打开服务器用户操作界面，如图 9-45 所示。

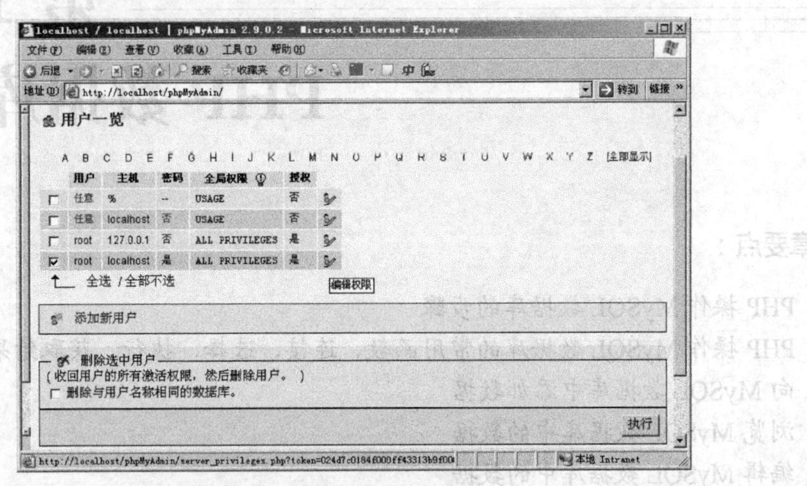

图 9-45　服务器用户一览表

（2）在该界面中，可以对指定用户的权限进行编辑，可以添加新用户和删除指定的用户。这里选择指定的用户，单击（编辑权限）超链接，对指定用户的权限进行设置，进入如图 9-46 所示的界面。

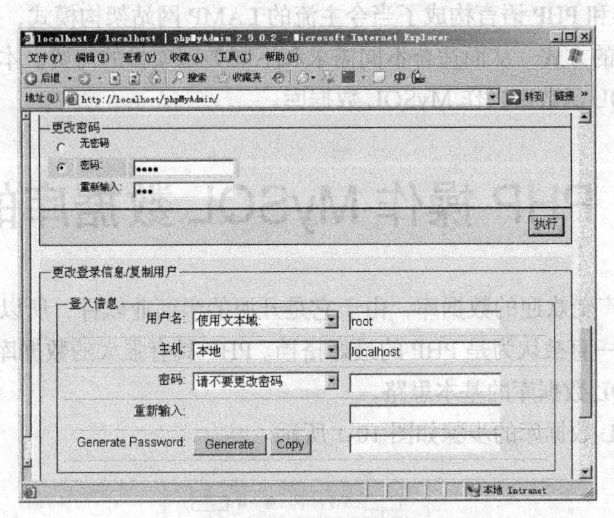

图 9-46　编辑用户权限

在图 9-46 所示的界面中，可以设置用户的权限、修改密码、更改登录用户信息和复制用户。在输入新密码和确认密码之后，单击“执行”按钮，完成对用户密码的修改操作。返回主页面，将提示密码修改成功。

第10章 PHP数据库编程

本章要点：

- PHP 操作 MySQL 数据库的步骤
- PHP 操作 MySQL 数据库的常用函数、连接、选择、执行、获取结果集和关闭
- 向 MySQL 数据库中添加数据
- 浏览 MySQL 数据库中的数据
- 编辑 MySQL 数据库中的数据
- 删除 MySQL 数据库中的数据
- 查询 MySQL 数据库中的数据

PHP 所支持的数据库类型较多，在这些数据库中，MySQL 数据库与 PHP 结合最好，与 Linux 系统、Apache 服务器和 PHP 语言构成了当今主流的 LAMP 网站架构模式，并且 PHP 提供了多种操作 MySQL 数据库的方式，从而适合不同需求和不同类型项目的需要。本章将系统讲解如何通过 PHP 内置的 MySQL 函数库操作 MySQL 数据库。

10.1 PHP 操作 MySQL 数据库的步骤

MySQL 是一款广受欢迎的数据库，由于它是开源的半商业软件，所以市场占有率高，备受 PHP 开发者的青睐，一直被认为是 PHP 的最好搭档。PHP 具有强大的数据库支持能力，本节主要讲解 PHP 操作 MySQL 数据库的基本思路。

PHP 操作 MySQL 数据库的步骤如图 10-1 所示。

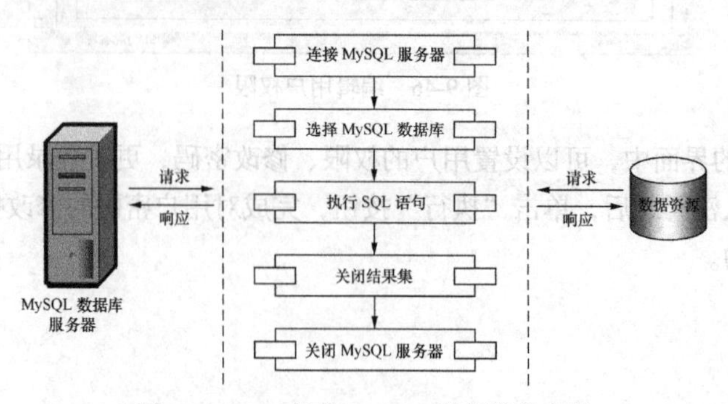

图 10-1 PHP 操作 MySQL 数据库的步骤

10.2　PHP 操作 MySQL 数据库的函数

PHP 中提供了很多操作 MySQL 数据库的函数，使用这些函数可以对 MySQL 数据库执行各种操作，使程序开发变得更加简单、灵活。下面介绍一些常用的 MySQL 数据库函数。

10.2.1　mysql_connect()函数连接 MySQL 服务器

要操作 MySQL 数据库，必须先与 MySQL 服务器建立连接。PHP 中通过 mysql_connect()函数连接 MySQL 服务器，函数的语法如下：

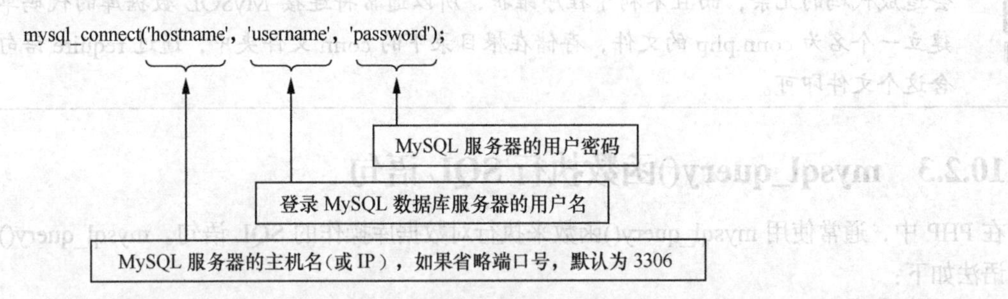

该函数的返回值用于表示这个数据库连接。如果连接成功，则函数返回一个连接标识，失败则返回 FALSE。例如，使用 mysql_connect()函数连接本地 MySQL 服务器，代码如下：

```
<?php
$conn = mysql_connect("localhost", "root", "111") or die("连接数据库服务器失败！".mysql_error());
?>
```

为了方便查询因为连接问题而出现的错误，采用 die()函数生成错误处理机制，使用 mysql_error()函数提取 MySQL 函数的错误文本。如果没有出错，则返回空字符串；如果浏览器显示“Warning: mysql_connect()……”的字样时，说明是数据库连接的错误，这样就能迅速地发现错误位置，及时改正。

在 mysql_connect()函数前面添加符号“@”，用于限制这个命令的出错信息的显示。如果函数调用出错，将执行 or 后面的语句。die()函数表示向用户输出引号中的内容后，程序终止执行。这样是为了防止数据库连接出错时，用户看到一堆莫名其妙的专业名词，而是提示定制的出错信息。但在调试时不要屏蔽出错信息，避免出错后难以找到问题。

10.2.2　mysql_select_db()函数选择 MySQL 数据库

与 MySQL 服务器建立连接后，然后要确定所要连接的数据库，使用 mysql_select_db()函数可以连接 MySQL 服务器中的数据库，函数语法如下：

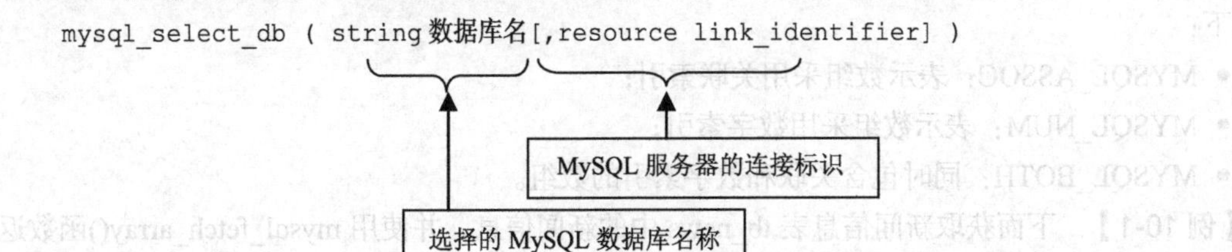

例如，与本地 MySQL 服务器中的 db_database10 数据库建立连接，代码如下：

```
<?php
$conn=mysql_connect("localhost","root","111");  //连接 mysql 数据库服务器
$select=mysql_select_db("db_database10",$conn); //连接服务器中的 db_database10 数据库
if($select){                                    //判断是否连接成功
    echo "数据库连接成功！";
}
?>
```

如果数据库连接成功则输出“数据库连接成功！”。

说明

在开发一个完整的 Web 程序过程中，经常需要连接数据库，如果总是重复编写代码，会造成代码的冗余，而且不利于程序维护，所以通常将连接 MySQL 数据库的代码单独建立一个名为 conn.php 的文件，存储在根目录下的 conn 文件夹中，通过 require 语句包含这个文件即可。

10.2.3 mysql_query()函数执行 SQL 语句

在 PHP 中，通常使用 mysql_query()函数来执行对数据库操作的 SQL 语句。mysql_query()函数的语法如下：

```
mysql_query ( string query [, resource link_identifier] )
```

参数 query 是传入的 SQL 语句，包括插入数据（insert）、修改记录（update）、删除记录（delete）、查询记录（select）；参数 link_identifier 是 MySQL 服务器的连接标识。

例如，向会员信息表 tb_user 中插入一条会员记录，SQL 语句的代码如下：

```
$result=mysql_query("insert into tb_user values('mr','111')",$conn);
```

例如，修改会员信息 tb_user 表中的会员记录，SQL 语句的代码如下：

```
$result=mysql_query("update tb_user set name='lx' where id='01'",$conn);
```

例如，删除会员信息 tb_user 表中的一条会员记录，SQL 语句的代码如下：

```
$result=mysql_query("delete from tb_user where name='mr'",$conn);
```

例如，查询会员信息 tb_user 表中 name 字段值为 mr 的记录，SQL 语句的代码如下：

```
$result=mysql_query("select * from tb_user where name='mr'",$conn);
```

上面的 SQL 语句代码都是将结果赋予变量$result。

10.2.4 mysql_fetch_array()函数将结果集返回到数组中

使用 mysql_query()函数执行 select 语句时，成功将返回查询结果集，返回结果集后，使用 mysql_fetch_array()函数可以获取查询结果集信息，并放入一个数组中，函数语法如下：

```
array mysql_fetch_array ( resource result [, int result_type] )
```

参数 result：资源类型的参数，要传入的是由 mysql_query()函数返回的数据指针。

参数 result_type：可选项，设置结果集数组的表述方式，默认值是 MYSQL_BOTH。其可选值如下：

- MYSQL_ASSOC：表示数组采用关联索引；
- MYSQL_NUM：表示数组采用数字索引；
- MYSQL_BOTH：同时包含关联和数字索引的数组。

【例 10-1】 下面获取新闻信息表 tb_news 中的新闻信息，并使用 mysql_fetch_array()函数返

回结果集，然后使用 while 语句循环输出新闻标题及内容。代码如下：（实例位置：光盘\MR\ym\10\10-1）

```
<?php
/*连接数据库*/
$conn=mysql_connect("localhost","root","111");          //连接数据库服务器
mysql_select_db("db_database10",$conn);                 //选择数据库
mysql_query("set names utf8");                          //设置编码格式
$arr=mysql_query("select * from tb_news",$conn);
/*使用 while 语句循环 mysql_fetch_array()函数返回的数组*/
while($result=mysql_fetch_array($arr)){
?>
        <tr>
          <td height="25"><?php echo $result['name'];?><!--输出新闻标题--> </td>
          <td height="25"><?php echo $result['news'];?><!--输出新闻内容--> </td>
          </tr>
<?php
  }                                                     //结束 while 循环
?>
```

运行结果如图 10-2 所示。

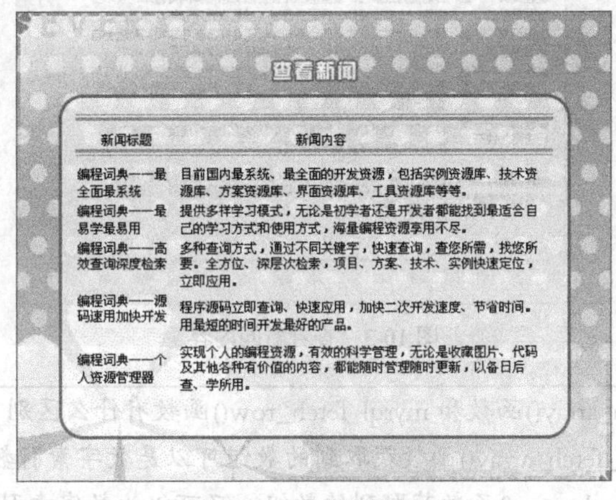

图 10-2　查看新闻内容

10.2.5 mysql_fetch_row()函数从结果集中获取一行作为枚举数组

mysql_fetch_row()函数从结果集中取得一行作为枚举数组。在应用 mysql_fetch_row()函数逐行获取结果集中的记录时，只能使用数字索引来读取数组中的数据，其语法如下：

```
array mysql_fetch_row ( resource result )
```

mysql_fetch_row()函数返回根据所取得的行生成的数组，如果没有更多行则返回 FALSE。返回数组的偏移量从 0 开始，即以$row[0]的形式访问第一个元素（只有一个元素时也是如此）。

【例 10-2】　获取 db_database10 数据库中 tb_news 数据表中的新闻信息，但是与 10.2.4 小节不同的是，本例应用 mysql_fetch_row()函数逐行获取结果集中的记录，并通过 while 语句循环输出查询结果集。其代码如下：（实例位置：光盘\MR\ym\10\10-2）

```
<?php
/*连接数据库*/
```

```
$conn=mysql_connect("localhost","root","111");    //连接数据库服务器
mysql_select_db("db_database10",$conn);           //选择数据库
mysql_query("set names utf8");                    //设置编码格式
$arr=mysql_query("select * from tb_news",$conn);
/*使用while语句循环mysql_fetch_row()函数返回的数组*/
while($result=mysql_fetch_row($arr)){
?>
        <tr>
          <td height="25"><?php echo $result[1];?>  </td>    <!--输出新闻标题-->
          <td height="25"><?php echo $result[2];?> </td>          <!--输出新闻内容-->
        </tr>
<?php
  }                                                //结束while循环
?>
```

运行结果如图 10-3 所示。

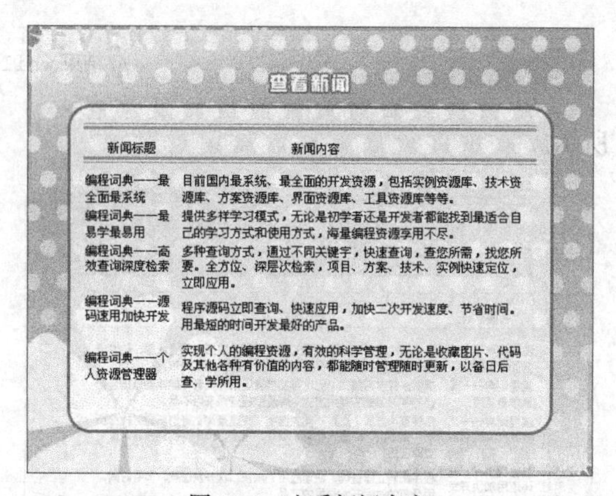

图 10-3　查看新闻内容

说明

mysql_fetch_array()函数和 mysql_fetch_row()函数有什么区别？

使用 mysql_fetch_array()函数获取到的数组可以是数字索引数组，也可以是关联数组，而使用 mysql_fetch_row()函数获取到的数组，只可以为数字索引数组。

10.2.6　mysql_num_rows()函数获取查询结果集中的记录数

使用 mysql_num_rows()函数可以获取由 select 语句查询到的结果集中行的数目，mysql_num_rows()函数的语法如下：

```
int mysql_num_rows ( resource result )
```

此命令仅对 SELECT 语句有效。要取得被 INSERT、UPDATE 或者 DELETE 语句所影响到的行的数目，要使用 mysql_affected_rows()函数。

【例 10-3】　下面使用 mysql_num_rows()函数获取查询到的新闻条数，关键代码如下：（实例位置：光盘\MR\ym\10\10-3）

```
<?php
/*连接数据库*/
$conn=mysql_connect("localhost","root","111");    //连接数据库服务器
```

```
mysql_select_db("db_database10",$conn);                    //选择数据库
mysql_query("set names utf8");                             //设置编码格式
$arr=mysql_query("select * from tb_news",$conn);
/*使用 while 语句循环 mysql_fetch_array()函数返回的数组*/
while($result=mysql_fetch_array($arr)){
?>
        <tr>
          <td height="25"><?php echo $result['name'];?><!--输出新闻标题--> </td>
          <td height="25"><?php echo $result['news'];?><!--输出新闻内容--></td>
        </tr>
<?php
  }                                                          //结束 while 循环
?>
<?php echo mysql_num_rows($arr);?> 条                   //查询新闻总数
```

运行结果如图 10-4 所示。

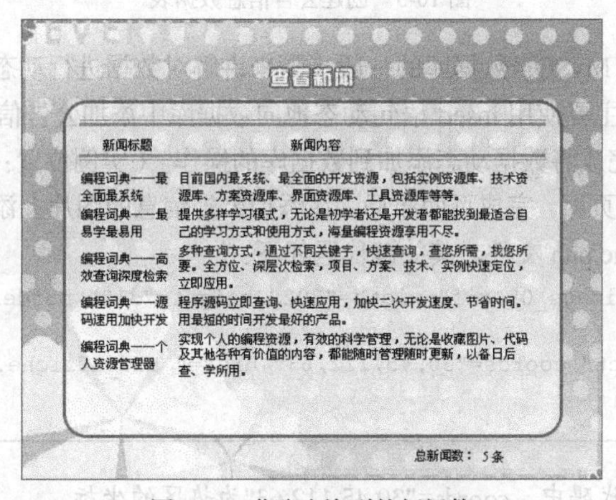

图 10-4　获取查询到的新闻数

10.3　管理 MySQL 数据库中的数据

PHP 数据库操作技术是 Web 开发过程中的核心技术，本节通过 PHP 和 MySQL 数据库实现一个公告信息管理，主要实现动态添加、修改、删除、查询和浏览公告信息。为读者学习 PHP+MySQL 数据库动态编程技术提供一个基本的思路。

10.3.1　使用 Insert 语句动态添加公告信息

在实现动态添加公告信息前，首先需要明确数据表结构。创建数据表结构的方法有两种，一种是在命令提示符下创建，另一种是通过 phpMyAdmin 图形化管理工具创建。

1．在命令提示符下创建数据表结构

在命令提示符下，在 db_database10 数据库下创建 tb_affiche 公告信息表结构，命令如下：

```
CREATE TABLE 'tb_affiche' (
'id' INT( 4 ) NOT NULL AUTO_INCREMENT PRIMARY KEY ,
'title' VARCHAR( 200 ) CHARACTER SET gb2312 COLLATE gb2312_chinese_ci NOT NULL ,
```

```
    'content' TEXT CHARACTER SET gb2312 COLLATE gb2312_chinese_ci NOT NULL ,
'createtime' DATETIME NOT NULL
    ) ENGINE = MYISAM ;
```

2．利用 phpMyAdmin 图形化管理工具创建数据表结构

在 phpMyAdmin 图形化管理工具中，选择 db_database10 数据库，然后按如图 10-5 所示的表结构创建数据表 tb_affiche。

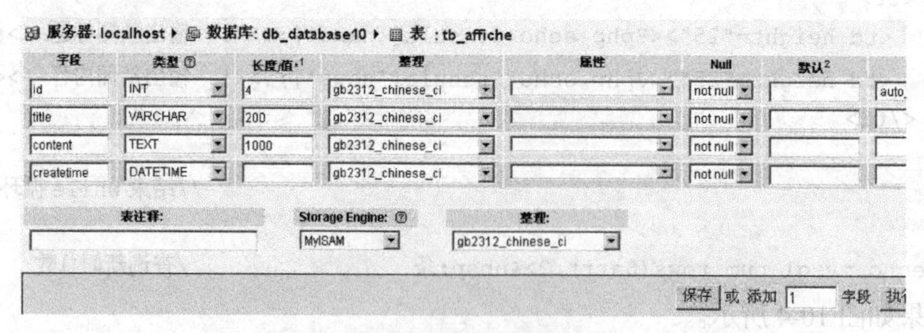

图 10-5　创建公告信息数据表

下面按照 PHP 访问 MySQL 数据库的一般步骤来讲解对数据进行动态添加的操作。

【例 10-4】 本实例主要使用 insert 语句动态地向数据库中添加公告信息，使用 mysql_query() 函数执行 insert 语句，完成将数据动态添加到数据库的操作。（实例位置：光盘\MR\ym\10\10-4）

（1）创建 index.php 页面，完成页面布局。在添加公告信息的图片上添加热区，创建一个超级链接，链接到 add_affiche.php 文件。其关键代码如下：

```
<img src="images/image_09.gif" width="202" height="310" border="0" usemap="#Map">
<map name="Map">
  <area shape="rect" coords="30,45,112,63" href=" add_affiche.php">
</map>
```

在上面的代码中，coords="30,45,112,63"为热区的坐标。

（2）创建 add_affiche.php 页面，添加一个表单、一个文本框、一个编辑框、一个“提交”按钮和一个“重置”按钮，设置表单的 action 属性值为 check_add_affiche.php。代码如下：

```
<form name="form1" method="post" action="check_add_affiche.php">
    <table width="520" height="212"  border="0" cellpadding="0" cellspacing="0"
bgcolor="#FFFFFF">
      <tr>
        <td width="87" align="center">公告主题：</td>
        <td width="433" height="31"><input name="txt_titile" type="text" id="txt_titile"
size="40"> * </td>
      </tr>
      <tr>
        <td height="124" align="center">公告内容：</td>
        <td><textarea name="txt_content" cols="50" rows="8" id="txt_content"></textarea>
</td>
      </tr>
      <tr>
        <td height="40" colspan="2" align="center">
    <input name="Submit" type="submit" class="btn_grey" value="保存" onClick="return check
(form1)">
```

```
    <input type="reset" name="Submit2" value="重置">
    </td>
        </tr>
      </table>
    </form>
```

通常，考虑到要严谨地添加公告信息，就不能过多地添加空信息。因此，在上面的代码中，在“保存”按钮的 onclick 事件下调用一个由 JavaScript 脚本自定义的 check()函数，用来限制表单信息不能为空，当用户单击“保存”按钮时，自动调用 check()函数，判断表单中提交的数据是否为空。check()函数的代码如下：

```
<script language="javascript">
function check(form){                                   //验证表单信息是否为空
    if(form1.txt_title.value==""){                      //验证公告标题信息不能为空，否则弹出提示信息
      alert("请输入公告标题!");form1.txt_title.focus();return false;
    }
    if(form1.txt_content.value==""){                    //验证公告内容不能为空，否则弹出提示信息
      alert("请输入公告内容!");form1.txt_content.focus();return false;
    }
form1.submit();                                         //如果各控件不为空，提交表单信息到数据处理页
}
</script>
```

（3）创建 check_add_affiche.php 文件，对表单提交信息进行处理。首先连接 MySQL 数据库服务器，选择数据库，设置数据库编码格式为 GB2312；然后通过 POST 方法获取表单提交的数据；最后定义 insert 添加语句将表单信息添加到数据表，通过 mysql_query()函数执行添加语句，完成公告信息的添加，弹出提示信息，并重新定位到 add_affiche.php 页面。代码如下：

```
<?php
  $conn=mysql_connect("localhost","root","111") or die("数据库服务器连接错误".mysql_error());
  mysql_select_db("db_database10",$conn) or die("数据库访问错误".mysql_error());
  mysql_query("set names gb2312");              //选择编码格式为 GB2312
$title=$_POST[txt_title];                       //获取公告标题信息
$content=$_POST[txt_content];                   //获取公告内容
$createtime=date("Y-m-d H:i:s");                //获取系统的当前时间，“H”表示 24 小时制必须大写
/************************应用 mysql_query()函数执行 insert into 语句发送到服务器
***********************/
$sql=mysql_query("insert    into
tb_affiche(title,content,createtime)values('$title','$content','$createtime')");
echo "<script>alert('公告信息添加成功!');window.location.href= add_affiche.php';</script>";
mysql_free_result($sql);                        //关闭记录集
mysql_close($conn);                             //关闭 MySQL 数据库服务器
?>
```

在上面的代码中，date()函数用来获取系统的当前时间，内部的参数用来指定日期时间的格式，这里需要注意的是字母 H 要求大写，它代表时间按 24 小时制计算。在公告信息添加成功后，使用 JavaScript 脚本弹出提示对话框，并在 JavaScript 脚本中使用 window.location.href='add_affiche.php'重新定位网页。

注意 在完成特定的功能后，要记得关闭记录集和 MySQL 服务器，以释放系统资源。

运行本实例，单击“添加公告信息”超级链接，在页面中添加公告主题和公告内容，单击“保存”按钮，弹出“公告信息添加成功”提示信息，运行结果如图 10-6 所示。单击“确定”按钮，重新定位到公告信息添加页面。

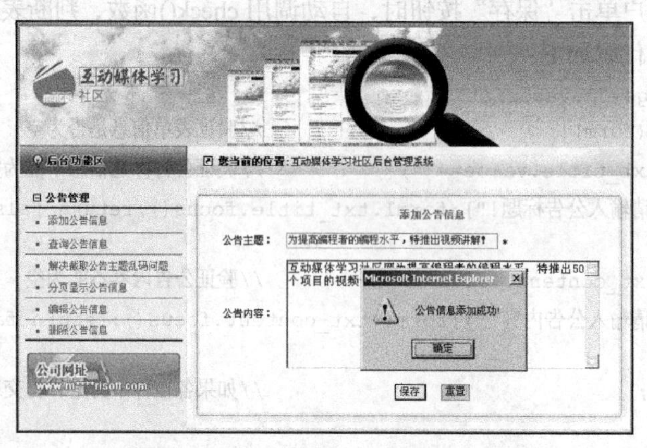

图 10-6 添加公告信息页面的运行结果

10.3.2 使用 Select 语句查询公告信息

实现添加公告信息后，便可以对公告信息执行查询操作。下面在例 10-4 的基础上实现查询公告信息的功能。

【例 10-5】 本实例主要使用 Select 语句动态检索数据库中的公告信息，使用 mysql_query()函数执行 Selecte 查询语句，使用 mysql_fetch_object()函数获取查询结果，通过 do…while 循环输出查询结果。（实例位置：光盘\MR\ym\10\10-5）

程序开发步骤如下。

（1）在 index.php 页面中嵌入一个菜单导航页 menu.php。在 menu.php 页面中为菜单导航图片添加热区，链接到 search_affiche.php 页面。

（2）在 search_affiche.php 页面中，添加一个表单、一个文本框、一个“搜索”按钮，代码如下：

```
<form name="form1" method="post" action="">
    查询关键字 
    <input name="txt_keyword" type="text" id="txt_keyword" size="40">
<input type="submit" name="Submit" value="搜索" onClick="return check(form)">
</form>
```

为了防止用户搜索空信息，本程序在“保存”按钮的 onclick 事件下，调用一个由 JavaScript 脚本自定义的 check()函数，用来限制文本框信息不能为空，当用户单击“保存”按钮时，自动调用 check()函数，验证查询关键字是否为空。check()函数的语法如下：

```
<script language="javascript">
function check(form){                              //验证表单信息是否为空
    if(form1.txt_keyword.value==""){               //验证查询关键字不能为空，否则弹出提示信息
        alert("请输入查询关键字!");form1.txt_keyword.focus();return false;
    }
```

```
    form1.submit();                               //如果各控件不为空，提交表单信息
    }
    </script>
```

然后，依然在 search_affiche.php 页面中，连接 MySQL 数据库服务器，选择数据库，设置数据库编码格式为 GB2312。通过 POST 方法获取表单提交的查询关键字，通过 mysql_query()函数执行模糊查询，通过 mysql_fetch_object()函数获取查询结果，通过 do…while 循环输出查询结果，最后关闭记录集，关闭数据库。代码如下：

```
    <?php
      $conn=mysql_connect("localhost","root","111")  or  die("数据库服务器连接错误".mysql_error());
      mysql_select_db("db_database10",$conn) or die("数据库访问错误".mysql_error());
      mysql_query("set names gb2312");            //选择编码格式为 GB2312
    $keyword=$_POST[txt_keyword];                 //获取查询关键字内容
    $sql=mysql_query("select * from tb_affiche where title like '%$keyword%' or content like '%$keyword%'");
    $row=mysql_fetch_object($sql);                //获取查询结果集
    if(!$row){                                    //如果未检索到信息资源，则弹出提示信息
    echo "<font color='red'>您搜索的信息不存在，请使用类似的关键字进行检索!</font>";
    }
    do{                                           //使用 do…while 循环语句输出查询结果
    ?>
     <tr bgcolor="#FFFFFF">
       <td><?php echo $row->title;?></td>
       <td><?php echo $row->content;?></td>
    </tr>
    <?php
    }while($row=mysql_fetch_object($sql));        //do…while 循环语句结束
    mysql_free_result($sql);                      //关闭记录集
    mysql_close($conn);                           //关闭 MySQL 数据库服务器
    ?>
```

（3）在 IE 浏览器中输入地址，按<Enter>键，单击“查询公告信息”超级链接，在页面中输入查询关键字，如“项目”，单击“搜索”按钮，即可输出检索到的公告信息资源，运行结果如图 10-7 所示。如果没有检索到相匹配的公告信息，则输出提示信息。

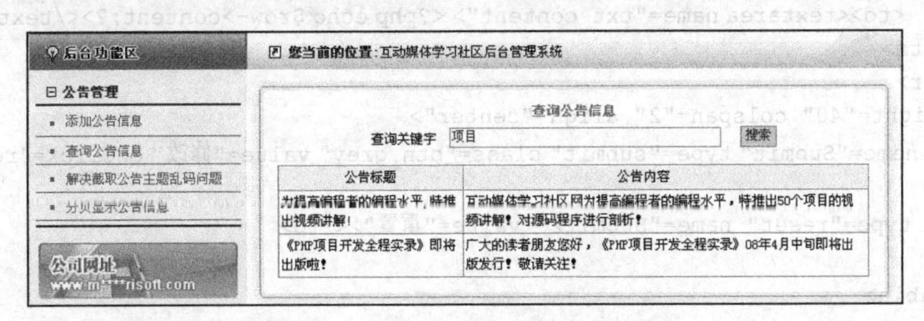

图 10-7　查询公告信息页面的运行结果

10.3.3　使用 update 语句动态编辑公告信息

公告信息不是一成不变的，可以对公告主题及内容进行编辑。下面在例 10-5 的基础上实现公告信息的编辑。

【例 10-6】 本实例主要使用 update 语句动态编辑数据库中的公告信息。（实例位置：光盘\MR\ym\10\10-6）

（1）在例 10-5 创建的菜单导航页 menu.php 中再添加一个热区，链接 update_affiche.php 文件。

（2）在 update_affiche.php 页面中，使用 Select 语句检索出全部的公告信息，在通过表格输出公告信息时，添加一列，在这个单元格中插入一个图标，并为这个图标设置超级链接，链接到 modify.php 页面，并将公告的 ID 作为超级链接的参数传递到 modify.php 页面中。其关键代码如下：

```
<a href="modify.php?id=<?php echo $row->id;?>">
<img src="images/update.gif" width="20" height="18" border="0">
</a>
```

（3）创建 modify.php 公告信息编辑页面。首先完成与数据库的连接，根据超级链接中传递的 ID 值，从数据库中读取出指定的数据；然后在该页面中添加一个表单、一个文本框、一个编辑框、一个隐藏域、一个“修改”按钮和一个“重置”按钮，设置表单的 action 属性值为 check_modify_ok.php；最后将从数据库中读取出的数据在表单中输出。其关键代码如下：

```
<?php
$conn=mysql_connect("localhost","root","111") or die("数据库服务器连接错误".mysql_error());
mysql_select_db("db_database10",$conn) or die("数据库访问错误".mysql_error());
mysql_query("set names gb2312");                              //设置编码格式
$id=$_GET[id];                                                //使用 GET 方法接收欲编辑的公告 ID
$sql=mysql_query("select * from tb_affiche where id=$id");   //检索公告 ID 所对应的公告信息
$row=mysql_fetch_object($sql);                                //获取结果集
?>
<form name="form1" method="post" action="check_modify_ok.php">
<table width="520" height="212" border="0" cellpadding="0" cellspacing="0" bgcolor="#FFFFFF">
    <tr>
      <td width="87" align="center">公告主题：</td>
      <td width="433" height="31"><input name="txt_title" type="text" id="txt_title" size="40" value="<?php echo $row->title;?>"><input name="id" type="hidden" value="<?php echo $row->id;?>"></td>
    </tr>
    <tr>
      <td height="124" align="center">公告内容：</td>
      <td><textarea name="txt_content"><?php echo $row->content;?></textarea></td>
    </tr>
    <tr>
<td height="40" colspan="2" align="center">
<input name="Submit" type="submit" class="btn_grey" value="修改" onClick="return check(form1);">
<input type="reset" name="Submit2" value="重置"></td>
</tr>
  </table>
  </form>
```

（4）创建 check_modify_ok.php 表单提交数据处理页，根据表单隐藏域中传递的 ID 值，执行 update 更新语句，完成对指定公告信息的编辑。代码如下：

```
<?php
/**************连接数据源，读者可将此处封装成独立的页，然后使用 include 语句调用，以提高效率**************/
```

```
$conn=mysql_connect("localhost","root","111") or die("数据库服务器连接错误".mysql_error());
mysql_select_db("db_database10",$conn) or die("数据库访问错误".mysql_error());
mysql_query("set names gb2312");
/*********************************************************************************************/
$title=$_POST[txt_title];                         //获取更改的公告主题
$content=$_POST[txt_content];                     //获取更改的公告内容
$id=$_POST[id];                                   //获取更改的公告 ID
//应用 mysql_query()函数向 MySQL 数据库服务器发送修改公告信息的 SQL 语句
$sql=mysql_query("update tb_affiche set title='$title',content='$content' where id=$id");
if($sql){
echo "<script>alert('公告信息编辑成功！');history.back();window.location.href='modify.php?id=$id';</script>";
}else{
echo "<script>alert('公告信息编辑失败！');history.back();window.location.href='modify.php?id=$id';</script>";
}
?>
```

运行本实例，在 index.php 页面中，单击“编辑公告信息”的超级链接，进入 update_affiche.php 页面；单击其中任意一条公告信息后的按钮，进入公告信息编辑页，在该页面中完成对指定公告信息的编辑；最后单击“修改”按钮，完成指定公告信息的编辑操作。运行结果如图 10-8 所示。

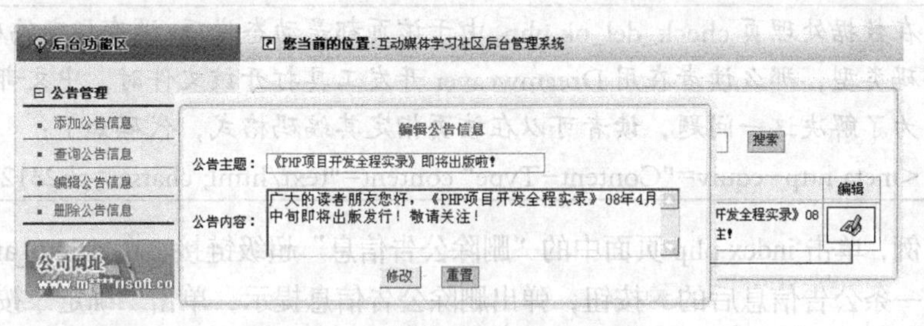

图 10-8　编辑公告页面的运行结果

10.3.4　使用 Delete 语句动态删除公告信息

公告信息是用来发布网站或企业的最新信息，让浏览者了解网站的最新动态。因此，为了节省系统资源，可以定期地对公告主题和内容进行删除。下面在例 10-5 的基础上实现公告信息的删除。

【例 10-7】　本实例主要应用 Delete 语句，根据指定的 ID，动态删除数据表中指定的公告信息。（实例位置：光盘\MR\ym\10\10-7）

（1）在菜单导航页 menu.php 中添加一个热区，链接到 delete_affiche.php 文件。

（2）创建 delete_affiche.php 页面，使用 Select 语句检索出全部的公告信息。在应用 do…while 循环语句通过表格输出公告信息时，在表格中添加一列，并在单元格中插入删除图标，并将该图标链接到 check_del_ok.php 文件，将公告 ID 作为超级链接的参数传递到 check_del_ok.php 文件中。其关键代码如下：

```
<a href="check_del_ok.php?id=<?php echo $row->id;?>">
```

```
<img src="images/delete.gif" width="22" height="22" border="0">
</a>
```

（3）创建 check_del_ok.php 文件，根据超级链接传递的公告信息的 ID 值，执行 delete 删除语句，删除数据表中指定的公告信息。最后使用 if…else 条件语句对 mysql_query()函数的返回值进行判断，并弹出相应的提示信息。代码如下：

```
<?php
/*******连接数据源，读者可将此处封装成独立的页，然后使用 include 语句调用，以提高效率********/
$conn=mysql_connect("localhost","root","111") or die("数据库服务器连接错误".mysql_error());
mysql_select_db("db_database10",$conn) or die("数据库访问错误".mysql_error());
mysql_query("set names gb2312");
/*****************************************************************************************/
$id=$_POST[id];                                        //获取更改的公告 ID
//使用 mysql_query()函数向 MySQL 数据库服务器发送删除公告信息的 SQL 语句
$sql=mysql_query("update tb_affiche set title='$title',content='$content' where id=$id");
if($sql){
echo "<script>alert('公告信息编辑成功！');history.back();window.location.href='modify.php?id=$id';</script>";
}else{
echo "<script>alert('公告信息编辑失败！');history.back();window.location.href='modify.php?id=$id';</script>";
}
?>
```

说明 在数据处理页 check_del_ok.php，由于该页都是动态代码，没有指定编码格式 GB2312 的编码类型，那么读者在用 Dreamweaver 开发工具打开该文件时，中文部分将会显示乱码。为了解决这一问题，读者可以在该页指定其编码格式，代码如下：

```
<meta http-equiv="Content-Type" content="text/html; charset=gb2312">
```

运行本实例，单击 index.php 页面中的“删除公告信息”超级链接，在 delete_affiche.php 页面中，单击任意一条公告信息后的按钮，弹出删除公告信息提示，单击“确定”按钮，完成对指定公告信息的删除操作，运行结果如图 10-9 所示。

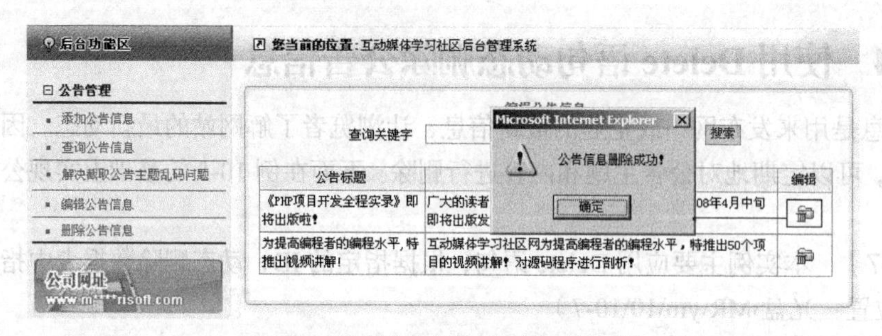

图 10-9　编辑公告信息页面的运行结果

10.3.5　分页显示公告信息

在实现了添加公告信息后，便可以对公告信息执行查询操作。为了更方便地浏览公告信息的内容，最好的方法就是通过分页来显示公告信息的内容。

【例 10-8】　本实例主要使用 Select 语句动态检索数据库中的公告信息，并通过分页技术完成对数据库中公告信息的分页输出。（实例位置：光盘\MR\ym\10\10-8）

程序开发步骤如下。

（1）在菜单导航页 menu.php 中添加热区，链接到 page_affiche.php 文件。

（2）创建 page_affiche.php 页面，完成公告信息的分页输出，代码如下：

```
<table width="550" border="1" cellpadding="1" cellspacing="1" bordercolor="#FFFFFF" bgcolor="#999999">
  <tr align="center" bgcolor="#f0f0f0">
    <td width="221">公告标题</td>
    <td width="329">公告内容</td>
  </tr>
  <?php
  $conn=mysql_connect("localhost","root","111")  or  die(" 数 据 库 服 务 器 连 接 错 误 ".mysql_error());
  mysql_select_db("db_database10",$conn) or die("数据库访问错误".mysql_error());
  /************这里必须指定数据库的编码方式为 GB2312，否则输出到浏览器中的公告信息为乱码***********/
  mysql_query("set names gb2312");
  /******************$page 为当前页，如果$page 为空，则初始化为 1*******************/
  if ($page==""){
      $page=1;}
    if (is_numeric($page)){                          //判断变量$page 是否为数字，如果是则返回 true
      $page_size=4;                                      //每页显示 4 条记录
      $query="select count(*) as total from tb_affiche  order by id desc";
      $result=mysql_query($query);                       //查询符合条件的记录总条数
      $message_count=mysql_result($result,0,"total");    //要显示的总记录数
  /****************根据记录总数除以每页显示的记录数求出所分的页数******************/
      $page_count=ceil($message_count/$page_size);
      $offset=($page-1)*$page_size;                 //计算下一页从第几条数据开始循环
      $sql=mysql_query("select  *  from  tb_affiche  order  by  id  desc  limit  $offset, $page_size");
      $row=mysql_fetch_object($sql);                //获取查询结果集
      if(!$row){                                     //如果未检索到信息资源，则输出提示信息
          echo "<font color='red'>暂无公告信息!</font>";

      }

      do{
      ?>
    <tr bgcolor="#FFFFFF">
     <td><?php echo $row->title;?></td>
     <td><?php echo $row->content;?></td>
    </tr>
  <?php
      }while($row=mysql_fetch_object($sql));
  }
  ?>
  </table>
```

注意

do…while 循环是先执行{}中的代码段，然后判断 while 中的条件表达式是否成立，如果返回 true，则重复输出{}中的内容，否则结束循环，执行 while 下面的语句；while 循环是先判断 while 中的表达式，当返回 true 时，再执行{}中的代码。两者的区别是，do…while 循环比 while 循环多输出一次结果。

添加一个 1 行 1 列的表格，使用如下代码实现翻页功能：

```
<table width="550" border="0" cellspacing="0" cellpadding="0">
  <tr>
  <!--  翻页条 -->
    <td width="37%">  页次：<?php echo $page;?>/<?php echo $page_count;?>
页 记录：<?php echo $message_count;?>条  </td>
    <td width="63%" align="right">
    <?php
    /*  如果当前页不是首页  */
    if($page!=1){
    /*  显示“首页”超级链接  */
    echo  "<a href=page_affiche.php?page=1>首页</a> ";
    /*  显示“上一页”超级链接  */
    echo "<a href=page_affiche.php?page=".($page-1).">上一页</a> ";
    }
    /*  如果当前页不是尾页  */
    if($page<$page_count){
    /*  显示“下一页”超级链接  */
    echo "<a href=page_affiche.php?page=".($page+1).">下一页</a> ";
    /*  显示“尾页”超级链接  */
    echo  "<a href=page_affiche.php?page=".$page_count.">尾页</a>";
    }
    mysql_free_result($sql);                          //关闭记录集
    mysql_close($conn);                               //关闭 MySQL 数据库服务器
    ?>
  </tr>
</table>
```

分页显示公告信息的运行结果如图 10-10 所示。

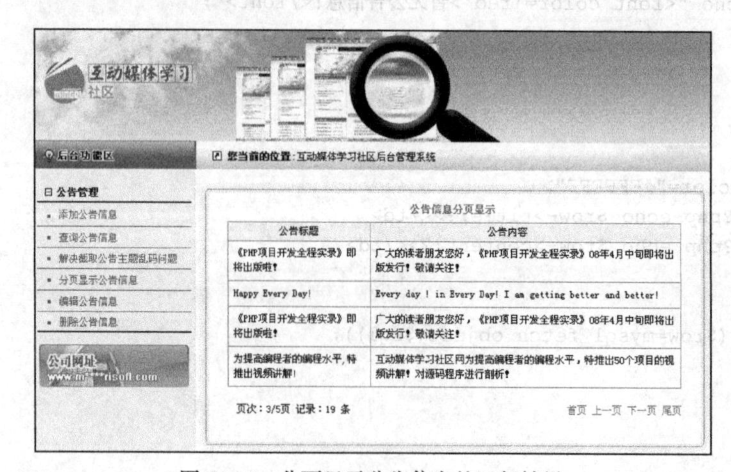

图 10-10　分页显示公告信息的运行结果

10.4　综合实例——用户注册

下面制作一个简单的用户注册页面，输入用户注册信息，单击“注册”按钮即可完成注册操作，运行结果如图 10-11 所示。

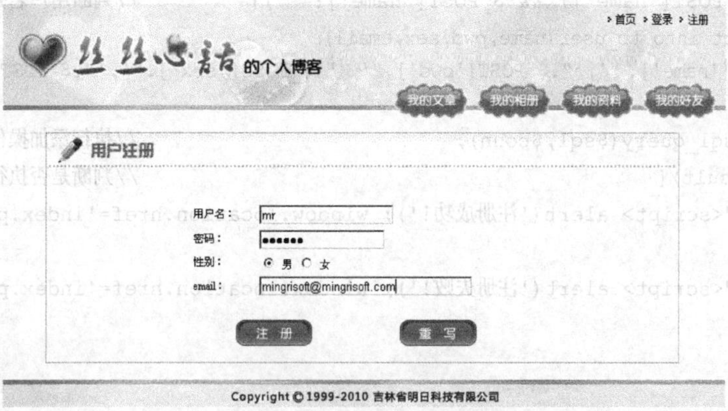

图 10-11　用户注册模块

具体步骤如下。

（1）创建数据库连接文件 conn.php，代码如下：

```
<?php
$conn=mysql_connect("localhost","root","111");          //连接数据库服务器
mysql_select_db("db_database10",$conn);                  //连接 db_database10 数据库
mysql_query("set names utf8");                           //设置数据库编码格式
?>
```

（2）创建 index.php 文件，设计用户登录页面，效果如图 10-11 所示，并使用 javascript 脚本技术判断用户注册信息是否为空，如果为空则弹出提示。代码如下：

```
<script language="javascript">
function checkit(){                                   //自定义函数
    if(form1.name.value==""){                         //判断用户名是否为空
        alert("请输入用户名!");
          form1.name.select();
          return false;
    }
     if(form1.pwd.value==""){                         //判断密码是否为空
          alert("请输入密码!");
          form1.pwd.select();
          return false ;
      }
       if(form1.email.value==""){                     //判断 email 是否为空
          alert("请输入 email 地址!");
          form1.email.select();
          return false;
```

```
            }
                    return true ;
    }
    </script>
```

（3）创建 index_ok.php 文件，完成用户注册操作。代码如下：

```
    <?php
    include("conn.php");                                         //包含 conn.php 文件
    if(isset($_POST['name']) && $_POST['name']!=""){             //判断用户名是否存在
    $sql=("insert into tb_user(name,pwd,sex,email)
values('".$_POST['name']."','".$_POST['pwd']."','".$_POST['sex']."','".$_POST['email']."')");

    $result=mysql_query($sql,$conn);                             //执行添加操作
        if($result){                                             //判断是否执行成功
        echo  "<script> alert('注册成功!'); window.location.href='index.php'</script>";
        }else{
        echo  "<script> alert('注册失败!'); window.location.href='index.php'</script>";
        }
    }
    ?>
```

知识点提炼

（1）MySQL 是一款广受欢迎的数据库，由于它是开源的半商业软件，所以市场占有率高，备受 PHP 开发者的青睐，一直被认为是 PHP 的最好搭档。

（2）PHP 中通过 mysql_connect()函数连接 MySQL 服务器。

（3）PHP 中使用 mysql_select_db()函数连接 MySQL 服务器中的数据库。

（4）在 PHP 中，通常使用 mysql_query()函数来执行对数据库操作的 SQL 语句。

（5）使用 mysql_query()函数执行 select 语句时，成功将返回查询结果集，返回结果集后，使用 mysql_fetch_array()函数可以获取查询结果集信息，并放入到一个数组中。

（6）在应用 mysql_fetch_row()函数逐行获取结果集中的记录时，只能使用数字索引来读取数组中的数据。

（7）使用 mysql_num_rows()函数可以获取由 select 语句查询到的结果集中行的数目。

习　　题

10-1　在 PHP 的 MySQL 函数库中，哪个函数可以取得查询结果集总数？

10-2　mysql_fetch_row()和 mysql_fetch_array 之间存在哪些区别？

10-3　如何批量地录入数据？

10-4　如何查询出从指定位置开始的 N 条记录？

10-5　请写出 PHP 访问 MySQL 数据库的几种方式，并做简单描述。

实验：站内搜索

实验目的

（1）掌握 PHP 操作 MySQL 数据库的函数。

（2）熟练掌握字符串函数 str_replace()的应用。

（3）熟悉模糊查询实现的过程及原理。

实验内容

开发一个站内搜索模块，其关键是通过 SQL 语句中的 like 关键字定义模糊查询，然后通过 str_replace()函数对查询的关键字进行描红。实验的运行效果如图 10-12 所示。

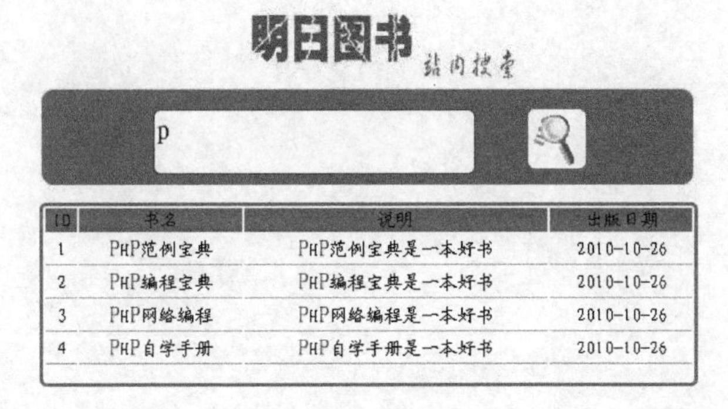

ID	书名	说明	出版日期
1	PHP范例宝典	PHP范例宝典是一本好书	2010-10-26
2	PHP编程宝典	PHP编程宝典是一本好书	2010-10-26
3	PHP网络编程	PHP网络编程是一本好书	2010-10-26
4	PHP自学手册	PHP自学手册是一本好书	2010-10-26

图 10-12　站内搜索

实验步骤

（1）创建 conn 文件夹，编辑 conn.php 文件，实现与数据库的连接，并且设置数据库的编码格式为 utf8。

（2）创建 index.php 文件，添加表单，设置文本框输入查询关键字，设置按钮提交查询的数据。其效果如图 10-13 所示。

图 10-13　添加查询关键字

（3）编辑 PHP 脚本，连接数据库，编写 SQL 语句利用 like 关键字对 tb_demo01 数据表中的 name 字段进行模糊查询。通过 mysql_query()函数执行 SQL 语句，通过 while 语句和 mysql_fetch_row()函数循环输出查询结果。其关键代码如下：

```
<?php
    include_once("conn/conn.php");                          //包含数据库连接文件
    if(isset($_POST['sub'])){                               //判断全局数组是否存在
```

```
        if($_POST['text']==""||$_POST['text']=="请输入图书名称关键字"){
                                                    //判断查询关键字是否为空
            echo "<script>alert('请输入查询内容');</script>";
        }else{
            $sql="select * from tb_demo01 where name like '%".$_POST['text']."%'";
                                                    //定义模糊查询语句
            $rs=mysql_query($sql,$conn);            //执行模糊查询
    ?>
    <?php
            while($rst=mysql_fetch_row($rs)){       //循环输出查询结果
                $string="<font>".$_POST['text']."</font>";
                                                    //为查询关键字定义一个红色字体
                $rst=str_replace($_POST['text'],$string,$rst);
                                                    //完成对查询关键字的替换操作
    ?>
```

第11章 Cookie与Session

本章要点：

- 了解Cookie是什么以及Cookie能做什么
- 掌握如何创建Cookie
- 掌握读取Cookie的方法
- 掌握删除Cookie的两种方法
- 了解Cookie的生命周期
- 熟练运用Cookie技术在网页中的应用
- 了解Session是什么以及Session能做什么
- 掌握启动会话、注册会话、使用会话、删除会话的方法
- 熟练掌握Session技术在网页中的应用
- 了解Cookie与Session之间的区别

Cookie和Session是目前使用的两种存储机制，前者是从一个Web页到下一个页面的数据传递方法，存储在客户端；后者是让数据在页面中持续有效的方法，存储在服务器端。可以说，掌握Cookie和Session技术，对于Web网站页面间信息传递的安全性，是必不可少的。本章将介绍Cookie与Session的基础知识及高级应用。

11.1 Cookie管理

Cookie是在HTTP下，服务器或脚本可以维护客户工作站上信息的一种方式。Cookie的使用很普遍，许多提供个人化服务的网站都是利用Cookie来辨认使用者，以方便送出为使用者"量身定做"的内容，如Web接口的免费E-mail网站，就需要用到Cookie。有效地使用Cookie可以轻松完成很多复杂任务。下面对Cookie的相关知识进行详细介绍。

11.1.1 了解Cookie

本小节首先简单介绍 Cookie 是什么以及 Cookie 能做什么。希望读者通过本小节的学习对Cookie有一个明确的认识。

1. 什么是Cookie

Cookie是一种在远程浏览器端存储数据并以此来跟踪和识别用户的机制。简单地说，Cookie

是 Web 服务器暂时存储在用户硬盘上的一个文本文件，并随后被 Web 浏览器读取。当用户再次访问 Web 网站时，网站通过读取 Cookies 文件记录这位访客的特定信息（如上次访问的位置、花费的时间、用户名、密码等），从而迅速作出响应，如在页面中不需要输入用户的 ID 和密码即可直接登录网站等。

文本文件的命令格式如下：

```
用户名@网站地址[数字].txt
```

举个简单的例子，如果用户的系统盘为 C 盘，操作系统为 Windows 2000/XP/2003，当使用 IE 浏览器访问 Web 网站时，Web 服务器会自动以上述的命令格式生成相应的 Cookies 文本文件，并存储在用户硬盘的指定位置，如图 11-1 所示。

图 11-1　Cookie 文件的存储路径

注意：在 Cookies 文件夹下，每个 Cookie 文件都是一个简单而又普通的文本文件，而不是程序。Cookies 中的内容大多都经过了加密处理，因此，表面看来只是一些字母和数字组合，而只有服务器的 CGI 处理程序才知道它们真正的含义。

2. Cookie 的功能

Web 服务器可以应用 Cookies 包含信息的任意性来筛选并经常性维护这些信息，以判断在 HTTP 传输中的状态。Cookie 常用于以下 3 个方面。

- 记录访客的某些信息。例如，可以利用 Cookie 记录用户访问网页的次数，或者记录访客曾经输入过的信息；另外，某些网站可以使用 Cookie 自动记录访客上次登录的用户名。
- 在页面之间传递变量。浏览器并不会保存当前页面上的任何变量信息，当页面被关闭时页面上的任何变量信息将随之消失。如果用户声明一个变量 id=8，要把这个变量传递到另一个页面，可以把变量 id 以 Cookie 形式保存下来，然后在下一页通过读取该 Cookie 来获取变量的值。
- 将所查看的 Internet 页存储在 Cookies 临时文件夹中，这样可以提高以后浏览的速度。

注意：一般不要用 Cookie 保存数据集或其他大量数据。并非所有的浏览器都支持 Cookie，并且数据信息是以明文文本的形式保存在客户端计算机中，因此最好不要保存敏感的、未加密的数据，否则会影响网络的安全性。

11.1.2　创建 Cookie

在 PHP 中通过 setcookie()函数创建 Cookie。在创建 Cookie 之前必须了解的是，Cookie 是 HTTP 头标的组成部分，而头标必须在页面其他内容之前发送，它必须最先输出，即使在 setcookie()函数前输出一个 HTML 标记或 echo 语句，甚至一个空行都会导致程序出错。

语法如下：

```
bool  setcookie(string  name[,string  value[,int  expire[,  string  path[,string
domain[,bool secure]]]]])
```

setcookie()函数的参数说明如表 11-1 所示。

表 11-1　　setcookie()函数的参数说明

参　数	说　明	举　例
name	Cookie 的变量名	可以通过 $_COOKIE["cookiename"] 调用变量名为 cookiename 的 Cookie
value	Cookie 变量的值，该值保存在客户端，不能用来保存敏感数据	可以通过$_COOKIE["values"]获取名为 values 的值
expire	Cookie 的失效时间，expire 是标准的 UNIX 时间标记，可以用 time()函数或 mktime()函数获取，单位为秒	如果不设置 Cookie 的失效时间，那么 Cookie 将永远有效，除非手动将其删除
path	Cookie 在服务器端的有效路径	如果该参数设置为"/"，则它就在整个 domain 内有效，如果设置为"/11"，它就在 domain 下的/11 目录及子目录内有效。默认是当前目录
domain	Cookie 有效的域名	如果要使 Cookie 在 mrbccd.com 域名下的所有子域都有效，应该设置为 mrbccd.com
secure	指明 Cookie 是否仅通过安全的 HTTPS，值为 0 或 1	如果值为 1，则 Cookie 只能在 HTTPS 连接上有效；如果值为默认值 0，则 Cookie 在 HTTP 和 HTTPS 连接上均有效

【例 11-1】 使用 setcookie()函数创建 Cookie，实例代码如下：（实例位置：光盘\MR\ym\11\11-1）

```
<?php
setcookie("TMCookie",'www.mrbccd.com');
setcookie("TMCookie", 'www.mrbccd.com', time()+60);          //设置 Cookie 有效时间为 60s
//设置有效时间为 60s，有效目录为"/tm/"，有效域名为"mrbccd.com"及其所有子域名
setcookie("TMCookie", $value, time()+3600, "/tm/",". mrbccd.com", 1);
?>
```

运行本实例，在 Cookies 文件夹下会自动生成一个 Cookie 文件，名为 administrator@1[1].txt，Cookie 的有效期为 60s，在 Cookie 失效后，Cookies 文件自动删除。

11.1.3　读取 Cookie

在 PHP 中可以直接通过超级全局数组$_COOKIE[]来读取浏览器端的 Cookie 值。

【例 11-2】 下面使用 print_r()函数读取 Cookie 变量，实例代码如下：（实例位置：光盘\MR\ym\11\11-2）

```
<?php
if(!isset($_COOKIE["visittime"])){                        //如果 Cookie 文件是否存在，如果不存在
    setcookie("visittime",date("y-m-d H:i:s"));          //设置一个 Cookie 变量
    echo "欢迎您第一次访问网站！";                          //输出字符串
}else{                                                    //如果 Cookie 存在
    setcookie("visittime",date("y-m-d H:i:s"),time()+60); //设置带 Cookie 失效时间的变量
  echo "您上次访问网站的时间为：".$_COOKIE["visittime"];     //输出上次访问网站的时间
    echo "<br>";                                          //输出回车符
```

```
    }
    echo "您本次访问网站的时间为: ".date("y-m-d H:i:s");        //输出当前的访问时间
?>
```

在上面的代码中，首先使用 isset()函数检测 Cookie 文件是否存在，如果不存在，则使用 setcookie()函数创建一个 Cookie，并输出相应的字符串。如果 Cookie 文件存在，则使用 setcookie()函数设置 Cookie 文件失效的时间，并输出用户上次访问网站的时间。最后在页面输出访问本次网站的当前时间。

首次运行本实例，由于没有检测到 Cookie 文件，运行结果如图 11-2 所示。如果用户在 Cookie 设置到期时间（本例为 60s）前刷新或再次访问该实例，运行结果如图 11-3 所示。

图 11-2　第一次访问网页的运行结果

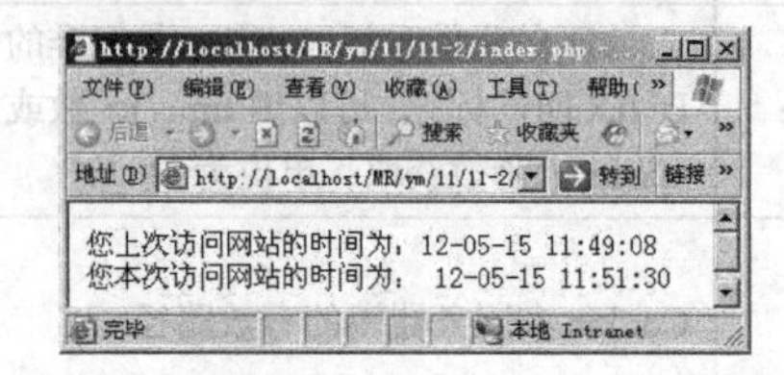

图 11-3　刷新或再次访问本网页后的运行结果

注意　如果未设置 Cookie 的到期时间，则在关闭浏览器时自动删除 Cookie 数据。如果为 Cookie 设置了到期时间，浏览器将会记住 Cookie 数据，即使用户重新启动计算机，只要没到期，再访问网站时也会获得图 11-3 所示的数据信息。

11.1.4　删除 Cookie

当 Cookie 被创建后，如果没有设置它的失效时间，其 Cookie 文件会在关闭浏览器时被自动删除。那么如何在关闭浏览器之前删除 Cookie 文件呢？方法有两种，一种是使用 setcookie()函数删除，另一种是使用浏览器手动删除 Cookie。下面分别进行介绍。

1. 使用 setcookie()函数删除 Cookie

删除 Cookie 和创建 Cookie 的方式基本类似，删除 Cookie 也使用 setcookie()函数。删除 Cookie 只需要将 setcookie()函数中的第 2 个参数设置为空值，将第 3 个参数 Cookie 的过期时间设置为小于系统的当前时间即可。

例如，将 Cookie 的过期时间设置为当前时间减 1s，代码如下：

```
setcookie("name", "", time()-1);
```

在上面的代码中，time()函数返回以秒表示的当前时间戳，把过期时间减 1 s 就会得到过去的时间，从而删除 Cookie。

说明　把过期时间设置为 0，可以直接删除 Cookie。

2. 使用浏览器手动删除 Cookie

在使用 Cookie 时，Cookie 自动生成一个文本文件存储在 IE 浏览器的 Cookies 临时文件夹中。使用浏览器删除 Cookie 文件是非常便捷的方法。具体操作步骤如下。

选择 IE 浏览器中的“工具”/“Internet 选项”命令，打开“Internet 选项”对话框，如图 11-4

所示。在“常规”选项卡中单击“删除 Cookies”按钮，将弹出如图 11-5 所示的“删除 Cookies”对话框，单击“确定”按钮，即可成功删除全部 Cookie 文件。

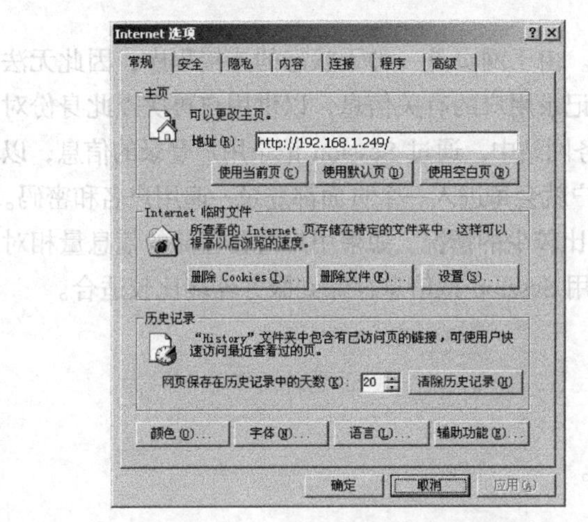

图 11-4 “Internet 选项”对话框

图 11-5 “删除 Cookies”对话框

11.1.5 Cookie 的生命周期

如果 Cookie 不设定时间，就表示它的生命周期为浏览器会话的期间，只要关闭 IE 浏览器，Cookie 就会自动消失。这种 Cookie 被称为会话 Cookie，一般不保存在硬盘上，而是保存在内存中。

如果设置了过期时间，那么浏览器会把 Cookie 保存到硬盘中，再次打开 IE 浏览器时会依然有效，直到它的有效期超时。

虽然 Cookie 可以长期保存在客户端浏览器中，但也不是一成不变的。因为浏览器允许最多存储 300 个 Cookie 文件，而且每个 Cookie 文件支持最大容量为 4KB；每个域名最多支持 20 个 Cookie，如果达到限制时，浏览器会自动地随机删除 Cookies。

11.2 Session 管理

对比 Cookie，会话文件中保存的数据是在 PHP 脚本中以变量的形式创建的，创建的会话变量在生命周期（20min）中可以被跨页的请求所引用。另外，Session 是存储在服务器端的会话，相对安全，并且不像 Cookie 那样有存储长度的限制。

11.2.1 了解 Session

1. 什么是 Session

Session 被译成中文为“会话”，其本义是指有始有终的一系列动作/消息，如打电话时从拿起电话拨号到挂断电话这中间的一系列过程可以称之为一个 Session。

在计算机专业术语中，Session 是指一个终端用户与交互系统进行通信的时间间隔，通常指从注册进入系统到注销退出系统之间所经过的时间。因此，Session 实际上是一个特定的时间概念。

2. Session 工作原理

当启动一个 Session 会话的时候，会有一个随机且唯一的 Session_id，也就是 Session 的文件名生成，这个时候 Session_id 存储在服务器的内存中，当关闭页面的时候此 id 会自动注销，重新登录此页面，会再次生成一个随机且唯一的 id。

3. Session 的功能

Session 在 Web 技术中占有非常重要的分量。由于网页是一种无状态的连接程序，因此无法得知用户的浏览状态。因此，必须通过 Session 记录用户的有关信息，以供用户再次以此身份对 Web 服务器提出要求时作确认。例如，在电子商务网站中，通过 Session 记录用户登录的信息，以及用户所购买的商品，如果没有 Session，那么用户就会每进入一个页面都登录一遍用户名和密码。

另外，Session 会话适用于存储用户的信息量比较少的情况。如果用户需要存储的信息量相对较少，并用对存储内容不需要长期存储，那么使用 Session 把信息存储到服务器端比较适合。

11.2.2 创建会话

创建一个会话需要通过以下几个步骤实现：

启动会话→注册会话→使用会话→删除会话。

下面对以上几个步骤进行详细介绍。

1. 启动会话

启动 PHP 会话的方式有两种，一种是使用 session_start()函数，另一种是使用 session_register()函数为会话登录一个变量来隐含地启动会话。

通常，session_start()函数在页面开始位置调用，然后会话变量被登录到数据$_SESSION。

在 PHP 中有两种方法可以创建会话。

（1）通过 session_start ()函数创建会话。

session_start()函数用于创建一个会话。

语法如下：

```
bool  session_start(void);
```

使用 session_start()函数之前浏览器不能有任何输出，否则会产生类似于如图 11-6 所示的错误。

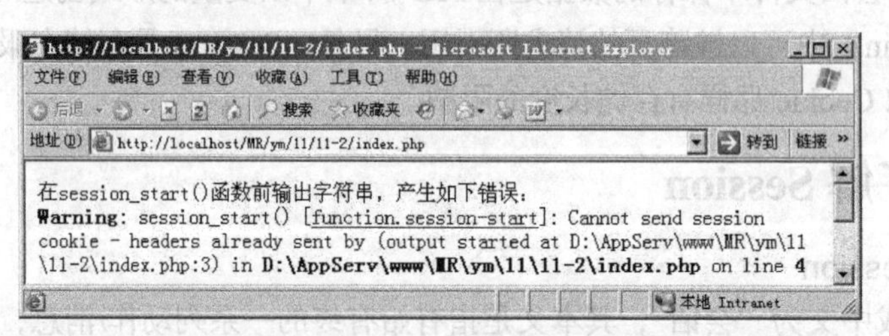

图 11-6 在使用 session_start()函数前输出字符串产生的错误

（2）通过 session_register()函数创建会话。

session_register()函数用来为会话登录一个变量来隐含地启动会话，但要求设置 php.ini 文件的选项，将 register_globals 指令设置为 on，然后重新启动 Apache 服务器。

使用 session_register()函数时，不需要调用 session_start()函数，PHP 会在注册变量之后隐含地调用 session_start()函数。

2. 注册会话

会话变量被启动后，全部保存在数组$_SESSION 中。通过数组$_SESSION 创建一个会话变量很容易，只要直接给该数组添加一个元素即可。

例如，启动会话，创建一个 Session 变量并赋予空值，代码如下：

```
<?php
session_start();                                //启动 Session
$_SESSION["admin"] = null;                      //声明一个名为 admin 的变量，并赋空值
?>
```

3. 使用会话

首先需要判断会话变量是否有一个会话 ID 存在，如果不存在，就创建一个，并且使其能够通过全局数组$_SESSION 进行访问。如果已经存在，则将这个已注册的会话变量载入以供用户使用。

例如，判断存储用户名的 Session 会话变量是否为空，如果不为空，则将该会话变量赋予$myvalue。代码如下：

```
<?php
if ( !empty ( $_SESSION['session_name']))  //判断用于存储用户名的 Session 会话变量是否为空
    $myvalue = $_SESSION['session_name'] ;//将会话变量赋予一个变量$myvalue
?>
```

4. 删除会话

删除会话的方法主要有删除单个会话、删除多个会话和结束当前的会话 3 种，下面分别介绍。

（1）删除单个会话。

删除会话变量，同数组的操作一样，直接注销$_SESSION 数组的某个元素即可。

例如，注销$_SESSION['user']变量，可以使用 unset()函数。代码如下：

```
unset ( $_SESSION['user'] ) ;
```

使用 unset()函数时，要注意$_SESSION 数组中某元素不能省略，即不可以一次注销整个数组，这样会禁止整个会话的功能，如 unset($_SESSION) 函数会将全局变量$_SESSION 销毁，而且没有办法将其恢复，用户也不能再注册$_SESSION 变量。如果读者要删除多个或全部会话，可采用下面的两种方法。

（2）删除多个会话。

如果想要一次注销所有的会话变量，可以将一个空的数组赋值给$_SESSION。代码如下：

```
$_SESSION = array() ;
```

（3）结束当前的会话。

如果整个会话已经结束，首先应该注销所有的会话变量，然后使用 session_destroy()函数清除结束当前的会话，并清空会话中的所有资源，彻底销毁 Session。代码如下：

```
session_destroy() ;
```

11.2.3 Session 设置时间

在大多数论坛中都会有在登录时对登录时间进行选择，如保存一个星期、保存一个月等。这个时候我们就可以通过 Cookie 设置登录的失效时间，现在可能很多人会说，Cookie 不是比不上 Session 安全吗？我们是否可以使用 Session 设置登录的失效时间？答案是肯定的。对 Session 的失效时间设定分为两种情况。

1. 客户端没有禁止 Cookie

【例 11-3】使用 session_set_cookie_params()设置 Session 的失效时间，此函数是 Session 结合 Cookie 设置失效时间，如想要让 Session 在 1min 后失效，实例关键代码如下：（实例位置：光盘\MR\ym\11\11-3）

```
<?php
$time = 1 * 60;                                  // 设置 session 失效时间
session_set_cookie_params($time);                // 使用函数
session_start();                                 // 初始化 session
$_SESSION[username] = 'mr';
?>
```

session_set_cookie_params()必须在 session_start()之前调用。

不推荐使用此函数，此函数在一些浏览器上会出现问题。所以我们一般都使用手动设置失效时间。

【例 11-4】 还记得我们手动设置 Cookie 失效时间，使用 setcookie()函数创建并给出 Cookie 的失效时间，现在同样使用 setcookie()函数对 Session 设置失效时间，如让 Session 在 1min 后失效，实例关键代码如下：（实例位置：光盘\MR\ym\11\11-4）

```
<?php
session_start();
$time = 1 * 60;                                                   // 给出 session 失效时间
setcookie(session_name(),session_id(),time()+$time,"/");          // 使用 setcookie 手动设
置 session 失效时间
$_SESSION['user'] = "mr";
?>
```

session_name 是 Session 的名称，session_id 是判断客户端用户的标识，因为 session_id 是随机并产生唯一的名称，所以 Session 是安全的，当然并不是绝对安全。失效时间和 Cookie 的失效时间使用一样，最后一个参数为可选参数，是放置 Cookie 的路径。

2. 客户端禁止 Cookie

当客户端禁用 Cookie 的时候，Session 页面间传递会失效，大家可以将客户端禁止 Cookie 想象成一家大型连锁超市，如果在其中一家超市内办理了会员卡，但是超市之间并没有联网，那么会员卡就只能在办理的那家超市使用。解决这个问题有以下 4 种方法。

（1）在登录之前告之用户必须打开 Cookie，这是很多论坛的做法（暂且算一种方法）。

（2）设置 php.ini 文件中的 session.use_trans_sid = 1 或者编译的时候打开了–enable-trans-sid 选项，让 PHP 自动跨页面传递 session_id。

（3）通过 GET，隐藏表单传递 session_id。

（4）使用文件或者数据库存储 Session_id，在页面间传递中手动调用。

第二种情况我们不做详细讲解，因为根据建设网站我们并不能修改服务器中的 php.ini 文件。第三种情况不可以使用 Cookie 设置保存时间，但是登录情况没有变化。第四种也是最为重要的一种，在将来开发企业级网站时，如果遇到 Session 文件将服务器速度带慢，就可以使用。在 Session 高级应用中我们会做详细解说。

【例 11-5】第三种情况使用 GET 方式传输关键代码如下：（实例位置：光盘\MR\ym\11\11-5）

```
<form id="form1" name="form1" method="get" action="common.php?<?=session_name(); ?>
=<?=session_id(); ?>">
```

接收页面头部详细代码：

```
<?php
$sess_name = session_name();                              // 取得 session 名称
$sess_id = $_GET[$sess_name];                             // 取得 session_id GET 方式
session_id($sess_id);                                     // 关键步骤
session_start();
$_SESSION['admin'] = 'mrsoft';
?>
```

运行结果如图 11-7 所示。

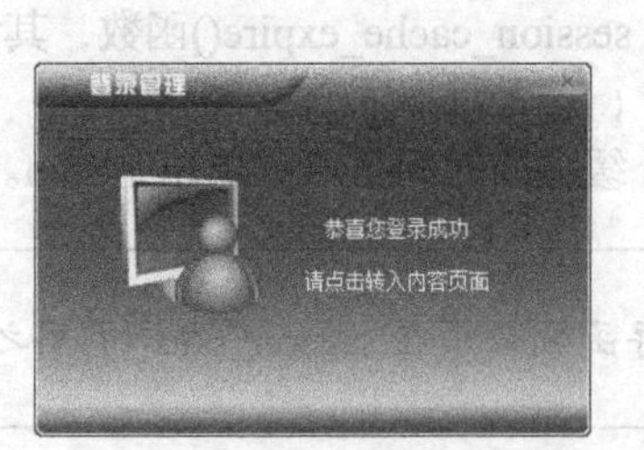

图 11-7　使用 GET 方式传递 session_id

说明

session 原理为请求该页面之后会产生一个 session_id，如果这个时候禁止了 Cookie 就无法传递 session_id，在请求下一个页面的时候就会重新产生一个 session_id，将造成 Session 在页面间传递失效。

11.3　Session 高级应用

11.3.1　Session 临时文件

在服务器中，如果将所有用户的 Session 都保存到临时目录中，会降低服务器的安全性和服务器的效率，导致打开服务器所在的站点会非常慢。

【例 11-6】　现在使用 PHP 函数 session_save_path()存储 session 临时文件，缓解因临时文件的存储导致服务器效率降低的问题和站点打开缓慢的问题。实例代码如下：（实例位置：光盘\MR\ym\11\11-6）

```
<?php
$path = './tmp/';                                         // 设置 session 存储路径
session_save_path($path);
session_start();                                          // 初始化 session
$_SESSION[username] = true;
?>
```

session_save_path()函数应用在 session_start()函数之前调用。

11.3.2 Session 缓存

Session 的缓存是将网页中的内容临时存储到客户端 IE 的 Temporary Internet Files 文件夹下，并且可以设置缓存的时间。当网页第一次被浏览后，页面的部分内容在规定的时间内就被临时存储在客户端的临时文件夹中，这样在下次访问这个页面时，就可以直接读取缓存中的内容，从而提高网站的浏览效率。

Session 缓存的完成使用的是 session_cache_limiter()函数，其语法如下：

```
string session_cache_limiter ( [string cache_limiter])
```

参数 cache_limiter 为 public 或 private。同时，Session 缓存并不是指在服务器端而是客户端缓存，在服务器中没有显示。

缓存时间的设置，使用的是 session_cache_expire()函数，其语法如下：

```
int session_cache_expire ( [int new_cache_expire])
```

参数 cache_expire 是 Session 缓存的时间数字，单位是 min。

这两个 Session 缓存函数必须在 session_start()调用之前使用，否则出错。

【例 11-7】 下面通过实例了解 Session 缓存页面过程，关键代码如下：（实例位置：光盘\MR\ym\11\11-7）

```
<?php
session_cache_limiter('private');
$cache_limit = session_cache_limiter();                   // 开启客户端缓存
session_cache_expire(30);
$cache_expire = session_cache_expire();                   // 设定客户端缓存时间
session_start();
?>
```

运行结果如图 11-8 所示。

图 11-8 Session 客户端缓存

11.3.3 Session 数据库存储

虽然通过改变 Session 存储文件夹使 Session 不至于将临时文件夹填满而造成站点瘫痪，但是我们可以计算一下如果一个大型网站一天登录 1000 人，一个月登录了 30 000 人，这个时候站点中存在 30 000 个 Session 文件，要在这 30 000 个文件中查询一个 Session_id 应该不是件快速的事情，那么这个时候就可以应用 Session 数据库存储，也就是 PHP 中的 session_set_save_handler()函数。

语法如下：

```
bool session_set_save_handler ( string open, string close, string read, string write,
string destroy, string gc)
```

session_set_save_handler()函数的参数说明如表 11-2 所示。

表 11-2　　session_set_save_handler()函数的参数说明

参　　数	说　　明
open(save_path,session_name)	找到 session 存储地址，取出变量名称
close()	不需要参数，关闭数据库
read(key)	读取 session 键值，key 对应 session_id
write(key,data)	其中 data 对应设置的 session 变量
destroy(key)	注销 session 对应 session 键值
gc(expiry_time)	清除过期 session 记录

读者可能对此函数不是很理解，一般应用参数直接使用变量，但是此函数中参数为 6 个函数，而且在调用的时候只是调用函数名称的字符串。下面将 6 个参数（函数）分开讲解，最后会把这些封装进类中，等大家学习完面向对象编程就会有一个非常清晰的印象了。

（1）封装 session_open()函数。将数据库连接，代码如下：

```
function _session_open($save_path,$session_name)
{
    global $handle;
    $handle = mysql_connect('localhost','root','111') or die('数据库连接失败');

// 连接 MYSQL 数据库
    mysql_select_db('db_database11',$handle) or die('数据库中没有此库名');
// 找到数据库
    return(true);
}
```

我们看到$save_path 和$session_name 两个参数并没有用到，在这里可以将其去掉，但是希望读者可以加入，因为一般使用都是存在这两个变量的。我们应该养成一个好的习惯。

（2）封装 session_close()函数。关闭数据库连接，代码如下：

```
function _session_close()
{
```

```
        global $handle;
        mysql_close($handle);
        return(true);
    }
```

在这个参数中不需要任何参数，所以无论是 Session 存储到数据库中，还是存储到文件中只需返回 true 就可以。但是如果是 MySQL 数据库最好是将数据库关闭，这样可保证以后不会出现麻烦。

（3）封装 session_read()函数。在函数中设定当前时间的 UNIX 时间戳，根据$key 值查找 Session 名称及内容，代码如下：

```
    function _session_read($key)
    {
        global $handle;                                    // 全局变量$handle 连接数据库
        $time = time();                                    // 设定当前时间
        $sql = "select session_data from tb_session where session_key = '$key' and
session_time > $time";
        $result = mysql_query($sql,$handle);
        $row = mysql_fetch_array($result);
        if ($row){
            return($row['session_data']);              // 返回 Session 名称及内容
        }else{
            return(false);
        }
    }
```

我们存储进数据库中的 session_expiry 是 UNIX 时间戳。

（4）封装 session_write()函数。在函数中设定 Session 失效时间，查找到 Session 名称及内容，如果查询结果为空，则将页面中的 Session 根据 session_id、session_name、失效时间插入数据库中；如果查询结果不为空，则根据$key 修改数据库中 Session 存储信息，返回执行结果。代码如下：

```
    function _session_write($key,$data)
    {
        global $handle;
        $time = 60*60;                                                  // 设置失效时间
        $lapse_time = time() + $time;                                   // 得到 UNIX 时间戳
        $sql = "select session_data from tb_session where session_key = '$key' and
session_time > $lapse_time";
        $result = mysql_query($sql,$handle);
        if (mysql_num_rows($result) == 0 ) {                            // 没有结果
            $sql = "insert into tb_session values('$key','$data',$lapse_time)";
                                                                // 插入数据库 sql 语句
            $result = mysql_query($sql,$handle);
        }else{
            $sql = "update tb_session set session_key = '$key',session_data =
'$data',session_time = $lapse_time where session_key = '$key'";
                                                                // 修改数据库 sql 语句
            $result = mysql_query($sql,$handle);
        }
```

```
        return($result);
    }
```

（5）封装 session_destroy()函数。根据$key 值将数据库中 Session 删除，代码如下：

```
    function _session_destroy($key)
    {
        global $handle;
        $sql = "delete from tb_session where session_key = '$key'";     // 删除数据库 sql 语句
        $result = mysql_query($sql,$handle);
        return($result);
    }
```

（6）封装 session_gc()函数。根据给出的失效时间删除过期 Session，代码如下：

```
    function _session_gc($expiry_time)
    {
        global $handle;
        $lapse_time = time();                          // 将参数$expiry_time 赋值为当前时间戳
        $sql = "delete from tb_session where expiry_time < $lapse_time";
                                                       // 删除数据库 sql 语句
        $result = mysql_query($sql,$handle);
        return($result);
    }
```

以上为 session_set_save_handler()函数的 6 个参数（函数）。

【例 11-8】下面通过函数 session_set_save_handler()实现 Session 存储数据库。关键代码如下：（实例位置：光盘\MR\ym\11\11-8）

```
    session_set_save_handler('_session_open','_session_close','_session_read','_session
_write','_session_destroy','_session_gc');
    session_start();
    // 下面为我们定义的 Session
    $_SESSION['user'] = 'mr';
    $_SESSION['pwd'] = 'mrsoft';
```

现在我们可以看一下数据库中表 session 的内容，如图 11-9 所示。

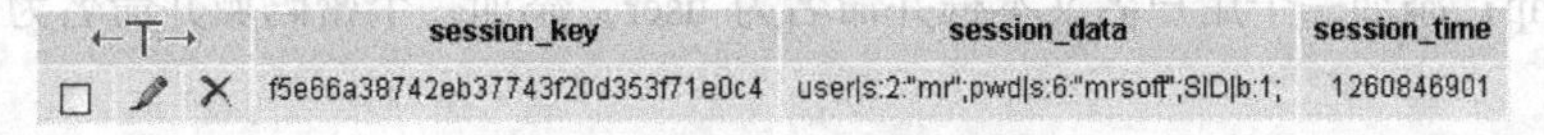

←T→	session_key	session_data	session_time
☐ ✎ ✕	f5e66a38742eb37743f20d353f71e0c4	user|s:2:"mr";pwd|s:6:"mrsoft";SID|b:1;	1260846901

图 11-9　数据库存储 Session

11.4　综合实例——判断用户的操作权限

在大多网站的开发过程中，需要对管理员和普通用户对操作网站的权限进行划分。下面的一个综合实例就是通过 Session 判断用户的操作权限。运行本实例，在博客用户登录页面输入用户名和密码。以超级用户的身份登录网站的运行结果，如图 11-10 所示。以普通用户身份登录网站的运行结果，如图 11-11 所示。

图 11-10　超级用户登录网站的运行结果

图 11-11　普通用户登录网站的运行结果

具体开发步骤如下。

（1）设计登录页面，添加一个表单 form1，应用 POST 方法进行传参，action 指向的数据处理页为 default.php；添加一个用户名文本框并命名为 user，添加一个密码域并命名为 pwd。关键代码如下：

```
<form name="form1" method="post" action="default.php">
  <table width="521" height="394" border="0" cellpadding="0" cellspacing="0">
    <tr>
<td valign="top" background="images/login.jpg">
<table width="521" border="0" cellspacing="0" cellpadding="0">
          <tr>
            <td height="24" align="right">用户名：</td>
            <td height="24" align="left"><input name="user" type="text" id="user" size="20"></td>
          </tr>
          <tr>
            <td height="24" align="right">密  码：</td>
            <td height="24" align="left"><input name="pwd" type="password" id="pwd" size="20"></td>
          </tr>
```

```
            <tr align="center">
              <td height="24" colspan="2"><input type="submit" name="Submit" value="提
交" onClick= "return check(form);"><input type="reset" name="Submit2" value="重填"></td>
            </tr>
            <tr>
              <td height="76" align="right"><span class="style1">超级用户: tsoft<br>
    密    码: 111  </span></td>
              <td><span class="style1">普通用户: zts<br>密    码:
000</span></td>
            </tr>
    </table>
    </td>
        </tr>
      </table>
    </form>
```

（2）在“提交”按钮的单击事件下，调用自定义函数 check()来验证表单元素是否为空。自定义函数 check()的代码如下：

```
    <script language="javascript">
        function check(form){
            if(form1.user.value==""){
                alert("请输入用户名");form1.user.focus();return false;
            }
            if(form1.pwd.value==""){
            alert("请输入密码");form1.pwd.focus();return false;
            }
            form1.submit();
        }
        </script>
```

（3）提交表单元素到数据处理页 default.php，首先使用 session_start()函数初始化 Session 变量，然后通过 POST 方法接收表单元素的值，将获取的用户名和密码分别赋予 Session 变量。代码如下：

```
    <?php
    session_start();
    $_SESSION[user]=$_POST[user];
    $_SESSION[pwd]=$_POST[pwd];
    ?>
```

（4）为了防止其他用户非法登录进入本系统，使用 if 条件语句对 Session 变量值进行判断。代码如下：

```
    <?php
    if($_SESSION[user]==""){                    //如果用户名为空，则弹出提示，并跳转到登录页
      echo  "<script  language='javascript'>alert('请通过正确的途径登录本系统！
');history.back();</script>";
    }
    ?>
```

（5）在数据处理页 default.php 的导航栏处添加如下代码：

```
    <TABLE  align="center" cellPadding=0 cellSpacing=0 >
      <TR align="center" valign="middle">
    <TD  style="WIDTH: 140px; COLOR: red;">当前用户: 
    <!-- ----------------------------------------------- 输出当前登录的用户级别 -----
----------------------------------------- -->
```

```
<?php if($_SESSION[user]=="tsoft"&& $_SESSION[pwd]=="111"){echo "管理员";}else{echo "
普通用户";}? >  
</TD>
      <TD width="70"><a href="default.php">博客首页</a></TD>
      <TD width="70">| <a href="default.php" >我的文章</a></TD>
      <TD width="70">| <a href="default.php" >我的相册</a></TD>
      <TD width="70">| <a href="default.php">音乐在线</a></TD>
<TD width="70">| <a href="default.php">修改密码</a></TD>
<?php
      if($_SESSION[user]=="tsoft"&& $_SESSION[pwd]=="111"){      //如果当前用户是管理员
      ?>
<!-- ----如果当前用户是管理员，则输出“用户管理”链接---------------------->
      <TD width="70">| <a href="default.php">用户管理</a></TD>
      <?php
        }
      ?>
   </TR>
</TABLE>
```

（6）在 default.php 页面添加“注销用户”超级链接页 safe.php，该页代码如下：

```
<?php
session_start();                                        //初始化 Session
unset($_SESSION['user']);                               //删除用户名会话变量
unset($_SESSION['pwd']);                                //删除密码会话变量
session_destroy();                                      //删除当前所有的会话变量
header("location:index.php");                           //跳转到博客用户登录页
?>
```

知识点提炼

（1）Cookie 是在 HTTP 下，服务器或脚本可以维护客户工作站上信息的一种方式。

（2）Cookie 是一种在远程浏览器端存储数据并以此来跟踪和识别用户的机制。

（3）Cookie 是 Web 服务器暂时存储在用户硬盘上的一个文本文件，并随后被 Web 浏览器读取。

（4）在 PHP 中通过 setcookie()函数创建 Cookie。

（5）在 PHP 中可以直接通过超级全局数组$_COOKIE[]来读取浏览器端的 Cookie 值。

（6）删除 Cookie 的方法有两种，一种是使用 setcookie()函数删除，另一种是使用浏览器手动删除 Cookie。

（7）Session 是指一个终端用户与交互系统进行通信的时间间隔，通常指从注册进入系统到注销退出系统之间所经过的时间。

（8）Session 的缓存是将网页中的内容临时存储到客户端 IE 的 Temporary Internet Files 文件夹下，并且可以设置缓存的时间。

习 题

11-1 通过使用 Cookie 可以实现哪些功能？

11-2 删除客户端 Cookie 有几种方法？

11-3 什么是 Session？简述 Session 的工作原理。

11-4 如何完成对 Session 过期时间的设置？

11-5 设置 Session 的缓存时间使用的是什么函数？

实验：Cookie 自动登录

实验目的

（1）熟悉自动登录的设计原理。

（2）掌握 Cookie 的创建、过期时间的设置和 Cookie 值的获取。

实验内容

通过 Cookie 实现自动登录。所谓自动登录，即用户第一次成功登录网站后，在一段时间内，再次登录这个网站时不再需要填写用户名和密码，而是可以直接进入。运行本实例，如果是第一次登录，则需要填写用户名和密码才能够登录。如果不是第一次登录，那么就不需要输入用户名和密码，因为$_COOKIE 会从 Cookie 中读取到用户名和密码，用户直接单击“登录”按钮即可。登录成功后进入 main.php 页面，运行结果如图 11-12 所示。

图 11-12 进入网站主页

实验步骤

（1）创建 index.php 文件。创建表单，添加用户名、密码文本框和保存时间，选择单选按钮。最关键的是编写 PHP 脚本，通过$_COOKIE 获取 Cookie 中存储的用户名和密码数据，并将其作为用户名和密码的默认值。其关键代码如下：

```
<form id="form1" name="form1" method="post" action="index_ok.php">
    <input id="lgname" name="name" value="<?php echo $_COOKIE['name'];?>" type="text" class="txt"/>
    <input id="lgpwd" name="pwd" value="<?php echo $_COOKIE['pwd'];?>" type="password" class="txt"/>
    <input name="times" type="radio" value="3600" checked="checked" />1 小时
    <input type="radio" name="times" value="86400" />1 天
    <input type="image" name="imageField" src="images/dl.gif" />
    <input type="image" name="imageField2" onclick="form.reset();return false;" src="images/cz.gif" />
</form>
```

（2）创建 index_ok.php 文件。通过$_POST 方法获取表单中提交的数据，连接数据库，执行查询语句，验证用户输入的用户名和密码是否正确。如果正确，则通过 setCookie()函数创建 Cookie，存储用户名和密码，根据表单提交的时间设置 Cookie 过期时间，并跳转到 main.php 页面；如果不正确，则给出提示信息，跳转到 index.php 页面。其关键代码如下：

```
<?php
    include_once 'conn/conn.php';                                    //执行连接数据库的操作
    if(!empty($_POST['name']) and !empty($_POST['pwd'])){            //判断用户名和密码是否为空
        $sql = "select * from tb_member where name = '".addslashes($_POST['name'])."' and password='".$_POST['pwd']."'";
        $result=mysql_query($sql,$conn);                             //执行查询语句
        $count=mysql_num_rows($result);                              //返回查询结果行数
    if($count>0){
            setCookie("name",$_POST['name'], time()+$_POST['times']); //创建 Cookie
            setCookie("pwd",$_POST['pwd'],time()+$_POST['times']);    //创建 Cookie
            echo "<script>alert('succeed ! ');window.location.href='main.php';</script>";
        }else{
            echo "<script>alert('false ! ');window.location.href= 'index.php';</script>";
        }
    }else{
            echo "<script>alert('NULL');window.location.href='index.php';</script>";
    }
?>
```

（3）创建 main.php 文件，首先根据$_COOKIE 获取的 Cookie 值判断用户是否具有访问权限，如果有则可以看到本页内容，否则将给出提示信息，跳转到 index.php 页面。其关键代码如下：

```
<?php
if($_COOKIE[name]==""){           //根据 Cookie 的值，判断浏览者是否具有访问该页面的权限
    echo "<script>alert('您不具有访问该页面的权限!'); window.location.href= 'index.php';</script>";
}else{                             //如果正确则输出主页内容
?>
```

```
<!--省略了 HTML 内容-->
<?php
}
?>
```

（4）在 conn 文件夹下创建 conn.php 文件，完成与 db_database11 数据库的连接。其代码如下：

```
<?php
$conn=mysql_connect("localhost","root","111");  //连接数据库服务器
mysql_select_db("db_database11",$conn);          //选择数据库
mysql_query("set names gb2312");                 //设置编码格式
?>
```

第12章 日期和时间

本章要点：

- PHP 的时间观念
- 在 PHP 配置文件 php.ini 中设置服务器的时区
- 通过 date_default_timezone_set()函数设置网站当前时区
- 获取任意日期、时间的 UNIX 时间戳
- 获取当前时间戳
- 将日期、时间转换为时间戳
- 日期和时间的格式化输出
- 获取当前日期和时间
- 验证日期和时间的有效性

在程序设计中，日期和时间是非常重要的，通过日期和时间可以记录数据库中数据的处理时间、计划的预计完成时间、系统当前时间、文件的操作时间，记录网站在某个时间段的访问量、系统管理员登录时间、网站遭到非法入侵的时间等。本章将对日期和时间的处理技术进行详细讲解。

12.1 PHP 的时间观念

在 PHP 语言中，日期、时间函数依赖于服务器的地区设置，而 PHP 默认设置的是标准的格林尼治时间（即采用的是零时区）。如果没有对 PHP 的时区进行设置，并且用户的当地时间是北京时间，那么通过 PHP 的时间函数获取的时间将比当地的北京时间少 8 个小时。因此，要获取本地当前的时间必须更改 PHP 语言中的时区设置。更改 PHP 语言中的时区设置有两种方法：在 php.ini 文件中设置和通过 date_default_timezone_set 函数设置。

12.1.1 在 php.ini 文件中设置时区

在 php.ini 文件中设置时区，需要定位到[date]下的“;date.timezone =”选项，去掉前面的分号并设置它的值为当地所在时区使用的时间。

例如，如果当地所在时区为东八区，就可以设置“date.timezone =”的值为：PRC（中华人民

共和国)、Asia/Hong_Kong(香港)、Asia/Shanghai(上海)或者 Asia/Urumqi(乌鲁木齐)等，这些都是东八区的时间，如图 12-1 所示。

设置完成后，保存文件，重新启动 Apache 服务器。

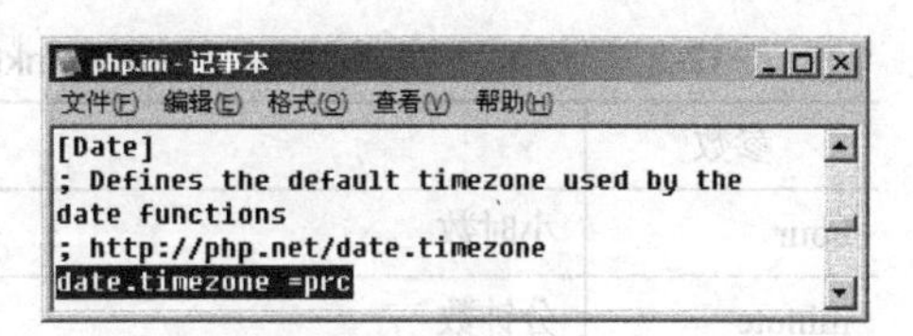

图 12-1 设置 PHP 的时区

12.1.2 通过 date_default_timezone_set 函数设置时区

在应用程序中，在日期、时间函数之前使用 date_default_timezone_set()函数同样可以完成对时区的设置。date_default_timezone_set()函数的语法如下：

```
date_default_timezone_set(timezone);
```

参数 timezone 为 PHP 可识别的时区名称，如果时区名称 PHP 无法识别，则系统采用 UTC 时区。

例如，设置北京时间可以使用的时区包括 PRC、Asia/Chongqing(重庆)，Asia/Shanghai(上海)或者 Asia/Urumqi(乌鲁木齐)，这几个时区名称是等效的。

如果服务器使用的是零时区，则不能对 php.ini 文件直接进行修改，只能通过 date_default_timezone_set()函数对时区进行设置。

12.2 UNIX 时间戳

在日期、时间函数中，UNIX 时间戳的获取是非常重要的，有很多针对时间的操作都必须转换为时间戳之后才能够完成。例如，比较时间大小，计算时间戳，实现倒计时的功能等。在 PHP 中提供了很多获取日期、时间戳的函数，如表 12-1 所示。

表 12-1 将日期、时间转换成 UNIX 时间戳的函数

函数	说明
gmmktime	获取 GMT(Greenwich Mean Time)日期的 UNIX 时间戳
microtime	返回当前 UNIX 时间戳和微秒数
mktime	获取一个日期的 UNIX 时间戳
strtotime	将任何英文文本的日期时间描述解析为 UNIX 时间戳
time	返回当前的 UNIX 时间戳

12.2.1 获取任意日期、时间的时间戳

mktime()函数将一个时间转换成 UNIX 时间戳。语法如下：

```
int mktime(int hour, int minute, int second, int month, int day, int year, int [is_dst] )
```

mktime()函数根据给出的参数返回 UNIX 时间戳。其参数可以从右向左省略，任何省略的参数都会被设置成本地日期、时间的当前值(即不设置任何参数，mktime()函数获取的是本地当前日期和时间)。mktime()函数的参数说明如表 12-2 所示。

表 12-2　　　　mktime()函数的参数说明

参数	说明
hour	小时数
minute	分钟数
second	秒数（一分钟之内）
month	月份数
day	天数
year	年份数，可以是 2 位或 4 位数字，0-69 对应于 2000-2069，70-100 对应于 1970-2000
is_dst	参数 is_dst 在夏令时可以被设为 1，如果不是则设为 0；如果不确定是否为夏令时则设为-1（默认值）

有效的时间戳范围是格林尼治时间 1901 年 12 月 13 日 20:45:54 到 2038 年 1 月 19 日 03:14:07（此范围符合 32 位有符号整数的最小值和最大值）。在 Windows 系统中此范围限制为从 1970 年 1 月 1 日到 2038 年 1 月 19 日。

【例 12-1】应用 mktime()函数获取当前时间的时间戳，代码如下：（实例位置：光盘\MR\ym\12\12-1）

```
<?php
echo mktime();                                    //当前时间戳
?>
```

运行结果为：1287628331

12.2.2　获取当前时间戳

上述讲解的 mktime()函数在不设置任何参数的情况下可以获取当前时间的时间戳，但是 PHP 也提供了专门的获取当前时间时间戳的函数，那就是 time()函数。

time()函数获取当前的 UNIX 时间戳，返回值为从 UNIX 纪元（格林尼治时间 1970 年 1 月 1 日 00:00:00）到当前时间的秒数。语法如下：

```
int time ( void )
```

time()函数没有参数，返回值为 UNIX 时间戳的整数值。

【例 12-2】　应用 time()函数获取当前时间的时间戳，代码如下：（实例位置：光盘\MR\ym\12\12-2）

```
<?php
echo time();                    //当前时间戳
?>
```

运行结果为：1287628348

12.2.3　日期、时间转换为 UNIX 时间戳

strtotime()函数将任何英文文本的日期时间描述解析为 UNIX 时间戳。语法如下：

```
int strtotime ( string time [, int now] )
```

strtotime()函数接受一个包含英语日期格式的字符串并尝试将其解析为 UNIX 时间戳（自 January 1 1970 00:00:00 GMT 起的秒数），其值是相对于 now 参数给出的时间，如果没有提供此参数则用系统当前时间。

如果参数 time 的格式是绝对时间，则 now 参数不起作用；如果参数 time 的格式是相对时间，那么其对应的时间由参数 now 来提供。

如果解析成功，则返回时间戳，否则返回 FALSE。在 PHP 5.1.0 之前本函数在失败时返回-1。

【例 12-3】　应用 strtotime()函数将当前时间和指定日期转换为时间戳，代码如下：（实例位置：光盘\MR\ym\12\12-3）

```
<?php
echo strtotime ("now"), "\n";                                          //当前时间的时间戳
echo "输出时间:".date("Y-m-d H:i:s",strtotime ("now")),"<br>";         //输出当前时间
echo strtotime ("20 October 2010"), "\n";
                        //输出指定日期的时间戳
echo "输出时间:".date("Y-m-d H:i:s",strtotime
("20 October 2010")),"<br>";
                        //输出指定日期的时间
?>
```

运行结果如图 12-2 所示。

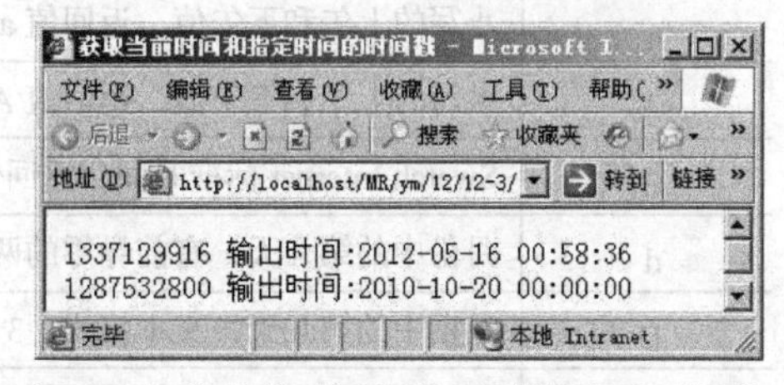

图 12-2　将当前时间和指定日期转换为时间戳

如果给定的年份是两位数字的格式，则其值 0-69 表示 2000-2069，70-100 表示 1970-2000。有效的时间戳通常从 Fri, 13 Dec 1901 20:45:54 GMT 到 Tue, 19 Jan 2038 03:14:07 GMT（对应于 32 位有符号整数的最小值和最大值）。不是所有的平台都支持负的时间戳，那么日记范围就被限制为不能早于 UNIX 纪元。这意味着在 1970 年 1 月 1 日之前的日期将不能用在 Windows 版本，一些 Linux 版本，以及其他操作系统中。不过 PHP 5.1.0 及更新的版本克服了此限制。

12.3　日期和时间处理

日期和时间的处理可以分为格式化日期和时间、获取日期和时间信息、获取本地化的日期和时间、检验日期和时间的有效性等。其使用的函数如表 12-3 所示。

表 12-3　日期和时间处理函数

函　数	说　明
checkdate	验证日期的有效性
date	格式化一个本地时间/日期
getdate	获取日期/时间信息
gettimeofday	获取当前时间
gmdate	格式化一个 GMT（格林尼治标准时间）/UTC 日期/时间
gmstrftime	根据区域设置格式化 GMT/UTC 时间/日期
localtime	获取本地时间
strftime	根据区域设置格式化本地时间/日期

12.3.1 格式化日期和时间

date()函数对本地日期和时间进行格式化。语法如下：

```
date(string format,[int timestamp])
```

参数 format 指定日期和时间输出的格式。有关参数 format 指定的格式如表 12-4 所示。参数 timestamp 为可选参数，指定时间戳，如果没有指定时间戳则使用本地时间戳 time()。

表 12-4　　date()函数中参数 format 的格式选项

参数	说明
a	小写的上午和下午值，返回值 am 或 pm
A	大写的上午和下午值，返回值 AM 或 PM
B	Swatch Internet 标准时间，返回值 000 ~ 999
d	月份中的第几天，有前导零的两位数字，返回值 01 ~ 31
D	星期中的第几天，文本格式，3 个字母，返回值 Mon ~ Sun
F	月份，完整的文本格式，返回值 January ~ December
h	小时，12 小时格式，没有前导零，返回值 1 ~ 12
H	小时，24 小时格式，没有前导零，返回值 0 ~ 23
i	有前导零的分钟数，返回值 00 ~ 59
I	判断是否为夏令时，返回值如果是夏令时为 1，否则为 0
j	月份中的第几天，没有前导零，返回值 1 ~ 31
l（L 的小写）	星期数，完整的文本格式，返回值 Sunday ~ Saturday
L	判断是否为闰年，返回值如果是闰年为 1，否则为 0
m	数字表示的月份，有前导零，返回值 01 ~ 12
M	3 个字母缩写表示的月份，返回值 Jan ~ Dec
n	数字表示的月份，没有前导零，返回值 1 ~ 12
O	与格林尼治时间相差的小时数，如+0200
r	RFC 822 格式的日期，如 Thu，21 Dec 2000 16：01：07 +0200
s	秒数，有前导零，返回值 00 ~ 59
S	每月天数后面的英文后缀，两个字符，如 st、nd、rd 或者 th。可以和 j 一起使用
t	指定月份所应有的天数，28 ~ 31
T	本机所在的时区
U	从 UNIX 纪元（January 1 1970 00:00:00 GMT）开始至今的秒数
w	星期中的第几天，数字表示，返回值为 0 ~ 6
W	ISO-8601 格式年份中的第几周，每周从星期一开始
y	两位数字表示的年份，返回值如 88 或 08
Y	4 位数字完整表示的年份，返回值如 1998、2008
z	年份中的第几天，返回值 0 ~ 366

续表

参数	说明
Z	时差偏移量的秒数。UTC 西边的时区偏移量总是负的，UTC 东边的时区偏移量总是正的，返回值-43200～43200

【例 12-4】　应用 date()函数设置不同的 format 值，输出不同格式的时间，代码如下：（实例位置：光盘\MR\ym\12\12-4）

```
<?php
echo "单个变量：".date("m月");                    //输出单个日期
echo "<p>";
echo "组合变量：".date("Y-m-d");
                    //输出组合参数
echo "<p>";
echo "详细的日期及时间：".date("Y-m-d H:i:s");
                    //输出详细的日期和时间参数
echo "<p>";
echo "中文格式日期及时间：".date("Y 年 m 月 d 日 H
时 i 分 s 秒");    //输出中文格式时间
?>
```

运行结果如图 12-3 所示。

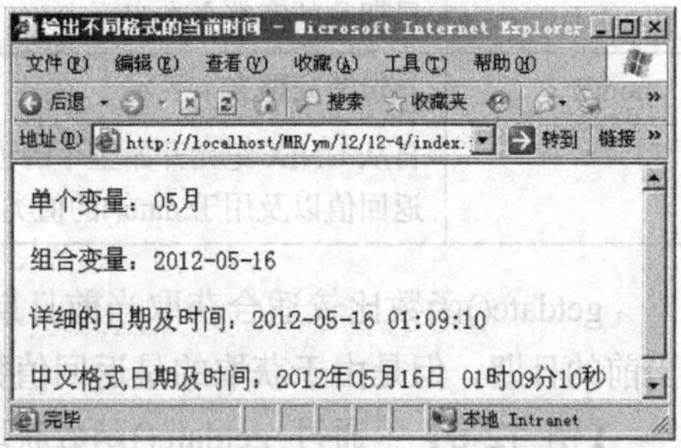

图 12-3　date 函数输出不同格式的当前时间

在运行本章的实例时，也许有的读者得到的时间和系统时间并不相等，这不是程序的问题。因为在 PHP 语言中默认设置的是标准的格林尼治时间，而不是北京时间。如果出现了时间不符的情况，请参考本章 12.1 节的内容。

【例 12-5】应用 date()和 time()函数获取系统当前时间和时间戳，具体代码如下：（实例位置：光盘\MR\ym\12\12-5）

```
<?php
echo date("Y年m月d日 H时i分s秒");
                    //获取当前时间
echo "<br>";        //换行
echo time();        //获取当前时间戳
?>
```

运行效果如图 12-4 所示。

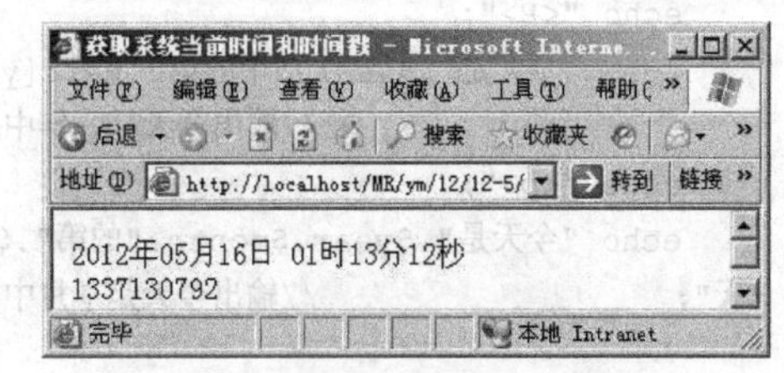

图 12-4　获取当前时间的时间戳

12.3.2　获取日期和时间信息

getdate()函数获取日期和时间指定部分的相关信息。语法如下：

```
array getdate(int timestamp)
```

getdate 函数返回数组形式的日期、时间信息，如果没有时间戳，则以当前时间为准。getdate 函数返回的关联数组元素的说明如表 12-5 所示。

表 12-5　getdate()函数返回的关联数组中元素的说明

键名	说明	返回值
seconds	秒	返回值为 0～59

续表

键名	说明	返回值
minutes	分钟	返回值为 0 ~ 59
hours	小时	返回值为 0 ~ 23
mday	月份中第几天	返回值为 1 ~ 31
wday	星期中第几天	返回值为 0（表示星期日）~ 6（表示星期六）
mon	月份数字	返回值为 1 ~ 12
year	4 位数字表示的完整年份	返回的值如 2010 或 2011
yday	一年中第几天	返回值为 0 ~ 365
weekday	星期几的完整文本表示	返回值为 Sunday ~ Saturday
month	月份的完整文本表示	返回值为 January ~ December
0	自从 UNIX 纪元开始至今的秒数，和 time()的返回值以及用于 date()的值类似	系统相关，典型值为从 −2147483648 ~ 2147483647

getdate()函数比较适合获取当前日期是一年、月份或者星期中的第几天。虽然它也可以获取当前的日期，但是由于获取的是返回值数组，所以更适合获取时间中某个特定的值。

【例 12-6】 通过 getdate()函数获取当前日期，以及当前日期是一年中的第几天和当月的第几天，具体代码如下：（实例位置：光盘\MR\ym\12\12-6）

```
<?php
$arr = getdate();                        //使用 getdate()函数将当前信息保存
$month=date("m 月");                     //输出单个日期
$year=date("Y 年");
echo "当前日期：".$arr[year]."-".$arr[mon]."-".$arr[mday]." ";
                        //返回当前的日期信息
echo "<P>";
echo "今天是".$year."中的第".$arr[yday]."天";
                        //输出今天是一年中的第几天
echo "<p>";
echo "今天是".$year.$month."的第".$arr[mday].
"天";                   //输出今天是本月中的第几天
?>
```

运行结果如图 12-5 所示。

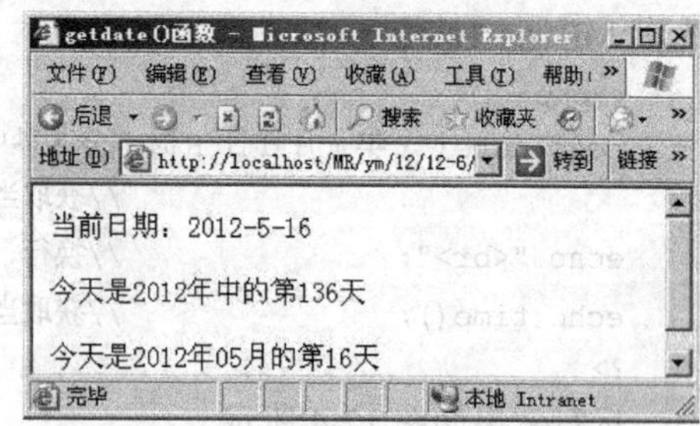

图 12-5 getdate 函数获取当前时间信息

12.3.3 检验日期和时间的有效性

一年 12 个月、一个月 31 天（或 30 天，2 月 28 天，闰年为 29 天）、一星期 7 天，这些都是基本常识。但计算机并不能自己分辨数据的对与错，只是依靠开发者提供的功能去执行或检查。在 PHP 中通过 checkdate()函数检验日期和时间的有效性。语法如下：

```
bool checkdate(int month,int day,int year)
```

参数 month 的有效值为 1 ~ 12；参数 day 的有效值为当月的最大天数，如 1 月为 31 天，2 月为 29 天（闰年）；参数 year 的有效值为 1 ~ 32767。如果验证的日期有效则返回 TRUE，否则返回 FALSE。

【例 12-7】 验证 2010 年 2 月份到底是 28 天还是 29 天，具体代码如下：（实例位置：光盘

\MR\ym\ 12\12-7）

```
<?php
    $year = 2010;                           //2010 年
    $month = 2;                             //2 月份
    $one_day = 28;                          //28 天
    if(checkdate($month,$one_day,$year)){
        echo "2010 年 2 月份是 28 天";
    }else{
        echo "2010 年 2 月份是 29 天";
    }
?>
```

运行结果为：2010 年 2 月份是 28 天。

12.4 综合实例——倒计时

倒计时是大家在生活中经常会用到的一个功能，如高考倒计时，春节的倒计时等。下面应用 PHP 的日期、时间函数为 2013 年元旦设计一个倒计时程序。运行效果如图 12-6 所示。

图 12-6 倒计时

其原理非常简单，就是用一个固定的时间减去当前的时间，所得到的就是剩余时间。要完成时间的加减操作，同比较大小类似，都要将时间转换成时间戳，然后才能计算，最后再将时间戳转换成日期输出。其代码如下：

```
<?php
    $time1 = strtotime(date( "Y-m-d"));             //当前的系统时间
    $time2 = strtotime("2013-1-1");                 //2013 年元旦
    $sub2 = ceil(($time2 - $time1) / 86400);        //(60 秒*60 分*24 小时)秒/天
    echo "距离 2013 年元旦还有<font color=red>$sub2 </font>天!!!";
?>
```

知识点提炼

（1）PHP 默认设置的是标准的格林尼治时间（即采用的是零时区）。

（2）更改 PHP 语言中的时区设置有两种方法：在 php.ini 文件中设置和通过 date_default_timezone_set 函数设置。

（3）日期和时间的处理可以分为格式化日期和时间、获取日期和时间信息、获取本地化的日期和时间、检验日期和时间的有效性。

（4）在 PHP 中，通过 date()函数对本地日期和时间进行格式化。

（5）在 PHP 中，通过 getdate()函数获取日期和时间指定部分的相关信息。

（6）在 PHP 中，通过 checkdate()函数检验日期和时间的有效性。

习　题

12-1　用 PHP 打印出前一天的时间格式是 2006-5-10 22:21:21。

12-2　为什么 date 函数格式化过的时间与实际时间要相差 8 小时？

12-3　PHP 使用 date()函数向 MySQL 数据库输入时间的问题。

12-4　PHP 中怎么看时间函数？

12-5　PHP 如何将正常时间（2012-05-16）格式化 1337126400 这种格式？

实验：网页闹钟

实验目的

（1）掌握 data ()函数的语法结构和具体应用。

（2）掌握 strtotime()函数的语法结构和具体应用。

（3）熟悉时间戳在实际开发中的应用。

实验内容

本实例是系统的当前时间运行到 9 月 18 日，给出提示信息“勿忘国耻！”。其运行效果如图 12-7 所示。

图 12-7　计算程序运行时间

实验步骤

所谓网页闹钟也就是一个日志提醒功能，通过判断系统中当前的时间与指定的某个时间或者时间段是否相同，如果相同系统就给出一个对应的提示信息，提示用户该做什么（例如，每天工作记录的上传、每月经验技巧的提交或者员工生日的提醒等），都可以通过日志的形式进行提醒。在该实验中，通过当前时间戳与 9 月 18 日时间戳进行比较，如果相同则给出提示信息。其关键代码如下：

```
<?php
    $time1 = strtotime(date("Y-m-d"));                //当前的系统时间，获取月和天的时间戳
    $time2 = strtotime(date("Y")."-09-18");           //设置时间 3 月 15 日的时间戳
    if($time1==$time2){                               //判断两个时间戳是否相同
      echo "<script>alert('勿忘国耻！');window.location.href='index.php';</script>";
                                                          //给出提示信息
    }else{
      echo "今天不是一个特殊的日子！";
}
?>
```

第13章 图形图像处理

本章要点：

- 了解GD2函数库
- 设置GD2函数库
- 通过GD2函数库创建各种图形
- 绘制英文字符串
- 输出中文汉字
- Jpgraph类库的概述与安装
- 通过Jpgraph类库绘制各种图形、图像

由于有GD库的强大支持，PHP的图像处理功能可以说是PHP的一个强项，便捷易用、功能强大。另外，PHP图形化类库——Jpgraph也是一款非常好用和强大的图形处理工具，可以绘制各种统计图和曲线图，也可以自定义设置颜色、字体等元素。

图像处理技术中的经典应用是绘制饼形图、柱形图和折线图，这是对数据进行图形化分析的最佳方法。本章将分别对GD2函数及Jpgraph类库进行详细讲解。

13.1 了解GD2函数库

PHP目前在Web开发领域已经被广泛应用，互联网上已经有近半数的站点采用PHP作为核心语言。PHP不仅可以生成HTML页面，而且可以创建和操作二进制形式数据，如图像、文件等，其中使用PHP操作图形可以通过GD2函数库来实现，使用GD2函数库可以在页面中绘制各种图形图像以及统计图，如果与Ajax技术相结合还可以制作出各种强大的动态图表。

GD2 函数库是一个开放的、动态创建图像的、源代码公开的函数库，可以从官方网站"http://www.boutell.com/gd"处下载最新版本的GD2库。目前，GD2库支持GIF、PNG、JPEG、WBMP、XBM等多种图像格式。

13.2 设置 GD2 函数库

PHP5 中 GD2 函数库已经作为扩展被默认安装，但目前有些版本中，还需要对 php.ini 文件进行设置来激活 GD2 函数库。用文本编辑工具，如记事本等打开 php.ini 文件，将该文件中的“;extension=php_gd2.dll”选项前的分号“;”删除，如图 13-1 所示，保存修改后的文件，并重新启动 Apache 服务器，即可激活 GD2 函数库。

在成功加载 GD2 函数库后，可以通过 phpinfo()函数来获取 GD2 函数库的安装信息，验证 GD 库是否安装成功。在 Apache 的默认站点目录中编写 phpinfo.php 文件，并在该文件中编写如下代码：

```
<?php
   phpinfo();      //输出 PHP 配置信息
?>
```

在 IE 浏览器的地址栏中输入“http://127.0.0.1/phpinfo.php”，按〈Enter〉键键后，如果在打开的页面中检索到如图 13-2 所示的 GD 库安装信息，说明 GD 库安装成功，这样开发人员就可以在程序中使用 GD2 函数库编写图形图像。

图 13-1　激活 GD2 函数库

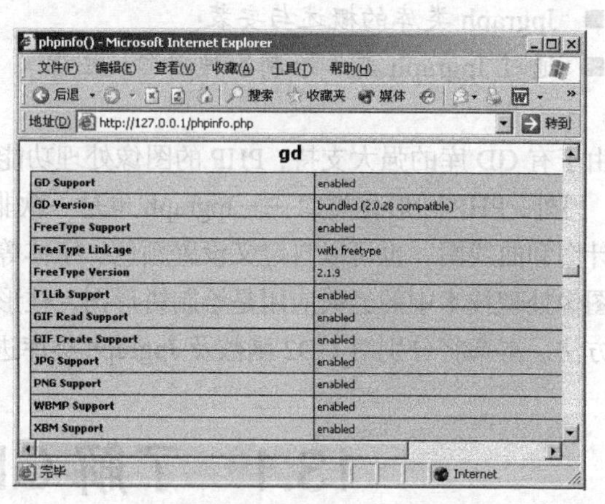

图 13-2　GD2 函数库的安装信息

13.3 常用的图像处理

PHP 中的 GD2 函数库用于创建或者处理图片，通过它可以生成统计图表、动态图形、缩略图、图形验证码等。在 PHP 中，对图像的操作可以分为以下 4 个步骤：

- 创建画布；
- 在画布上绘制图形；
- 保存并输出结果图像；
- 销毁图像资源。

13.3.1　创建画布

GD2 函数库在图像图形绘制方面功能非常强大，开发人员既可以在已有图片的基础上进行绘制，也可以在没有任何素材的基础上绘制，在这种情况下首先要创建画布，之后所有操作都将依据所创建的画布进行。在 GD2 函数库中创建画布应用 imagecreate()函数，其语法如下：

```
resource imagecreate ( int x_size, int y_size )
```

该函数用于返回一个图像标识符，参数 x_size、y_size 为图像的尺寸，单位为像素(pixel)。

【例 13-1】　通过 imagecreate()函数创建一个宽 200 像素、高 100 像素的画布，并且设置画布背景颜色 RGB 的值为（211，126，29），最后输出一个 gif 格式的图像。其代码如下：（实例位置：光盘\MR\ym\13\13-1）

```
<?php
	header("Content-type:text/html;charset=utf-8");           //设置页面的编码风格
	header("Content-type:image/jpg");                         //告知浏览器输出的是图片
	$image=imagecreate(400,100);                              //设置画布的大小
	$bgcolor=imagecolorallocate($image,200,60,60);            //设置画布的背景颜色
	imagejpeg($image);                                        //输出图像
	imagedestroy($image);                                     //销毁图像
?>
```

在上面的代码中，应用 imagecreate()函数创建一个基于普通调色板的画布，通常支持 256 色。其中，通过 imagecolorallocate()函数设置画布的背景颜色，通过 imagegif()函数输出图像，通过 imagedestroy()函数销毁图像资源。其运行效果如图 13-3 所示。

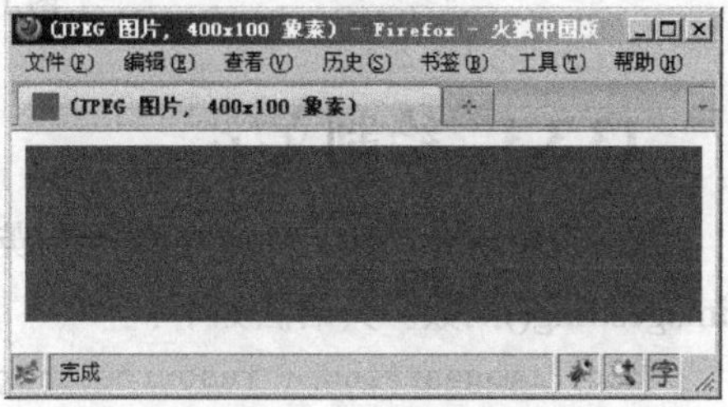

图 13-3　创建画布

13.3.2　颜色处理

应用 GD2 函数绘制图形需要为图形中的背景、边框、文字等元素指定颜色，GD2 中使用 imagecolorallocate()函数设置颜色。语法如下：

```
int imagecolorallocate ( resource image, int red, int green, int blue)
```

image 参数是 imagecreatetruecolor()函数的返回值。red、green 和 blue 分别是所需要的颜色的红、绿、蓝成分，这些参数是 0 ~ 255 的整数或者十六进制的 0x00 到 0xFF。

imagecolorallocate()函数返回一个标识符，代表由给定的 RGB 成分组成的颜色。

如果是第一次调用 imagecolorallcate()函数，那么它将完成背景颜色的填充。

【例 13-2】　通过 imagecreate()函数创建一个宽 685 像素、高 180 像素的画布，通过 imagecolorallocate()函数为画布设置背景颜色以及图像的颜色，并且输出创建的图像。（实例位置：光盘\MR\ym\13\13-2）

首先通过 imagecreate()函数创建一个宽 685 像素、高 180 像素的画布；然后通过 imagecolorallocate()函数为画布设置背景颜色以及图像的颜色，接着通过 imageline()函数绘制一条白色的直线；最后完成图像的输出和资源的销毁。其代码如下：

```
<?php
```

```
    header("Content-Type:text/html;charset=utf-8");        //设置页面的编码风格
    header("Content-Type:image/jpeg");                     //告知浏览器输出的是一个图片
    $image=imagecreate(685,180);                           //设置画片大小
    $bgcolor=imagecolorallocate($image,200,60,120);        //设置图片的背景颜色
    $write=imagecolorallocate($image,200,200,250);         //设置线条的颜色
    imageline($image,20,20,650,160,$write);                //画一条线
    imagejpeg($image);                                     //输出图像
    imagedestroy($image);                                  //销毁图片
?>
```

运行结果如图 13-4 所示。

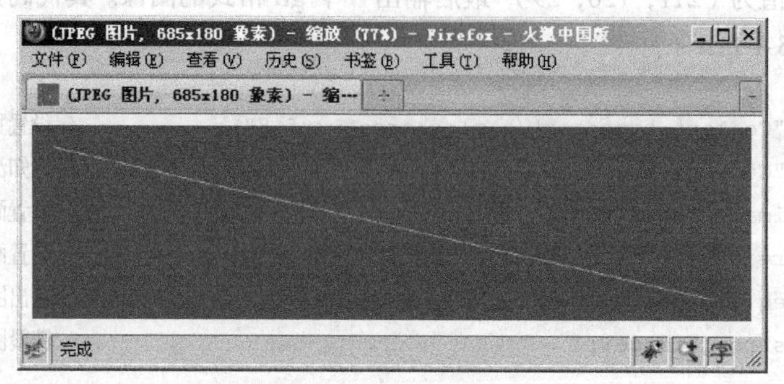

图 13-4 绘制一条白色直线

13.3.3 绘制文字

在 PHP 中的 GD 库既可以绘制英文字符串，也可以绘制中文汉字。绘制英文字符串应用 imagestring()函数。其语法如下：

```
bool imagestring ( resource image, int font, int x, int y, string s, int col )
```

imagestring()函数用 col 颜色将字符串 s 绘制到 image 所代表的图像的 x, y 坐标处（这是字符串左上角坐标，整幅图像的左上角为 0，0）。如果 font 是 1、2、3、4 或 5，则使用内置字体。

绘制中文汉字应用 imagettftext()函数，其语法如下：

```
array imagettftext ( resource image, float size, float angle, int x, int y, int color,
string fontfile, string text )
```

imagettftext()函数的参数说明如表 13-1 所示。

表 13-1 imagettftext()函数的参数说明

参数	说明
image	图像资源
size	字体大小。根据 GD 版本不同，应该以像素大小指定（GD1）或点大小（GD2）
angle	字体的角度。顺时针计算，0° 为水平，也就是 3 点钟的方向（由左到右），90° 则为由下到上的文字
x	文字的 x 坐标值。它设定了第一个字符的基本点
y	文字的 y 坐标值。它设定了字体基线的位置，不是字符的最底端
color	文字的颜色
fontfile	字体的文件名称，也可以是远端的文件
text	字符串内容

在 GD2 函数库中支持的是 UTF-8 编码格式的中文，所以在通过 imagettftext()函数输出中文字符串时，必须保证中文字符串的编码格式是 UTF-8，否则中文将不能正确地输出。如果定义的中文字符串是 gb2312 简体中文编码，那么要通过 iconv()函数对中文字符串的编码格式进行转换。

【例 13-3】　通过 imagestring()函数水平地绘制一行字符串“I Like PHP”。（实例位置：光盘\MR\ym\13\13-3）

首先创建一个画布；然后定义画布背景颜色和输出字符串的颜色，接着通过 imagestring()函数水平的绘制一行英文字符串；最后输出图像并且销毁图像资源。其代码如下：

```
<?php
    header("Content-Type:text/html;charset=utf-8");          //设置页面的编码风格
    header("Content-Type:image/jpeg");                        //告知浏览器输出的是一张图片
    $image=imagecreate(300,80);                               //创建画布的大小
    $bgcolor=imagecolorallocate($image,200,60,90);            //设置背景颜色
    $write=imagecolorallocate($image,0,0,0);                  //设置文字颜色
    imagestring($image,5,80,30,"I Like PHP","$write");        //书写英文字符
    imagejpeg($image);                                        //输出图像
    imagedestroy($image);                                     //销魂图像
?>
```

运行结果如图 13-5 所示。

图 13-5　绘制英文字符串

【例 13-4】　通过 imagettftext ()函数水平地绘制一行中文字符串。（实例位置：光盘\MR\ym\13\13-4）

首先创建一个画布，定义画布背景颜色和输出字符串的颜色；然后定义中文字符串使用的字体，以及要输出的中文字符串的内容，接着通过 imagettftext ()函数水平的绘制一行中文字符串；最后输出图像并且销毁图像资源。其代码如下：

```
<?php
    header("Content-Type:text/html;charset=utf-8");           //设置文件编码格式
    header("Content-Type:image/jpeg");                         //告知浏览器所要输出图像的类型
    $image=imagecreate(800,150);                               //创建画布
    $bgcolor=imagecolorallocate($image,0,200,200);             //设置图像背景色
    $fontcolor=imagecolorallocate($image,200,80,80);           //设置字体颜色为黑色
    $font="FZSHHJW.TTF";                                       //定义字体
    $string="明日科技";                                         //定义输出中文
    imagettftext($image,80,5,100,130,$fontcolor,$font,$string);
                                                               //写 TTF 文字到图中
    imagejpeg($image);                                         //建立 JPEG 图形
    imagedestroy($image);                                      //释放内存空间
?>
```

运行结果如图 13-6 所示。

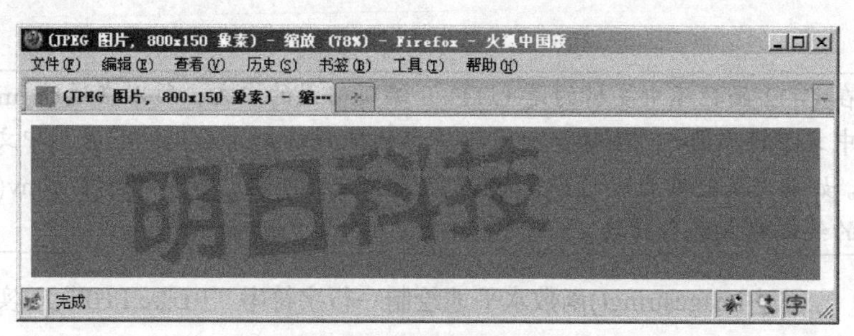

图 13-6 绘制中文字符串

说明

由于imagettftext()函数只支持UTF-8编码，如果创建的网页的编码格式使用gb2312，那么在应用 imagettftext()函数输出中文字符串时，必须应用 iconv()函数将字符串的编码格式由 gb2312 转换为 UTF-8，否则在输出时将显示乱码。在本范例中之所以没有进行编码格式转换，是因为创建的文件默认使用的是 UTF-8 编码。

【例 13-5】 在用户注册功能模块中，为了提高站点的安全性，避免由于网速慢造成用户注册信息的重复提交，往往会在用户注册表单中增加验证码功能。这里我们就应用 GD2 函数库中的函数生成一个数字验证码，其具体步骤如下。（实例位置：光盘\MR\ym\13\13-5）

（1）设置页面的编码风格为 UTF-8。

（2）告知浏览器输出的是一个 jpeg 格式的图像。

（3）利用 GD2 函数将 rand 函数生成的验证码以图像的形式输出。其代码如下：

```
<?php
    header("Content-Type:text/html;charset=utf-8");                //设置编码风格
    header("Content-Type:image/jpeg");                             //设置图片格式
    $image=imagecreate(250,100);                                   //创建画布
    $bgcolor=imagecolorallocate($image,250,180,180);               //设置背景颜色
    $fontcolor=imagecolorallocate($image,30,30,30);                //设置字体颜色
    $font="STCAIYUN.TTF";                                          //设置字体
    for($a=0;$a<4;$a++){                                           //循环语句
        $rand.=dechex(rand(0,15));
    }
    $string=$rand;
    imagettftext($image,50,7,40,80,$fontcolor,$font,$string);      //输出验证码
    imagejpeg($image);
    imagedestroy($image);
?>
```

运行结果如图 13-7 所示。

图 13-7 生成图像验证码

13.3.4 输出图像

PHP 作为一种 Web 语言，无论是解析出的 HTML 代码还是二进制的图片，最终都要通过浏览器显示。应用 GD2 函数绘制的图像首先需要用 header()函数发送 HTTP 头信息给浏览器，告知所要输出图像的类型，然后应用 GD2 函数库中的函数完成图像输出。

header()函数向浏览器发送 HTTP 头信息，其语法如下：

```
void header ( string string [, bool replace [, int http_response_code]] )
```

参数 string：发送的标头。

参数 replace：如果一次发送多个标头，确定对于相似的标头是替换还是添加。如果是 false，则强制发送多个同类型的标头。默认是 true，即替换。

参数 http_response_code：强制 HTTP 响应为指定值。

header()函数可以实现如下 4 种功能。

（1）重定向，这是最常用的功能。

```
header("Location: http://www.mrbccd.com");
```

（2）强制客户端每次访问页面时获取最新资料，而不是使用存在于客户端的缓存。

```
//设置页面的过期时间(用格林尼治时间表示)。
header("Expires:    Mon,    08   Jul    2008    08:08:08    GMT");
//设置页面的最后更新日期(用格林尼治时间表示)，使浏览器获取最新资料
header("Last-Modified: " . gmdate("D, d M Y H:i:s") . "GMT");
header("Cache-Control: no-cache,    must-revalidate");          //控制页面不使用缓存
header("Pragma: no-cache");                    //参数（与以前的服务器兼容），即兼容 HTTP1.0 协议
header("Content-type:    application/file");                    //输出 MIME 类型
header("Content-Length:   227685");                             //文件长度
header("Accept-Ranges:    bytes");                              //接受的范围单位
//缺省时文件保存对话框中的文件名称
header("Content - Disposition: attachment; filename=$filename");  //实现下载
```

（3）输出状态值到浏览器，控制访问权限。

```
header('HTTP/1.1 401 Unauthorized');
header('status: 401 Unauthorized');
```

（4）完成文件的下载。

```
header("Content-type: application/x-gzip");
header("Content-Disposition: attachment; filename=文件名");
header("Content-Description: PHP3 Generated Data"); >
```

在应用的过程中，唯一需要改动的就是 filename，即将 filename 替换为要下载的文件。

imagegif()函数以 GIF 格式将图像输出到浏览器或文件，其语法如下：

```
bool imagegif ( resource image [, string filename] )
```

参数 image：是 imagecreate()或 imagecreatefromgif()等创建图像函数的返回值，图像格式为 GIF。如果应用 imagecolortransparent()函数，则使图像设置为透明，图像格式为 GIF。

参数 filename：可选参数，如果省略，则原始图像流将被直接输出。

imagejpeg()和 imagepng()函数的使用方法与 imagegif()函数类似，这里不再赘述。至于图像输出函数的应用在前面的 4 个实例中都已经使用过，这里不再重新举例。

13.3.5　销毁图像

在 GD2 函数库中，通过 imagedestroy()函数来销毁图像，释放内存。其语法如下：

```
bool imagedestroy ( resource image )
```

imagedestroy()释放与 image 关联的内存。image 是由图像创建函数返回的图像标识符，如 imagecreatetruecolor()。

有关销毁图像函数的应用在前面的 4 个实例中都已经使用过，这里不再重新举例。

库的支持，则在“;extension=php_gd2.dll”选项前加上分号即可。

13.4 运用 Jpgraph 类库绘制图像

Jpgraph 是基于 GD2 函数库编写的主要用于创建统计图的类库。在绘制统计图方面不仅功能非常强大，而且代码编写方便，只需简单的几行代码就可以绘制出非常复杂的统计图效果，从而很大程度地提高了编程人员的开发效率。

13.4.1 Jpgraph 类库简介

Jpgraph 类库是一个可以应用在 PHP4.3.1 以上版本的用于图像图形绘制的类库，该类库完全基于 GD2 函数库编写，提供了多种方法创建各类统计图，包括坐标图、柱状图、饼形图等。使用 Jpgraph 类库使复杂的统计图编写工作变得简单，大大提高了开发者的开发效率，在现今的 PHP 项目中被得以广泛的应用。

要运用 Jpgraph 类库，首先必须了解它如何下载，都有哪些版本，都适用于哪些环境。Jpgraph 包括 JpGraph 1.x 系列、JpGraph 2.x 系列和 JpGraph 3.x 系列。

- JpGraph 1.x 系列仅适用于 PHP4 环境，PHP5 下不能工作。
- JpGraph 2.x 系列仅适用于 PHP5 环境（≤ 5.1.x），PHP4 下不能工作。目前 JpGraph 2 x 系列的最新版本是 2.3.4。
- JpGraph 3.x 系列是 2.x 的升级版本，目前最新的版本是 3.0.6。

13.4.2 Jpgraph 的安装

安装 Jpgraph 前，首先需要下载该类库的压缩包，Jpgraph 类库的压缩包主要有 zip 格式和 tar 格式两种形式。如果是 Linux/UNIX 平台，可以选择 tar 格式的压缩包；如果是微软公司的 win32 平台，选择上述两种格式的压缩包任一种都可以。Jpgraph 类库可以从其官方网站 http://www.aditus.nu/jpgraph/下载，目前最新的版本是 2.3.4。

如果已经下载 Jpgraph 的安装包，解压后将会呈现如图 13-8 所示的目录结构。

docs	使用文档
src	源文件
QPL.txt	版权声明
README	类库文件介绍
VERSION	版本声明

图 13-8　Jpgraph 压缩包解压后的目录

（1）如果希望服务器中所有站点均有效，可以按如下步骤进行配置。

首先，解压下载的压缩包，拷贝图 13-8 中的 src 文件夹，并将该文件夹保存到服务器磁盘中，如 c:\jpgraph。

然后，编辑 php.ini 文件，修改 include_path 配置项，在该项后增加 Jpgraph 类库的保存目录，如 include_path = ".;c:\jpgraph"。

最后，重新启动 Apache 服务，则配置生效。

（2）如果只希望在本站点使用 Jpgraph，则直接将 src 文件夹拷贝到工程目录下即可。

通过上述两种方式都可以完成 Jpgraph 的安装，此时在程序中通过 require_once 语句即可完成 Jpgraph 类库的载入操作。代码如下：

```
require_once 'src/jpgraph.php';
```

因为 Jpgraph 类库属于第三方的内容，所以在本书光盘中没有提供。运行本章中所有涉及 Jpgraph 类库的程序时，都需要读者自己下载 Jpgraph 类库，然后拷贝 src 文件夹，将其放置于实例根目录的上级文件夹下。

13.4.3　柱形图分析产品月销售量

【例 13-6】　通过 Jpgraph 类库创建柱形图，完成对产品月销售量的统计分析，具体步骤如下。（实例位置：光盘\MR\ym\13\13-6）

（1）将 Jpgraph 类库导入程序中。

使用 Jpgraph 类库，首先从 http://www.aditus.nu/jpgraph/下载该类库的压缩包，下载并解压，将呈现如图 13- 8 所示的目录结构。

（2）将 src 文件夹拷贝到实例的根目录下。

（3）创建 index.php 文件，将 Jpgraph 导入项目中。具体操作步骤如下：

- 使用 Graph 类创建统计图对象；
- 调用 Graph 类的 SetScale()方法设置统计图的刻度样式；
- 调用 Graph 类的 SetShadow()方法设置统计图阴影；
- 调用 Graph 类的 img 属性的 SetMargin()方法设置统计图的边界范围；
- 调用 BarPlot 类创建统计图的柱状效果；
- 调用 BarPlot 类的 SetFillColor()方法设置柱状图的前景色。

index.php 的关键代码如下：

```
<?php
header ( "Content-type: text/html; charset=UTF-8" );          //设置文件编码格式
require_once 'src/jpgraph.php';                                //导入 Jpgraph 类库
require_once 'src/jpgraph_bar.php';                            //导入 Jpgraph 类库的柱状图功能
$data = array(80, 73, 89, 85, 92);                             //设置统计数据
$datas = array("C#", "VB", "VC", "JAVA", "ASP.NET");           //设置统计数据
$graph = new Graph(600, 300);                                  //设置画布大小
$graph->SetScale('textlin');                                   //设置坐标刻度类型
$graph->SetShadow();                                           //设置画布阴影
$graph->img->SetMargin(40, 30, 20, 40);                        //设置统计图边距
$barplot = new BarPlot($data);                                 //实例化 BarPlat 对象
$barplot->SetFillColor('blue');                                //设置柱形图前景色
$barplot->value->Show();
$graph->Add($barplot);
$graph->title->Set(iconv("utf 8","gb2312","吉林省明日科技有限公司 6 月份编程词典销售量分析"));
                                                                    //统计图标题
$graph->xaxis->title->Set(iconv("utf-8","gb2312","部门"));          //设置 X 轴名称
$graph->xaxis->SetTickLabels($datas);
$graph->yaxis->title->Set(iconv("utf-8","gb2312",'总数量(本)'));    //设置 y 轴名称
$graph->title->SetFont(FF_SIMSUN, FS_BOLD);                         //设置标题字体
$graph->xaxis->title->SetFont(FF_SIMSUN,FS_BOLD);                   //设置 X 轴字体
$graph->yaxis->title->SetFont(FF_SIMSUN,FS_BOLD);                   //设置 Y 轴字体
$graph->Stroke();                                                   //输出图像
```

其运行效果如图 13-9 所示。

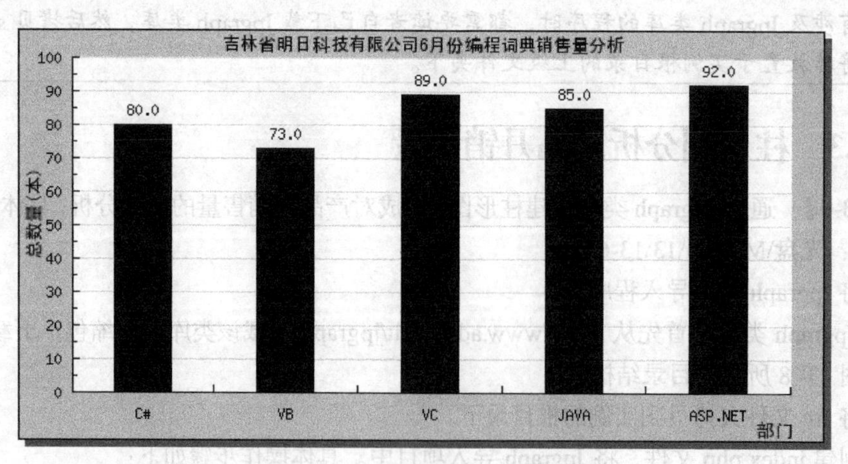

图 13-9　柱形图分析产品月销售量

13.4.4　折线图分析网站一天内的访问走势

【例 13-7】　通过 Jpgraph 类库创建折线图，对网站一天内的访问走势进行分析。其中，应用 SetFillColor()方法为图像填充颜色；通过 SetColor()方法定义数据、文字、坐标轴的颜色。用折线图分析网站一天内的访问走势的具体步骤如下。（实例位置：光盘\MR\ym\13\13-7）

（1）创建 index.php 文件，设置网页的编码格式，并通过 include()语句导入所需的存储在章文件夹 src 下的 Jpgraph 文件。注意这里创建的是折线图，所以导入的文件也发生了变化。

（2）应用 Jpgraph 类库中的方法创建一个折线图，对网站一天中的访问量走势进行分析。其关键代码如下：

```
<?php
header ( "Content-type: text/html; charset=UTF-8" );      //设置文件编码格式
include ("../src/jpgraph.php");
include ("../src/jpgraph_line.php");
                                                          //这里省略了创建数据的代码
$graph = new Graph(450,275);                              //创建图像
$graph->SetMargin(40,40,40,50);                           //设置图像的边框
$graph->SetScale("textint");                              //定义刻度值的类型
$graph->SetShadow();                                      //设置图像阴影
$graph->title->Set(iconv("utf-8","gb2312",'网站一天内流量分析'));
                                                          //定义标题
$graph->title->SetFont(FF_SIMSUN, FS_BOLD);               //设置标题字
$graph->title->SetMargin(10);                             //设置标题字
$graph->xaxis->SetTickLabels($datas);                     //添加 X 轴上的数据
$graph->xaxis->SetFont(FF_SIMSUN, FS_BOLD,8);             //定义字体
$graph->xaxis->title->Set("2011-06-21");                  //设置 X 轴的角标
$graph->xaxis->title->SetFont(FF_ARIAL,FS_BOLD);          //定义字体
$graph->xaxis->title->SetMargin(10);                      //定义位置
$pl = new LinePlot($datay);                               //创建折线图像
```

```
$pl->value->Show();                              //输出图像对应的数据值
$pl->value->SetFont(FF_ARIAL,FS_BOLD);           //定义图像值的字体
$pl->value->SetColor("black","darkred");         //定义值的颜色
$pl->SetColor("blue");                           //定义图像颜色
$pl->SetFillColor("blue@0.4");                   //定义填充颜色
$graph->Add($pl);                                //添加数据
$graph->Stroke();                                //输出图像
?>
```

运行结果如图 13-10 所示。

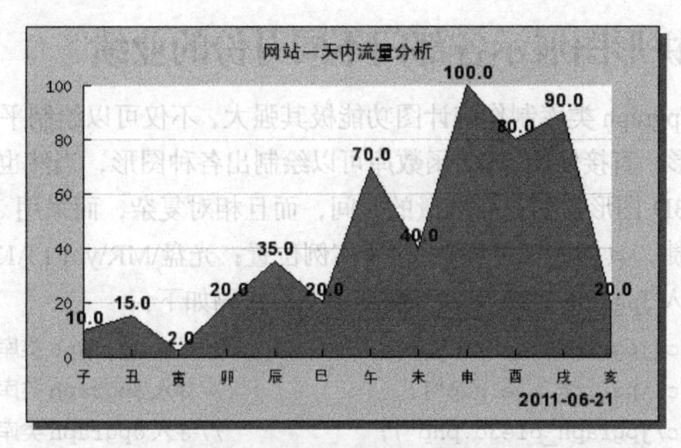

图 13-10　网站访问走势分析

在本范例中以一天的 12 个时辰为单位，分析在这 12 个时辰中网站访问量的走势。使用 Jpgraph 类库创建折线统计图，除了需要在程序中包含“jpgraph.php”文件外，还需要包含“jpgraph_line.php”文件，从而启用 Jpgraph 类库的折线创建功能。其中使用的 Jpgraph 技术如下。

（1）使用 LinePlot 对象绘制曲线。

通过 Jpgraph 类库中的 LinePlot 类创建曲线，该类的语法如下：

$linePlot = new LinePlot($data)　　　//创建折线图

- $data：数值型数组，指定统计数据。

（2）SetFont()方法统计图标题、坐标轴等文字样式。

制作统计图时，需要对图像的标题、坐标轴内文字进行样式设置，Jpgraph 类库中，可以使用 SetFont()实现，该方法的语法如下：

SetFont($family, [$style,] [$size])

- $family：指定文字的字体。
- $style：指定文字的样式。
- $size：指定文字的大小，默认为 10。

（3）SetMargin()方法设置图像、标题、坐标轴上文字与边框的距离。其语法如下：

SetMargin($left,$right,$top,$bottom)

参数指定其与左右、上下边框的距离。

或者：

SetMargin($data)

参数$data 同样指定与边框的距离。

注意

创建不同的图像导入的文件是有所区别的。如果创建的是柱形图，那么导入的是：
include ("../src/jpgraph.php");
include ("../src/jpgraph_bar.php");
include ("../src/jpgraph_flags.php");
如果创建折线图，那么导入的是：
include ("../src/jpgraph.php");
include ("../src/jpgraph_line.php");
这一点必须注意，如果没有导入正确的文件，那么就不能够完成图像的创建操作。

13.4.5　3D 饼形图展示各部门不同月份的业绩

【例 13-8】　用 Jpgraph 类库制作统计图功能极其强大，不仅可以绘制平面图形，而且可以绘制具有 3D 效果的图形。直接使用 GD2 函数库可以绘制出各种图形，当然也包括 3D 饼形图，但使用 GD2 函数绘制 3D 图形需要花费大量的时间，而且相对复杂，而采用 Jpgraph 类库绘制 3D 饼图却十分方便、快捷，具体实现过程如下。（实例位置：光盘\MR\ym\13\13-8）

（1）在程序中导入 Jpgraph 类库及饼图绘制功能，代码如下：

```
include ("../src/jpgraph.php");                  //导入 Jpgraph 类库
include ("../src/jpgraph_pie.php");              //导入 Jpgraph 类库的饼图功能
include ("../src/jpgraph_pie3d.php");            //导入 Jpgraph 类库的 3D 饼形图功能
```

（2）创建数值型数组作为统计数据，代码如下：

```
$data = array(
    array(80,18,15,17),
    array(35,28,6,34),
    array(10,28,10,5),
    array(22,22,10,17));                                              //设置统计数据
```

（3）创建统计图对象，并对统计图的标题内容、字体进行设置，代码如下：

```
$graph->title->Set(iconv('utf-8','gbk',"部门业绩比较"));       //设置标题
$graph->title->SetFont(FF_SIMSUN,FS_BOLD,20);                 //设置字体
$graph->title->SetColor('white');                             //设置颜色
```

（4）创建 3D 饼形图对象并输入统计图，代码如下：

```
$titles = array('C#','.net','JAVA','PHP');
$n = count($piepos)/2;
$graph = new PieGraph(550,400,'auto');
// Specify margins since we put the image in the plot area
$graph->SetMargin(1,1,40,1);
$graph->SetMarginColor('navy');
$graph->SetShadow(false);
// Setup background
$graph->SetBackgroundImage('worldmap1.jpg',BGIMG_FILLPLOT);
```

运行结果如图 13-11 所示。

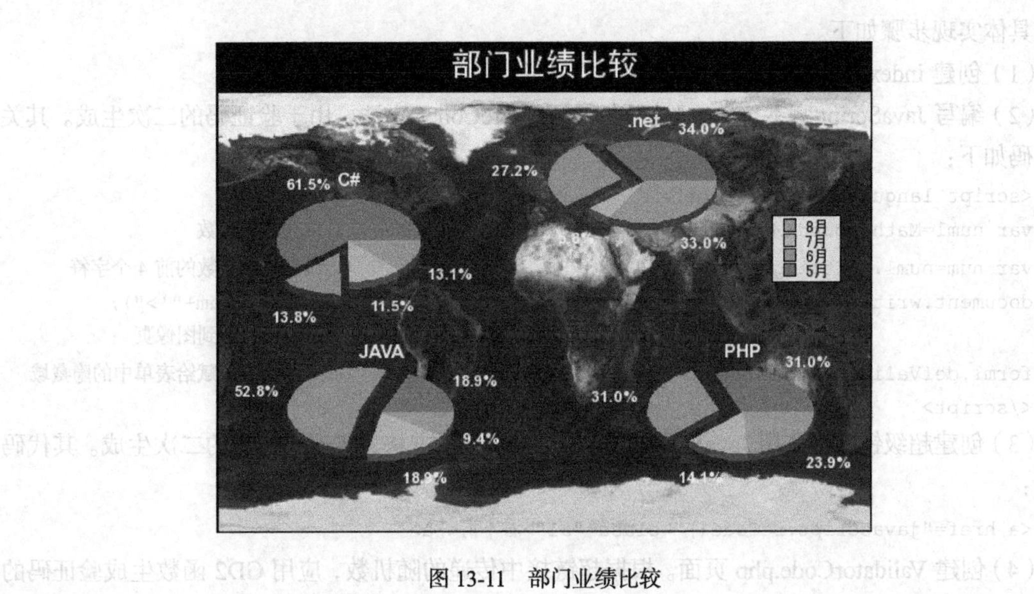

图 13-11　部门业绩比较

13.5　综合实例——GD2 函数生成图形验证码

验证码技术的应用，是为了提高站点的安全性，避免因网页运行速度慢而造成数据的重复提交。本实例中将通过 JavaScript 脚本和 GD2 函数开发一个无刷新验证码，其运行结果如图 13-12 所示。

图 13-12　GD2 函数生成图形验证码

具体实现步骤如下。

（1）创建 index.php 页面。定义 form 表单，设计用户注册页面的效果。

（2）编写 JavaScript 脚本。生成验证码，并定义 reCode()方法，用于验证码的二次生成。其关键代码如下：

```
<script language="javascript">
var num1=Math.round(Math.random()*10000000);                //生成随机数
var num=num1.toString().substr(0,4);                        //截取随机数的前 4 个字符
document.write("<img name=codeimg src='ValidatorCode.php?code="+num+"'>");
                                                            //将值传递到图像页
form1.defValidatorCode.value=num;                           //将截取值赋给表单中的隐藏域
</script>
```

（3）创建超级链接。调用 JavaScript 脚本中的 reCode()方法，实现验证码的二次生成。其代码如下：

```
<a href="javascript:reCode()" class="a1">看不清</a>
```

（4）创建 ValidatorCode.php 页面。根据超链接中传递的随机数，应用 GD2 函数生成验证码的数字图像，并且为验证码的图像添加干扰线。其关键代码如下：

```
<?php
header('content-type:image/png');                              //定义标题 png 格式图像
$im = imagecreate(65, 25);                                     //定义画布
imagefill($im, 0, 0, imagecolorallocate($im, 200, 200, 200));//区域填充
$validatorCode = $_GET['code'];                    //获取提交的值
imagestring($im,   rand(3,   5),   10,   3,   substr($validatorCode,   0,   1),
imagecolorallocate($im, 0, rand(0, 255), rand(0, 255)));
imagestring($im,   rand(3,   5),   25,   6,   substr($validatorCode,   1,   1),
imagecolorallocate($im, rand(0, 255), 0, rand(0, 255)));
imagestring($im,   rand(3,   5),   36,   9,   substr($validatorCode,   2,   1),
imagecolorallocate($im, rand(0, 255), rand(0, 255), 0));
imagestring($im,   rand(3,   5),   48,   12,   substr($validatorCode,   3,   1),
imagecolorallocate($im, 0, rand(0, 255), rand(0, 255)));
for ($i = 0; $i < 200; $i ++) {                                //为验证码添加干扰线
    imagesetpixel($im, rand() % 70, rand() % 30, imagecolorallocate($im, rand(0, 255),
rand(0, 255), rand(0, 255)));
}
imagepng($im);                                                 //生成 PNG 图像
imagedestroy();                                                //销毁图像
```

（5）在 js 文件夹下，创建一个 js 脚本文件，定义 chkinput()方法，对表单中提交的注册信息进行验证，包括验证码是否正确。

知识点提炼

（1）PHP 不仅可以生成 HTML 页面，而且可以创建和操作二进制形式数据，如图像、文件等。

（2）PHP 图形化类库——Jpgraph 也是一款非常好用和强大的图形处理工具，可以绘制各种统计图和曲线图，也可以自定义设置颜色和字体等元素。

（3）PHP 5 中 GD2 函数库已经作为扩展被默认安装。

（4）PHP 中的 GD2 函数库用于创建或者处理图片，通过它可以生成统计图表、动态图形、缩略图和图形验证码。

（5）在 PHP 中，对图像的操作可以分为 4 个步骤：创建画布、在画布上绘制图形、保存并输出结果图像、销毁图像资源。

（6）Jpgraph 类库是一个可以应用在 PHP4.3.1 以上版本的用于图像图形绘制的类库，该类库完全基于 GD2 函数库编写。

（7）Jpgraph 类库提供了多种方法创建各类统计图，包括坐标图、柱状图、饼形图等。

习 题

13-1 GD 库是做什么用的?

13-2 Jpgraph 类库是做什么用的?

13-3 说说实现向网站图片上打水印的原理。

13-4 怎么安装 PHP gd 图形处理工具?

13-5 用 PHP 怎样将图片格式 gif 转换成 jpg?

实验：在照片上添加文字

实验目的

（1）掌握在 PHP 中对图像的操作步骤。

（2）掌握 imagettftext()函数的语法格式及具体应用。

（3）体验编程乐趣。

实验内容

应用 imageTTFText()函数将文字“丹东断桥”以 TTF（TrueType Fonts）字体输出到图像中。运行前后的效果如图 13-13 和图 13-14 所示。

图 13-13 照片原图

图 13-14 添加文字后的照片

实验步骤

（1）使用 header()函数发送 HTTP 头指定发送媒体类型。

（2）使用 iconv()函数将“丹东断桥”由 GB2312 格式转换为 UTF-8 格式。

（3）载入一张 jpg 格式的背景图片，并用 imageTTFText()函数在图像中以 simhei.ttf 字体输出一串蓝色的文字“丹东断桥”。代码如下：

```
<?php
header("content-type:image/gif");                              //定义输出为图像类型
$im=imagecreatefromjpeg("bg.jpg");                             //载入照片
$textcolor=imagecolorallocate($im,56,73,136);                  //设置字体颜色为蓝色，值为 RGB 颜色值
$fnt="c:/windows/fonts/simhei.ttf";                            //定义字体
$text =iconv("gb2312", "utf-8", "丹东断桥");                    //将中文转换为 UTF-8 格式
imageTTFText($im,80,0,150,120,$textcolor,$fnt,$text);//写 TTF 文字到图中
imagegif($im);                                                 //建立 gif 图形
imageDestroy($im);                                             //结束图形，释放内存空间
?>
```

在上面的代码中，主要应用 imageTTFText()函数输出文字到照片中。其中，$im 是指照片，80 是字体的大小，0 是文字的水平方向，（150, 120）是文字的坐标值，$textcolor 是文字的颜色，$fnt 是字体，$text 是照片文字。

第 14 章 文件和目录处理

本章要点：

- 文本文件的打开
- 读取文件内容
- 向文件中写入数据
- 文件的创建、复制、移动和删除等技术
- 关闭文件指针
- 打开指定目录
- 读取目录结构
- 关闭目录指针

掌握文件处理技术对于 Web 开发者来说是十分必要的。虽然在处理信息方面，使用数据库是多数情况下的选择，但对于少量的数据，利用文件来存取是非常方便快捷的，更关键的是 PHP 中提供了非常简单方便的文件、目录处理方法。本章将对 PHP 操作文件和目录的技术进行系统讲解。

14.1 基本的文件处理

文件操作是通过 PHP 内置的文件系统函数完成的。文件和目录操作可以归纳为如下 3 个步骤：

- 第一步：打开文件的方法；
- 第二步：读取、写入和操作文件的方法；
- 第三步：关闭文件的方法。

掌握这 3 个步骤，就可以区分出函数使用的先后顺序和功能，达到运用自如。

14.1.1 打开一个文件

要对文件进行操作，首先必须要打开这个文件。

在 PHP 中使用 fopen()函数打开一个文件，语法如下：

```
resource fopen (string filename, string mode [,bool use_include_path [, resource zcontext]])
```

参数 filename 指定打开的文件名。

参数 filename 可以是包含文件路径的文件名（例如："C:/windows/php.ini" 或者 "./php.ini"）。为了避免不同系统之间切换可能带来的麻烦，采用 "/" 作为路径分隔符。参数 filename 也可以是由某种协议给出的 URL（例如："http://mrbccd.cn" 或者 "ftp://www.mrbccd.cn//"）。如果指定 URL 地址，则可以打开远程文件。

参数 mode 设置打开文件的方式，参数值如表 14-1 所示。

表 14-1　　fopen()中参数 mode 的可选值

mode	模式名称	说明
r	只读	读模式——读文件，文件指针位于文件头部
r+	只读	读写模式——读、写文件，文件指针位于文件头部。注意：如果在现有文件内容的末尾之前进行写入就会覆盖原有内容
w	只写	写模式——写入文件，文件指针指向文件头部。注意：如果文件存在，则文件内容被删除，重新写入；如果文件不存在，则函数自行创建文件
w+	只写	写模式——读、写文件，文件指针指向文件头部。注意：如果文件存在，则文件内容被删除，重新写入；如果文件不存在，则函数自行创建文件
x	谨慎写	写模式打开文件，从文件头部开始写入。注意：如果文件已经存在，函数返回 FALSE，产生一个 E_WARNING 级别的错误信息
x+	谨慎写	读/写模式打开文件，从文件头部开始写入。注意：如果文件已经存在，函数返回 FALSE，产生一个 E_WARNING 级别的错误信息
a	追加	追加模式打开文件，文件指针指向文件尾部。注意：如果文件已有内容，则将从文件末尾开始追加；如果文件不存在，则函数自行创建文件
a+	追加	追加模式打开文件，文件指针指向文件尾部。注意：如果文件已有内容，则从文件末尾开始追加或者读取；如果文件不存在，则函数自行创建文件
b	二进制	二进制模式——用于与其他模式进行连接。注意：如果文件系统能够区分二进制文件和文本文件，可能会使用它。Windows 可以区分，UNIX 则不区分。推荐使用这个选项，便于获得最大程度的可移植性。它是默认模式
t	文本	用于与其他模式的结合。这个模式只是 Windows 下的一个选项

参数 use_include_path 为可选参数，决定是否在 include_path（php.ini 中的 include_path 选项）定义的目录中搜索 filename 文件。例如，在 php.ini 文件中设置 include_path 选项的值为 "E:\AppServ\www\MR\ym\14\"，如果希望服务器在这个路径下打开所指定的文件，则设置参数 use_include_path 的值为 1 或 TRUE。

参数 context 称为上下文，同样为可选参数，是设置流操作的特定选项，用于控制流的操作特性。一般情况下只需使用默认的流操作设置，不需要使用此参数。

这就是 fopen()函数，在使用这个函数时应该谨慎从事，因为从 fopen()函数的参数中可以看到，使用这个函数不像平时用的 note、word 那么简单，一不小心就有可能将文件内容全部删掉。

【例 14-1】　通过 fopen 函数打开指定的文件，代码如下：（实例位置：光盘\MR\ym\14\14-1）

```
<?php
//以只读方式打开当前执行脚本所在目录下的 count.txt 文件
$file1=fopen("./count.txt","r");
//以读写方式打开指定文件夹下的文件，如果文件不存在，则创建
$file2=fopen("C:/count.txt","w+");
//以二进制只写方式打开指定文本，并清空文件
$file3=fopen("./images/bg_01.jpg","wb");
//以只读方式打开远程文件
$file4=fopen("http://192.168.1.249/in/index.php","r");
?>
```

运行本实例，在页面中看不到任何效果。但是，可以查看一下 C 盘的根目录，会有一个 count.txt 文件；在本实例根目录下的 images 文件夹中存储了两个图片，一个是 bg_01.jpg，另一个是 bg_01.jpg 的备份，读者可以看一下它们有什么不同。

另外，如果在本实例的根目录下没有创建 count.txt 文件，那么运行本程序将看到如图 14-1 所示的错误信息。

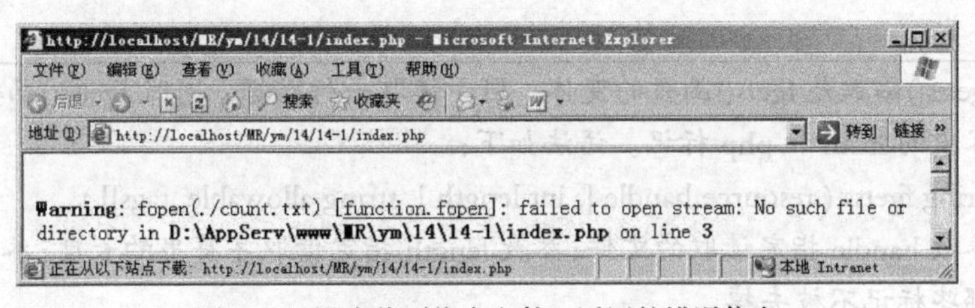

图 14-1　没有找到指定文件，返回的错误信息

14.1.2　读取文件内容

文件打开之后，就可以进行读取和写入操作了，这里先讲解文件的读取。可以将 PHP 提供的文件读取函数分为 4 类：读取一个字符、读取一行字串、读取任意长度的字串和读取整个文件。

1. fgetc()函数，读取一个字符

fgetc()函数从文件指针指定的位置读取一个字符。函数语法如下：

```
string fgetc ( resource handle )
```

该函数返回一个字符，该字符从 handle 指向的文件中得到。遇到 EOF 则返回 FALSE。

【例 14-2】　应用 fgetc()函数循环读取 in.txt 文件中的字符。（实例位置：光盘\MR\ym\14\14-2）

（1）在当前目录下创建 txt 文件夹，新建一个 in.txt 文本文件。向文件中写入如下内容，然后保存并关闭文件。

```
<font size="13" color="red">hello world</font>
```

（2）创建 index.php 文件。首先定义文件路径，然后用只读方式打开文件。由于 fgetc()函数只能读取单个字符，所以为了拼接 for 循环的循环条件，这里使用 filesize()函数判断文本文件的数据长度。最后利用 fgets()函数输出文本数据。核心代码如下：

```
<?php
header("Content-Type:text/html; charset=gb2312");      //设置页面编码格式
$path="txt/in.txt";                                     //定义文件路径
$fopen=fopen($path,"r");                                //打开指定文件（只读方式）
$size=filesize($path);                                  //获取文件的数据长度
```

```
for($a=0;$a<$size;$a++){
                                          //for 循环语句
     echo fgetc($fopen);
                                          //输出数据
}
fclose($fopen);
                                          //关闭文件
?>
```

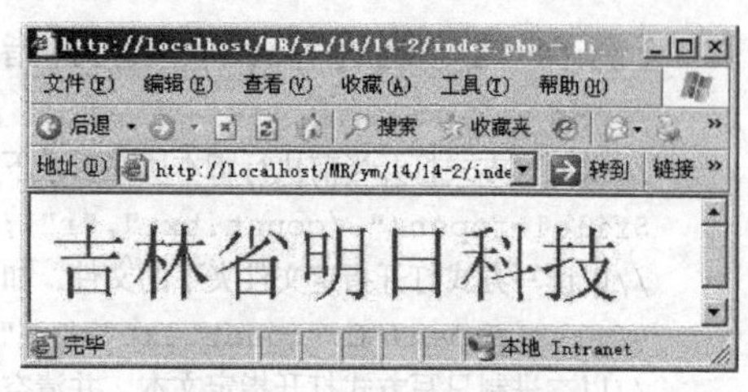

图 14-2 循环读取文件数据

运行结果如图 14-2 所示。

2. fgets()函数，读取一行字符

fgets()函数从文件指针中读取一行数据。文件指针必须是有效的，并且必须指向一个由 fopen()或 fsockopen()成功打开的文件。fgets()函数语法如下：

```
string fgets( int handle [, int length] )
```

参数 handle 是被打开的文件；参数 length 是要读取的数据长度。

fgets()函数能够从 handle 指定文件中读取一行并返回长度最大值为 length – 1 个字节的字符串。在遇到换行符、EOF 或者读取了 length – 1 个字节后停止。如果忽略 length 参数，那么将读取到行结束。

fgetss()函数是 fgets()函数的变体，用于读取一行数据，同时 fgetss()函数会过滤掉被读取内容中的 html 和 php 标记。语法如下：

string fgetss (resource handle [, int length [, string allowable_tags]])

参数 handle 指定读取的文件；参数 length 指定读取字符串的长度；参数 allowable_tags 控制哪些标记不被去掉。

【例 14-3】 应用 fgets()和 fgetss()两个函数分别输出文本文件的内容，看两者之间有什么区别。（实例位置：光盘\MR\ym\14\14-3）

```
<?php
     $fopen = fopen('./files.php','rb');
     while(!feof($fopen)){                    //feof 函数测试指针是否到了文件结束的位置
          echo fgets($fopen);                 //输出当前行
     }
     fclose($fopen);
?>
<!-- fgetss 函数读取.php 文件 -->
<?php
     $fopen = fopen('./files.php','rb');
     while(!feof($fopen)){
     //使用 feof 测试指针是否到了文件结束的位置
          echo fgetss($fopen);
     //输出当前行
     }
     fclose($fopen);
?>
```

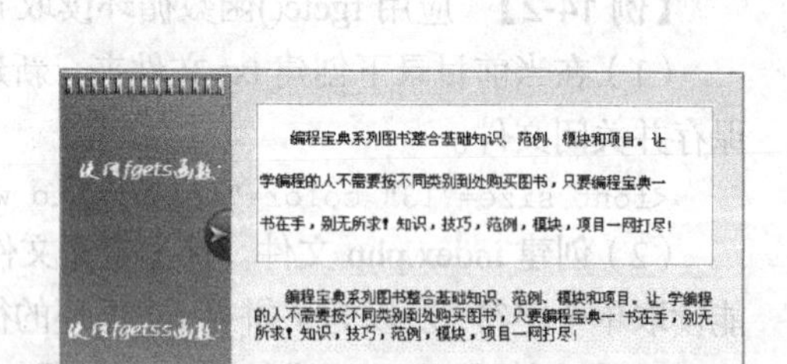

图 14-3 比较 fgets()和 fgetss()函数的输出结果

运行结果如图 14-3 所示。

从图 14-3 中可以看出，应用 fgets()函数读取的数据原样输出，没有任何变化；而应用 fgetss()函数读取的数据，去除了文件中的 html 标记，输出的完全是普通字符串。

3. fread()函数，读取任意长度的字符串

fread()函数从文件中读取任意长度的数据，还可以用于读取二进制文件。函数语法如下：

```
string fread ( int handle, int length )
```

参数 handle 为指向的文件资源，参数 length 指定要读取的字节数。此函数在读取到 length 个字节或者到达 EOF 时停止执行。

【例 14-4】 应用 fread()函数读取 txt 文件夹下 in.txt 文件的内容，具体步骤如下。（实例位置：光盘\MR\ym\14\14-4）

首先，定义文本文件在实例根目录下的存储位置。

其次，利用 fopen()函数以只读方式打开文件并返回文件句柄。

再次，利用 filesize()函数获取文本文件数据的长度。

最后，利用 fread()函数输出文本数据。代码如下：

```
<?php
    $path="txt/in.txt";                          //定义文本文件路径
    $open=fopen($path,"r");
                                   //打开指定文件
    $size=filesize($path);
                                   //获取文本数据长度
    echo fread($open,$size);
                                   //输出所有数据
    fclose($open);
                                   //关闭文件
?>
```

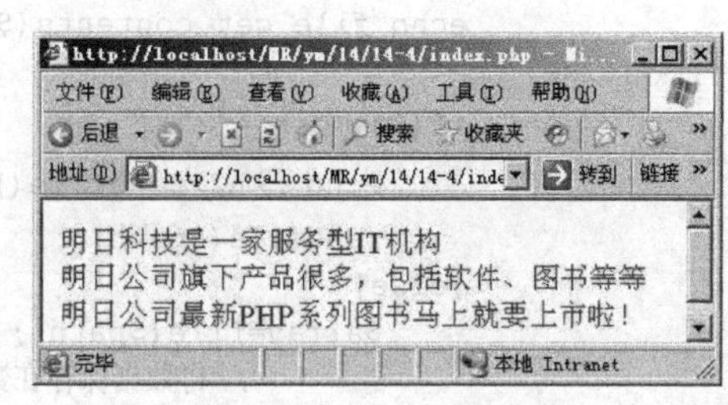

图 14-4　fread 函数的使用

运行结果如图 14-4 所示。

4. readfile()、file()和 file_get_contents()函数，读取整个文件

- readfile()函数

readfile()函数读取一个文件并写入输出缓冲，成功返回读取的字节数，失败返回 FALSE。语法如下：

```
int readfile ( string filename [, bool use_include_path [, resource context]] )
```

参数 filename 指定读取的文件名称；参数 use_include_path 控制是否支持在 include_path 中搜索文件，如果支持，则将该值设置为 TRUE；参数 context 是 PHP 5.0 新增内容。

说明

应用 readfile()函数，不需要打开/关闭文件，不需要输出语句，直接应用函数即可。

- file()函数

file()函数将整个文件的内容读入一个数组中。成功返回数组，数组中的每个元素都是文件中对应的一行，包括换行符在内；失败返回 FALSE。语法如下：

```
array file ( string filename [, int use_include_path [, resource context]] )
```

其参数与 readfile()函数相同，唯一的区别是该函数返回值是数组。

- file_get_contents()函数

file_get_contents()函数将文件内容读入一个字符串。如果有 offset 和 maxlen 参数，将在参数 offset 所指定的位置开始读取长度为 maxlen 的内容。如果失败，返回 FALSE。语法如下：

```
string file_get_contents ( string filename [, bool use_include_path [, resource context
[, int offset [, int maxlen]]]] )
```

参数 filename 指定读取的文件名称；参数 use_include_path 控制是否支持在 include_path 中搜索文件，如果支持，则将该值设置为 TRUE。

读取整个文件中的内容，推荐读者使用 file_get_contents()函数。

在了解了这些函数之后，下面编写一个实例，体会一下这些函数的功能。

【例 14-5】 读取指定文件中的全部内容。（实例位置：光盘\MR\ym\14\14-5）

创建 index.php 文件，分别应用 readfile()、file()和 file_get_contents()函数读取指定文件中的内容。代码如下：

```
<?php
function type($number,$path="txt/in.txt"){          //自定义函数，将 path 参数定义为可选参数
    if($number=="1"){                               //判断传递进来的参数是否等于 1
        echo '<h2>file_get_contents()输出数据</h2>';    //输出数据
        echo file_get_contents($path);
}else{
        if($number=="2"){                           //判断传递进来的参数是否等于 2
            echo '<h2>readfile()输出数据</h2>';      //输出数据
            readfile($path);
        }else{
            $array=file($path);
                            //将数据保存在数组中
            echo '<h2>file()输出数据
</h2>';                     //循环输出数据

    for($a=0;$a<count($array);$a++){
        echo "#".$array[$a]."<br>";
            }
        }
    }
}
type("3");
                            //方法调用

type("2");
type("1");
?>
```

运行结果如图 14-5 所示。

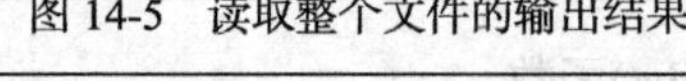

图 14-5 读取整个文件的输出结果

不知道大家是否已经注意到，在通过 readfile()、file()和 file_get_contents()函数读取整个文件中的内容时，不需要通过 fopen()函数打开文件，也不需要使用 fclose()函数关闭文件。但是，在读取一个字符、读取一行字符和读取任意长度的字符串时必须应用 fopen()函数打开文件后才能进行读取，在读取完成后还要应用 fclose()函数关闭文件。

14.1.3 向文件中写入数据

前面讲了文件的打开和读取操作，下面介绍文件的写入操作。PHP 中通过 fwrite()和 file_put_contents()函数执行文件的写入操作。

1. fwrite()函数，向文件中写入数据

fwrite()函数执行文件的写入操作，它还有一个别名 fputs()。其语法如下：

```
int fwrite ( resource handle, string string [, int length] )
```

fwrite()函数把 string 的内容写入文件指针 handle 处。如果设置 length，那么当写入 length 个字节或者完成 string 的写入后，操作就会停止。fwrite()函数成功则返回写入的字符数，失败则返回 FALSE。

在应用 fwrite()函数时，如果给出 length 参数，那么 magic_quotes_runtime（php.ini 文件中的选项）配置选项将被忽略，而 string 中的斜线将不会被抽去。如果在区分二进制文件和文本文件的系统上（例如：Windows）应用这个函数，打开文件时，fopen()函数的 mode 参数要加上'b'。

2. file_put_contents()函数，向文件中写入数据

file_put_contents()函数将一个字符串写入文件中。成功则返回写入的字节数，失败则返回 FALSE。其语法如下：

```
int file_put_contents ( string filename, string data [, int flags [, resource context]] )
```

file_put_contents()函数的参数说明如表 14-2 所示。

表 14-2　　file_put_contents()函数的参数说明

参　数	说　明
filename	指定写入文件的名称
data	指定写入的数据
flags	实现对文件的锁定。可选值为 FILE_USE_INCLUDE_PATH、FILE_APPEND 或 LOCK_EX，这里只要知道 LOCK_EX 的含义就可以，LOCK_EX 为独占锁定
context	一个 context 资源

本函数可安全用于二进制对象。如果“fopen wrappers”已经被激活，则在本函数中可以把 URL 作为文件名来使用。

【例 14-6】 通过 fwrite()和 file_put_contents()函数执行文件的写入操作。（实例位置：光盘\MR\ym\14\14-6）

首先应用 file_put_contents()函数写入文件，并应用 file_get_contents()函数读取 bg_01.jpg 图片文件；然后将读取到的二进制数据通过 file_put_contents()函数写入另外一个 files.jpg 文件中；最后通过 img 标记输出 files.jpg 图片。代码如下：

```
<?php
    $path="images/work_03.gif";                             //图片地址和名称
    $pic=file_get_contents($path);                          //获取数据信息并保存到变量中
    file_put_contents("images/work_04.gif",$pic);           //将图片信息写入另一张图片中
    echo "<img src='images/work_04.gif'>";                  //显示图片
?>
```

第二个应用 fwrite()函数完成文件的写入操作。代码如下：

```
<?php
```

```
    $path="images/work_03.gif";                    //图片地址和名称
    $pic=file_get_contents($path);                 //读取图片数据
    $open=fopen("images/work_04.gif","wb");
                            //以读写二进制方式打开文件
    fwrite($open,$pic);
                            //写入信息
    echo "<img src='images/work_04.gif'>";
                            //输出图像
    fclose($open);
                            //关闭文件
?>
```

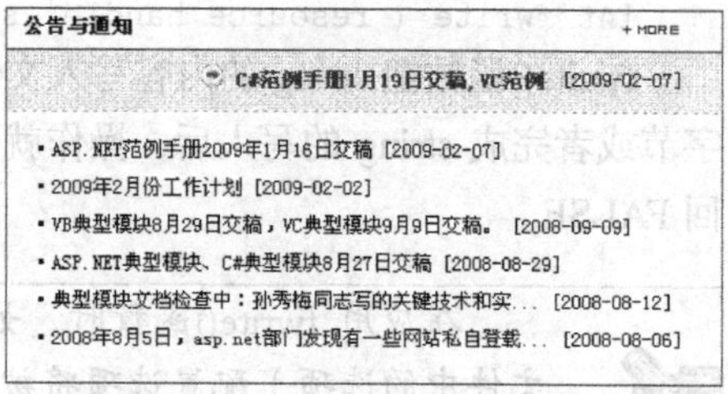

公告与通知

C#范例手册1月19日交稿，VC范例 [2009-02-07]
- ASP.NET范例手册2009年1月16日交稿 [2009-02-07]
- 2009年2月份工作计划 [2009-02-02]
- VB典型模块8月29日交稿，VC典型模块9月9日交稿。 [2008-09-09]
- ASP.NET典型模块、C#典型模块8月27日交稿 [2008-08-29]
- 典型模块文档检查中：孙秀梅同志写的关键技术和实... [2008-08-12]
- 2008年8月5日，asp.net部门发现有一些网站私自登载... [2008-08-06]

图 14-6 输出写入的二进制文件

运行结果如图 14-6 所示。

14.1.4 关闭文件指针

对文件的操作结束后，应该关闭这个文件，否则可能引起错误。在 PHP 中使用 fclose()函数关闭文件，其语法如下：

```
bool fclose ( resource handle ) ;
```

fclose()函数将参数 handle 指向的文件关闭，成功则返回 TRUE，否则返回 FALSE。其中参数 handle（文件指针）必须是有效值，并且是通过 fopen()函数成功打开的文件。有关该函数的应用可以参考上面的实例，这里不再赘述。

14.2 常用目录操作

目录也是文件，是一种特殊的文件。那么既然是文件，如果要对其进行操作同样必须要先打开，然后才可以进行浏览、操作，最后还要记得关闭。对于 PHP 目录处理技术的学习仍然可以依照学习文件操作技术的步骤进行。

14.2.1 打开指定目录

打开文件和打开目录虽然都是执行打开的操作，但使用的函数不同，而且对未找到指定文件的处理结果也不同。fopen()函数如果未找到指定的文件，那么可能会自动创建这个文件，而打开目录函数会直接抛出一个错误信息，这就是 PHP 提供的打开目录的函数 opendir()。

opendir()函数打开一个指定目录。成功则返回目录句柄，否则返回 FALSE。其语法如下：

```
resource opendir ( string path [, resource context] )
```

参数 path 指定要打开的目录路径，如果参数 path 指定的不是一个有效的目录，或者因为权限、文件系统错误而不能打开，opendir()函数将返回 FALSE，并产生一个 E_WARNING 级别的错误信息。

说明

通过在 opendir()函数前添加@符号，可以屏蔽错误信息的输出。

【例 14-7】 首先验证指定目录是否存在，如果存在则通过 opendir()函数打开指定的目录。其代码如下：（实例位置：光盘\MR\ym\14\14-7）

```
<?php
    header("Content-Type:text/html;charset=utf-8");
    if(is_dir("dir")){                              //判断指定文件夹是否存在
        echo "<b style='font-family:楷体_gb2312'>指定文件夹存在</b>";
        echo"<br>";
        $array=scandir('dir') ;                     //读取目录结构
        foreach($array as $key=>$value){
            echo "#".$value."<br>";
        }
    }else{
        echo   "<b   style='font-family:\' 楷 体
_gb2312\''>指定文件夹不存在</b>";
    }
?>
```

运行结果如图 14-7 所示。

图 14-7　判断指定目录是否存在

14.2.2　读取目录结构

应用 opendir()函数打开目录之后，就可以利用其返回的目录句柄，配合 PHP 中提供的 scandir()函数完成对目录的浏览操作。

scandir()函数浏览指定路径下的目录和文件。成功则返回包含有文件名的 array，失败则返回 FALSE。其语法如下：

```
array scandir ( string directory [, int sorting_order [, resource context]] )
```

参数 directory 指定要浏览的目录，如果 directory 不是目录，那么 scandir()函数将返回 FALSE，并生成一条 E_WARNING 级的错误信息。

参数 sorting_order 设置排序顺序。系统默认按字母升序排序，如果应用参数 sorting_order，则变为降序排序。

【例 14-8】　打开 Apache 服务器的根目录，并且浏览目录下的文件和文件夹，其代码如下：（实例位置：光盘\MR\ym\14\14-8）

```
<?php
    $path="../../../../";                                   //定义相对路径
    echo "Apache 根目录所在的硬盘路径为：".realpath($path)."<br>";
                                        //输出 Apache 根目录的绝对路径
    if(is_dir($path)){
                                        //判断当前路径是否为目录
        $path=scandir($path);
                                        //将目录信息保存在数组中
        for($a=0;$a<count($path);$a++){
                                        //循环输出结果
            echo "#".$path[$a]."<br>";
        }
    }
?>
```

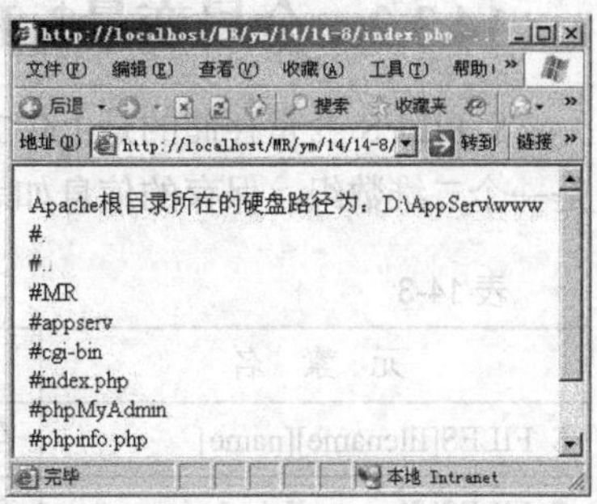

运行结果如图 14-8 所示。

图 14-8　浏览 Apache 服务器的根目录

14.2.3　关闭目录指针

人做事情应该有始有终，编程也应该是如此。目录打开，完成操作之后，就应该关闭目录。

PHP 中通过 closedir()函数关闭目录，其语法如下：

```
void closedir ( resource handle )
```

参数 handle 为使用 opendir()函数打开的一个目录句柄。

在应用 rmdir()函数删除指定的目录时，被删除的路径必须是空的目录，并且权限必须要合乎要求，否则将返回 FALSE。

14.3 文件上传

14.3.1 相关设置

要想顺利地实现上传功能，首先要在 php.ini 中开启文件上传，并对其中的一些参数作出合理的设置。找到 File Uploads 项，可以看到下面有 3 个属性值，表示含义如下。

- file_uploads：如果值为 on，说明服务器支持文件上传；如果值为 off，则不支持。
- upload_tmp_dir：上传文件临时目录。在文件被成功上传之前，文件首先存放到服务器端的临时目录中。如果想要指定位置，那么就在这里设置；否则使用系统默认目录即可。
- upload_max_filesize：服务器允许上传的文件的最大值，以 MB 为单位。系统默认为 2MB，用户可以自行设置。

除了 File Uploads 项，还有几个属性也会影响到上传文件的功能。

- max_execution_time：PHP 中一个指令所能执行的最大时间，单位是 s。
- memory_limit：PHP 中一个指令所分配的内存空间，单位是 MB。

如果我们使用集成化的安装包来配置 PHP 的开发环境，那么就不必担心上述介绍的这些配置信息，因为默认已经为我们配置好了。

如果我们要上传超大的文件，那么就有必要对 php.ini 进行修改，包括 upload_max_filesize 的最大值、max_execution_time 一个指令所能执行的最大时间和 memory_limit 一个指令所分配的内存空间。

14.3.2 全局变量$_FILES 应用

$_FILES 变量存储的是上传文件的相关信息，这些信息对于上传功能有很大的作用。该变量是一个二维数组，保存的信息如表 14-3 所示。

表 14-3 预定义变量$_FILES 元素

元素名	说明
$_FILES[filename][name]	存储了上传文件的文件名，如 exam.txt、myDream.jpg 等
$_FILES[filename][size]	存储了文件大小，单位为字节
$_FILES[filename][tmp_name]	文件上传时，首先在临时目录中被保存成一个临时文件。该变量为临时文件名
$_FILES[filename][type]	上传文件的类型
$_FILES[filename][error]	存储了上传文件的结果。如果返回 0，说明文件上传成功

【例 14-9】　本例创建一个上传文件域，通过$_FILES 变量输出上传文件的资料。实例代码如下：（实例位置：光盘\MR\ym\14\14-9）

```
<table width="500" border="0" cellspacing="0" cellpadding="0">
<!-- 上传文件的 form 表单，必须有 enctype 属性 -->
<form action="" method="post" enctype="multipart/form-data">
 <tr>
<td width="150" height="30" align="right" valign="middle">请选择上传文件：</td>
<!-- 上传文件域，type 类型为 file -->
<td width="250"><input type="file" name="upfile"/></td>
<!-- 提交按钮 -->
    <td width="100"><input type="submit" name="submit" value="上传" /></td>
  </tr>
</form>
</table>
<?php
<!-- 处理表单返回结果 -->
if(!empty($_FILES)){
  //判断变量$_FILES 是否为空
     foreach($_FILES['upfile'] as $name
=> $value)
       //使用 foreach 循环输出上传文件信息的名称和值
             echo $name.' = '.$value.'<br>';
       }
?>
```

运行结果如图 14-9 所示。

图 14-9　$_FILES 预定义变量

14.3.3　文件上传函数

PHP 中使用 move_uploaded_file()函数上传文件。该函数的语法如下：

```
bool move_uploaded_file ( string filename, string destination )
```

move_uploaded_file()函数将上传文件存储到指定的位置。如果成功，则返回 true，否则返回 false。参数 filename 是上传文件的临时文件名，即$_FILES[tmp_name]；参数 destination 是上传后保存的新的路径和名称。

【例 14-10】　本例创建一个上传表单，允许上传 150KB 以下的文件。实例代码如下：（实例位置：光盘\MR\ym\14\14-10）

```
<!-- 上传表单，有一个上传文件域 -->
<form action="" method="post" enctype="multipart/form-data" name="form">
    <input name="up_file" type="file" />
    <input type="submit" name="submit" value="上传" />
</form>
<!-- ------------------------------------------ -->
<?php
/* 判断是否有上传文件 */
     if(!empty($_FILES[up_file][name])){
/* 将文件信息赋予变量$fileinfo */
          $fileinfo = $_FILES[up_file];
/* 判断文件大小 */
          if($fileinfo['size'] < 1000000 && $fileinfo['size'] > 0){
```

```
/* 上传文件 */
            move_uploaded_file($fileinfo['tmp_name'],$fileinfo['name']);
            echo '上传成功';
        }else{
            echo '文件太大或未知';
        }
    }
?>
```

运行结果如图 14-10 所示。

图 14-10 表单文件上传

使用 move_uploaded_file()函数上传文件时，在创建 form 表单时，必须设置 form 表单的 enctype="multipart/form-data"属性。

14.3.4 多文件上传

PHP 支持同时上传多个文件，只需要在表单中对文件上传域使用数组命名即可。

【例 14-11】 本实例有 4 个文件上传域，文件域的名字为 u_file[]，提交后上传的文件信息都被保存到$_FILES[u_file]中，生成多维数组。读取数组信息，并上传文件。实例代码如下：（实例位置：光盘\MR\ym\14\14-11）

```
请选择要上传的文件
<!-- 上传文件表单 -->
<form action="" method="post" enctype="multipart/form-data">
<table id="up_table" border="1" bgcolor="f0f0f0" >
    <tbody id="auto">
      <tr id="show" >        <td>上传文件 </td>
        <td><input name="u_file[]" type="file"></td>
        </tr>
      <tr>
       <td>上传文件 </td>
        <td><input name="u_file[]" type="file"></td>
        </tr></tbody>
        <tr><td colspan="4"><input type="submit" value="上传" /></td></tr> </table>
</form>
<?php
<!-- 判断变量$_FILES 是否为空 -->
if(!empty($_FILES[u_file][name])){
    $file_name = $_FILES[u_file][name];                 //将上传文件名另存为数组
    $file_tmp_name = $_FILES[u_file][tmp_name];         //将上传的临时文件名存为数组
    for($i = 0; $i < count($file_name); $i++){          //循环上传文件
     if($file_name[$i] != ''){                          //判断上传文件名是否为空
        move_uploaded_file($file_tmp_name[$i],$i.$f-ile_name[$i]);
echo '文件'.$file_name[$i].'上传成功。更名为'.$i. $file_name[$i].'<br>';

}
}
?>
```

运行结果如图 14-11 所示。

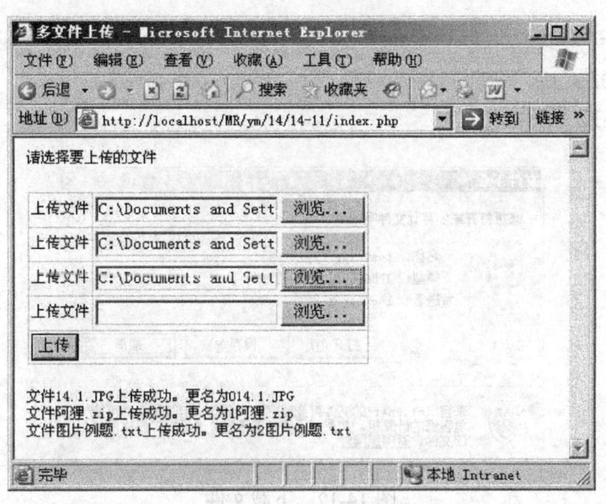

图 14-11　多文件上传

14.3.5　文件下载

这里介绍通过 HTTP 方式下载文件，其主要应用 header()函数。

header()函数属于 HTTP 函数，其作用是以 HTTP 协议将 HTML 文档的标头送到浏览器，并告诉浏览器具体怎么处理这个页面。header()函数的语法如下：

```
void header ( string string [, bool replace [, int http_response_code]] )
```

参数 string 为发送的标头。

参数 replace 确定如果一次发送多个标头，对于相似的标头是替换还是添加。如果是 false，则强制发送多个同类型的标头。默认是 true，即替换。

参数 http_response_code 强制 HTTP 响应为指定值。

通过 HTTP 下载的代码如下：

```
header("Content-type: application/x-gzip");
header("Content-Disposition: attachment; filename=文件名");
header("Content-Description: PHP3 Generated Data"); >
```

HTTP 标头有很多，这里介绍的是下载的 HTTP 标头。其代码如下：

```
header('Content-Disposition: attachment; filename="filename"');
```

在应用的过程中，唯一需要改动的就是 filename，即将 filename 替换为要下载的文件。

【例 14-12】　下面通过一个具体的实例，讲解如何运用 header()函数完成文件的下载操作。具体步骤如下：（实例位置：光盘\MR\ym\14\14-12）

（1）通过“Content-Type”指定文件的 MIME 类型。

（2）通过“Content-Disposition”对文件进行描述，值“attachment;filename="test.jpg"”说明是一个附件，同时指定下载文件名称。

（3）通过“Content-Length”设置下载文件的大小。

（4）通过 readfile()函数读取文件内容。

具体语句如下：

```
header('Content-Type:image/jpg');                    //设置图片类型
```

```
header('Content-Disposition:attachment;filename="test.jpg"');      //描述下载文件，指定文件名称
header('Content-Length:'.filesize('test.jpg'));                     //定义下载文件大小
readfile('test.jpg');                                               //读取文件，执行下载
```

运行结果如图 14-12 所示。

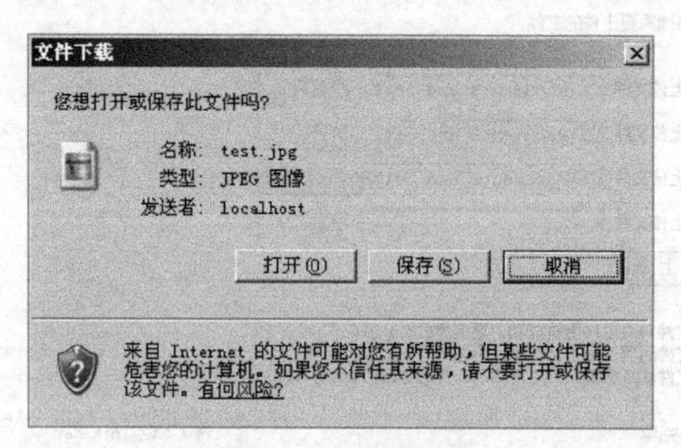

图 14-12　下载文件

14.4 综合实例——通过文本文件统计页面访问量

本应用中联合应用文件系统函数和 GD2 函数，完成网站访问量的存储、读取和输出。具体步骤如下。

在通过文本文件统计网站访问量，概括起来应用了 3 个方面的技术。

第一方面，文件系统操作函数，实现数据的写入、读取功能。

第二方面，SESSION，通过 SESSION 变量防止重复计数。

第三方面，GD2 函数，将访问量数据生成图像，改变数据的输出方式。

其实现的原理如图 14-13 所示。

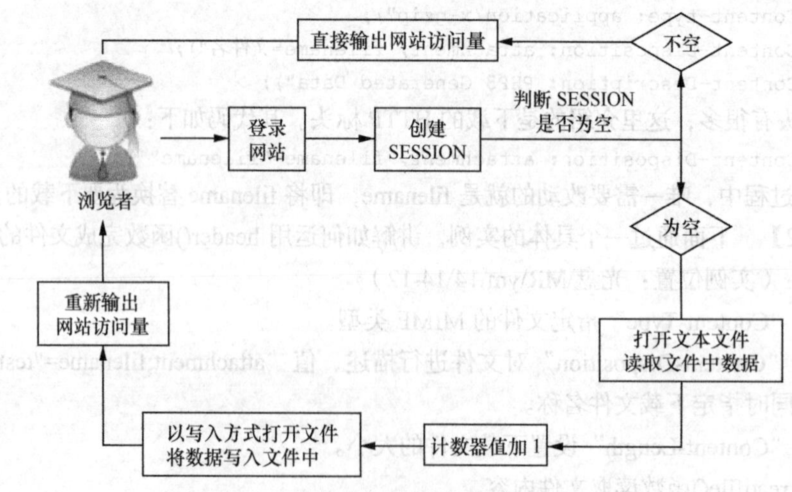

图 14-13　通过文本文件统计网站访问量设计原理

下面看一下这 3 个方面的技术在程序中是如何体现的。

（1）创建 index.php 文件。通过文件操作函数和 SESSION 全局变量完成网站访问量的统计和防止重复计数，统计数据存储在实例根目录下的 counter.txt 中。通过 img 图像标签的 src 属性指定 gd1.php 文件，以图像的形式输出网站访问量的数据。其关键代码如下：

```
<?php session_start();
if($_SESSION[temp]==""){   //判断$_SESSION[temp]==""的值是否为空,其中的temp为自定义的变量
     if(($fp=fopen("counter.txt","r"))==false){
          echo "打开文件失败!";
     }else{
          $counter=fgets($fp,1024);                    //读取文件中数据
          fclose($fp);                                 //关闭文本文件
          $counter++;                                  //计数器增加 1
          $fp=fopen("counter.txt","w");                //以写的方式打开文本文件<!---->
          fputs($fp,$counter);                         //将新的统计数据增加 1
          fclose($fp);                                 //关闭文件
     }
     $_SESSION[temp]=1; //登录以后,$_SESSION[temp]的值不为空,给$_SESSION[temp]赋一个值 1
}
?>
<tr>
     <td height="40" align="center"><img src="gd1.php" /></td>
</tr>
```

（2）创建 gd1.php 文件，根据从文本文件 counter.txt 中读取到的数据，通过 GD2 函数生成数据图像。其代码如下：

```
<?php
if(($fp=fopen("counter.txt","r"))==false){                              //打开文件
     echo "打开文件失败!";
}else{
     $counter=fgets($fp,1024);                                          //读取文件中数据
     fclose($fp);                                                       //关闭文件
     $im=imagecreate(240,24);                                           //通过 GD2 函数创建画布
     $gray=imagecolorallocate($im,255,255,255);                         //定义背景颜色
     $color =imagecolorallocate($im,rand(0,255),rand(0,255),rand(0,255));
                                                                        //定义字体颜色
                                                                        //输出中文字符
     $text=iconv("gb2312","utf-8","网站的访问量:");                     //对指定的中文字符串进行转换
     $font = "Fonts/FZHCJW.TTF";                                        //定义使用字体的存储位置
     imagettftext($im,14,0,20,18,$color,$font,$text);                   //输出中文
     imagestring($im,5,160,5,$counter,$color);                          //输出图像，输出网站的访问次数
     imagepng($im);                                                     //生成 png 图像
     imagedestroy($im);                                                 //销毁图像
}
?>
```

（3）在本实例的根目录下创建 counter.txt 文本文件，设置默认值为 0。同样在根目录下，创建 fonts 文件夹，将使用的字体 FZHCJW.TTF 存储在该文件夹下。

本实例的运行结果如图 14-14 所示。

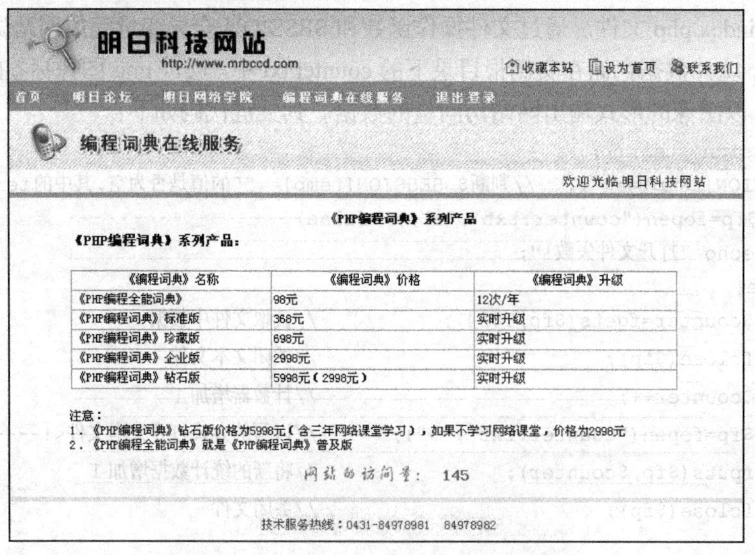

图 14-14 通过文本文件统计网站访问量

知识点提炼

（1）文件操作是通过 PHP 内置的文件系统函数完成的。

（2）文件和目录操作可以归纳为如下 3 个步骤： 第一步，打开文件的方法；第二步，读取、写入和操作文件的方法；第三步，关闭文件的方法。

（3）PHP 中使用 move_uploaded_file()函数上传文件。

（4）PHP 支持同时上传多个文件，只需要在表单中对文件上传域使用数组命名即可。

（5）通过 HTTP 方式下载文件，其主要应用 header()函数。

习 题

14-1 编写一个函数，遍历一个文件夹下的所有文件和子文件夹。

14-2 如何获取一个指定网页中的内容?

14-3 如何实现分级目录?

14-4 如何计算文件和磁盘的大小?

实验：从文本文件中读取注册服务条款

实验目的

（1）掌握 file()函数的语法结构和应用。

（2）掌握 foreach 语句的使用。

实验内容

注册协议是建立网站的管理者对使用网站的用户发布的简要声明，其中可能要求用户要使用文明用语或保护软件版权等。大部分网站在编写此模块功能时一般都会应用到文件操作的知识。下面就来模仿并实现这一功能，其运行效果如图 14-15 所示。

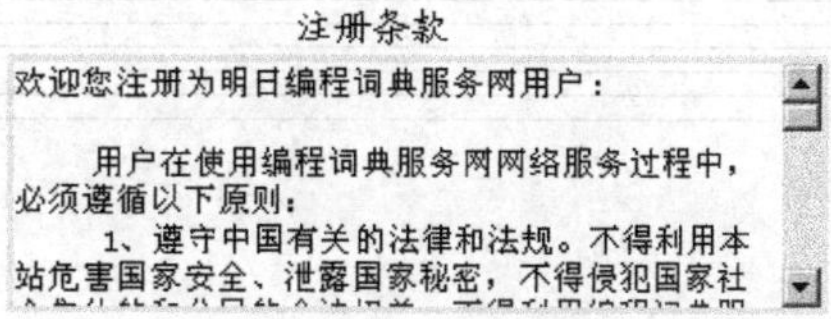

注册条款

欢迎您注册为明日编程词典服务网用户：

用户在使用编程词典服务网网络服务过程中，必须遵循以下原则：

1、遵守中国有关的法律和法规。不得利用本站危害国家安全、泄露国家秘密，不得侵犯国家社

图 14-15　注册条款

实验步骤

（1）创建脚本文件 index.php。新建文本文件并命名为 tk.txt，将注册条款信息保存在文件中。

（2）编写文本域标签<textarea>。利用 file()函数将文本文件信息保存在数组中，最后利用 foreach()语句循环输出数组的值。程序运行代码如下：

```
<?php
    $array=file("tk/tk.txt");                              //将文本文件信息保存在数组中
?>
<span>注册条款<br></span>
<textarea name="text" cols="40" rows="6">                 //编写文本域标签
<?php
    foreach($array as $key=>$value){                      //循环数组元素
        echo $value;
    }
?>
</textarea>
```

第15章 面向对象

本章要点：

- 一切皆是对象
- 类的声明，成员方法、成员属性的定义
- 类的实例化
- 访问类中成员
- 构造方法和析构方法
- 面向对象的封装特性
- 面向对象的继承特性
- 抽象类和接口
- 面向对象的多态性
- 面向对象的关键字
- 面向对象的魔术方法

面向对象（OOP）的编程方式是PHP的突出特点之一，采用这种编程方式可以对大量零散代码进行有效组织，从而使PHP具备大型Web项目开发的能力。采用面向对象编程方式还可以提高网站的易维护性和易读性。总之，面向对象的编程方式是计算机发展史上具有划时代意义的标志。习惯了面向过程编程思想的程序员，在刚接触面向对象的编程方式时，可能会感觉困难，毕竟二者在开发程序时，无论是方式还是方法都是截然不同的。那么，如何去应对呢？答案是多学习、勤思考，在学习面向对象的编程方式过程中，还应该多读已成型的、优秀的程序，从而全面提高个人的编程能力。以全面掌握面向对象的编程思想为出发点，兼顾面向过程和面向对象两种编程思想为目的，本章将采用讲解与实例相结合的方式，由浅入深，最终使读者能够将面向对象的编程思想应用到实际项目开发中去。

15.1 一切皆是对象

面向对象就是将要处理的问题抽象为对象，然后通过对象的属性和行为来解决对象的实际问题。面向对象的基本概念就是类和对象，接下来将分别进行讲解。

15.1.1　什么是类

正所谓："物以类聚，人以群分"。世间万物都具有其自身的属性和方法，通过这些属性和方法可以将不同物质区分开来。例如，人具有性别、体重、肤色等属性，还可以进行吃饭、睡觉、学习等活动，这些活动可以说是人具有的功能。可以把人看做程序中的一个类，那么人的性别可以比作类中的属性，吃饭可以比作类中的方法。

也就是说，类是属性和方法的集合，是面向对象编程方式的核心和基础，通过类可以将零散的用于实现某项功能的代码进行有效管理。例如，创建一个数据库连接类，包括 6 个属性：数据库类型、服务器、用户名、密码、数据库和错误处理；包括 3 个方法：定义变量方法、连接数据库方法和关闭数据库方法。数据库连接类的设计效果如图 15-1 所示。

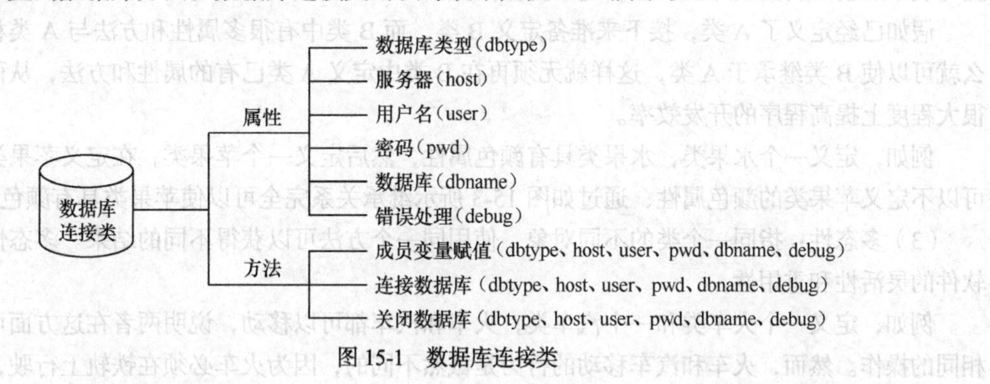

图 15-1　数据库连接类

15.1.2　对象的由来

类只是具备某项功能的抽象模型，实际应用中还需要对类进行实例化，这样就引入了对象的概念。对象是类进行实例化后的产物，是一个实体。仍然以人为例，"黄种人是人"这句话没有错误，但反过来说"人是黄种人"这句话一定是错误的。因为除了有黄种人，还有黑人、白人等。那么"黄种人"就是"人"这个类的一个实例对象。可以这样理解对象和类的关系：对象实际上就是"有血有肉的、能摸得到看得到的"一个类。

这里实例化创建的数据库连接类，调用数据库连接类中的方法，完成与数据库的连接操作。如图 15-2 所示。

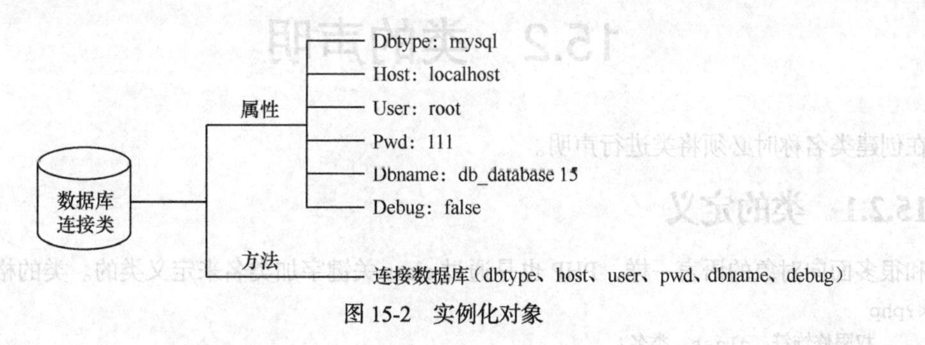

图 15-2　实例化对象

15.1.3　面向对象的特点

面向对象编程的 3 个重要特点是：继承、封装和多态，它们迎合了编程中注重代码重用性、灵活性和可扩展性的需要，奠定了面向对象在编程中的地位。

（1）封装性：就是将一个类的使用和实现分开，只保留有限的接口（方法）与外部联系。对于使用该类的开发人员，只要知道这个类该如何使用即可，而不用去关心这个类是如何实现的。这样做可以让开发人员更好地把精力集中起来专注别的事情，同时也避免了程序之间的相互依赖而带来的不便。

例如，使用计算机时，并不需要将计算机拆开了解每个部件的具体用处，用户只需按下主机箱上的 Power 按钮就可以启动计算机。但对于计算机内部的构造，用户可以不必了解，这就是封装的具体表现。

（2）继承性：是派生类（子类）自动继承一个或多个基类（父类）中的属性与方法，并可以重写或添加新的属性或方法。继承这个特性简化了对象和类的创建，增加了代码的可重用性。

假如已经定义了 A 类，接下来准备定义 B 类，而 B 类中有很多属性和方法与 A 类相同，那么就可以使 B 类继承于 A 类，这样就无须再在 B 类中定义 A 类已有的属性和方法，从而可以在很大程度上提高程序的开发效率。

例如，定义一个水果类，水果类具有颜色属性，然后定义一个苹果类，在定义苹果类时完全可以不定义苹果类的颜色属性，通过如图 15-3 所示继承关系完全可以使苹果类具有颜色属性。

（3）多态性：指同一个类的不同对象，使用同一个方法可以获得不同的结果。多态性增强了软件的灵活性和重用性。

例如，定义一个火车类和一个汽车类，火车和汽车都可以移动，说明两者在这方面可以进行相同的操作。然而，火车和汽车移动的行为是截然不同的，因为火车必须在铁轨上行驶，而汽车在公路上行驶，这就是类多态性的形象比喻，如图 15-4 所示。

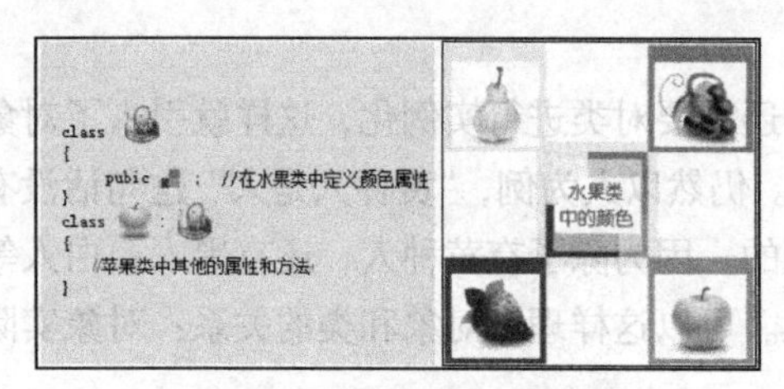

图 15-3 继承特性效果示意图

图 15-4 多态在生活中的体现

15.2 类的声明

在创建类名称时必须将类进行声明。

15.2.1 类的定义

和很多面向对象的语言一样，PHP 也是通过 class 关键字加类名来定义类的。类的格式如下：

```
<?php
    权限修饰符  class  类名{
        类体;
    }
?>
```

- 权限修饰符是可选项，可以使用 public、protected、private 或者省略这 3 者；
- class 是创建类的关键字；
- 类名是所要创建类的名称，必须写在 class 关键字之后，在类的名称后面必须跟上一对大括号；
- 类体是类的成员，类体必须放在类名后面的两个大括号"{"和"}"之间。

在创建类时，在 class 关键字前除可以加权限修饰符外，还可以加其他关键字，如 static、abstract 等，有关创建类使用的权限修饰符和其他关键字将在后面的内容中进行讲解。至于类名的定义，与变量名和函数名的命名规则类似，如果由多个单词组成，习惯上每个单词的首字母要大写，并且类名应该有一定的意义。

例如，创建一个 ConnDB 类，代码如下：

```
<?php
class ConnDB{                //定义数据库连接类
                             //…
}
?>
```

虽然 ConnDB 类仅有一个类的骨架，什么功能都没有实现，但这并不影响它的存在。一个类即一对大括号之间的全部内容都要在一段代码段中，不允许将类中的内容分割成块，例如：

```
<?php
class ConnDB{                //定义数据库连接类
    //…
?>
<?php
    //…
}
?>
```

这种格式是不允许的。

15.2.2　成员属性

在类中直接声明的变量称为成员属性（也可以称为成员变量）。可以在类中声明多个变量，即对象中有多个成员属性，每个变量都存储对象不同的属性信息。

成员属性的类型可以是 PHP 中的标量类型和复合类型，但是如果使用资源和空类型是没有意义的。

成员属性的声明必须有关键字来修饰，如 public、protected、private 等，这是一些具有特定意义的关键字。如果不需要有特定的意义，那么可以使用 var 关键字来修饰。还有就是在声明成员属性时没有必要赋初始值。

下面再次创建 ConnDB 类并在类中声明一些成员属性，其代码如下：

```
class ConnDB{                        //定义类
    var  $dbtype;                    //声明成员属性
    var  $host;                      //声明成员属性
    var  $user;                      //声明成员属性
    var  $pwd;                       //声明成员属性
```

```
    var  $dbname;                          //声明成员属性
    var  $debug;                           //声明成员属性
    var  $conn;                            //声明成员属性
}
```

15.2.3 成员方法

在类中声明的函数称为成员方法。一个类中可以声明多个函数，即对象中可以有多个成员方法。成员方法的声明和函数的声明是相同的，唯一特殊之处是成员方法可以有关键字来对它进行修饰，控制成员方法的权限。声明成员方法的代码如下：

```
class ConnDB{                                           //定义类
    function ConnDB(){                                  //声明构造方法
                                                        //方法体
    }
    function GetConnId(){                               //声明数据库连接方法
                                                        //方法体
    }
    function CloseConnId(){                             //声明数据库关闭方法
        $this->conn->Disconnect();                      //方法体，执行关闭的操作
    }
}
```

在类中成员属性和成员方法的声明都是可选的，可以同时存在，也可以单独存在，具体应该根据实际的需求而定。

15.3 类的实例化

15.3.1 创建对象

面向对象程序的最终操作者是对象，而对象是类实例化的产物。所以学习面向对象只停留在类的声明上是不够的，必须学会将类实例化成对象。类的实例化格式如下：

```
$变量名=new 类名称([参数]);      //类的实例化
```

- $变量名：类实例化返回的对象名称，用于引用类中的方法。
- new：关键字，表明要创建一个新的对象。
- 类名称：表示新对象的类型。
- 参数：指定类的构造方法用于初始化对象的值。如果类中没有定义构造函数，PHP 会自动创建一个不带参数的默认构造函数。

例如，这里对上面创建的 ConnDB 类进行实例化，其代码如下：

```
class ConnDB{                                           //定义类
    function ConnDB(){                                  //声明构造方法
        //方法体
    }
    function GetConnId(){                               //声明数据库连接方法
        //方法体
```

```
    }
    function CloseConnId(){                                     //声明数据库关闭方法
        $this->conn->Disconnect();                              //方法体，执行关闭的操作
    }
}
$connobj1=new ConnDB();                                         //类的实例化
$connobj2=new ConnDB();                                         //类的实例化
$connobj3=new ConnDB();                                         //类的实例化
```

一个类可以实例化多个对象，每个对象都是独立的。如果上面的 ConnDB 类实例化了 3 个对象，就相当于在内存中开辟了 3 个空间存放对象。同一个类声明的多个对象之间没有任何联系，只能说明它们是同一个类型。就像是 3 个人，都有自己的姓名、身高、体重，都可以进行吃饭、睡觉、学习等活动。

15.3.2　访问类中成员

在类中包括成员属性和成员方法，访问类中的成员包括成员属性和方法的访问。访问方法与访问数组中的元素类似，需要通过对象的引用来访问类中的每个成员。其中还要应用到一个特殊的运算符号“->”。访问类中成员的语法格式如下：

```
$变量名=new 类名称([参数]);                                     //类的实例化
$变量名->成员属性=值;                                           //为成员属性赋值
$变量名->成员属性;                                              //直接获取成员属性值
$变量名->成员方法;                                              //访问对象中指定的方法
```

这是访问类中成员的基本格式，下面看它们在具体的实例中是如何运用的。

【例 15-1】创建 ConnDB 类，对类进行实例化，并访问类中的成员属性和成员方法。代码如下：（实例位置：光盘\MR\ym\15\15-1）

```
<?php
    class mysql{                                                //定义数据库连接类
        var $localhost;                                         //定义成员变量
        var $name;
        var $pwd;
        var $db;
        var $conn;
        public function mysql($localhost,$name,$pwd,$db){       //定义构造方法
            $this->localhost=$localhost;                        //为成员变量赋值
            $this->name=$name;
            $this->pwd=$pwd;
            $this->db=$db;
            $this->connect();
        }
        public function connect(){                              //定义数据库连接方法
            $this->conn=$conn;
            $this->conn=mysql_connect($this->localhost,$this->name,$this->pwd)or
die("CONNECT MYSQL FALSE");                                     //执行连接操作
            mysql_select_db($this->db,$this->conn)or die("CONNECT DB FALSE");
                                                                //选择数据库
            mysql_query("SET NAMES utf8");                      //设置数据库编码格式
        }
```

```
        public function GetId(){                              //定义方法，返回数据库连接信息
            echo "MYSQL服务器的用户名：".$this->name."<br>";
            echo "MYSQL服务器的密码：".$this->pwd;
        }
    }
    $msl=new mysql("127.0.0.1","root",
"111","db_database15");
                                    //实例化数据库连接类
    $msl->GetId();
                                    //调用类中方法
?>
```

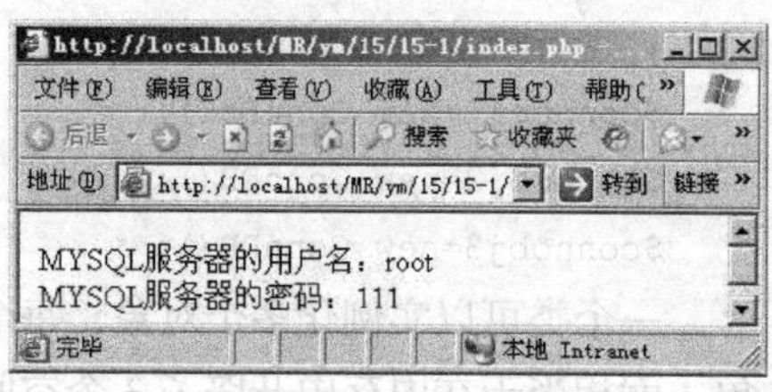

图 15-5　访问类中成员的结果

本实例的运行结果如图 15-5 所示。

15.3.3　特殊的访问方法——“$this”和“::”

1. $this

在例 15-1 中，使用了一个特殊的对象引用方法“$this”，那么它到底表示什么意义呢？在这里将进行详细讲解。

$this 存在于类的每个成员方法中，它是一个特殊的对象引用方法。成员方法属于哪个对象，$this 引用就代表哪个对象，其作用就是专门完成对象内部成员之间的访问。

正如在例 15-1 中定义的那样，将传递的参数值直接赋予成员变量，而在 GetConnId()方法中，直接通过$this->user 和$this->pwd 获取数据库的用户名和密码。

2. 操作符“::”

相比$this 引用只能在类的内部使用，操作符“::”才是真正的强大。操作符“::”可以在没有声明任何实例的情况下访问类中的成员。例如，在子类的重载方法中调用父类中被覆盖的方法。操作符“::”的语法格式如下：

```
关键字::变量名/常量名/方法名
```

这里的关键字分为 3 种情况。

- parent 关键字：可以调用父类中的成员变量、成员方法和常量。
- self 关键字：可以调用当前类中的静态成员和常量。
- 类名：可以调用本类中的变量、常量和方法。

【例 15-2】 本实例依次使用类名、parent 关键字和 self 关键字来调用变量和方法。读者可以观察输出的结果。代码如下：（实例位置：光盘\MR\ym\15\15-2）

```
<?php
/*
        当实例化对象后不需要使用对象句柄调用对应的方法时可以只给类实例化不返回对象句柄
*/
    class Car{
        const NAME="别克系列";
        public function __construct(){                   //定义构造方法
            echo "父类：".Car::NAME;                       //类名引用
        }
    }
    class SmallCar extends Car{                          //继承
        const NAME="别克军威";
```

```
        public function __construct(){                        //定义构造方法
            echo parent::__construct()."\t";                  //应用父类构造方法
            echo "子类: ".self::NAME;
        }
    }
    new SmallCar();
        //实例化对象
?>
```

运行结果如图 15-6 所示。

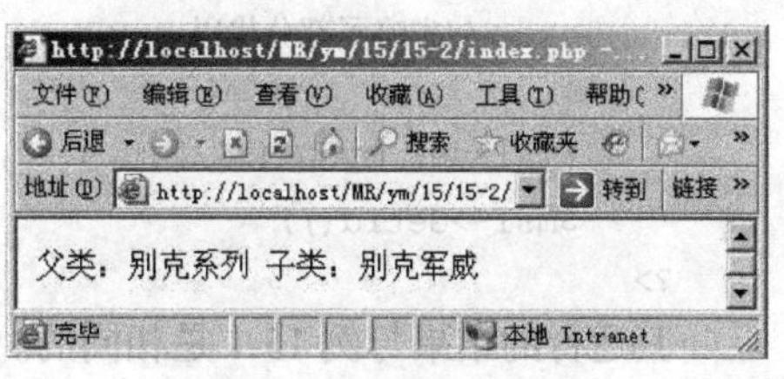

图 15-6 关键字的使用

15.3.4 构造方法和析构方法

1. 构造方法

构造方法是对象创建完成后第一个被对象自动调用的方法。它存在于每个声明的类中，是一个特殊的成员方法，如果在类中没有直接声明构造方法，那么类中会默认生成一个没有任何参数且内容为空的构造方法。

构造方法多数是执行一些初始化的任务。例如，例 15-1 中通过构造方法为成员变量赋初始值。

在 PHP 中，构造方法的声明有两种情况：第一种是在 PHP5 以前的版本中，构造方法的名称必须与类名相同；第二种是在 PHP5 的版本中，构造方法的方法名称必须是以两个下画线开始的"_ _construct()"。虽然在 PHP5 中构造方法的声明方法发生了变化，但是以前的方法还是可用的。

PHP5 中的这个变化是考虑到构造函数可以独立于类名，当类名发生变化时不需要修改相应的构造函数的名称。通过__construct()声明构造方法的语法格式如下：

```
function _ _construct([mixed args [,…]]){
        //方法体
}
```

在 PHP 中，一个类只能声明一个构造方法。在构造方法中可以使用默认参数，实现其他面向对象的编程语言中构造方法重载的功能。如果在构造方法中没有传入参数，那么将使用默认参数为成员变量进行初始化。

【例 15-3】　在例 15-1 中，通过使用与类名相同的方法声明构造方法，那么这里将通过_ _construct()声明一个与类名不同的构造方法。代码如下：（实例位置：光盘\MR\ym\15\15-3）

```
<?php
/*
        构造函数：当类被实例化后构造函数自动执行。所以如果用户希望在实例化的同时调用某个方法可以
把此方法通过 this 关键字调用
*/
    class mysql{                                                          //定义类名称
        var $localhost;                                                   //定义变量
        var $name;
        var $pwd;
        var $db;
        var $conn;
        public function _ _construct($localhost,$name,$pwd,$db){          //构造函数
            $this->localhost=$localhost;
            $this->name=$name;
            $this->pwd=$pwd;
```

```
            $this->db=$db;
            $this->connect();
        }
        //省略了部分代码
    }
    $msl=new mysql("127.0.0.1","root","111","db_database15");      //实例化对象
    $msl->GetId();                                                  //对象句柄调用指定的方法
?>
```

其运行的结果与例 15-1 是相同的。

2. 析构方法

析构方法的作用和构造方法正好相反，是对象被销毁之前最后一个被对象自动调用的方法。它是 PHP5 中新添加的内容，实现在销毁一个对象之前执行一些特定的操作，诸如关闭文件、释放内存等。

析构方法的声明格式与构造方法类似，都是以两个下画线开头的“_ _destruct”，析构函数没有任何参数。其语法格式如下：

```
function _ _destruct(){
        //方法体，通常是完成一些在对象销毁前的清理任务
}
```

在 PHP 中，有一种“垃圾回收”机制，可以自动清除不再使用的对象，释放内存。而析构方法就是在这个垃圾回收程序执行之前被调用的方法，在 PHP 中它属于类中的可选内容。

15.4 面向对象的封装特性

面向对象编程的特点之一是封装性，将类中的成员属性和方法结合成一个独立的相同单位，并尽可能隐藏对象的内容细节，其目的就是确保类以外的部分不能随意存取类的内部数据（成员属性和成员方法），从而有效避免外部错误对类内数据的影响。

类的封装是通过关键字 public、private、protected、static 和 final 来实现的。下面对其中的 public、private 和 protected 关键字进行详细讲解。

15.4.1 public（公共成员）

顾名思义，public 就是可以公开的、没有必要隐藏的数据信息，可以在程序的任何地点（类内、类外）被其他的类和对象调用。子类可以继承和使用父类中所有的公共成员。

在本堂课的前半部分，所有的变量都被声明为 public，而所有的方法在默认的状态下也是 public。所以对变量和方法的调用显得十分混乱。为了解决这个问题，就需要使用第二个关键字：private。

15.4.2 private（私有成员）

被 private 关键字修饰的变量和方法，只能在所属类的内部被调用和修改，不可以在类外被访问，即使是子类中也不可以。

【例 15-4】 通过调用成员方法对私有变量$name 进行修改与访问，如果直接调用私有变量，将会发生错误。代码如下：（实例位置：光盘\MR\ym\15\15-4）

```
<?php
    class Car{
        private $carName="奥迪系列";                    //定义私有变量并赋值
        public function setName($carName){             //利用 set 方法为设置变量值
            $this->carName=$carName;
        }
        public function getName(){                     //利用 get 方法返回变量值
            return $this->carName;
        }
    }
    class SmallCar extends Car{                        //继承
    }
    $car=new SmallCar();                               //实例化子类对象
    $car->setName("Q7");
                //为子类变量赋值
    echo "正确操作私有变量<br>";
    echo $car->getName();
                //输出子类变量的值
    echo "<br>错误操作私有变量";
    echo Car::$carName;
?>
```

运行结果如图 15-7 所示。

图 15-7　private 关键字

对于成员方法，如果没有写关键字，那么默认就是 public。从本小节开始，以后所有的方法及变量都会带上关键字，这是作为一名程序员的一种良好的编程习惯。

15.4.3　protected（保护成员）

private 关键字可以将数据完全隐藏起来，除了在本类外，其他地方都不可以调用，子类也不可以。但对于有些变量希望子类能够调用，但对另外的类来说，还要做到封装。这时，就可以使用 protected。被 protected 修饰的类成员，可以在本类和子类中被调用，其他地方则不可以被调用。

【例 15-5】　首先声明一个 protected 变量，然后使用子类中的方法调用，最后在类外直接调用一次。代码如下：（实例位置：光盘\MR\ym\15\15-5）

```
<?php
    class Car{                                         //定义轿车类
        protected $carName="奥迪系列";                  //定义保护变量
    }
    class SmallCar extends Car{                        //小轿车类定义轿车类
        public function say(){                         //定义 say 方法
            echo "调用父类中的属性: ".$carName=$this->carName;
                                                       //输出父类变量
        }
    }
    $car=new SmallCar();                               //实例化对象
    $car->say();                                       //调用 say 方法
    $car->$carName='奥迪 Q7';
```

```
?>
```

运行结果如图 15-8 所示。

图 15-8 protected 关键字

虽然 PHP 中没有对修饰变量的关键字做强制性的规定和要求，但从面向对象的特征和设计方面考虑，一般使用 private 或 protected 关键字来修饰变量，以防止变量在类外被直接修改和调用。

15.5 面向对象的继承特性

面向对象编程的特点之二是继承性，使一个类继承并拥有另一个已存在类的成员属性和成员方法，其中被继承的类称为父类，继承的类称为子类。通过继承能够提高代码的重用性和可维护性。

15.5.1 类的继承——extends 关键字

类的继承是类与类之间的一种关系的体现。子类不仅有自己的属性和方法，而且还拥有父类的所有属性和方法，正所谓子承父业。

在 PHP 中，类的继承通过关键字 extends 实现，其语法格式如下：

```
class 子类名称 extends 父类名称{
                                      //子类成员变量列表
function 成员方法(){                   //子类成员方法
                                      //方法体
     }
                                      //省略其他方法
}
```

读者应该记得在 15.1.3 小节中介绍面向对象的特点时，通过一个水果父类和一个苹果子类来形象的比喻面向对象继承性的特点。下面就创建这个子类和父类，体会一下它们之间的继承关系。

【例 15-6】 创建一个水果父类，在另一个苹果类中通过 extends 关键字来继承水果类中的成员属性和方法，最后对子类进行实例化操作。代码如下：（实例位置：光盘\MR\ym\15\15-6）

```
<?php
    class Fruit{
        var $apple="苹果";              //定义变量
        var $banana="香蕉";
        var $orange="橘子";
    }
    class FruitType extends Fruit{ //类之间继承
        var $grape="葡萄";              //定义子类变量
    }
    $fruit=new FruitType();            //实例化对象
    echo "水果包含：".$fruit->apple."，".$fruit->
banana."，".$fruit->orange."，".$fruit- >grape;
?>
```

运行结果如图 15-9 所示。

图 15-9 类的继承

15.5.2　类的继承——parent::关键字

通过 parent::关键字也可以在子类中调用父类中的成员方法，其语法格式如下：

```
parent:: 父类的成员方法(参数);
```

下面通过 parent::关键字重新设计例 15-6 中的继承方法。在子类的 AppleFruit_Type()方法中，直接通过 parent::关键字调用父类中的 Fruit_Type()方法。其关键代码如下：

```
<?php
     class Fruit{                                    //定义水果类
        var $apple="苹果";                           //定义变量
        var $banana="香蕉";
        var $orange="橘子";
        public function say(){                       //定义 say 方法
             echo ", ".$this->apple.", ";            //利用 this 关键字输出本类中的变量
             echo $this->banana.", ";
             echo $this->orange;
        }
     }
     class FruitType extends Fruit{                  //类之间继承
        var $grape="葡萄";                           //定义子类变量
        public function show(){                      //定义 show 方法
             parent::say();                          //利用关键字 parent 调用父类中的 say 方法
        }
     }
     $fruit=new FruitType();                         //实例化对象
     echo $fruit->grape;                             //调用子类变量
     $fruit->show();                                 //调用子类 show 方法
?>
```

此时它的输出结果与例 15-6 是相同的。

15.5.3　覆盖父类方法

所谓覆盖父类方法，也就是使用子类中的方法将从父类中继承的方法进行替换，也叫方法的重写。覆盖父类方法的关键就是在子类中创建与父类中相同的方法，包括方法名称、参数和返回值类型。

例如，可以在子类中创建一个与父类方法同名的方法，那么就实现了方法的重写。其关键代码如下：

```
<?php
     class Car{                                              //定义轿车类
        protected $wheel;                                    //定义保护变量
        protected $steer;
        protected $speed;
        public function say_type(){                          //定义轿车类型方法
             $this->wheel="45.9cm";                          //定义车轮直径长度
             $this->steer="15.7cm";                          //定义方向盘直接长度
             $this->speed="120m/s";                          //定义车速
```

```
        }
    }
    class SmallCar extends Car{                                  //定义小型轿车类继承轿车类
        public function say_type_Q7(){                           //定义 Q7 轿车类型
            $this->wheel="50.9cm";                               //定义车轮直径长度
            $this->steer="20cm";                                 //定义方向盘直径长度
            $this->speed="160m/s";                               //定义车速
        }
        public function say_show(){                              //定义输出方法
            $this->say_type_Q7();                                //调用本类中方法
            echo "Q7 轿车轮胎尺寸：".$this->wheel."<br>";        //输出本类中定义的车轮直径长度
            echo "Q7 轿车方向盘尺寸：".$this->steer."<br>";      //输出本类中定义方向盘直径长度
            echo "Q7 轿车最高时速：".$this->speed;               //输出本类中定义的最高时速
        }
    }
    $car=new SmallCar();
                //实例化小轿车类
    $car->say_show();
                //调用 say_show()方法
?>
```

运行效果如图 15-10 所示。

Q7轿车轮胎尺寸：50.9cm
Q7轿车方向盘尺寸：20cm
Q7轿车最高时速：160m/s

图 15-10　重写方法

当父类和子类中都定义了构造方法时，子类的对象被创建后，将调用子类的构造方法，而不会调用父类的构造方法。

15.6　抽象类和接口

抽象类（Abstract）和接口（Interface）都是不能被实例化的特殊类，它们都是配合面向对象的多态性一起使用。下面讲解它们的声明和使用方法。

15.6.1　抽象类

抽象类是一种不能被实例化的类，只能作为其他类的父类来使用。抽象类使用 abstract 关键字来声明，其语法格式如下：

```
abstract class 抽象类名称{
                                                  //抽象类的成员变量列表
    abstract function 成员方法 1( 参数 );         //定义抽象方法
    abstract function 成员方法 2( 参数 );         //定义成员方法
}
```

抽象类和普通类相似，包含成员变量、成员方法。两者的区别在于，抽象类至少要包含一个抽象方法。抽象方法没有方法体，其功能的实现只能在子类中完成。抽象方法也是使用 abstract 关键字来修饰。

注意 在抽象方法后面要有分号“;”。

抽象类和抽象方法主要应用于复杂的层次关系中，这种层次关系要求每一个子类都包含并重写某些特定的方法。

例如，中国的美食是多种多样的，有吉菜、鲁菜、川菜、粤菜等。每种菜系使用的都是煎、炒、烹、炸等手法，只是在具体的步骤上，各有各的不同。如果把中国美食当做一个大类 Cate，下面的各大菜系就是 Cate 的子类，而煎炒烹炸则是每个类中都有的方法。每个方法在子类中的实现都是不同的，在父类中无法规定。为了统一规范，不同子类的方法要有一个相同的方法名：decoct（煎）、stir_fry（炒）、cook（烹）、fry（炸）。

【例 15-7】 根据中国的美食，创建一个抽象类 Cate，在抽象类中定义 4 个抽象方法：decocts（煎）、stir_frys（炒）、cooks（烹）、frys（炸）。创建吉、鲁、川、粤 4 个菜系子类，继承 Cate 类，并在子类中定义抽象方法：decocts（煎）、stir_frys（炒）、cooks（烹）、frys（炸）。最后，实例化吉菜子类。关键代码如下：（实例位置：光盘\MR\ym\15\15-7）

```
<?php
    abstract class cate{                                    //定义抽象类
        abstract function decocts();                        //定义抽象方法煎
        abstract function stir_frys();                      //定义抽象方法炒
        abstract function cooks();                          //定义抽象方法烹
        abstract function frys();                           //定义抽象方法炸
    }
    class JL_Cate{                                          //定义吉菜
        public function decocts($a,$b){                     //定义煎方法
            echo "您点的菜是: ".$a."<br>";                   //输出菜名
            echo "价格是: ".$b."<br>";                       //输出价格
        }
       public function stir_frys($a,$b){                    //定义炒方法
            echo "您点的菜是: ".$a."<br>";                   //输出菜名
            echo "价格是: ".$b."<br>";                       //输出价格
        }
       public function cooks($a,$b){                        //定义烹方法
            echo "您点的菜是: ".$a."<br>";                   //输出菜名
            echo "价格是: ".$b."<br>";                       //输出价格
        }
       public function frys($a,$b){                         //定义炸方法
            echo "您点的菜是: ".$a."<br>";                   //输出菜名
            echo "价格是: ".$b."<br>";                       //输出价格
        }
    }
                                                            //省略了部分代码
    $jl=new JL_Cate();                                      //实例化吉菜系
    $jl->decocts("小鸡炖粉条","39元");                       //调用煎方法
?>
```

运行结果如图 15-11 所示。

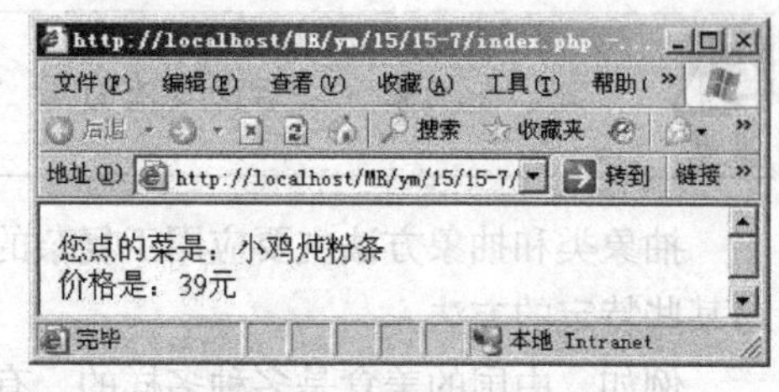

图 15-11　抽象类的应用

15.6.2　接口

继承特性简化了对象、类的创建，增加了代码的可重性。但 PHP 只支持单继承。如果想实现多重继承，就要使用接口。PHP 可以实现多个接口。

1. 接口的声明

接口类通过 interface 关键字来声明，接口中声明的方法必须是抽象方法，接口中不能声明变量，只能使用 const 关键字声明为常量的成员属性，并且接口中所有成员都必须具备 public 的访问权限。接口声明的语法格式如下：

```
interface 接口名称{                          //使用 interface 关键字声明接口
    //常量成员                               //接口中成员只能是常量
    //抽象方法;                              //成员方法必须是抽象方法
}
```

接口和抽象类相同都不能进行实例化的操作，也需要通过子类来实现。但是接口可以直接使用接口名称在接口外去获取常量成员的值。

例如，声明一个 One 接口，其代码如下：

```
interface One{                               //声明接口
    const CONSTANT='CONSTANT value';         //声明常量成员属性
    function FunOne();                       //声明抽象方法
}
```

接口之间也可以实现继承，同样需要使用 extends 关键字。

例如，声明一个 Two 接口，通过 extends 关键字继承 One。其代码如下：

```
interface Two extends One{                   //声明接口,并实现接口之间的继承
    function FunTwo();                       //声明抽象方法
}
```

2. 接口的应用

因为接口不能进行实例化的操作，所以要使用接口中的成员，那么就必须借助子类。在子类中继承接口使用 implements 关键字。如果要实现多个接口的继承，那么每个接口之间使用逗号“,”连接。

既然通过子类继承了接口中的方法，那么接口中的所有方法必须都在子类中实现，否则 PHP 将抛出如图 15-12 所示的错误信息。

```
Fatal error: Class Member contains 2 abstract methods and
must therefore be declared abstract or implement the
remaining methods (Popedom::setPopedom,
Popedom::getPopedom) in F:\PkhPHP\www\MR\ym\15\15-7
\index.php on line 27
```

图 15-12　接口中方法没有在子类中全部实现

下面看一个接口的实际应用。

【例 15-8】　在本例中，首先声明两个接口 Person 和 Popedom；然后在子类 Member 中继承接口并声明在接口中定义的方法；最后实例化子类，调用子类中方法输出数据。代码如下：（实例

位置：光盘\MR\ym\15\15-8）

```
<?php
    interface Person{                                   //定义 Person 接口
        public function say();                          //定义接口方法
    }
    interface Popedom{                                  //定义 Popedom 接口
        public function money();                        //定义接口方法
    }
    class Member implements Person,Popedom{
                                                        //类Member实现接口Person和Propedom接口
        public function say(){                          //定义 say 方法
            echo "我只是一名普通员工，";                    //输出信息
        }
        public function money(){                        //定义方法 money
            echo "我一个月的薪水是10000元";                  //输出信息
        }
    }
    $man=new Member ();
                                        //实例化对象
    $man->say();
                                        //调用 say 方法
    $man->money();
                                        //调用 money 方法
?>
```

运行结果如图 15-13 所示。

图 15-13　应用接口

15.7　面向对象的多态性

面向对象编程的特点之三是多态性，是指一段程序能够处理多种类型对象的能力。例如，在介绍面向对象特点时举的火车和汽车的例子，虽然火车和汽车都可以移动，但是它们的行为是不同的，火车要在铁轨上行驶，而汽车则在公路上行驶。

在 PHP 中，多态有两种实现方法：通过继承实现多态和通过接口实现多态。

15.7.1　通过继承实现多态

继承性已经在前面讲解过，这里直接给出一个实例，展示通过继承实现多态的方法。

【例 15-9】　首先创建一个抽象类 type，用于表示各种交通方法；然后让子类继承这个 type 类。代码如下：（实例位置：光盘\MR\ym\15\15-9）

```
<?php
    abstract class Type{                                //定义抽象类 Type
        abstract function go_Type();                    //定义抽象方法 go_Type()
    }
    class Type_car extends Type{                        //小轿车类继承 Type 抽象类
        public function go_Type(){                      //重写抽象方法
            echo "我开着小轿车去拉萨";                       //输出信息
```

```
        }
    }
    class Type_bus extends Type{                          //定义巴士车继承 Type 类
        public function go_Type(){                        //重写抽象方法
            echo "我做巴士去拉萨";
        }
    }
    function change($obj){             //自定义方法根据传入对象不同调用不同类中方法
        if($obj instanceof Type){
            $obj->go_Type();
        }else{
            echo "传入的参数不是一个对象";                //输出信息
        }
    }
    echo "实例化 Type_car: ";
    change(new Type_car());                               //实例化 Type_car 类
    echo "<br>";
    echo "实例化 Type_bus: ";
    change(new Type_bus);
                                  //实例化 Type_bus 类
?>
```

运行结果如图 15-14 所示。

在上述实例中对于抽象类 Vehicle 而言，Train 类和 Car 类就是其多态性的体现。

图 15-14　通过继承实现多态

15.7.2　通过接口实现多态

下面通过实例讲解如何通过接口实现多态。

【例 15-10】 在本例中，首先定义接口 Type，并定义一个空方法 go_type()；然后定义 Type_car 和 Type_Bus 子类继承接口 Type；最后通过 instanceof 关键字检查对象是否属于接口 Type。代码如下：（实例位置：光盘\MR\ym\15\15-10）

```
<?php
    interface Type{                                       //定义 Type 接口
        public function go_Type();                        //定义接口方法
    }
    class Type_car implements Type{                       //Type_car 类实现 Type 接口
        public function go_Type(){                        //定义 go_Type 方法
            echo "我开着小轿车去拉萨";                    //输出信息
        }
    }
    class Type_bus implements Type{                       //Type_bus 实现 Type 方法
        public function go_Type(){                        //定义 go_Type 方法
            echo "我做巴士去拉萨";                        //输出信息
        }
    }
    function change($obj){                                //自定义方法
        if($obj instanceof Type){
            $obj->go_Type();
```

```
        }else{
            echo "传入的参数不是一个对象";                    //输出信息
        }
    }
    echo "实例化 Type_car：";
    change(new Type_car);                                //实例化对象
    echo "<br>";
    echo "实例化 Type_bus：";
    change(new Type_bus);
?>
```

运行结果与例 15-9 是相同的。

15.8　面向对象的关键字

15.8.1　final 关键字

final，中文含义是最终的、最后的。被 final 修饰过的类和方法就是“最终的版本”。如果有一个类的格式为：

```
final class class_name{
//…
}
```

说明该类不可以再被继承，也不能再有子类。

如果有一个方法的格式为：

```
final function method_name()
```

说明该方法在子类中不可以进行重写，也不可以被覆盖。

这就是 final 关键字的作用。

15.8.2　static 关键字——声明静态类成员

在 PHP 中，通过 static 关键字修饰的成员属性和成员方法被称为静态属性和静态方法。静态属性和静态方法不需要在被类实例化的情况下就可以直接使用。

1. 静态属性

静态属性就是使用关键字 static 修饰的成员属性，它属于类本身而不属于类的任何实例。它相当于存储在类中的全局变量，可以在任何位置通过类来访问。静态属性访问的语法如下：

```
类名称::$静态属性名称
```

其中的符号“::”被称为范围解析操作符，用于访问静态成员、静态方法和常量，还可以用于覆盖类中的成员和方法。

如果要在类内部的成员方法中访问静态属性，那么在静态属性的名称前加上操作符“self::”即可。

2. 静态方法

静态方法就是通过关键字 static 修改的成员方法。由于它不受任何对象的限制，所以可以不通过类的实例化直接引用类中的静态方法。静态方法引用的语法如下：

```
类名称::静态方法名称([参数1,参数2,…])
```

同样，如果要在类内部的成员方法中引用静态方法，那么也是在静态方法的名称前加上操作符“self::”。

在静态方法中，只能调用静态变量，而不能调用普通变量，而普通方法则可以调用静态变量。

使用静态成员，除了可以不需要实例化对象，另一个作用就是在对象被销毁后，仍然保存被修改的静态数据，以便下次继续使用。

【例 15-11】 首先声明一个静态变量$num，声明一个方法，在方法的内部调用静态变量并给变量值加 1；然后实例化类中的对象；最后调用类中的方法。代码如下：（实例位置：光盘\MR\ym\15\15-11）

```
<?php
    class Web{
        static $num="0";                                   //定义静态变量
        public function change(){                          //定义 change 方法
            echo "您是本站第".self::$num."位访客.\t";       //输出静态变量信息
            self::$num++;                                  //静态变量做自增运算
        }
    }
    $web=new Web();                                        //实例化对象
    echo "第一次实例化调用：<br>";
    $web->change();                                        //对象调用
    $web->change();
    $web->change();
    echo "<br>第二次实例化调用<br>";
    $web_wap=new Web();
            //改变对象句柄实例化对象
    $web_wap->change();
    $web_wap->change();
?>
```

运行结果如图 15-15 所示。

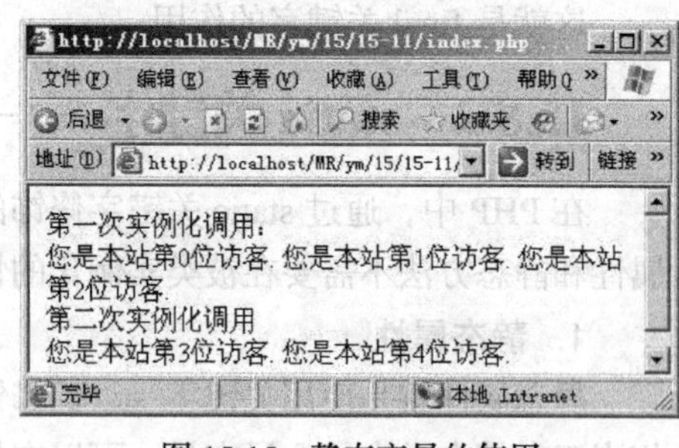

图 15-15 静态变量的使用

如果将程序代码中的静态变量改为普通变量，如“private $num = 0;”，那么结果就不一样了。读者可以动手试一试。

静态成员不用实例化对象，当类第一次被加载时就已经分配了内存空间，所以直接调用静态成员的速度要快一些。但如果静态成员声明得过多，空间一直被占用，反而会影响系统的功能。这个尺度只能通过实践积累才能真正地把握。

15.8.3 clone 关键字——克隆对象

1. 克隆对象

对象的克隆可以通过关键字 clone 来实现。使用 clone 克隆的对象与原对象没有任何关系，它是将原对象从当前位置重新复制了一份，也就是相当于在内存中新开辟了一块空间。clone 关键字克隆对象的语法格式如下：

```
$克隆对象名称=clone $原对象名称;
```

对象克隆成功后，它们中的成员方法、属性以及值是完全相同的。如果要为克隆后的副本对象在克隆时重新为成员属性赋初始值，那么就要使用到下面将要介绍的魔术方法“__clone()”。

2. 克隆副本对象的初始化

魔术方法“__clone()”可以为克隆后的副本对象重新初始化。它不需要任何参数，其中自动包含$this 和$that 两个对象的引用，$this 是副本对象的引用，$that 则是原本对象的引用。

【例 15-12】　本例中，在对象$book1 中创建__clone()方法，将变量$object_type 的默认值从 book 修改为 computer。使用对象$book1 克隆出对象$book2，输出$book1 和$book2 的$object_type 值。代码如下：（实例位置：光盘\MR\ym\15\15-12）

```
<?php
class Book{                                    //类 Book
    private $object_type = 'book';             //声明私有变量$object_type，并赋初值为 book
    public function setType($type){            //声明成员方法 setType，为变量$object_type 赋值
        $this -> object_type = $type;
    }
    public function getType(){                 //声明成员方法 getType，返回变量$object_type 的值
        return $this -> object_type;
    }
    public function __clone(){                 //声明__clone()方法
        $this ->object_type = 'computer';  //将变量$object_type 的值修改为 computer
    }
}
$book1 = new Book();                           //实例化对象$book1
$book2 = clone $book1;                         //使用普通数据类型的方法给对象$book2 赋值
echo '对象$book1 的变量值为：'.$book1 ->
getType();                     //输出对象$book1 的值
echo '<br>';
echo '对象$book2 的变量值为：'.$book2 ->
getType();
?>
```

运行结果如图 15-16 所示。

对象$book2 克隆了对象$book1 的全部行为及属性，而且还拥有属于自己的成员变量值。

图 15-16　__clone()方法

15.9　面向对象的魔术方法

PHP 中有很多以两个下画线开头的方法，如前面已经介绍过的__construct()、__destruct()和__clone()，这些方法被称为魔术方法。

15.9.1　__set()和__get()方法

__set()和__get()方法对私有成员进行赋值或者获取值的操作。

- __set()方法：在程序运行过程中为私有的成员属性设置值，它不需要任何返回值。__set()方法包含两个参数，分别表示变量名称和变量值。两个参数不可省略。这个方法不需要主动调用，可以在方法前加上 private 关键字修饰，防止用户直接去调用。
- __get()方法：在程序运行过程中，在对象的外部获取私有成员属性的值。它有一个必要参数，即私有成员属性名，它返回一个允许对象在外部使用的值。这个方法同样不需要主动调用，可以在方法前加上 private 关键字，防止用户直接调用。

15.9.2 __isset()和__unset()方法

__isset()和__unset()方法如果不看它们前面的“__”符号，我们一定会想到 isset()和 unset()函数。

isset()函数用于检测变量是否存在，如果存在则返回 TRUE，否则返回 FALSE。而在面向对象中，通过 isset()函数可以对公有的成员属性进行检测，但是对于私有的成员属性，这个函数就不起作用了，而魔术方法__isset()的作用就是帮助 isset()函数检测私有成员属性。

如果在对象中存在“__isset()”方法，当在类的外部使用 isset()函数检测对象中的私有成员属性时，就会自动调用类中的“__isset()”方法完成对私有成员属性的检测操作。其语法如下：

```
bool __isset(string name)        //传入对象中的成员属性名，返回值为测定结果
```

unset()函数的作用是删除指定的变量，参数为要删除的变量名称。而在面向对象中，通过 unset()函数可以对公有的成员属性进行删除操作，但是对于私有的成员属性，那么就必须有__unset()方法的帮助才能够完成。

__unset()方法帮助 unset()函数在类的外部删除指定的私有成员属性。其语法格式如下：

```
void __unset(string name)        //传入对象中的成员属性名，执行将私有成员属性删除的操作
```

15.9.3 __call()方法

__call()方法的作用是：当程序试图调用不存在或不可见的成员方法时，PHP 会先调用__call()方法来存储方法名及其参数。__call()方法包含两个参数，即方法名和方法参数。其中，方法参数是以数组形式存在的。

【例 15-13】 本例中声明一个类 MrSoft，包含两个方法：MingRi()和__call()。类实例化后，调用一个不存在的方法 MingR()，看魔术方法__call()的妙用。代码如下：（实例位置：光盘\MR\ym\15\15-13）

```
<?php
class MrSoft{
    public function MingRi(){                                //方法 MingRi()
        echo '调用的方法存在，直接执行此方法。<p>';
    }
    public function __call($method, $parameter) {          //__call()方法
        echo '如果方法不存在，则执行__call()方法。<br>';
        echo '方法名为：'.$method.'<br>';                  //输出第一个参数，即方法名
        echo '参数有：';
        var_dump($parameter);                                //输出第二个参数，是一个参数数组
    }
}
```

```
$mrsoft = new MrSoft();
        //实例化对象$mrsoft
$mrsoft -> MingRi();
        //调用存在的方法MingRi()
$mrsoft -> MingR('how','what','why');
        //调用不存在的方法MingR()
?>
```

运行结果如图 15-17 所示。

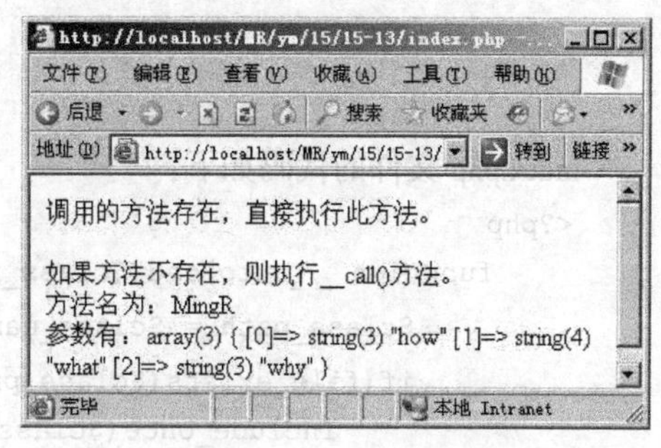

图 15-17　__call()方法

15.9.4　__toString()方法

魔术方法__toString()的作用是：当使用 echo 或 print 输出对象时，将对象转化为字符串。

【例 15-14】　本例中，定义 People 类，应用__toString()方法输出 People 类的实例化对象$peo。代码如下：（实例位置：光盘\MR\ym\15\15-14）

```
<?php
    class People{
        public function __toString(){
            return "我是 toString 的方法体";
        }
    }
    $peo=new People();
    echo $peo;
?>
```

运行结果为：我是 toString 的方法体

（1）如果没有__toString()方法，直接输出对象将会发生致命错误（fatal error）。

（2）输出对象时应注意，echo 或 print 函数后面直接跟要输出的对象，中间不要加多余的字符，否则__toString 方法不会被执行。例如，echo '字串'.$myComputer、echo ' '.$myComputer 等都不可以，一定要注意。

15.9.5　__autoload()方法

将一个独立、完整的类保存到一个 PHP 页中，并且文件名和类名保持一致，这是每个开发人员都需要养成的良好习惯。这样，在下次重复使用某个类时就可以很轻松地找到它。但还有一个问题是让开发人员头疼不已的，如果要在一个页面中引进很多的类，需要使用 include_once()函数或 require_once()函数一个一个地引入。

在 PHP5 中应用__autoload()方法解决了这个问题。__autoload()方法可以自动实例化需要使用的类。当程序要用到一个类，但该类还没有被实例化时，PHP5 将使用__autoload()方法，在指定的路径下自动查找和该类名称相同的文件。如果找到则继续执行，否则报告错误。

【例 15-15】　首先创建一个类文件 inc.php，该文件包含类 People。然后创建 index.php 文件，在文件中创建__autoload()方法，判断类文件是否存在，如果存在则使用 require_once()函数将文件动态引入，否则输出提示信息。类文件 inc.php 的代码如下：（实例位置：光盘\MR\ym\15\15-15）

```
<?php
    class People{                                   //定义类
        public function __toString(){               //定义__toString 方法
            return"自动加载类";
```

```
        }
    }
?>
```

index.php 文件的代码如下：

```
<?php
    function __autoload($class_name){                    //创建__autoload()方法
        $class_path = $class_name.'/inc.php';            //类文件路径
        if(file_exists($class_path)){                    //判断类文件是否存在
            include_once($class_path);
                                                         //动态包含类文件
        }else
            echo '类路径错误。';
    }
    $mrsoft = new People();                              //实例化对象
    echo $mrsoft;                                        //输出类内容
?>
```

运行结果为：自动加载类

15.10 综合实例——封装一个数据库操作类

通过面向对象的方式封装一个数据库操作类，完成对数据的增、删、改、查操作。本实例运行结果如图 15-18 所示。

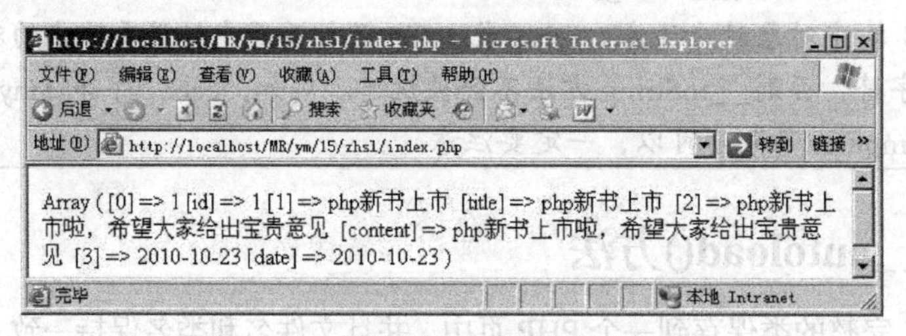

图 15-18　面向对象查询数据库中数据

具体步骤如下。

（1）封装 AdminDb 类，定义 executeSQL()方法，在该方法中通过 substr()函数截取 SQL 语句中的前 6 个字节，通过这 6 个字节判断 SQL 语句的类型，通过 mysql_query()函数执行 SQL 语句。

如果 SQL 语句的类型是 select，则通过 mysql_fetch_array()函数获取结果集，如果结果集为真则返回结果集，如果无结果集则返回 false；如果 SQL 的类型是 update、delete 或者 insert，直接返回 mysql_query()函数的返回值。AdminDb 类的完整代码如下：

```
class AdminDB{
function executeSQL ($sql, $connID){
    $sqlType = strtolower(substr(trim($sql), 0, 6));   //提取 SQL 语句的类型
    $rs = mysql_query($sql,$connID);                   //执行 SQL 语句
     if ($sqlType == 'select') {                       //如果是 select 查询
     $arrayData = mysql_fetch_array($rs);              //返回查询记录集
        if (count($arrayData) == 0 || $rs == false) {  //如果没查询到或发生错误
```

```
            return false;                               //返回 false
        } else {                                        //否则
            return $arrayData;                          //返回记录集
        }
    } elseif ($sqlType == 'insert' || $sqlType == 'update' || $sqlType == 'delete')
{                                                       //如执行插入、更新或删除语句
        return $rs;                             //返回语句执行状态，即成功返回 true，失败返回 false
    } else {
        return false;                           //如果不是上述查询，则返回 false
    }
}
}
```

（2）实例化数据库连接类和数据库操作类，返回数据的查询结果。其代码如下：

```
$connobj=new ConnDB("localhost","root","111","conn","utf8","db_database15");
                                                //实例化数据库连接类
$conn=$connobj->connect();                      //返回连接标识

$admindb=new AdminDB();                         //数据库操作类实例化
$res=$admindb->executeSQL ("select * from tb_demo01",$conn);
                                                //调用数据库操作类中方法执行查询语句
if($res){                                       //如果返回结果为真，则输出数据
    print_r($res);                              //输出一个数组。
}
```

知识点提炼

（1）面向对象就是将要处理的问题抽象为对象，然后通过对象的属性和行为来解决对象的实际问题。

（2）类是属性和方法的集合，是面向对象编程方式的核心和基础，通过类可以将零散的用于实现某项功能的代码进行有效管理。

（3）面向对象编程的 3 个重要特点是：继承、封装和多态。

（4）在创建类名称时必须将类进行声明。

（5）在 PHP 中，通过 class 关键字加类名来定义类的。

（6）在类中直接声明的变量称为成员属性（也可以称为成员变量），可以在类中声明多个变量，即对象中有多个成员属性，每个变量都存储对象不同的属性信息。

（7）成员属性的类型可以是 PHP 中的标量类型和复合类型。

（8）在类中声明的函数称为成员方法。一个类中可以声明多个函数，即对象中可以有多个成员方法。

（9）一个类可以实例化多个对象，每个对象都是独立的。

（10）在类中包括成员属性和成员方法，访问类中的成员包括成员属性和方法的访问。

（11）构造方法是对象创建完成后第一个被对象自动调用的方法。

（12）析构方法的作用是对象被销毁之前最后一个被对象自动调用的方法。

（13）类的继承是类与类之间的一种关系的体现。子类不仅有自己的属性和方法，而且还拥有父类的所有属性和方法。

（14）所谓覆盖父类方法，也就是使用子类中的方法将从父类中继承的方法进行替换，也叫方法的重写。

（15）抽象类是一种不能被实例化的类，只能作为其他类的父类来使用。

（16）实现多重继承需要使用接口。

习　题

15-1　请写出 PHP5 权限控制修饰符。

15-2　如何声明一个名为“myclass”的没有方法和属性的类？

15-3 在面向对象开发中，通常会看到在类的成员函数前面有此类限制，如 public，protected，private，请问它们三者之间有何区别？

15-4　PHP 中类成员属性和方法默认的权限修饰符是什么？

15-5　哪种成员变量可以在同一个类的实例之间共享？

15-6　请写出 PHP5 的构造函数和析构函数？

15-7　列举 PHP5 中的面向对象关键字并说明它们的用途。

15-8　写出 PHP5 中常用的魔术方法。

实验：封装一个数据库连接类

实验目的

（1）熟悉面向对象的方式。

（2）掌握类的声明和构造函数的基本应用。

实验内容

应用面向对象的方式，封装一个数据库连接类。运行结果如图 15-19 所示。

图 15-19　实例化连接数据库类

实验步骤

（1）新建脚本文件 index.php。结合类命名格式定义类名为 Mysql。

（2）定义 4 个私有变量，这 4 个变量中前 3 个参数是连接 MySQL 数据库必须的参数，第 4 个参数作为连接句柄出现。

（3）定义构造函数，将外部传入的参数变量转换为类内部变量并要求本类在实例化的同时调用 connect()方法。

（4）编写 connect()方法，通过 mysql_connect()和 mysql_pconnect()函数连接 MySQL 服务器。

（5）实例化对象，传递数据库连接参数（服务器，用户名，密码和连接方式）。

```
<?php
/*
    命名规则:
        1. 类的命名规则，类名称单词首字母大写
        2. 方法名称首字母小写，如果方法名称是有多个单词组成，那么从第二个单次首字母大写
        3. 变量名称首字母一般小写
        4. 常量名称一般全部大写
*/
  class Mysql{                                          //创建名称为 Mysql 的类
     private $localhost;                                //定义连接数据库相关的私有变量数据源
     private $username;                                 //私有变量数据库用户名
     private $pwd;                                      //私有变量数据库密码
     private $conn;                                     //私有变量连接符
     public function __construct($localhost,$username, $pwd,$conn){//定义构造函数
          $this->localhost=$localhost;
          $this->username=$username;
          $this->pwd=$pwd;
          $this->conn=$conn;
          $this->connect();
     }
     public function connect(){                         //当实例化对象时调用 connect 方法
          if($this->conn=="pconn"){                     //当$conn 变量为 pconn 时
                                                        //建立永久连接
if($this->conn=mysql_pconnect($this->localhost,$this->username,$this->pwd)){
                    echo "已经与数据库建立永久链接";    //输出信息
               }else{
                    echo "连接数据库出现错误";
               }
          }else{
                                                        //建立暂时连接
if($this->conn=mysql_connect($this->localhost,$this->username,$this->pwd)){
                    echo "已经与数据库建立连接";
               }else{
                    echo "连接数据库出现错误";
               }
          }
     }
  }
  $mysql=new mysql("127.0.0.1","root","111","pconn");   //实例化对象
?>
```

第16章 PDO数据库抽象层

本章要点：

- 了解PDO
- PDO的安装、配置
- PDO连接MySQL、MS SQL Serve、Oracle数据库
- PDO中exec()、query()和预处理语句执行SQL语句
- PDO中fetch()、fetchAll()或者fetchColumn()方法获取结果集
- PDO中捕获SQL语句中的错误
- PDO中的错误处理
- PDO中事务处理
- PDO中存储过程

在PHP的早期版本中，各种不同的数据库扩展（MySQL、MS SQL、Oracle）根本没有真正的一致性，虽然都可以实现相同的功能，但是这些扩展却互不兼容，都有各自的操作函数，各自为政，结果导致PHP的维护非常困难，可移植性也非常差。为了解决这些问题，PHP的开发人员编写了一种轻型、便利的API来统一各种数据库的共性，从而达到PHP脚本最大程度的抽象性和兼容性，这就是数据库抽象层。本章将要介绍的是目前PHP抽象层中最为流行的——PDO抽象层。

16.1 什么是PDO

16.1.1 PDO概述

PDO是PHP Date Object（PHP数据对象）的简称，它是与PHP 5.1版本一起发行的，目前支持的数据库包括Firebird、FreeTDS、Interbase、MySQL、MS SQL Server、ODBC、Oracle、Postgre SQL、SQLite和Sybase。有了PDO，不必再使用mysql_*函数、oci_*函数或者mssql_*函数，也不必再为它们封装数据库操作类，只需要使用PDO接口中的方法就可以对数据库进行操作。在选择不同的数据库时，只需修改PDO的DSN（数据源名称）。

在PHP6中将默认使用PDO连接数据库，所有非PDO扩展将会在PHP6中被移除。该扩展提供PHP内置类PDO来对数据库进行访问，不同数据库使用相同的方法名，解决数据库连接不统一的问题。

16.1.2　PDO 特点

PDO 是一个“数据库访问抽象层”，作用是统一各种数据库的访问接口，与 mysql 和 mssql 函数库相比，PDO 让跨数据库的使用更具有亲和力；与 ADODB 和 MDB2 相比，PDO 更高效。

PDO 将通过一种轻型、清晰、方便的函数，统一各种不同 RDBMS 库的共有特性，实现 PHP 脚本最大程度的抽象性和兼容性。

PDO 吸取现有数据库扩展成功和失败的经验教训，利用 PHP5 的最新特性，可以轻松地与各种数据库进行交互。

PDO 扩展是模块化的，使用户能够在运行时为数据库后端加载驱动程序，而不必重新编译或重新安装整个 PHP 程序。例如，PDO_MySQL 扩展会替代 PDO 扩展实现 MySQL 数据库 API。还有一些用于 Oracle、PostgreSQL、ODBC 和 Firebird 的驱动程序，更多的驱动程序尚在开发。

16.1.3　安装 PDO

PDO 是与 PHP 5.1 一起发行的，默认包含在 PHP 5.1 中。由于 PDO 需要 PHP 5 核心面向对象特性的支持，因此其无法在 PHP 5.0 之前的版本中使用。

默认情况下，PDO 在 PHP 5.2 中为开启状态，但是要启用对某个数据库驱动程序的支持，仍需要进行相应的配置操作。

在 Linux 环境下，要使用 MySQL 数据库，可以在 configure 命令中添加如下选项：

```
__with-pdo-mysql=/path/to/mysql/installation
```

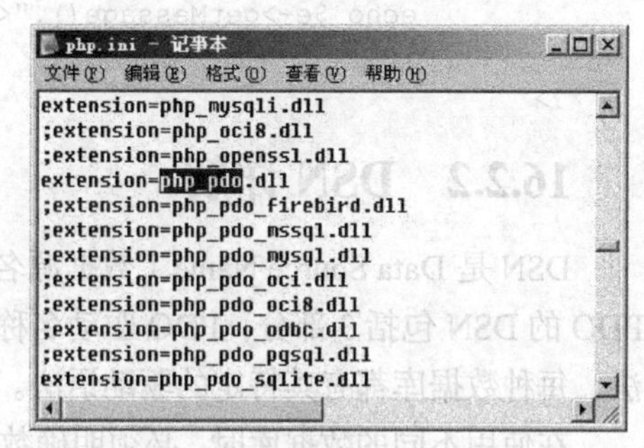

图 16-1　window 环境下配置 PDO

在 Windows 环境下，PDO 在 php.ini 文件中进行配置，如图 16-1 所示。

要启用 PDO，首先必须加载“extension=php_pdo.dll”，如果要想其支持某个具体的数据库，那么还要加载对应的数据库选项。例如，要支持 MySQL 数据库，则需要加载“extension=php_pdo_mysql.dll”选项。

注意　在完成数据库的加载后，要保存 php.ini 文件，并且重新启动 Apache 服务器，修改才能够生效。

16.2　PDO 连接数据库

16.2.1　PDO 构造函数

在 PDO 中，要建立与数据库的连接需要实例化 PDO 的构造函数，PDO 构造函数的语法如下：

```
__construct(string $dsn[,string$username[,string$password[,array $driver_options]]])
```

构造函数的参数说明如下。

dsn：数据源名，包括主机名端口号和数据库名称。

username：连接数据库的用户名。

password：连接数据库的密码。

driver_options：连接数据库的其他选项。

通过 PDO 连接 MySQL 数据库的代码如下：

```
<?php
    $dbms='mysql';                                  //数据库类型
    $dbName='db_database16';                        //使用的数据库名称
    $user='root';                                   //使用的数据库用户名
    $pwd='111';                                     //使用的数据库密码
    $host='localhost';                              //使用的主机名称
    $dsn="$dbms:host=$host;dbname=$dbName";
    try {                                           //捕获异常
        $pdo=new PDO($dsn,$user,$pwd);              //实例化对象
        echo "PDO 连接 MySQL 成功";
    } catch (Exception $e) {
        echo $e->getMessage()."<br>";
    }
?>
```

16.2.2　DSN 详解

DSN 是 Data Source Name（数据源名称）的首字母缩写。DSN 提供连接数据库需要的信息。PDO 的 DSN 包括 3 部分：PDO 驱动名称（例如 mysql、sqlite 或者 pgsql）、冒号和驱动特定的语法。每种数据库都有其特定的驱动语法。

在使用不同的数据库时，必须明确数据库服务器是完全独立于 PHP 的实体。虽然笔者在讲解本书的内容时，数据库服务器和 Web 服务器是在同一台计算机上，但是实际的情况可能不是如此。数据库服务器可能与 Web 服务器不是在同一台计算机上，此时要通过 PDO 连接数据库时，就需要修改 DSN 中的主机名称。

数据库服务器只在特定的端口上监听连接请求。每种数据库服务器具有一个默认的端口号（MySQL 是 3306），但是数据库管理员可以对端口号进行修改，因此有可能 PHP 找不到数据库的端口，此时就可以在 DSN 中包含端口号。

另外，由于一个数据库服务器中可能拥有多个数据库，所以在通过 DSN 连接数据库时，通常都包括数据库名称，这样可以确保连接的是用户想要的数据库，而不是其他人的数据库。

16.3　PDO 中执行 SQL 语句

在 PDO 中，可以使用下面的 3 种方法来执行 SQL 语句。

16.3.1　exec()方法

exec()方法返回执行后受影响的行数，其语法如下：

```
int PDO::exec ( string statement )
```

参数 statement 是要执行的 SQL 语句。该方法返回执行查询时受影响的行数，通常用于 INSERT、DELETE 和 UPDATE 语句中。

【例 16-1】 使用 exec()方法执行删除操作，具体步骤如下。(实例位置：光盘\MR\ym\16\16-1)

创建 index.php 文件，设计网页页面。首先通过 PDO 连接 MySQL 数据库，然后定义 DELETE 删除语句，应用 execute 方法执行删除操作。其关键代码如下：

```
<?php
    $dbms='mysql';
    $dbName='db_database16';
    $user='root';
    $pwd='111';
    $host='localhost';
    $dsn="$dbms:host=$host;dbname=$dbName";
    $query="delete from tb_zc where id=3";//SQL语句
                try {
                    $pdo=new PDO($dsn,$user,$pwd);
                    $affCount=$pdo->exec($query);
                    echo "删除成功，受影响条数为
".$affCount;
                } catch (Exception $e) {
                echo "ERROR!!".$e->getMessage().
"<br>";
                }
?>
```

运行结果如图 16-2 所示

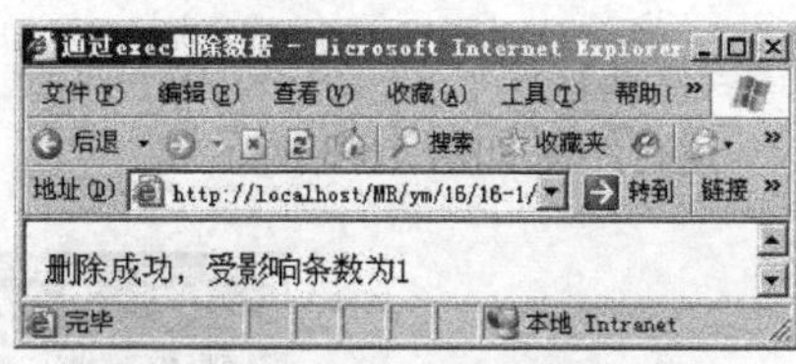

图 16-2　应用 exec 方法删除数据

16.3.2　query()方法

query()方法通过用于返回执行查询后的结果集。其语法如下：

```
PDOStatement PDO::query ( string statement )
```

参数 statement 是要执行的 SQL 语句，它返回的是一个 PDOStatement 对象。

【例 16-2】 使用 query()方法执行查询操作，具体步骤如下。(实例位置：光盘\MR\ym\16\16-2)

创建 index.php 文件，设计网页页面。首先通过 PDO 连接 MySQL 数据库，然后通过 query()方法执行查询，最后应用 foreach()函数以表格形式输出查询内容。其关键代码如下：

```
<table width="515" border="0" bgcolor="#FF3366">
  <tr>
    <td bgcolor="#FFFFFF"><div align="center">ID</div></td>
    <td bgcolor="#FFFFFF"><div align="center">用户名</div></td>
    <td bgcolor="#FFFFFF"><div align="center">密码</div></td>
    <td bgcolor="#FFFFFF"><div align="center">QQ</div></td>
    <td bgcolor="#FFFFFF"><div align="center">邮箱</div></td>
    <td bgcolor="#FFFFFF"><div align="center">日期</div></td>
  </tr>
<?php
    $dbms='mysql';
    $dbName='db_database16';
    $user='root';
    $pwd='111';
    $host='localhost';
    $dsn="$dbms:host=$host;dbname=$dbName";
    $query="select * from tb_zc ";            //SQL语句
            try {
                $pdo=new PDO($dsn,$user,$pwd);
```

```
                    $result=$pdo->query($query);          //输出结果集中的数据
                    foreach ( $result as $row){           //输出结果集中的数据
?>
  <tr>
    <td bgcolor="#FFFFFF"><div align="center"><?php echo  $row['id'];?>;</div></td>
    <td bgcolor="#FFFFFF"><div align="center"><?php echo  $row['username'];?>;</div></td>
    <td bgcolor="#FFFFFF"><div align="center"><?php echo  $row['userpwd'];?></div></td>
    <td bgcolor="#FFFFFF"><div align="center"><?php echo  $row['qq'];?></div></td>
   <td bgcolor="#FFFFFF"><div align="center"><?php echo  $row['email'];?>;</div></td>
    <td bgcolor="#FFFFFF"><div align="center"><?php echo  $row['date'];?>;</div></td>
  </tr>
  <?php }
                    } catch (Exception $e) {
                       echo "ERROR!!".$e->getMessage()."<br>";
                      }
  ?>
</table>
```

运行结果如图 16-3 所示。

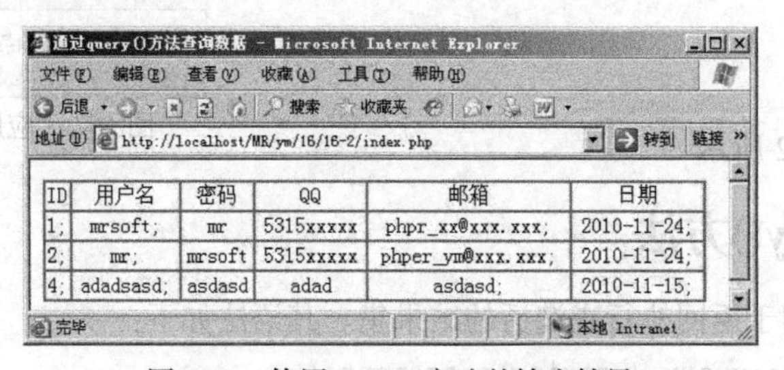

图 16-3 使用 query()方法的输出结果

16.3.3 预处理语句——prepare()和 execute()

预处理语句包括 prepare()和 execute()两个方法。首先通过 prepare()方法做查询的准备工作，然后通过 execute()方法执行查询，并且还可以通过 bindParam()方法来绑定参数提供给 execute()方法。其语法如下：

```
PDOStatement PDO::prepare ( string statement [, array driver_options] )
bool PDOStatement::execute ( [array input_parameters] )
```

【例 16-3】 在 PDO 中通过预处理语句 prepare()和 execute()执行 SQL 查询语句，并且应用 while 语句和 fetch()方法完成数据的循环输出。具体实现如下：（实例位置：光盘\MR\ym\16\16-3）

首先完成页面效果的设计，然后通过 PDO 连接 MySQL 数据库，接着通过预处理语句 prepare()和 execute()执行 SQL 查询语句，最后通过 while 语句和 fetch()方法完成数据的循环输出。其关键代码如下：

```
<?php
$dbms='mysql';                    //数据库类型，对于开发者来说，使用不同的数据库，只要改这个，不
用记住那么多的函数
$host='localhost';                //数据库主机名
$dbName='db_database16';          //使用的数据库
$user='root';                     //数据库连接用户名
$pass='111';                      //对应的密码
```

```
$dsn="$dbms:host=$host;dbname=$dbName";
try {
$pdo = new PDO($dsn, $user, $pass);//初始化一个PDO对象，就是创建了数据库连接对象$pdo
    $query="select * from tb_pdo_mysql";      //定义SQL语句
    $result=$pdo->prepare($query);            //准备查询语句
    $result->execute();                       //执行查询语句，并返回结果集
    while($res=$result->fetch(PDO::FETCH_ASSOC)){
                                              //循环输出查询结果集，设置结果集为关联索引
    ?>
        <tr>
          <td height="22" align="center" valign="middle"><?php echo $res['id'];?></td>
          <td align="center" valign="middle"><?php echo $res['pdo_type'];?></td>
          <td align="center" valign="middle"><?php echo $res['database_name'];?></td>
          <td align="center" valign="middle"><?php echo $res['dates'];?></td>
        </tr>
<?php
    }
        } catch (PDOException $e) {
    die ("Error!: " . $e->getMessage() . "<br/>");
}
?>
```

运行结果如图 16-4 所示。

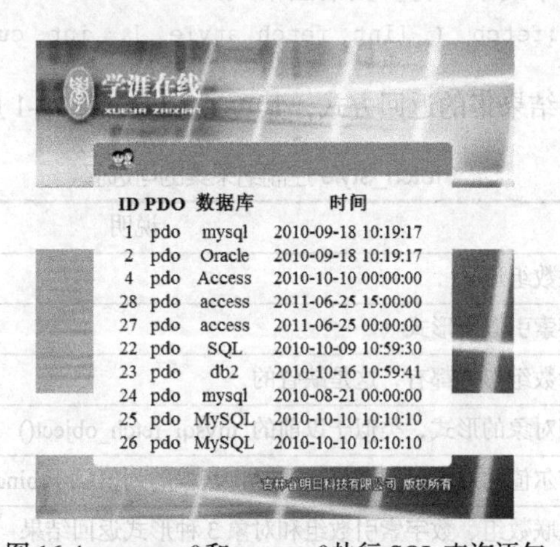

图 16-4　prepare()和 execute()执行 SQL 查询语句

预处理语句，它是要运行的 SQL 的一种编译过的模板，它可以使用变量参数进行定制。预处理语句可以带来两大好处。

一是查询只需解析（或准备）一次，但是可以用相同或不同的参数执行多次。当查询准备好后，数据库将分析、编译和优化执行该查询的计划。对于复杂的查询，这个过程要花比较长的时间，如果需要以不同参数多次重复相同的查询，那么该过程将大大降低应用程序的速度。通过使用预处理语句，可以避免重复分析/ 编译/优化周期。简言之，预处理语句使用更少的资源，因而运行得更快。

二是提供给预处理语句的参数不需要用引号括起来，驱动程序会处理这些。如果应用程序独占地使用预处理语句，那么可以确保没有 SQL 入侵发生。但是，如果仍然将查询的其他部分建立在不受信任的输入之上，那么就仍然存在风险。

说明

PDO 中执行 SQL 语句方法的选择

（1）如果只是执行一次查询，那么 PDO->query 是较好的选择。虽然它无法自动转义发送给它的任何数据，但是它在遍历 SELECT 语句的结果集方面是非常方便的。然而在使用这个方法时也要相当小心，因为如果没有在结果集中获取到所有数据，那么下次调用 pdo->query 时可能会失败。

（2）如果多次执行 SQL 语句，那么最理想的方法是 prepare 和 execute。这两个方法可以对提供给它们的参数进行自动转义，进而防止 SQL 注入攻击；同时，由于在多次执行 SQL 语句时，应用的是预编译语句，还可以减少资源的占用，提高运行速度。

16.4 PDO 中获取结果集

在 PDO 中获取结果集有 3 种方法：fetch()、fetchAll()和 fetchColumn()。

16.4.1 fetch()方法

fetch()方法获取结果集中的下一行，其语法格式如下：

```
mixed PDOStatement::fetch ( [int fetch_style [, int cursor_orientation [, int cursor_offset]]] )
```

参数 fetch_style：控制结果集的返回方式，其可选方式如表 16-1 所示。

表 16-1 fetch_style 控制结果集的可选值

值	说明
PDO::FETCH_ASSOC	关联数组形式
PDO::FETCH_NUM	数字索引数组形式
PDO::FETCH_BOTH	两者数组形式都有，这是缺省的
PDO::FETCH_OBJ	按照对象的形式，类似于以前的 mysql_fetch_object()
PDO::FETCH_BOUND	以布尔值的形式返回结果，同时将获取的列值赋予 bindParam()方法中指定的变量
PDO::FETCH_LAZY	以关联数组、数字索引数组和对象 3 种形式返回结果

参数 cursor_orientation：PDOStatement 对象的一个滚动游标，可用于获取指定的一行。

参数 cursor_offset：游标的偏移量。

【例 16-4】 通过 fetch()方法获取结果集中下一行的数据，进而应用 while 语句完成数据库中数据的循环输出，具体步骤如下。（实例位置：光盘\MR\ym\16\16-4）

创建 index.php 文件，设计网页页面。首先，通过 PDO 连接 MySQL 数据库；然后，定义 SELECT 查询语句，应用 prepare 和 execute 方法执行查询操作；接着，通过 fetch()方法返回结果集中下一行数据，同时设置结果集以关联数组形式返回；最后，通过 while 语句完成数据的循环输出。其关键代码如下：

```
<?php
$dbms='mysql';                    //数据库类型，对于开发者来说，使用不同的数据库，只要改这个，不用记住那么多的函数
```

```
$host='localhost';                          //数据库主机名
$dbName='db_database16';                    //使用的数据库
$user='root';                               //数据库连接用户名
$pass='111';                                //对应的密码
$dsn="$dbms:host=$host;dbname=$dbName";
try {
    $pdo = new PDO($dsn, $user, $pass);     //初始化一个PDO对象,就是创建了数据库连接对象$pdo
      $query="select * from tb_pdo_mysql";  //定义SQL语句
      $result=$pdo->prepare($query);        //准备查询语句
      $result->execute();                   //执行查询语句，并返回结果集
      while($res=$result->fetch(PDO::FETCH_ASSOC)){
                                            //循环输出查询结果集，并且设置结果集的为关联索引
      ?>
          <tr>
            <td height="22" align="center" valign="middle"><?php echo $res['id'];?></td>
            <td align="center" valign="middle"><?php echo $res['pdo_type'];?></td>
            <td align="center" valign="middle"><?php echo $res['database_name'];?></td>
            <td align="center" valign="middle"><?php echo $res['dates'];?></td>
            <td align="center" valign="middle"><a href="#">删除</a></td>
          </tr>
<?php
      }
        } catch (PDOException $e) {
    die ("Error!: " . $e->getMessage() . "<br/>");
}
            ?>
```

运行结果如图 16-5 所示。

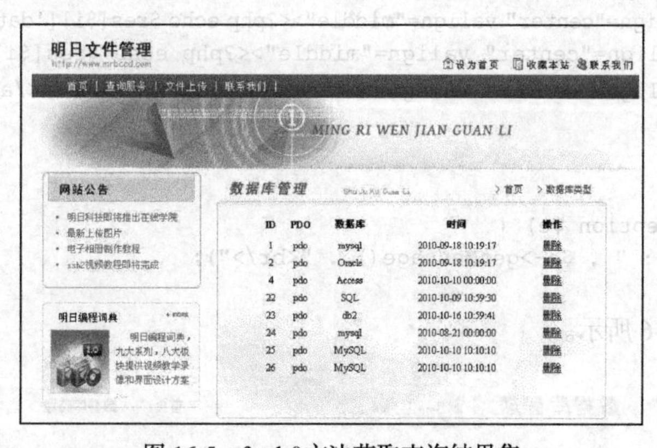

图 16-5　fetch()方法获取查询结果集

16.4.2　fetchAll()方法

fetchAll()方法获取结果集中的所有行。其语法如下：

```
array PDOStatement::fetchAll ( [int fetch_style [, int column_index]] )
```

参数 fetch_style：控制结果集中数据的显示方式。

参数 column_index：字段的索引。

其返回值是一个包含结果集中所有数据的二维数组。

【例 16-5】 通过 fecthAll()方法获取结果集中所有行，并且通过 for 语句读取二维数组中的数据，完成数据库中数据的循环输出，具体步骤如下。（实例位置：光盘\MR\ym\16\16-5）

创建 index.php 文件，设计网页页面。首先，通过 PDO 连接 MySQL 数据库；然后，定义 SELECT 查询语句，应用 prepare 和 execute 方法执行查询操作；接着，通过 fetchAll()方法返回结果集中所有行；最后，通过 for 语句完成结果集中所有数据的循环输出。其关键代码如下：

```
<?php
$dbms='mysql';                                //数据库类型 ，对于开发者来说，使用不同的数据库，只要改这个，不用记住那么多的函数
$host='localhost';                            //数据库主机名
$dbName='db_database16';                      //使用的数据库
$user='root';                                 //数据库连接用户名
$pass='111';                                  //对应的密码
$dsn="$dbms:host=$host;dbname=$dbName";
try {
    $pdo = new PDO($dsn, $user, $pass);       //初始化一个 PDO 对象，就是创建了数据库连接对象$pdo
        $query="select * from tb_pdo_mysql";  //定义 SQL 语句
        $result=$pdo->prepare($query);        //准备查询语句
        $result->execute();                   //执行查询语句，并返回结果集
        $res=$result->fetchAll(PDO::FETCH_ASSOC);   //获取结果集中的所有数据
        for($i=0;$i<count($res);$i++){        //循环读取二维数组中的数据
        ?>
            <tr>
              <td height="22" align="center" valign="middle"><?php echo $res[$i]['id'];?></td>
              <td align="center" valign="middle"><?php echo $res[$i]['pdo_type'];?></td>
              <td align="center" valign="middle"><?php echo $res[$i]['database_name'];?></td>
              <td align="center" valign="middle"><?php echo $res[$i]['dates'];?></td>
              <td align="center" valign="middle"><a href="#">删除</a></td>
          </tr>
<?php
      }
} catch (PDOException $e) {
    die ("Error!: " . $e->getMessage() . "<br/>");
} ?>
```

运行结果如图 16-6 所示。

数据库管理 Shu Ju Ku Guan Li　　> 首页　> 数据库类型

ID	PDO	数据库	时间	操作
1	pdo	mysql	2010-09-18 10:19:17	删除
2	pdo	Oracle	2010-09-18 10:19:17	删除
4	pdo	Access	2010-10-10 00:00:00	删除
22	pdo	SQL	2010-10-09 10:59:30	删除
23	pdo	db2	2010-10-16 10:59:41	删除
24	pdo	mysql	2010-08-21 00:00:00	删除
25	pdo	MySQL	2010-10-10 10:10:10	删除
26	pdo	MySQL	2010-10-10 10:10:10	删除

图 16-6　fetchAll()方法返回结果集中所有数据

16.4.3　fetchColumn()方法

fetchColumn()方法获取结果集中下一行指定列的值。其语法如下：

```
string PDOStatement::fetchColumn ( [int column_number] )
```

可选参数 column_number 设置行中列的索引值，该值从 0 开始。如果省略该参数则将从第 1 列开始取值。

通过 fetchColumn()方法获取结果集中下一行中指定列的值，注意这里是“结果集中下一行中指定列的值”。本实例输出数据表中第一列的值，即输出数据的 ID。具体步骤如下。

【例 16-6】　创建 index.php 文件，设计网页页面。首先，通过 PDO 连接 MySQL 数据库；然后，定义 SELECT 查询语句，应用 prepare 和 execute 方法执行查询操作；接着，通过 fetchColumn()方法输出结果集中下一行第一列的值。其关键代码如下：（实例位置：光盘\MR\ym\16\16-6）

```
<?php
$dbms='mysql';                                    //数据库类型，对于开发者来说，使用不
同的数据库，只要改这个，不用记住那么多的函数
$host='localhost';                                //数据库主机名
$dbName='db_database16';                          //使用的数据库
$user='root';                                     //数据库连接用户名
$pass='111';                                      //对应的密码
$dsn="$dbms:host=$host;dbname=$dbName";
try {
    $pdo = new PDO($dsn, $user, $pass);           //初始化一个 PDO 对象，就是创建了数据
库连接对象$pdo
        $query="select * from tb_pdo_mysql";      //定义 SQL 语句
        $result=$pdo->prepare($query);            //准备查询语句
        $result->execute();                       //执行查询语句，并返回结果集
    ?>
      <tr>
       <td height="22" align="center" valign="middle"><?php echo $result->fetchColumn(0);?></td>
      </tr>
      <tr>
        <td height="22" align="center" valign="middle"><?php echo $result->fetchColumn(0);?></td>
      </tr>
      <tr>
        <td height="22" align="center" valign="middle"><?php echo $result->fetchColumn(0);?></td>
      </tr>
      <tr>
        <td height="22" align="center" valign="middle"><?php echo $result->fetchColumn(0);?></td>
      </tr>
<?php
        } catch (PDOException $e) {
    die ("Error!: " . $e->getMessage() .
"<br/>");
}
        ?>
```

运行结果如图 16-7 所示。

ID（第一列，数据ID值）
1
2
4
22

图 16-7　fetchColumn()方法获取结果集中第一列的值

16.5 PDO 中捕获 SQL 语句中的错误

在 PDO 中捕获 SQL 语句中的错误有 3 种方案可以选择。

16.5.1 使用默认模式——PDO::ERRMODE_SILENT

在默认模式中设置 PDOStatement 对象的 errorCode 属性，但不进行其他任何操作。

通过 prepare 和 execute 方法向数据库中添加数据，设置 PDOStatement 对象的 errorCode 属性，手动检测代码中的错误。

【例 16-7】 创建 index.php 文件，添加 form 表单，将表单元素提交到本页。通过 PDO 连接 MySQL 数据库，通过预处理语句 prepare()和 execute()执行 INSERT 添加语句，向数据表中添加数据，并且设置 PDOStatement 对象的 errorCode 属性，检测代码中的错误。其关键代码如下：（实例位置：光盘\MR\ym\16\16-7）

```
<?php
if($_POST['Submit']=="提交" && $_POST['pdo']!=""){
    $dbms='mysql';                                //数据库类型，对于开发者来说，使用不同的数据库，
只要改这个，不用记住那么多的函数
    $host='localhost';                            //数据库主机名
    $dbName='db_database16';                      //使用的数据库
    $user='root';                                 //数据库连接用户名
    $pass='111';                                  //对应的密码
    $dsn="$dbms:host=$host;dbname=$dbName";
   $pdo = new PDO($dsn, $user, $pass);            //初始化一个 PDO 对象，就是创建了数据库连接对
象$pdo
    $query="insert into
  tb_pdo_mysqls(pdo_type,database_name,dates)values('".$_
POST['pdo']."','".$_POST['databases']."','".$_POST['dates']."')";
    $result=$pdo->prepare($query);
    $result->execute();
    $code=$result->errorCode();
    if(empty($code)){
        echo "数据添加成功！";
    }else{
        echo '数据库错误：<br/>';
        echo 'SQL Query:'.$query;
        echo '<pre>';
        var_dump($result->errorInfo());
        echo '</pre>';
    }
}
?>
```

在本实例中，在定义 INSERT 添加语句时，使用了错误的数据表名称 tb_pdo_mysqls（正确名称是 tb_pdo_mysql），导致输出结果如图 16-8 所示。

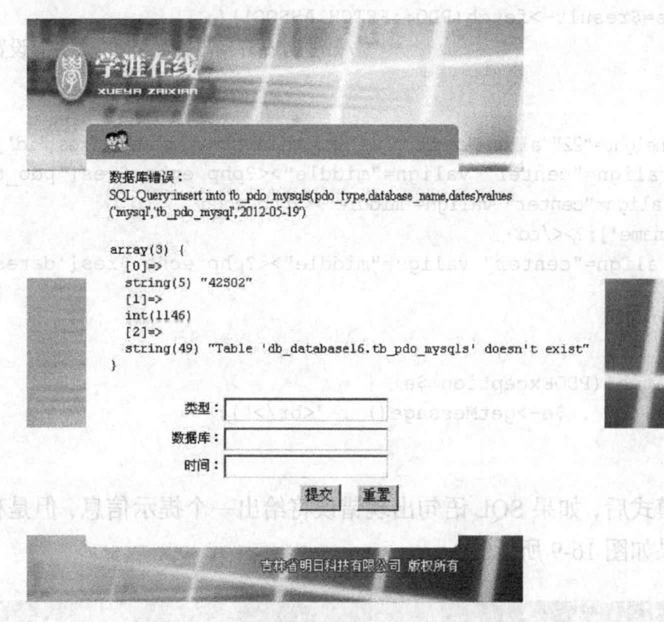

图 16-8　在默认模式中捕获 SQL 中的错误

16.5.2　使用警告模式——PDO::ERRMODE_WARNING

警告模式会产生一个 PHP 警告，并设置 errorCode 属性。如果设置的是警告模式，那么除非明确地检查错误代码，否则程序将继续按照其方式运行。

设置警告模式，通过 prepare 和 execute 方法读取数据库中数据，并且通过 while 语句和 fetch()方法完成数据的循环输出，体会在设置成警告模式后执行错误的 SQL 语句。

【例 16-8】　创建 index.php 文件，连接 MySQL 数据库，通过预处理语句 prepare()和 execute()执行 SELECT 查询语句，并设置一个错误的数据表名称，同时通过 setAttribute()方法设置为警告模式，最后通过 while 语句和 fetch()方法完成数据的循环输出。其关键代码如下：（实例位置：光盘\MR\ym\16\16-8）

```
<?php
$dbms='mysql';                          //数据库类型，对于开发者来说，使用不同的
数据库，只要改这个，不用记住那么多的函数
$host='localhost';                      //数据库主机名
$dbName='db_database16';                //使用的数据库
$user='root';                           //数据库连接用户名
$pass='111';                            //对应的密码
$dsn="$dbms:host=$host;dbname=$dbName";
try {
    $pdo = new PDO($dsn, $user, $pass);  //初始化一个 PDO 对象，就是创建了数据库连
接对象$pdo
    $pdo->setAttribute(PDO::ATTR_ERRMODE,PDO::ERRMODE_WARNING);
                                        //设置为警告模式
    $query="select * from tb_pdo_mysql"; //定义 SQL 语句
    $result=$pdo->prepare($query);       //准备查询语句
    $result->execute();                  //执行查询语句，并返回结果集
```

```
        while($res=$result->fetch(PDO::FETCH_ASSOC)){
                                        //while 循环输出查询结果集，并且设置结果集的为关联索引
        ?>
            <tr>
              <td height="22" align="center" valign="middle"><?php echo $res['id'];?></td>
              <td align="center" valign="middle"><?php echo $res['pdo_type'];?></td>
              <td align="center" valign="middle"><?php echo
    $res['database_name'];?></td>
              <td align="center" valign="middle"><?php echo $res['dates'];?></td>
            </tr>
    <?php
        }
              } catch (PDOException $e) {
        die ("Error!: " . $e->getMessage() . "<br/>");
    }
              ?>
```

在设置为警告模式后，如果 SQL 语句出现错误将给出一个提示信息，但是程序仍能够继续执行下去，其运行结果如图 16-9 所示。

图 16-9　设置警告模式后捕获的 SQL 语句错误

16.5.3　使用异常模式——PDO::ERRMODE_ EXCEPTION

异常模式会创建一个 PDOException，并设置 errorCode 属性。它可以将执行代码封装到一个 try{…}catch{…}语句块中。未捕获的异常将会导致脚本中断，并显示堆栈跟踪让用户了解是哪里出现的问题。

【例 16-9】　在执行数据库中数据的删除操作时，设置为异常模式，并且编写一个错误的 SQL 语句（操作错误的数据表 tb_pdo_mysqls），体会异常模式与警告模式和默认模式的区别。具体步骤如下。（实例位置：光盘\MR\ym\16\16-9）

（1）创建 index.php 文件，连接 MySQL 数据库，通过预处理语句 prepare()和 execute()执行 SELECT 查询语句，通过 while 语句和 fetch()方法完成数据的循环输出，并且设置删除超级链接，链接到 delete.php 文件，传递的参数是数据的 ID 值。其运行效果如图 16-10 所示。

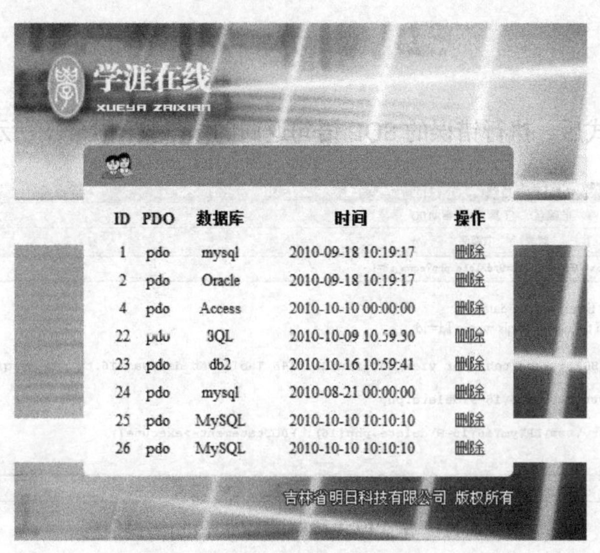

图 16-10　数据的循环输出

（2）创建 delete.php 文件，获取超级链接传递的数据 ID 值，连接数据库，通过 setAttribute() 方法设置为异常模式，定义 DELETE 删除语句，删除一个错误数据表（tb_pdo_mysqls）中的数据，并且通过 try{…}catch{…}语句捕获错误信息。其代码如下：

```
<?php
header ( "Content-type: text/html; charset=utf-8" );      //设置文件编码格式
if($_GET['conn_id']!=""){
    $dbms='mysql';                                         //数据库类型，对于开发者来说，使
用不同的数据库，只要改这个，不用记住那么多的函数
    $host='localhost';                                     //数据库主机名
    $dbName='db_database16';                               //使用的数据库
    $user='root';                                          //数据库连接用户名
    $pass='111';                                           //对应的密码
    $dsn="$dbms:host=$host;dbname=$dbName";
    try {
    $pdo = new PDO($dsn, $user, $pass);                    //初始化一个 PDO 对象，就是创建
了数据库连接对象$pdo
        $pdo->setAttribute(PDO::ATTR_ERRMODE,PDO::ERRMODE_EXCEPTION);
        $query="delete from tb_pdo_mysqls where Id=:id";
        $result=$pdo->prepare($query);                     //预准备语句
        $result->bindParam(':id',$_GET['conn_id']);       //绑定更新的数据
        $result->execute();
    } catch (PDOException $e) {
        echo 'PDO Exception Caught.';
        echo 'Error with the database:<br/>';
        echo 'SQL Query: '.$query;
        echo '<pre>';
    echo "Error: " . $e->getMessage(). "<br/>";
        echo "Code: " . $e->getCode(). "<br/>";
        echo "File: " . $e->getFile(). "<br/>";
        echo "Line: " . $e->getLine(). "<br/>";
        echo "Trace: " . $e->getTraceAsString(). "<br/>";
        echo '</pre>';
```

```
    }
}
?>
```

在设置为异常模式后，执行错误的 SQL 语句返回的结果如图 16-11 所示。

```
PDO Exception Caught.Error with the database:
SQL Query: delete from tb_pdo_mysqls where Id=id

Error: SQLSTATE[42S02]: Base table or view not found: 1146 Table 'db_database16.tb_pdo_mysqls' doesn't exist
Code: 42S02
File: D:\AppServ\www\MR\ym\16\16-9\delete.php
Line: 16
Trace: #0 D:\AppServ\www\MR\ym\16\16-9\delete.php(16): PDOStatement->execute()
#1 {main}
```

图 16-11　异常模式捕获的 SQL 语句错误信息

16.6　PDO 中错误处理

在 PDO 中有两个获取程序中错误信息的方法：errorCode()方法和 errorInfo()方法。

16.6.1　errorCode()方法

errorCode()方法用于获取在操作数据库句柄时所发生的错误代码，这些错误代码被称为 SQLSTATE 代码。其语法格式如下：

```
int PDOStatement::errorCode ( void )
```

errorCode()方法返回一个 SQLSTATE，SQLSTATE 是由 5 个数字和字母组成的代码。

在 PDO 中通过 query()方法完成数据的查询操作，并且通过 foreach 语句完成数据的循环输出。在定义 SQL 语句时使用一个错误的数据表，并且通过 errorCode()方法返回错误代码。

【例 16-10】 创建 index.php 文件。首先通过 PDO 连接 MySQL 数据库，然后通过 query()方法执行查询语句，接着通过 errorCode()方法获取错误代码，最后通过 foreach 语句完成数据的循环输出。其关键代码如下：（实例位置：光盘\MR\ym\16\16-10）

```
<?php
$dbms='mysql';                          //数据库类型，对于开发者来说，使用不同的数据库，只
要改这个，不用记住那么多的函数
$host='localhost';                      //数据库主机名
$dbName='db_database16';                //使用的数据库
$user='root';                           //数据库连接用户名
$pass='111';                            //对应的密码
$dsn="$dbms:host=$host;dbname=$dbName";
try {
$pdo = new PDO($dsn, $user, $pass);     //初始化一个 PDO 对象，就是创建了数据库连接对象$pdo
$query="select * from tb_pdo_mysqls";   //定义 SQL 语句
$result=$pdo->query($query);            //执行查询语句，并返回结果集
```

```
echo "errorCode为: ".$pdo->errorCode();
foreach($result as $items){
    ?>
        <tr>
         <td height="22" align="center" valign="middle"><?php echo $items['id'];?></td>
         <td align="center" valign="middle"><?php echo $items['pdo_type'];?></td>
         <td align="center" valign="middle"><?php echo $items['database_name'];?></td>
         <td align="center" valign="middle"><?php echo $items['dates'];?></td>
        </tr>
          <?php
          }
    } catch (PDOException $e) {
   die ("Error!: " . $e->getMessage() . "<br/>");
}
          ?>
```

运行结果如图 16-12 所示。

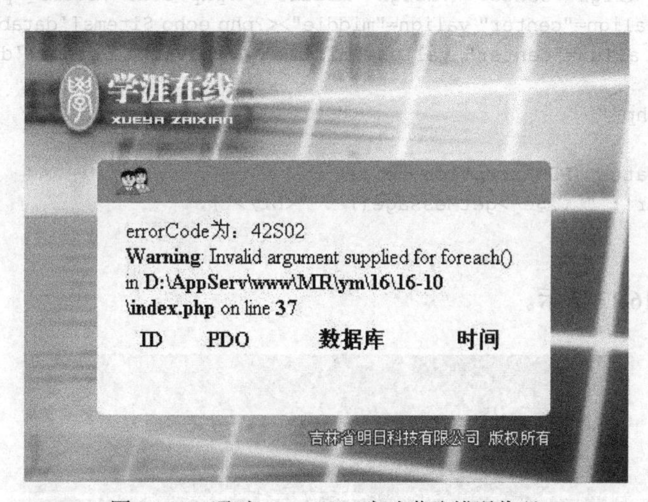

图 16-12　通过 errorCode()方法获取错误代码

16.6.2　errorInfo()方法

errorInfo()方法用于获取操作数据库句柄时所发生的错误信息。其语法格式如下：

```
array PDOStatement::errorInfo ( void )
```

errorInfo()方法的返回值为一个数组，它包含了相关的错误信息。

【例 16-11】　在 PDO 中通过 query()方法完成数据的查询操作，并且通过 foreach 语句完成数据的循环输出。在定义 SQL 语句时使用一个错误的数据表，并且通过 errorInfo()方法返回错误信息。（实例位置：光盘\MR\ym\16\16-11）

创建 index.php 文件。首先通过 PDO 连接 MySQL 数据库，然后通过 query()方法执行查询语句，接着通过 errorInfo()方法获取错误信息，最后通过 foreach 语句完成数据的循环输出。其关键代码如下：

```
<?php
$dbms='mysql';                              //数据库类型，对于开发者来说，使用不
同的数据库，只要改这个，不用记住那么多的函数
```

```
    $host='localhost';                                          //数据库主机名
    $dbName='db_database16';                                    //使用的数据库
    $user='root';                                               //数据库连接用户名
    $pass='111';                                                //对应的密码
    $dsn="$dbms:host=$host;dbname=$dbName";
    try {
    $pdo = new PDO($dsn, $user, $pass);  //初始化一个 PDO 对象，就是创建了数据库连接对象$pdo
        $query="select * from tb_pdo_mysqls";                   //定义 SQL 语句
        $result=$pdo->query($query);                            //执行查询语句，并返回结果集
        print_r($pdo->errorInfo());
      foreach($result as $items){
      ?>
         <tr>
           <td height="22" align="center" valign="middle"><?php echo $items['id'];?></td>
           <td align="center" valign="middle"><?php echo $items['pdo_type'];?></td>
           <td align="center" valign="middle"><?php echo $items['database_name'];?></td>
           <td align="center" valign="middle"><?php echo $items['dates'];?></td>
         </tr>
           <?php
           }
           } catch (PDOException $e) {
     die ("Error!: " . $e->getMessage() . "<br/>");
    }
           ?>
```

运行结果如图 16-13 所示。

图 16-13　通过 errorInfo()获取错误信息

16.7　PDO 中事务处理

在 PDO 中同样可以实现事务处理的功能，其应用的方法如下。

- 开启事务——beginTransaction()方法

beginTransaction()方法将关闭自动提交（autocommit）模式，直到事务提交或者回滚以后

才恢复。

- 提交事务——commit()方法

commit()方法完成事务的提交操作，成功则返回 TRUE，否则返回 FALSE。

- 事务回滚——rollback()方法

rollback()方法执行事务的回滚操作。

通过 prepare 和 execute 方法向数据库中添加数据，并且通过事务处理机制确保数据能够正确地添加到数据中。

【例 16-12】 创建 index.php 文件。首先定义数据库连接的参数，创建 try{}catch{}语句，在 try{}语句中实例化 PDO 构造函数，完成与数据库的连接，并且通过 beginTransaction()方法开启事务；然后定义 INSERT 添加语句，通过$_POST[]方法获取表单中提交的数据，通过 prepare 和 execute 方法向数据库中添加数据，并且通过 commit()方法完成事务的提交操作；最后在 catch{}语句中返回错误信息，并且通过 rollBack()执行事务的回滚操作。其代码如下：（实例位置：光盘\MR\ym\16\16-12）

```
<?php
if($_POST['Submit']=="提交" && $_POST['pdo']!=""){
    $dbms='mysql';                        //数据库类型，对于开发者来说，使用不同的数据库，只要改这个，不用记住那么多的函数
    $host='localhost';                    //数据库主机名
    $dbName='db_database16';              //使用的数据库
    $user='root';                         //数据库连接用户名
    $pass='111';                          //对应的密码
    $dsn="$dbms:host=$host;dbname=$dbName";
    try {
    $pdo = new PDO($dsn, $user, $pass);   //初始化一个 PDO 对象，就是创建了数据库连接对象$pdo
        $pdo->beginTransaction();         //开启事务
        $query="insert into
tb_pdo_mysql(pdo_type,database_name,dates)values('".$_POST['pdo']."','".$_POST['databases']."','".$_POST['dates']."')";
        $result=$pdo->prepare($query);
        if($result->execute()){
            echo "数据添加成功！";
        }else{
            echo "数据添加失败！";
        }
        $pdo->commit();                   //执行事务的提交操作
    } catch (PDOException $e) {
        die ("Error!: " . $e->getMessage() . "<br/>");
    $pdo->rollBack();                     //执行事务的回滚
    }
}
?>
```

运行结果如图 16-14 所示。

图 16-14　数据添加中应用事务处理机制

16.8　PDO 中存储过程

存储过程允许在更接近于数据的位置操作数据，从而减少带宽的使用。它们使数据独立于脚本逻辑，允许使用不同语言的多个系统以相同的方式访问数据，从而节省了花费在编码和调试上的宝贵时间。同时，它使用预定义的方案执行操作，提高查询速度，并且能够阻止与数据的直接相互作用，从而起到保护数据的作用。

下面讲解如何在 PDO 中调用存储过程。这里首先创建一个存储过程，其 SQL 语句如下：

```
drop procedure if exists pro_reg;
delimiter //
create procedure pro_reg (in nc varchar(80), in pwd varchar(80), in email varchar(80),in address varchar(50))
begin
insert into tb_reg (name, pwd ,email ,address) values (nc, pwd, email, address);
end;
//
```

drop 语句删除 MySQL 服务器中已经存在的存储过程 pro_reg。

delimiter //的作用是将语句结束符更改为“//”。

in nc varchar(50)……in address varchar(50)表示要向存储过程中传入的参数。

begin……end 表示存储过程中的语句块，它的作用类似于 PHP 语言中的“{……}”。

存储过程创建成功后，下面调用这个存储过程实现用户注册的功能。

在 PDO 中通过 call 语句调用存储过程，实现用户注册信息的添加操作。

【例 16-13】　创建 index.php 文件。首先创建 form 表单，将用户注册信息通过 POST 方法提交到本页；然后在本页中编写 PHP 脚本，通过 PDO 连接 MySQL 数据库，并且设置数据库编码格式为 UTF8，获取表单中提交的用户注册信息；接着通过 call 语句调用存储过程 pro_reg，将用户注册信息添加到数据表中；最后通过 try{}catch{}语句块返回错误信息。其关键代码如下：（实例位置：光盘\MR\ym\16\16-13）

```
<?php
 if($_POST['submit']!=""){
```

```
$dbms='mysql';    //数据库类型，对于开发者来说，使用不同的数据库，只要改这个，不用记住那么多的函数
    $host='localhost';                                  //数据库主机名
    $dbName='db_database16';                            //使用的数据库
    $user='root';                                       //数据库连接用户名
    $pass='111';                                        //对应的密码
    $dsn="$dbms:host=$host;dbname=$dbName";
    try {
    $pdo = new PDO($dsn, $user, $pass);                 //初始化一个PDO对象,就是创建了数据库连接对象$pdo
        $pdo->query("set names utf8");                  //设置数据库编码格式
        $pdo->setAttribute(PDO::ATTR_ERRMODE,PDO::ERRMODE_EXCEPTION);
                                                        //定义错误异常模式
    $nc=$_POST['nc'];
    $pwd=md5($_POST['pwd']);
    $email=$_POST['email'];
    $address=$_POST['address'];
        $query="call pro_reg('$nc','$pwd','$email','$address')";
        $result=$pdo->prepare($query);
        if($result->execute()){
            echo "数据添加成功！";
        }else{
            echo "数据添加失败！";
        }
    } catch (PDOException $e) {
    echo 'PDO Exception Caught.';
        echo 'Error with the database:<br/>';
        echo 'SQL Query: '.$query;
        echo '<pre>';
    echo "Error: " . $e->getMessage(). "<br/>";
        echo "Code: " . $e->getCode(). "<br/>";
        echo "File: " . $e->getFile(). "<br/>";
        echo "Line: " . $e->getLine(). "<br/>";
        echo "Trace: " . $e->getTraceAsString(). "<br/>";
        echo '</pre>';
    }
 }
?>
```

其运行结果如图 16-15 所示。

图 16-15　通过存储过程完成用户的注册

16.9 综合实例——查询留言内容

本实例中的查询留言内容模块是一个典型的站内搜索关键字描红的基础操作。究其根源，其实 PDO 的操作并不复杂，它只是提供了连接多种数据库的一个统一的接口，至于具体的操作还是来自于 SQL 语句本身。运行效果如图 16-16 所示。

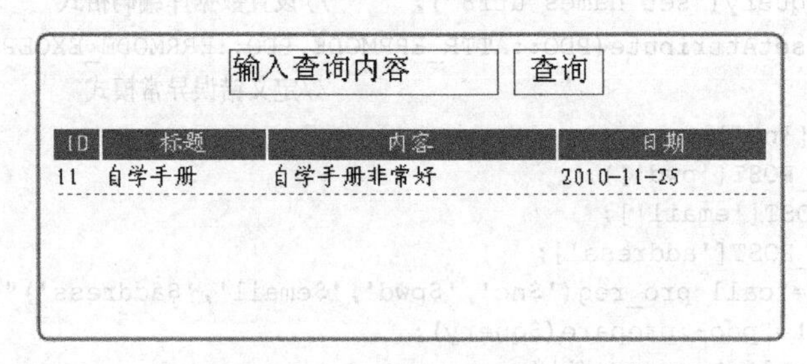

图 16-16 查询留言内容

操作步骤如下。

（1）创建脚本文件 index.php。定义<form>表单，设置一个文本框和一个“查询”按钮。

（2）当“查询”按钮被单击时，首先判断文本框内容是否为空，其次使用 PDO 抽象层连接 MySQL 数据库，并在 try…catch 内部利用 PDO 对象句柄调用 query()函数执行查询操作，最后输出查询结果。其核心代码如下：

```
<?php
    if(isset($_POST[sub])){                                          //判断页面是否存在 sub 变量
        if($_POST[text]=="" || $_POST[text]=="输入查询内容"){      //判断文本框内容是否为空
            echo "文本框内容不能为空";
        }else{
            $dbms="mysql";                                           //定义 PDO 的相关参数
            $user="root";
            $pwd="111";
            $host="localhost";
            $dbName="db_database16";
            $dsn="$dbms:host=$host;dbname=$dbName";
            try {                                                    //try…catch 捕获异常
                $pdo = new PDO($dsn,$user,$pwd);                     //实例化对象
                $sql="select * from tb_fb where title like '%".$_POST['text']."%'";
                                                                     //拼接 SQL 语句
                $pdo->query("SET NAMES utf8");                       //设置页面数据的编码风格
                $rs=$pdo->query($sql);
                foreach($rs as $value){                              //将数据循环输出
    ?>
        <tr>
            <td class="f"><?php echo $rs [0];?></td>
            <td class="f"><?php echo $rs [1];?></td>
            <td class="f"><?php echo $rs [2];?></td>
            <td class="f"><?php echo $rs [3];?></td>
        </tr>
```

```
<?php
                    }
                } catch (Exception $e) {
                    echo "ERROR".$e->getMessage()."<br>";
                }
            }
        }
?>
```

知识点提炼

（1）PDO 是 PHP Date Object（PHP 数据对象）的简称，它是与 PHP 5.1 版本一起发行的，目前支持的数据库包括 Firebird、FreeTDS、Interbase、MySQL、MS SQL Server、ODBC、Oracle、Postgre SQL、SQLite 和 Sybase。

（2）在 PHP6 中将默认使用 PDO 连接数据库，所有非 PDO 扩展将会在 PHP6 中被移除。

（3）PDO 是与 PHP 5.1 一起发行的，默认包含在 PHP 5.1 中。由于 PDO 需要 PHP5 核心面向对象特性的支持，因此其无法在 PHP 5.0 之前的版本中使用。

（4）DSN 是 Data Source Name（数据源名称）的首字母缩写。DSN 提供连接数据库需要的信息。

（5）PDO 的 DSN 包括 3 部分：PDO 驱动名称（例如 mysql、sqlite 或者 pgsql）；冒号和驱动特定的语法。

（6）在 PDO 中，可以使用 exec()、query()、预处理语句 3 种方法来执行 SQL 语句。

（7）在 PDO 中获取结果集有 3 种方法：fetch()、fetchAll()和 fetchColumn()。

（8）在 PDO 中有两个获取程序中错误信息的方法：errorCode()方法和 errorInfo()方法。

习　　题

16-1　什么是 PDO?

16-2　PDO 是如何安装的?

16-3　PDO 中获取结果集有几种方法?

16-4　PDO 是如何连接数据库的?

实验：会员注册

实验目的

（1）熟悉 PDO 数据库知识的应用。

（2）掌握 PDO 中执行 SQL 语句的方法。

实验内容

使用 PDO 中执行 SQL 语句的方法来完成会员注册。其核心思想是拼接插入的 SQL 代码，将文本框的相关信息动态地添加到数据表中。运行效果如图 16-17 所示。

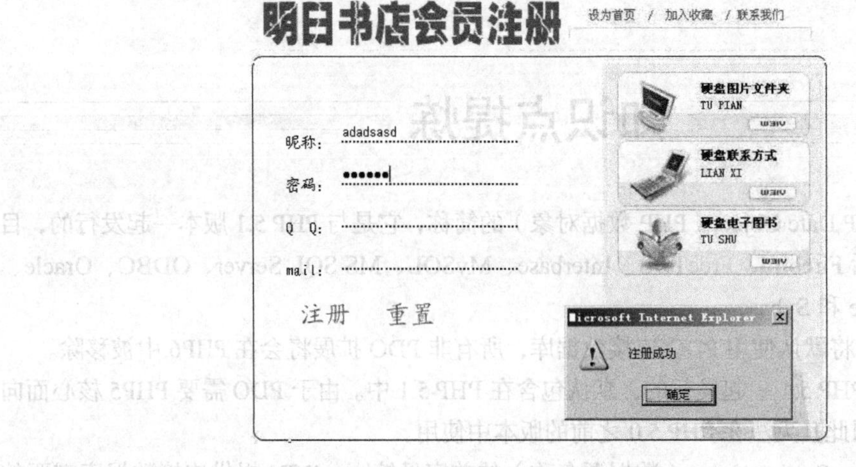

图 16-17 会员注册系统

实验步骤

首先，创建脚本文件 index.php。在脚本文件中编写表单，设置一个提交按钮和一个重置按钮。其次，当单击“注册”按钮时，通过 PDO 连接 MySQL 数据库，实例化 PDO 对象并利用对象句柄调用 exec()方法，向数据库中添加数据。其代码如下：

```
<?php
    $dbms='mysql';                                          //定义 pdo 的相关参数
    $host='localhost';
    $user='root';
    $pwd='111';
    $dbName='db_database16';
    $dsn="$dbms:host=$host;dbname=$dbName";
    if(isset($_POST[sub])){                                 //当页面中存在 sub 变量时
        try {
            $pdo=new PDO($dsn,$user,$pwd);                  //实例化对象
            $sql="insert into tb_zc values('','$_POST[text]','$_POST[pwd]','$_POST[qq]',
'$_POST[mail]',now())";
                                                            //拼接 SQL 语句
            $result=$pdo->exec($sql);                       //返回结果集
            if($result==1){                                 //输出提示
                echo "<script>alert('注册成功');</script>";
            }
        } catch (Exception $e) {
            echo "ERROR".$e->getMessage()."<br>";          //输出异常
        }
    }
?>
```

第 17 章 Smarty 模板引擎

本章要点：

- Smarty 模板的安装和配置
- 基础的 Smarty 语法
- Smarty 模板设计变量
- 变量调节器
- 内建函数（foreach、include、if 等语句）
- 自定义函数
- 配置文件
- Smarty 常量
- Smarty 程序设计变量
- Smarty 方法
- Smarty 缓存

目前，网络上针对 PHP 的模板是数不胜数。作为最早的 MVC 模板之一，Smarty 在功能和速度上处于绝对领先的地位。那么，Smarty 的特点是什么？它是如何完成代码分离的？学习了本章知识后，读者会对此有深刻的了解。

17.1 走进 Smarty 模板引擎

Smarty 是一个使用 PHP 编写的 PHP 模板引擎，是目前业界最著名、功能最强大的一种 PHP 模板引擎。它将一个应用程序分成两部分：视图和逻辑控制，也就是将 UI（用户界面）和 PHP code（PHP 代码）分离。这样，程序员在修改程序时不会影响到页面设计，而美工在重新设计或修改页面时也不会影响程序逻辑。Smarty 模板引擎的运行流程如图 17-1 所示。

Smarty 拥有丰富的函数库，从统计字数到字符串的截取、文字的环绕以及正则表达式都可以直接使用，还具有很强的扩展能力。Smarty 模板的优点总结如下。

- 速度：相对于其他模板而言，采用 Smarty 模板编写的程序可以获得最快的速度。
- 编译性调用：采用 Smarty 模板编写的程序在运行时会生成一个 PHP 和 HTML 混合的文件，在下一次访问模板时会直接访问这个混编的文件（前提是源文件没有改变），而不必重新编译，进而可以提高访问速度。

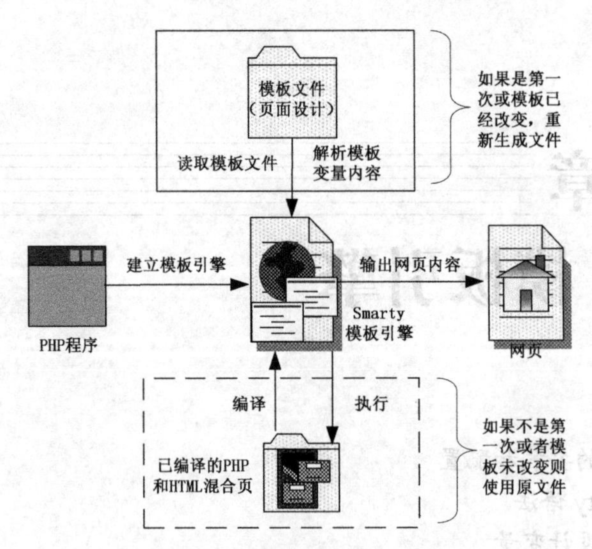

图 17-1　Smarty 模板引擎的运行流程

- 缓存技术：Smarty 提供一种可选择的缓存技术，可以将客户端的 HTML 文件缓存成一个静态页。当用户开启缓存后，在指定的时间内，Web 请求会直接调用这个缓存文件，即直接调用静态的 HTML 文件。
- 插件技术：因为 Smarty 模板引擎是通过 PHP 面向对象技术实现的，所以不仅可以修改 Smarty 模板的源文件，而且可以通过自定义函数向 Smarty 中添加功能。

模板中可以使用 if/elseif/else/endif。

17.1.1　Smarty 模板引擎下载

PHP 没有内置 Smarty 模板类，需要单独下载和配置。Smarty 要求服务器上的 PHP 版本最低为 4.0.6。用户可以登录 http://smarty.net/download.php 下载最新的 Smarty 压缩包。本书中使用的版本是 Smarty-2.6.23。下载地址页面如图 17-2 所示。

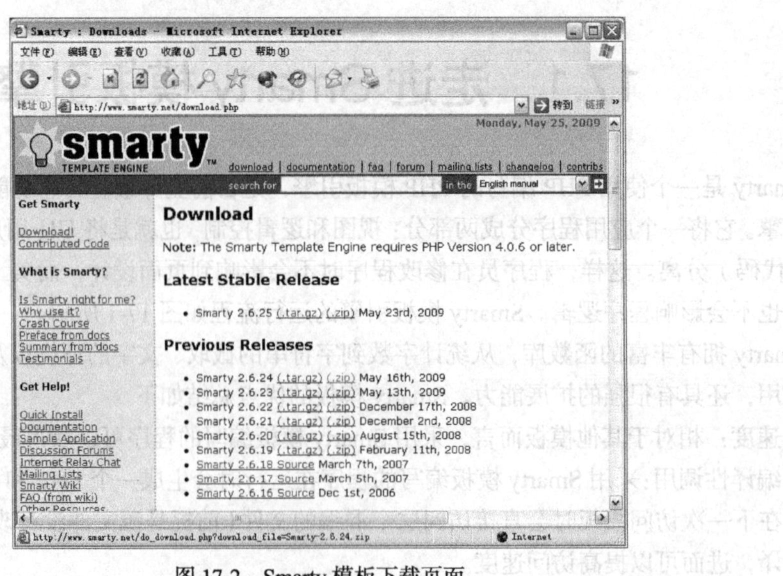

图 17-2　Smarty 模板下载页面

17.1.2　Smarty 模板引擎安装

（1）将下载的 Smarty 压缩包解压后，有一个 libs 目录，这里包含了 Smarty 类库的核心文件，包括 Smarty.class.php、Smarty_Compiler.class.php、Config_File.class.php 和 debug.tpl4 个文件，还有 internals 和 plugins 两个目录，如图 17-3 所示。

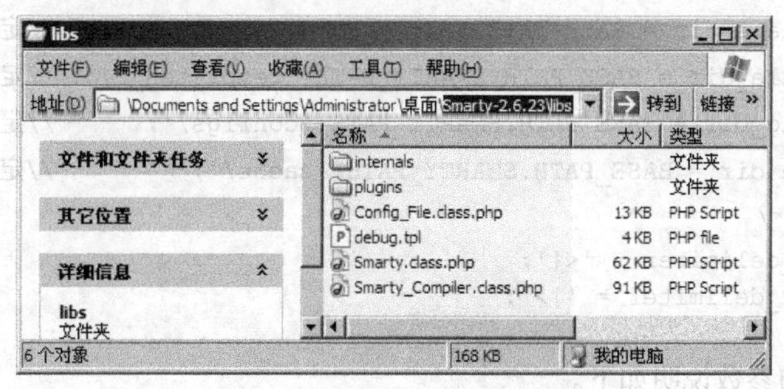

图 17-3　Smarty-2.6.23 文件夹

（2）拷贝 libs 目录到服务器根目录指定的文件夹下。到此 Smarty 安装成功。

17.1.3　Smarty 模板引擎配置

Smarty 模板引擎的配置步骤如下。

（1）确定 Smarty 类库的存储位置。因为 Smarty 类库是通用的，每一个项目都可能会使用到它，所以将 Smarty 存储在根目录下是一个比较理想的选择。这里以将其存储于本章根目录 ym\17\17-1\Smarty\文件夹下为例（为第一个 Smarty 程序配置环境）。

（2）新建 4 个目录 templates、templates_c、configs 和 cache。存储于 ym\17\17-1\Smarty 文件夹下，如图 17-4 所示。

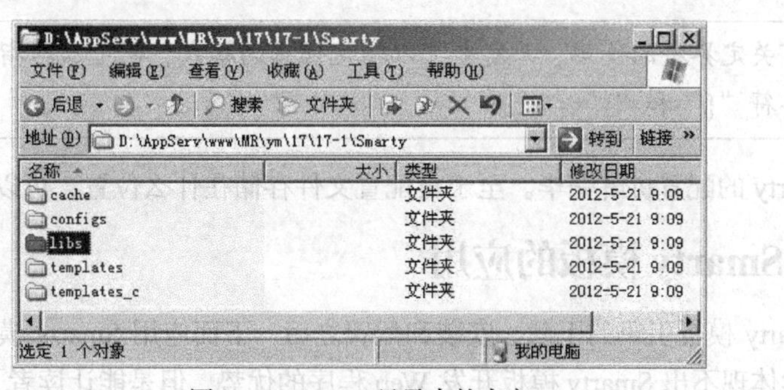

图 17-4　Smarty 目录中的内容

说明

新建的 4 个目录并没有固定的存储位置，只要配置的路径正确，存储在根目录下的任何位置都可以。

（3）创建配置文件。当所有需要的资源都就位之后，下面要做的就是将它们进行整合、调动起来。这就是配置文件的作用，定义服务器、Smarty 的绝对路径；加载 Smarty 类库文件；为创建的 4 个目录设置正确的路径；定义 Smarty 的定界符等操作都可以在配置文件中设置。

通常将配置文件定义到一个单独的文件中，在需要使用时直接通过包含语句调用即可。这里将配置文件存储到 config.php 中，其代码如下：

```
<?php
define('BASE_PATH',$_SERVER['DOCUMENT_ROOT']);                       //定义服务器的绝对路径
define('SMARTY_PATH','\MR\ym\17\17-1\Smarty\\');                   //定义 Smarty 目录的绝对路径
require BASE_PATH.SMARTY_PATH.'libs\Smarty.class.php';              //加载 Smarty 类库文件
$smarty = new Smarty;                                                //实例化一个 Smarty 对象
$smarty->template_dir = BASE_PATH.SMARTY_PATH.'templates/';         //定义模板文件存储位置
$smarty->compile_dir = BASE_PATH.SMARTY_PATH.'templates_c/';        //定义编译文件存储位置
$smarty->config_dir = BASE_PATH.SMARTY_PATH.'configs/';             //定义配置文件存储位置
$smarty->cache_dir = BASE_PATH.SMARTY_PATH.'cache/';                //定义缓存文件存储位置
/*  定义定界符  */
$smarty->left_delimiter = '<{';
$smarty->right_delimiter = '}>';
?>
```

上述配置文件的参数说明如下。

- BASE_PATH：指定服务器的绝对路径。
- SMARTY_PATH：指定 smarty 目录的绝对路径。
- require()：加载 Smarty 类库文件 Smarty.class.php。
- $smarty：实例化 Smarty 对象。
- $smarty->template_dir：定义模板目录存储位置。
- $smarty-> compile_dir：定义编译目录存储位置。
- $smarty-> config_dir：定义配置文件存储位置。
- $smarty-> cache_dir：定义模板缓存目录。
- $smarty->left_delimiter：定义 Smarty 使用的开始定界符。
- $smarty->right_delimiter：定义 Smarty 使用的结束定界符。

有关定界符的使用，开发者可以指定任意的格式，也可以不指定，使用 Smarty 默认的定界符“{”和“}”。

到此，Smarty 的配置讲解完毕。至于将配置文件存储在什么位置，可以根据实际情况而定。

17.1.4 Smarty 模板的应用

了解了 Smarty 模板引擎的下载、安装和配置之后，下面应用 Smarty 模板开发一个实例。通过这个实例虽然体现不出 Smarty 模板开发 Web 程序的优势，但是能让读者了解应用 Smarty 模板开发 Web 程序的流程。

【例 17-1】 通过 Smarty 模板开发一个实例。(实例位置：光盘\MR\ym\17\17-1)

具体操作步骤如下。

（1）安装 Smarty 模板引擎，将下载的 libs 文件夹存储于服务器根目录下 ym\17\17-1\Smarty 文件夹中。

（2）在 Smarty 目录下新建 4 个目录：templates、templates_c、configs 和 cache，用于存储模板文件、编译文件、配置文件和缓存文件。

（3）配置 Smarty 模板。在根目录 ym\17\17-1 文件夹下创建 config.php 文件，对 Smarty 模板

进行配置。配置文件的具体内容请参考 17.1.3 小节。

（4）在 17-1 文件夹下创建 index.php 文件。首先通过 include 语句包含 config.php 文件，对 Smarty 模板引擎进行配置，然后通过 Smarty 中的 assign 方法向模板中传递数据，最后通过 display 方法指定模板页。代码如下：

```
<?php
include("config.php");
/*  使用Smarty赋值方法将一对儿名称/方法发送到模板中  */
$smarty->assign('title','走进 Smarty 模板引擎');
/*  显示模板  */
$smarty->display('index.html');
?>
```

（5）在\17-1\Smarty\templates 文件夹下新建一个 index.html 静态页，获取 Smarty 模板变量传递的数据。代码如下：

```
<html xmlns="http://www.w3.org/1999/xhtml">
<head>
<meta http-equiv="Content-Type" content="text/html; charset=utf-8" />
<title><{$title}></title>
</head>
<body>
<img src="images/bg.jpg" width="698" height="237" />
</body>
</html>
```

在 index.html 静态页中，大括号“<{}>”为 Smarty 标签的定界符。$title 是从 PHP 动态页中传递的变量。

至此已经进入 Smarty 模板，其目录结构如图 17-5 所示。

该实例的运行结果如图 17-6 所示。

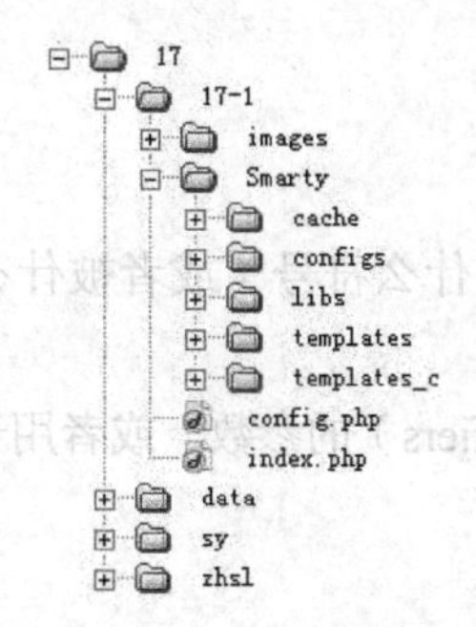

图 17-5　第一个 Smarty 程序的目录结构

图 17-6　第一个 Smarty 程序的运行结果

17.2　Smarty 模板设计——静态页处理

既然 Smarty 可以将用户界面和 PHP 代码实现分离，那么应用 Smarty 模板开发程序也同样包含两部分内容：Smarty 模板设计和 Smarty 程序设计。

Smarty 模板设计，其所有操作都是在模板文件中进行，那么什么是 Smarty 模板文件呢？Smarty 模板文件是由一个页面中所有的静态元素，加上一些定界符“{…}”（Smarty 默认的定界符，读者也可以自行设置定界符）组成的。模板文件统一存储于 templates 目录下（读者可以任意修改这个存储位置，只要路径配置正确即可）。模板文件中不允许出现 PHP 代码段。Smarty 模板中的所有注释、变量、函数等都要包含在定界符内。

17.2.1 基本语法（注释、函数和属性）

在 Smarty 的基本语法中包括 3 项内容：注释、函数和属性。

1. 注释

Smarty 注释包含在两个星号“*”中间，其格式如下：

```
{* 这是注释 *}
```

Smarty 注释不会在模板文件的最后输出中出现，它只是模板内在的注释。

2. 函数

每一个 Smarty 标签输出一个变量或者调用某一个函数。在定界符内函数和其属性将被处理和输出。例如：

```
{funcname attr1="val" attr2="val"}.
```

在模板文件中无论是内建函数还是自定义函数都有相同的语法。

内建函数在 Smarty 内部工作，如{if}、{section}、{foreach}等，它们只可以使用，不能被修改。

自定义函数通过插件机制起作用，它们是附加函数，读者可以自行编辑、修改和添加。例如，{assign}和{counter}。

3. 属性

大多数函数都有自己的属性以便于明确说明或者修改它们的行为。Smarty 函数的属性类似于 HTML 中的属性。

在定义属性值时，如果是静态数值不需要加引号，如果是字符串建议使用引号，如果属性值是变量，那么也不需要加引号。

17.2.2 Smarty 模板设计变量

Smarty 有几种不同类型的变量。变量的类型取决于它的前缀是什么符号（或者被什么符号包围）。

Smarty 的变量可以直接被输出或者作为函数属性和修饰符（modifiers）的参数，或者用于内部的条件表达式等。

如果要输出一个变量，只需用定界符将它括起来即可。例如：

```
{$title}
{$array[row].id}
<body bgcolor="{#bgcolor#}">
```

1. 来自 PHP 页面中的变量

获取 PHP 页面中的变量与在 PHP 中是相同的，也需要使用“$”符号，略有不同的是对数组的读取。在 Smarty 中读取数组有两种方法：一种是通过索引获取，和 PHP 中相似，可以是一维的，也可以是多维的；另一种是通过键值获取数组元素，这种方法的格式和以前接触过的不太一样，是使用符号“.”做连接符。

例如，有一数组$arr=array{'user'=>'明日科技','pass'=>'mrsoft','address'=>'长春市'}，如果要获取

user 的值，表达式的格式应为$arr.user。这个格式同样适用于二维数组。

调用模板内 assign 函数分配的变量也是如此，使用“$”符合加变量名来调用。

2. 从配置文件读取变量

Smarty 模板中，在配置文件中也可以定义变量。调用配置文件中变量的格式有以下两种。

- 使用“#”号，将变量名置于两个“#”号中间，即可像普通变量一样调用配置文件内容。
- 使用保留变量中的$smarty_config 来调用配置文件。

3. 保留变量

在 Smarty 模板中使用保留变量时，无须使用 assign()方法传值，直接调用变量名即可。Smarty 中常用的保留变量如表 17-1 所示。

表 17-1　Smarty 中常用的保留变量

保留变量	说明
get、post、server、session、cookie、request	等价于 PHP 中的$_GET、$_POST、$_SEVER、$_COOKIE、$_REQUEST
now	当前的时间戳，等价于 PHP 中的 time()
const	用 const 包含修饰的为常量
config	配置文件内容变量

17.2.3 变量调节器

变量调节器作用于变量、自定义函数和字符串。一般使用“|”符号和调节器名称调用调节器。变量调节器由赋予的参数值决定其行为，参数由“:”符号分开。Smarty 中提供的变量调节器如表 17-2 所示。

表 17-2　Smarty 中提供的变量调节器

名称	作用
capitalize	将变量中的所有单词首字母大写
count_characters	计算变量里的字符数。参数值为 TRUE，表示计算空格字符，默认为 FALSE
cat	将 cat 里的值连接到给定的变量后面
count_paragraphs	计算变量中的段落数量
count_sentences	计算变量中句子的数量
count_words	计算变量中的词数
date_format	格式化从函数 strftime()获得的时间和日期。UNIX 或者 MySQL 等的时间戳(parsable by strtotime)都可以传递到 smarty。设计者可以使用 date_format 完全控制日期格式 参数 1 是输出日期的格式，参数 2 是输入为空时默认的时间格式
default	为空变量设置一个默认值。当变量为空或者未分配的时候，将由给定的默认值替代输出
escape	用于 html 转码，url 转码，在没有转码的变量上转换单引号，十六进制转码，十六进制美化，或者 javascript 转码。默认是 html 转码 参数 1 指定使用何种编码格式
indent	在每行缩进字符串，默认是 4 个字符。参数 1 作为可选参数，可以指定缩进字符数；参数 2 同样为可选参数，可以指定缩进用什么字符代替。注意：如果在 HTML 中使用缩进，那么需要使用 (空格)来代替缩进，否则没有效果

续表

名称	作用
lower	将变量字符串小写
nl2br	所有的换行符将被替换成 ，其功能同 PHP 中的 nl2br()函数相同
regex_replace	寻找和替换正则表达式。参数 1 指定用来替换的文本字串
replace	搜索和替换字符串。参数 1 是将被替换的文本字串，参数 2 是用来替换的文本字串
spacify	插空，在字符串的每个字符之间插入空格或者其他的字符(串)。参数 1 指定将在两个字符之间插入的字符（串）
string_format	字符串的格式化。采用 sprintf()函数的语法，参数 1 指定使用的格式化方式
strip	用一个空格或一个给定字符替换所有重复空格、换行和制表符。注意：如果要去除模板文本中的区块，请使用 strip 函数
strip_tags	去除“<”和“>”标签，包括“<”和“>”之间的任何内容
truncate	从字符串开始处截取指定长度的字符，默认是 80 个字节 参数 1 设置截取字符的数量，参数 2 设置截取后追加在截取词后面的字符串，参数 3 设置是截取到词的边界（FALSE）还是精确到字符（TRUE）
upper	将变量改为大写
wordwrap	控制段落的宽度(也就是多少个字符一行，超过这个字符数换行)，默认 80 个字节 参数 1 设置段落（句子）的宽度，参数 2 设置使用什么字符进行约束（默认是换行符\n），参数 3 设置是约束到词的边界（FALSE）还是精确到字符（TRUE）

如果给数组变量应用单值变量的调节，结果是数组的每个值都被调节。如果只想调节器用一个值调节整个数组，那么必须在调节器名字前加上@符号。例如，{$articleTitle|@count}（这将会在$articleTitle 数组里输出元素的数目）

17.2.4 内建函数（动态文件、模板文件的包含和流程控制语句）

Smarty 自身定义了一些内建函数，存储于 Smarty 模板中。它是模板语言的一部分，用户不能创建名称和内建函数相同的自定义函数，也不能修改内建函数。内建函数包括 foreach、if 和 section 此类的流程控制语句，还包括像 include 和 include_php 这样的函数。本小节中将讲解一些常用内建函数的使用方法，如果读者要了解全部内建函数的知识，可以参考 Smarty 手册。

1. foreach 循环控制

Smarty 模板中的 foreach 语句可以循环输出数组。与另一个循环控制语句 section 相比，在使用格式上要简单得多，一般用于简单数组的处理。foreach 语法如下：

```
{foreach name=foreach_name key=key item=item from=arr_name}
...
{/foreach}
```

参数说明：name 为该循环的名称；key 为当前元素的键值；item 是当前元素的变量名；from 是该循环的数组。其中，item 和 from 是必要参数，不可省略。

2. include 函数——在模板中包含子模板

include 函数用于在当前模板中包含其他模板，当前模板中的变量在被包含的模板中可用。函数语法如下：

```
{include file="file_name " assign=" " var=" "}
```

参数 file 指定包含模板文件的名称，为必选参数；参数 assign 指定一个变量保存包含模板的输出；参数 var 传递给待包含模板的本地参数，只在待包含模板中有效。

3. if…elseif…else 条件语句

if 条件语句的使用和 PHP 中的 if 大同小异。需要注意的一点是，if 必须以/if 为结束标记。其语法格式如下：

```
{if 条件语句 1}
    语句 1
{elseif 条件语句 2}
    语句 2
{else}
    语句 3
{/if}
```

在上述的条件语句中，除了可以使用 PHP 中的<、>、=、!=等常见运算符外，还可以使用 eq、ne、neq、gt、lt、lte、le、gte、ge、is even、is odd、is not even、is not odd、not、mod、div by、even by、odd by 等修饰词修饰。

4. ldelim 和 rdelim——输出大括号“{”和“}”

ldelim 和 rdelim 用于输出定界符，也就是大括号“{”和“}”。因为模板引擎总是尝试解释大括号内的内容，因此如果需要输出大括号，则可以使用这两个函数。

例如，在模板页面中输出一个 JavaScript 脚本，因为 JavaScript 脚本中会涉及大括号的使用，所以应用 ldelim 和 rdelim 输出 JavaScript 脚本中的大括号。代码如下：

```
<script language=javascript>
function check_form() {ldelim}
    if (user.value == ''){ldelim}
        alert('请输入用户名');
        return false;
    {rdelim}
{rdelim}
</script>
```

通过 literal 标签输出大括号

通过 ldelim 和 rdelim 标签可以输出 JavaScript 脚本中的大括号，这个方法需要对每个大括号都进行操作。如果使用 literal 标签就没有那么麻烦了，它可以将整个标签区域内的数据当做作文本处理。同样是在模板文件中输出 JavaScript 脚本，应用 literal 标签就简单多了，代码如下：

```
{literal}
<script language=javascript>
function check_form() {
if (user.value =='' ''){
        alert('请输入用户名');
    return false;
        }
        }
</script>
{/literal}
```

如果要在 Smarty 模板文件中直接输出 JavaScript 脚本或者定义 CSS 样式，并且 Smarty 使用默认的定界符"{}"，那么就会应用到上述两个函数中的一个，对 JavaScript 脚本或者 CSS 样式中的大括号进行输出。

5. section 循环控制

section 是 Smarty 模板中的另一个循环语句，该语句可用于比较复杂的数组。section 的语法结构如下：

```
{section name="sec_name"loop=$arr_name start=num step=num max= show=}
```

参数说明如表 17-3 所示。

表 17-3　　section 语句的参数说明

参数	说明
name	循环的名称
loop	循环的数组
start	表示循环的初始位置，例如 start=2 说明循环是从 loop 数组的第二个元素开始
step	表示步长，例如 step=2，那么循环一次后数组的指针将向下移动两位，依此类推
max	设定循环最大执行次数
show	决定是否显示该循环

section 循环语句最擅长的是操作 ADODB 从数据库中读取到的数据，因为 ADODB 返回的数据就是一个二维数组。

17.2.5　自定义函数

Smarty 中包含很多自定义函数，通过这些自定义函数可以实现很多的功能。Smarty 中的自定义函数如表 17-4 所示。

表 17-4　　Smarty 中的自定义函数

名称	作用
assign	用于在模板被执行时为模板变量赋值。参数 var 为被赋值的变量名；参数 value 为赋予变量的值
counter	用于输出一个记数过程。counter 保存了每次记数时的当前记数值
cycle	用于轮转使用一组值。该特性使得在表格中交替输出颜色或轮转使用数组中的值变得很容易，参数 name 指定轮转的名称；参数 values 指定待轮转的值，可以是用逗号分隔的列表(请查看 delimiter 属性)或一个包含多值的数组；参数 print 设置是否输出值；参数 advance 设置是否使用下一个值(为 FALSE 时使用当前值)；参数 delimiter 设置 values 属性中使用的分隔符，默认是逗号；参数 assign 指定输出值将被赋予模板变量的名称
debug	将调试信息输出到页面上。该函数是否可用取决于 Smarty 的 debug 设置
eval	按处理模板的方式获取变量的值。该特性可用于在配置文件的标签/变量中嵌入其他模板标签/变量
fetch	用于从本地文件系统、HTTP 或 FTP 上取得文件并显示文件的内容。如果文件名称以"http:/"开头，将取得该网站页面并显示；如果文件名称以"ftp://"开头，将从 ftp 服务器取得该文件并显示

续表

名称	作用
html_checkboxes	根据给定的数据创建复选按钮组
html_image	创建一个图像的 HTML 标签。如果没有提供高度和宽度值，将根据图像的实际大小自动取得
html_options	根据给定的数据创建选项组
html_radios	根据给定的数据创建单选按钮组
html_select_date	创建日期下拉菜单。它可以显示任意年、月、日
html_select_time	创建时间下拉菜单。它可以显示任意时、分、秒
html_table	将数组中的数据填充到 HTML 表格中
math	允许模板设计者在模板中进行数学表达式运算
mailto	mailto 自动生成电子邮件链接，并根据选项决定是否对地址信息编码
popup	用于创建 javascript 弹出窗口
textformat	用于格式化文本。该函数主要清理空格和特殊字符

17.2.6 配置文件

配置文件的应用，有利于设计者管理文件中的模板全局变量。例如，定义一个模板色彩变量。一般情况下如果想改变一个程序的外观色彩，必须更改每一个文件的颜色变量。如果有配置文件，色彩变量就可以保存在一个单独的文件中，只要改变配置文件就可以实现色彩的更新。

1. 创建配置文件

对于配置文件可以任意命名，其存储位置由 Smarty 对象的$config_dir 属性指定。如果存在不只在一个区域内使用的变量值，可以使用三引号（"""）将它完整的封装起来。在创建配置文件时，建议在程序运行前使用“#”加一些注释信息，这样有助于程序的阅读、更新。

在配置文件中既可以声明全局变量，也可以声明局部变量。如果声明局部变量，可以使用中括号“[]”括起来，在中括号之内声明的变量属于局部变量，而中括号之外声明的变量都是全局变量。中括号的使用不仅使配置文件中声明变量的模块变得清晰，而且可以在模板中选择加载中括号内的变量。

例如，创建一个配置文件，分别声明全局变量和局部变量。代码如下：

```
# global variables                          #在每行之前使用#，表示注释
title = "引用配置文件"                        #声明全局变量
[table]                                     #声明局部变量
border = "1"
cellpadding="1"
cellspacing="1"
bordercolor="#FFFFFF"
table_bgcolor="#333333"
[td]                                        #声明局部变量
bgcolor="#FFFFFF"
```

如果某个特定的局部变量已经载入，这样全局变量和局部变量都还可以载入。如果当某个变量名既是全局变量又是局部变量时，局部变量将被优先赋予值来使用。如果在一个局部中两个变量名相同的，最后一个将被赋值使用。

2. 加载配置文件

加载配置文件应用 Smarty 的内建函数 config_load，其语法如下：

```
{config_load file="file_name " section="add_attribute" scope="" global=""}
```

参数说明如表 17-5 所示。

表 17-5　　config_load()函数的参数说明

参数	说明
file	指定包含的配置文件的名称
section	附加属性，当配置文件中包含多个部分时应用，指定具体从哪一部分中取得变量
scope	加载数据的作用域，取值必须为 local、parent 或 global。local 说明该变量的作用域为当前模板；parent 说明该变量的作用域为当前模板和当前模板的父模板(调用当前模板的模板)；global 说明该变量的作用域为所有模板。当指定 scope 属性时，可以设置 global 属性，但模板忽略该属性值，而以 scope 属性为准
global	说明加载的变量是否全局可见，等同于 scope=parent

3. 引用配置文件中的变量

配置文件加载成功后，就可以在模板中引用配置文件中声明的变量了。引用配置文件应用的是"#"或者 Smarty 的保留变量$smarty.config。其应用示例如下：

```
{ config_load file="file_con.conf"}                    {* 加载配置文件 *}
{#title#}
     <td height="228" colspan="2" align="left" valign="top" class="{$smarty.config.styles}">
```

17.3 Smarty 程序设计——动态文件操作

Smarty 程序设计在动态 PHP 文件中进行操作，其功能可以分为两种：一种功能是配置 Smarty，如变量$template_dir、$config_dir 等；另一种功能是和 Smarty 模板之间的交互，如方法 assign、display。

17.3.1 SMARTY_PATH 常量

SMARTY_PATH 常量定位 Smarty 类文件的完整系统路径，如果没有定义 Smarty 目录，Smarty 将会试着自动创建合适的值。如果定义了路径必须要以斜线结束。该常量的应用是在 Smarty 的配置文件中，通过它获取 Smarty 类的绝对路径。

例如，在 17.1.3 小节创建的配置 config.php 中，就应用到这个常量。其关键代码如下：

```
define('BASE_PATH',$_SERVER['DOCUMENT_ROOT']);                //定义服务器的绝对路径
define('SMARTY_PATH','\MR\ym\17\17-1\Smarty\\');              //定义 Smarty 目录的绝对
路径
require BASE_PATH.SMARTY_PATH.'libs\Smarty.class.php';        //加载 Smarty 类库文件
```

17.3.2 Smarty 程序设计变量

在 Smarty 中提供了很多的变量，这里只讲解比较常用的几个，如果读者想详细地了解 Smarty 变量，请参考 Smarty 的手册。

- $template_dir：模板目录。模板目录用来存放 Smarty 模板，在前面的实例中，所有的.html 文件都是 Smarty 模板。模板的后缀没有要求，一般为.html、.tpl 等。
- $compile_dir：编译目录。顾名思义，就是编译后的模板和 PHP 程序所生成的文件默认路径为当前执行文件所在的目录下的 templates_c 目录。进入到编译目录，可以发现许多“%%…%%index.html.php”格式的文件。任意打开一个这样的文件可以发现，实际上 Smarty 将模板和 PHP 程序又重新组合成一个混编页面。
- $cache_dir：缓存目录。该目录用来存放缓存文件。同样，在 cache 目录下可以看到生成的.html 文件。如果 caching 变量开启，那么 Smarty 将直接从这里读取文件。
- $config_dir：配置目录。该目录用来存放配置文件。
- $debugging：调试变量。该变量可以打开调试控制台。只要在配置文件（config.php）中将 $smarty->debugging 设为 true 即可使用。
- $caching：缓存变量。该变量可以开启缓存。只要当前模板文件和配置文件未被改动，Smarty 就直接从缓存目录中读取缓存文件而不重新编译模板。

17.3.3 Smarty 方法

在 Smarty 提供的方法中，最常用的要数 assign 方法和 display 方法。

1. assign 方法

Assign 方法用于在模板被执行时为模板变量赋值。其语法如下：

```
{assign var=" " value=" "}
```

参数 var 是被赋值的变量名，参数 value 是赋予变量的值。

2. display 方法

display 方法用于显示模板，需要指定一个合法的模板资源的类型和路径。还可以通过第二个可选参数指定一个缓存号，相关的信息可以查看缓存。其语法如下：

```
void display (string template [, string cache_id [, string compile_id]])
```

参数 template 指定一个合法的模板资源的类型和路径；参数 cache_id 为可选参数，指定一个缓存号；参数 compile_id 为可选参数，指定编译号。编译号可以将一个模板编译成不同版本使用，例如，针对不同的语言编译模板。编译号的另外一个作用是，如果存在多个$template_dir 模板目录，但只有一个$compile_dir 编译后存档目录，这时可以为每一个$template_dir 模板目录指定一个编译号，以避免相同的模板文件在编译后会互相覆盖。相对于在每一次调用 display()的时候都指定编译号，也可以通过设置$compile_id 编译号属性来一次性设定。

17.3.4 Smarty 缓存

在讲解 Smarty 的缓存之前，先将它和 Smarty 的编译过程进行一个对比，让读者明白缓存到底意味着什么。

Smarty 的编译功能默认是开启的，而 Smarty 缓存则必须由开发人员来开启。

编译的过程是将模板转换为 PHP 脚本，虽然在模板没有被修改的情况下，不会重新执行转换过程，但这个编译过的模板其实就是一个 PHP 脚本，只是减少了模板转换的压力，仍需要在逻辑层执行获取数据的操作，而这个获取数据的操作是耗费内存最大的。

缓存则不仅将模板转换为 PHP 脚本，而且将模板内容转换为静态页面，不仅减少了模板转换的压力，也不再需要在逻辑层执行获取数据的操作。

这就是 Smarty 的缓存机制，它是一种更加理想的开发 Web 程序的方法。下面就来学习这种技术。

1. 创建缓存

开启缓存的方法非常简单，只要将 Smarty 对象中$cache 的值设置为 TRUE 即可，同时还要通过 Smarty 对象中的$cache_dir 属性指定缓存文件的存储位置。其操作代码如下：

```
$smarty->caching=true;                                    //开启缓存
$smarty->cache_dir = BASE_PATH.SMARTY_PATH.'cache/';      //定义缓存文件存储位置
```

2. 缓存的生命周期

缓存创建成功后，必须为它设置一个生命周期，如果它一直不更新，那么就没有任何意义。设置缓存生命周期应用的是 Smarty 对象中的$cache_lifetime 属性，缓存时间以 s 为单位，默认值是 3600s。其操作代码如下：

```
$smarty->caching=true;                                    //开启缓存
$smarty->cache_dir = BASE_PATH.SMARTY_PATH.'cache/';      //定义缓存文件存储位置
$smarty->cache_lifetime=3600                              //设置缓存时间为3600s
```

如果将$caching 的值设置为 2，那么就可以控制单个缓存文件各自的过期时间。

3. 同一模板生成多个缓存

在实际的程序开发中，经常会遇到这样的情况，同一个模板文件生成多个页面。而此时要对这多个页面进行缓存，应用的是 Smarty 中的 display()方法，通过该方法的第二个参数设置缓存号，有几个不同的缓存号就有几个缓存页面。操作代码如下：

```
$smarty->caching=true;                                    //开启缓存
$smarty->cache_dir = BASE_PATH.SMARTY_PATH.'cache/';      //定义缓存文件存储位置
$smarty->cache_lifetime=3600;                             //设置缓存时间为 3600s
$smarty->display('index.html',$_GET['id']);               //将 id 作为第二个参数传递
```

4. 判断模板文件是否已被缓存

如果页面已经被缓存，那么就可以直接调用缓存文件，而不再执行动态获取数据和输出的操作。为了避免在开启缓存后，再次执行动态获取数据和输出操作给服务器带来的压力，最佳的方法就是应用 Smarty 对象中的 is_cached()方法，判断指定的模板是否存在缓存，如果存在则直接执行缓存中的文件，否则执行动态获取数据和输出的操作。操作代码如下：

```
$smarty->caching=true;                                    //开启缓存
if(!$smarty->is_cached('index.html')){
    //执行动态获取数据和输出的操作
}
$smarty->display('index.html');
```

如何判断同一模板中的多个缓存文件？

判断同一模板中的多个缓存是否存在与同一模板生成多个缓存类似，都是以缓存号为依据。判断同一模板的多个缓存是否存在应用 is_cached()方法，通过该方法的第二个参数设置缓存号，判断对应的缓存是否存在。其方法如下：

```
$smarty->caching=true;                                    //开启缓存
$smarty->cache_dir = BASE_PATH.SMARTY_PATH.'cache/';
//定义缓存文件存储位置
$smarty->cache_lifetime=3600;
```

```
//设置缓存时间为 3600s
if(!$smarty->is_cached('index.html',$_GET['id'])){
//执行动态获取数据和输出的操作
}
$smarty->display('index.html',$_GET['id']);     //将 id 作为第二个参数传递
```

5. 清除模板中的缓存

缓存的清除有两种方法。

第一种是 clear_all_cache()方法，清除所有模板缓存。其语法如下：

```
void clear_all_cache (int expire time)
```

可选参数 expire time 可以指定一个以秒为单位的最小时间，超过这个时间的缓存都将被清除。

第二种是 clear_cache()方法，清除指定模板的缓存。其语法如下：

```
void clear_cache (string template [, string cache id [, string compile id [, int expire
time]]])
```

如果这个模板有多个缓存，可以用第二个参数指定要清除缓存的缓存号，还可以通过第三个参数指定编译号。可以把模板分组，以便可以方便地清除一组缓存。第四个参数是可选的，用来指定超过某一时间（以秒为单位）的缓存才会被清除。

例如，分别应用这两种方法清除缓存。代码如下：

```
$smarty->caching=true;                                  //开启缓存
$smarty->clear_all_cache();                             //清除所有缓存
$smarty->clear_cache('index.html');                     //清除 index.html 模板的缓存
$smarty->clear_cache('index.html','$_GET['id']');
//清除 index.html 模板中一个指定缓存号的缓存
$smarty->display('index.html');
```

17.4 综合实例——Smarty 模板制作后台管理系统主页

在本实例中开发一个后台管理系统，包括管理员的登录、退出，后台管理系统中各个模块的功能展示，当然这些模块都只是简单的架构，没有实现具体的功能。因为开发本实例的主要目的是让读者了解如何通过 Smary 模板构建后台管理系统的主页，而非某些具体功能模块的开发。本实例首先展示后台管理的登录模块，如图 17-7 所示，登录成功后将进入到后台管理系统的主页，如图 17-8 所示。

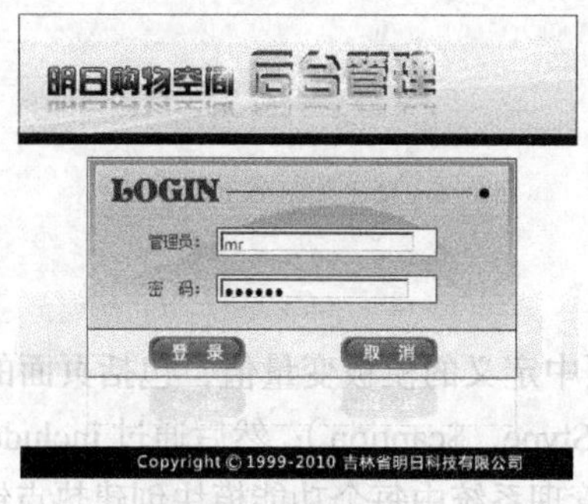

图 17-7　后台登录

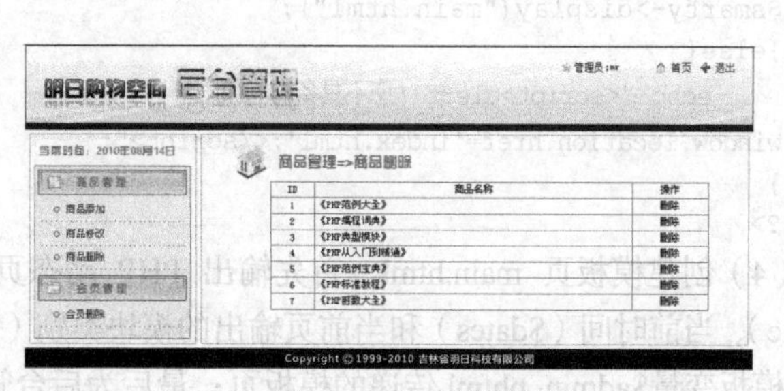

图 17-8　后台管理主页

（1）创建 system 文件夹，定义 Smarty 文件夹，存储编译目录、缓存目录；创建类文件 system.class.inc.php，定义数据库连接、操作类。创建 system.smarty.inc.php 文件，封装 Smarty 的配置类，定义类的实例化文件 system.inc.php，完成各个类的实例化操作，并返回操作对象。

（2）创建 index.html 文件，设计管理员登录页面；编写 login_ok.php 文件，完成管理员的登录操作。

（3）创建 main.php 文件。首先通过 header()函数设置页面的编码格式，初始化 SESSION 变量；然后根据 SESSION 变量判断当前用户是否具有访问权限，如果具有访问权限，则应用 swicth 语句，根据超级链接传递的参数值，完成在不同页面之间的跳转操作，即通过 include 语句包含不同的动态 PHP 文件，同时将动态 PHP 文件对应的模板文件名称赋予模板变量；最后指定模板页 main.html。其代码如下：

```
<?php
header ( "Content-type: text/html; charset=UTF-8" );                //设置文件编码格式
session_start();                                                    //初始化 SESSION 变量
require("system/system.inc.php");
if(isset($_GET['caption'])){
    $caption=$_GET['caption'];
}else{
    $caption="";
}
if($_SESSION['user']!="" and $_SESSION['pass']!=""){               //判断用户是否具有访问权限
switch ($caption){                                                  //完成在不同模块之间的跳
转操作
    case "商品添加";
        include "sho_insert.php";                                   //包含 PHP 脚本文件
        $smarty->assign('admin_phtml','sho_insert.html');           //将 PHP 脚本文件对应的模
板文件名称赋予模板变量
    break;
                                                                    //省略了部分代码
    default:
        include "sho_update.php";
        $smarty->assign('admin_phtml','sho_update.html');
    break;
}
$smarty->assign("title","后台管理系统--".$caption);
$smarty->assign("caption",$caption);
$smarty->assign("type",$_GET['type']);
$smarty->assign("dates",date("Y年m月d日"));
$smarty->assign("user",$_SESSION['user']);
$smarty->display("main.html");
}else{
    echo "<script>alert('您不具备访问权限！');
window.location.href='index.html';</script>";
}
?>
```

（4）创建模板页 main.html。首先输出 PHP 动态页中定义的模板变量值，包括页面的标题（$title）、当前时间（$dates）和当前页输出的模块类别（$type、$caption）；然后通过 include 函数加载模板变量$admin_phtml 传递的模板页；最后为后台管理系统中每个功能模块创建热点链接，

并通过超级链接的参数传递数据，同时应用 Smarty 模板中的 escape 方法对传递的参数值进行编码。其关键代码如下：

```
<!--载入模板文件-->
{include file=$admin_phtml}
<!--创建热点链接-->
<map name="Map" id="Map">
<area shape="rect" coords="29,41,88,62" href="main.php?caption={"商品添加"|escape:"url"}&amp;type={"商品管理"|escape:"url"}" />
<area shape="rect" coords="30,71,91,90" href="main.php?caption={"商品修改"|escape:"url"}&amp;type={"商品管理"|escape:"url"}" />
<area shape="rect" coords="31,99,91,118" href="main.php?caption={"商品删除"|escape:"url"}&amp;type={"商品管理"|escape:"url"}" />
</map>
```

（5）创建热点链接中链接的动态 PHP 文件和模板文件。

知识点提炼

（1）Smarty 是一个使用 PHP 编写的 PHP 模板引擎，是目前业界最著名、功能最强大的一种 PHP 模板引擎。它将一个应用程序分成两部分：视图和逻辑控制，也就是将 UI（用户界面）和 PHP code（PHP 代码）分离。

（2）Smarty 拥有丰富的函数库，从统计字数到字符串的截取、文字的环绕以及正则表达式都可以直接使用，还具有很强的扩展能力。

（3）应用 Smarty 模板开发程序包含两部分内容：Smarty 模板设计和 Smarty 程序设计。

（4）Smarty 模板文件是由一个页面中所有的静态元素，加上一些定界符“{…}”组成的。

（5）在 Smarty 的基本语法中包括 3 项内容：注释、函数和属性。

（6）Smarty 的变量可以直接被输出或者作为函数属性和修饰符（modifiers）的参数，或者用于内部的条件表达式等。

（7）变量调节器作用于变量、自定义函数和字符串。使用“|”符号和调节器名称调用调节器。变量调节器由赋予的参数值决定其行为，参数由“:”符号分开。

（8）Smarty 自身定义了一些内建函数，存储于 Smarty 模板中。

（9）配置文件的应用，有利于设计者管理文件中的模板全局变量。

（10）Smarty 程序设计在动态 PHP 文件中进行操作，其功能可以分为两种：一种功能是配置 Smarty；另一种功能是和 Smarty 模板之间的交互。

（11）SMARTY_PATH 常量定位 Smarty 类文件的完整系统路径，如果没有定义 Smarty 目录，Smarty 将会试着自动创建合适的值。

习　题

17-1　怎样通过 Smarty 模板中的 section 语句循环输出$data 数组中的数据？

17-2　列举出常用的 Smarty 保留变量，并举例说明。

17-3　如何在 Smarty 模板中实现字符串的截取操作？

17-4　应用 Smarty 模板引擎如何开启页面缓存？

17-5　在 Smarty 模板中如何嵌入 JavaScript 脚本？

实验：Smarty 模板 truncate 方法截取字符串

实验目的

（1）熟悉并理解模板引擎技术的基本原理和架构。

（2）熟悉 Smarty 模板引擎的部署以及方法。

实验内容

在本实验中，应用 truncate 方法对论坛中的标题和内容进行截取，并且应用省略号替换截取的内容，其运行结果如图 17-9 所示。

图 17-9　truncate 方法截取字符串

实验步骤

（1）创建 system 文件夹，定义 Smarty 文件夹，存储编译目录、缓存目录；创建类文件 system.class.inc.php，定义数据库连接、操作类。创建 system.smarty.inc.php 文件，封装 Smarty 的配置类，定义类的实例化文件 system.inc.php，完成各个类的实例化操作，并返回操作对象。

（2）创建 index.php 文件，载入类的实例化文件；将从数据库中读取的数据存储到模板变量中，最终指定模板页。其代码如下：

```
<?php
require_once("system/system.inc.php");                    //调用指定的文件
$array=$admindb->ExecSQL("select * from tb_guestbook order by id desc limit 8",$conn);
                                                          //调用分页类，实现分页
if(!$array){
      $smarty->assign("iscommo","F");              //判断如果执行失败则输出模板变量 iscommo
的值为 F
}else{
      $smarty->assign("iscommo","T");              //判断如果执行成功，则输出模板变量 iscommo
的值为 T
```

```
    $smarty->assign("array",$array);
}
$smarty->assign('title','truncate 方法截取字符串');
$smarty->display('index.html');

?>
```

（3）创建 index.html 模板页，获取模板变量传递的数据，通过 section 循环输出数据，并且通过 truncate 方法对输出的标题和内容进行截取操作，标题截取 30 个字节，内容截取 60 个字节，应用省略号补齐截取部分。其关键代码如下：

```
{section name=id loop=$array}
<tr>
<td>
{$array[id].id}{$array[id].title|truncate:30:"...":false};
积分：{$array[id].integral}
时间：{$array[id].createtime|truncate:12:""}<br>
        {$array[id].content|truncate:60:"...":false}
</td>
</tr>
{/section}
```

第 18 章 综合案例——应用 Smarty 模板开发电子商务网站

本章要点：

- 如何进行系统分析
- 数据库设计流程
- 搭建系统架构的方法
- 注册即时验证的实现方法
- 简单的树形菜单的实现方法
- 购物车的实现方法
- 订单的处理方法
- 如何注册域名和虚拟空间
- 发布网站的方法

随着 20 世纪 PC（个人计算机）的发展和互联网的普及，电子商务从报文时代进入到了 Internet 时代，并逐渐被大众所了解和接受。电子商务（Electronic Commerce， EC）是目前发展较快的一种商务模式，迄今为止，不同领域的人对 EC 的理解各有不同。简单地说，EC 是一种基于 Internet，利用计算机硬件、软件等现有设备和协议进行各种商务活动的方式。

18.1 需求分析

随着“地球村”概念的兴起，网络已经深入到人们生活的每一个角落。世界越来越小，信息的传播越来越快，内容也越来越丰富。现在，人们对于在网络上寻求信息和服务已不再满足于简单的信息获取上，人们更多的是需要在网上实现方便的、便捷的、可交互式的网络服务。电子商务则正好满足了人们的需求。它可以让人们在网上实现互动的交流及足不出户地购买产品，向企业发表自己的意见、服务需求及有关投诉，并且通过网站的交互式操作向企业进行产品的咨询、得到相应的回馈及技术支持。精明的商家绝不会错过这样庞大的市场，越来越多的企业已经开展了电子商务活动。加入电子商务的行列也许不会让企业马上见到效益，但不加入则一定会被时代所抛弃。

18.2　构建开发环境

在开发电子商务平台时，该项目使用的软件开发环境如下。

1. 服务器端

- 操作系统：Windows 2003 Server/Linux（推荐）。
- 服务器：Apache 2.2.8。
- PHP 软件：PHP 5.2.6。
- 数据库：MySQL 5.0.51。
- MySQL 图形化管理软件：phpMyAdmin-2.10.3。
- 开发工具：Dreamweaver 8。
- 浏览器：IE 6.0 及以上版本。
- 分辨率：最佳效果为 1024×768 像素。

2. 客户端

- 浏览器：推荐 IE 6.0 及以上版本。
- 分辨率：最佳效果为 1024×768 像素。

18.3　系统设计

18.3.1　网站功能结构

电子商务平台分前台系统和后台系统。下面分别给出前、后台的系统功能结构图。电子商务前台系统功能结构图如图 18-1 所示。

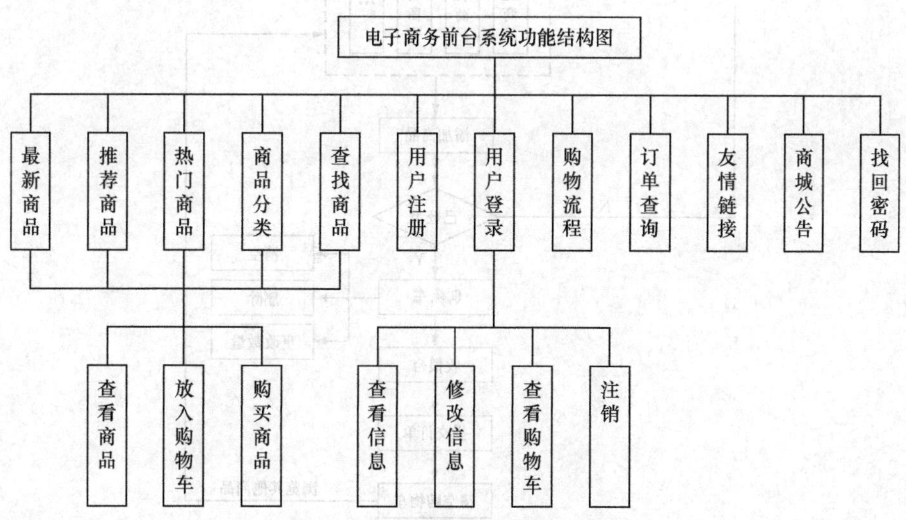

图 18-1　电子商务前台系统功能结构图

电子商务后台系统功能结构图如图 18-2 所示。

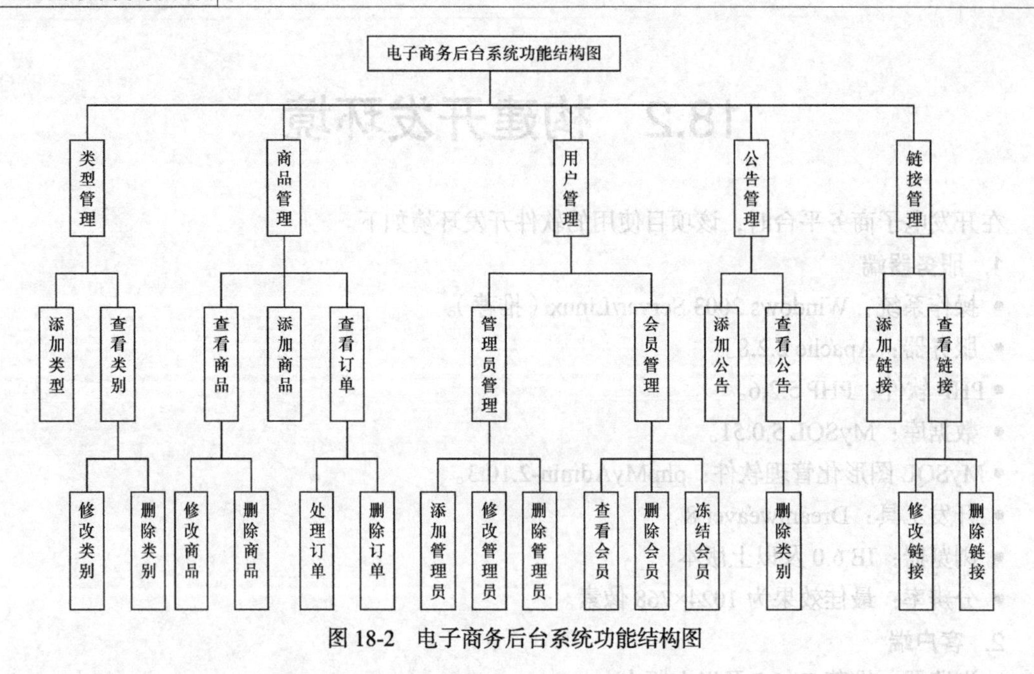

图 18-2　电子商务后台系统功能结构图

18.3.2　系统流程图

为了便于开发人员了解系统各个功能模块之间的联系及完整的购物流程，下面给出了系统的流程图，如图 18-3 所示。

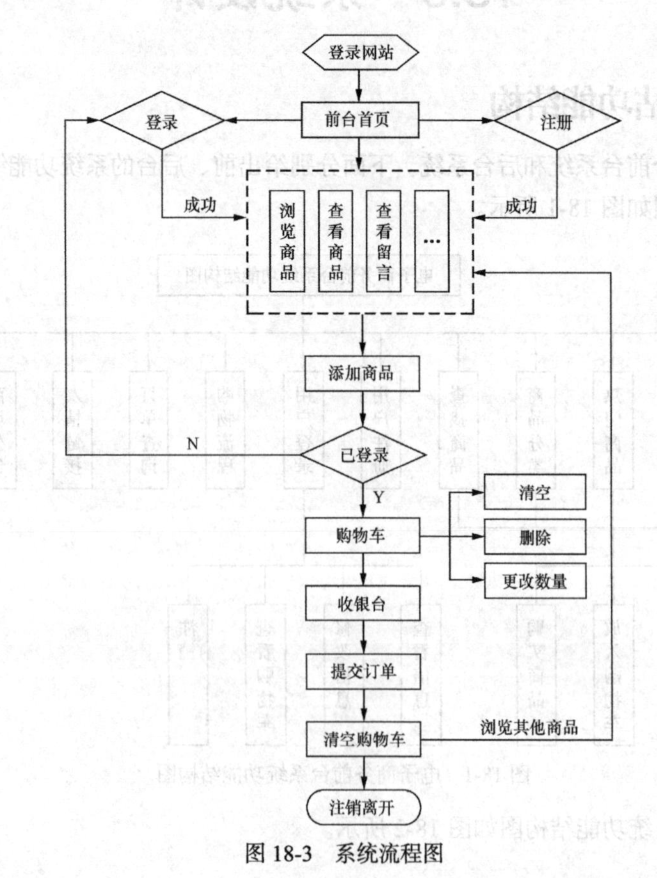

图 18-3　系统流程图

18.4　数据库设计

无论是什么系统软件，其最根本的功能就是对数据的操作与使用。所以，一定要先做好数据的分析、设计与实现，然后再实现对应的功能模块。

18.4.1　数据库分析

根据需求分析和系统的功能流程图，找出需要保存的信息数据（也可以理解为现实世界中的实体），并将其转化为原始数据（属性类型）形式。这种描述现实世界的概念模型，可以使用 E-R 图来表示，也就是实体-联系图，最后将 E-R 图转换为关系数据库。这里重点介绍几个 E-R 图。

1. 会员信息实体

会员信息实体包括编号、用户名、密码、E-mail、身份证号、联系电话、QQ 号、密码提示、密码答案、邮编、注册时间、真实姓名等属性。会员信息实体 E-R 图如图 18-4 所示。

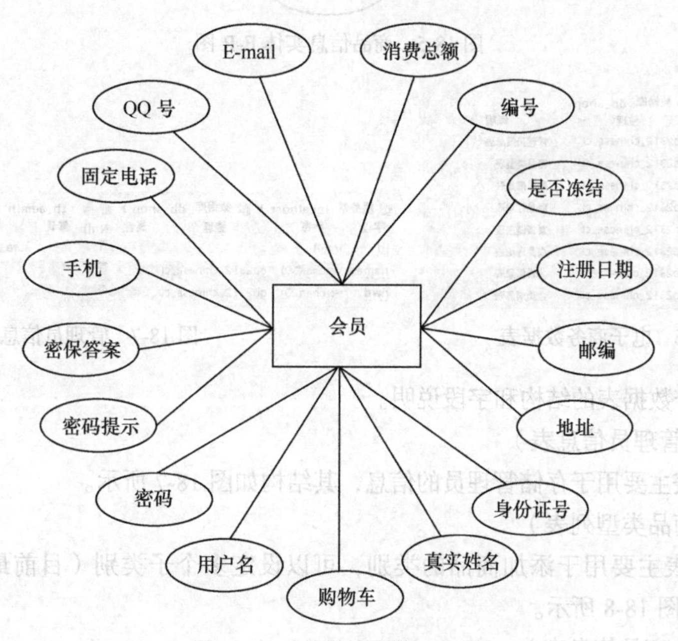

图 18-4　会员信息实体 E-R 图

2. 商品信息实体

商品信息实体包括编号、名称、上市时间、添加日期、型号、图片、库存、销售量、商品类型、会员价、市场价、是否打折等属性。商品信息实体 E-R 图如图 18-5 所示。

除了上面介绍的两个 E-R 图，还有商品订单实体、商品评价实体、公告实体、管理员实体、类型实体、友情链接实体等，限于篇幅，这里仅列出主要的实体 E-R 图。

18.4.2　创建数据库与数据表

系统 E-R 图设计完成后，接下来根据 E-R 图来创建数据库和数据表。首先来看一下电子商务平台所使用的数据表情况，如图 18-6 所示。

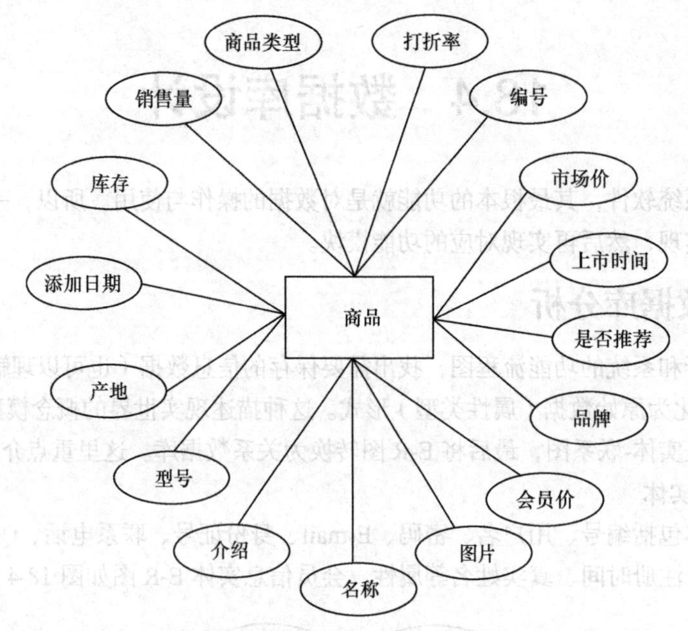

图 18-5　商品信息实体 E-R 图

服务器: localhost ▸ 数据库: db_shop

表	类型	整理	说明
tb_admin	MyISAM	gb2312_chinese_ci	管理员信息表
tb_class	MyISAM	gb2312_chinese_ci	商品类型表
tb_commo	MyISAM	gb2312_chinese_ci	商品信息表
tb_form	MyISAM	gb2312_chinese_ci	商品订单表
tb_links	MyISAM	gb2312_chinese_ci	友情链接表
tb_opinion	MyISAM	gb2312_chinese_ci	商品评论表
tb_public	MyISAM	gb2312_chinese_ci	公告信息表
tb_user	MyISAM	gb2312_chinese_ci	会员信息表

图 18-6　电子商务数据表

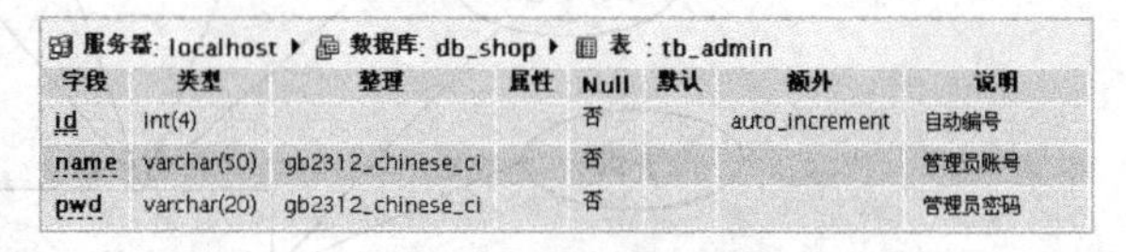

服务器: localhost ▸ 数据库: db_shop ▸ 表 : tb_admin

字段	类型	整理	属性	Null	默认	额外	说明
id	int(4)			否		auto_increment	自动编号
name	varchar(50)	gb2312_chinese_ci		否			管理员账号
pwd	varchar(20)	gb2312_chinese_ci		否			管理员密码

图 18-7　管理员信息表结构

下面来看各个数据表的结构和字段说明。

- tb_admin（管理员信息表）

管理员信息表主要用于存储管理员的信息，其结构如图 18-7 所示。

- tb_class（商品类型列表）

商品类型列表主要用于添加商品的类别，可以设定多个子类别（目前最多只能到二级子类别），其结构如图 18-8 所示。

- tb_commo（商品信息表）

商品信息表主要用于存储关于商品的相关信息，其结构如图 18-9 所示。

服务器: localhost ▸ 数据库: db_shop ▸ 表 : tb_class

字段	类型	整理	属性	Null	默认	额外	说明
id	int(4)			否		auto_increment	自动编号
name	varchar(20)	gb2312_chinese_ci		否			类型名称
level	int(1)			否	1		等级

图 18-8　商品类型列表结构

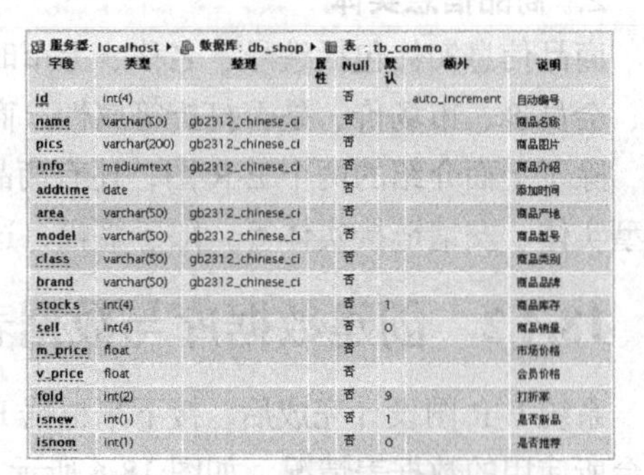

服务器: localhost ▸ 数据库: db_shop ▸ 表 : tb_commo

字段	类型	整理	属性	Null	默认	额外	说明
id	int(4)			否		auto_increment	自动编号
name	varchar(50)	gb2312_chinese_ci		否			商品名称
pics	varchar(200)	gb2312_chinese_ci		否			商品图片
info	mediumtext	gb2312_chinese_ci		否			商品介绍
addtime	date			否			添加时间
area	varchar(50)	gb2312_chinese_ci		否			商品产地
model	varchar(50)	gb2312_chinese_ci		否			商品型号
class	varchar(50)	gb2312_chinese_ci		否			商品类别
brand	varchar(50)	gb2312_chinese_ci		否			商品品牌
stocks	int(4)			否	1		商品库存
sell	int(4)			否	0		商品销量
m_price	float			否			市场价格
v_price	float			否			会员价格
fold	int(2)			否	9		打折率
isnew	int(1)			否	1		是否新品
isnom	int(1)			否	0		是否推荐

图 18-9　商品信息表结构

此外还有商品订单表、商品公告表、用户信息表、友情链接表和商品留言表，限于篇幅，这里不再介绍。

18.5 搭建系统框架

编写代码之前，可以把系统中可能用到的文件夹先创建出来（例如，创建一个名为 images 的文件夹，用于保存程序中所使用的图片），这样不但可以方便以后的开发工作，也可以规范系统的整体架构。因为本项目使用的是 Smarty+PDO 技术，所以目录较多。下面介绍本系统的目录结构（到三级目录），如图 18-10 所示。

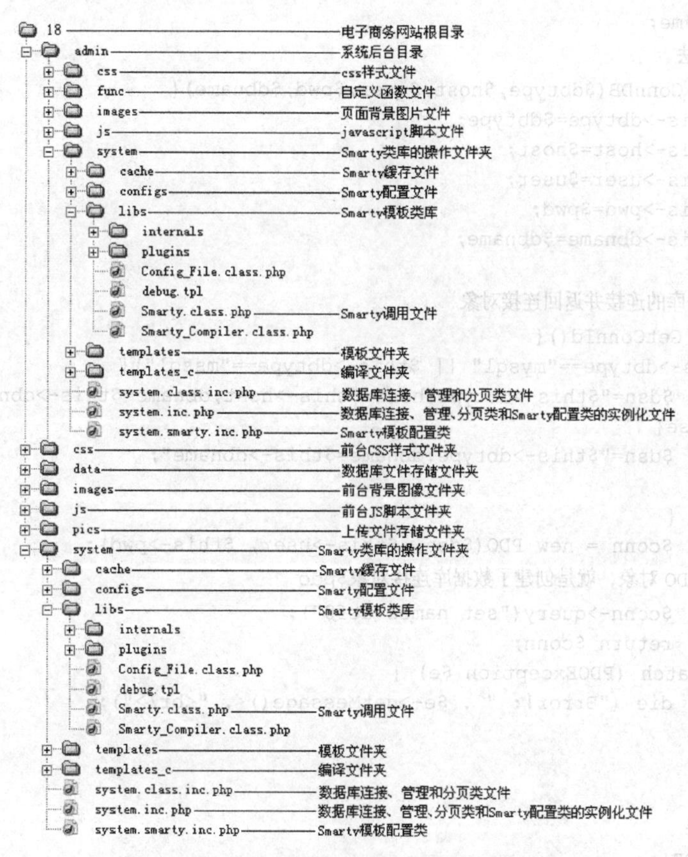

图 18-10　电子商务网站文件夹组织结构图

18.6 公共文件设计

公共模块就是将多个页面都可能使用到的代码写成单独的文件，在使用时只要用 include 或 require 语句将文件包含进来即可。例如，本系统中的数据库连接、管理和分页类文件，Smarty 模板配置类文件，类的实例化文件，CSS 样式表文件，js 脚本文件等。以前台系统为例，下面给出主要的公共文件，后台的公共文件与前台大同小异。

18.6.1 数据库连接、管理和分页类文件

在数据库连接、管理和分页类文件中定义 3 个类，分别是 ConDB 数据库连接类，实现通过 PDO 连接 MySQL 数据库；AdminDB 数据库管理类，使用 PDO 类库中的方法执行对数据库中数据的查询、添加、更新和删除操作；SepPage 分页类，用于对商城中的数据进行分页输出。

```
<?php
//数据库连接类
class ConnDB{
   var $dbtype;
   var $host;
   var $user;
   var $pwd;
   var $dbname;
    //构造方法
   function ConnDB($dbtype,$host,$user,$pwd,$dbname){
        $this->dbtype=$dbtype;
        $this->host=$host;
        $this->user=$user;
        $this->pwd=$pwd;
        $this->dbname=$dbname;
   }
   //实现数据库的连接并返回连接对象
   function GetConnId(){
    if($this->dbtype=="mysql" || $this->dbtype=="mssql"){
            $dsn="$this->dbtype:host=$this->host;dbname=$this->dbname";
        }else{
            $dsn="$this->dbtype:dbname=$this->dbname";
        }
        try {
            $conn = new PDO($dsn, $this->user, $this->pwd);
//初始化一个 PDO 对象，就是创建了数据库连接对象$pdo
            $conn->query("set names utf8");
            return $conn;
        } catch (PDOException $e) {
            die ("Error!: " . $e->getMessage() . "<br/>");
        }
   }
}
//数据库管理类
class AdminDB{
    function ExecSQL($sqlstr,$conn){
        $sqltype=strtolower(substr(trim($sqlstr),0,6));
        $rs=$conn->prepare($sqlstr);                           //准备查询语句
        $rs->execute();                                        //执行查询语句，并返回结果集
        if($sqltype=="select"){
            $array=$rs->fetchAll(PDO::FETCH_ASSOC);        //获取结果集中的所有数据
            if(count($array)==0 || $rs==false)
                return false;
            else
                return $array;
        }elseif ($sqltype=="update" || $sqltype=="insert" || $sqltype=="delete"){
```

```
            if($rs)
                return true;
            else
                return false;
        }
    }
}
//分页类
class SepPage{
    var $rs;
    var $pagesize;
    var $nowpage;
    var $array;
    var $conn;
    var $sqlstr;
    function ShowData($sqlstr,$conn,$pagesize,$nowpage){//定义方法
        if(!isset($nowpage) || $nowpage=="")            //判断变量值是否为空
            $this->nowpage=1;                            //定义每页起始页
        else
            $this->nowpage=$nowpage;
        $this->pagesize=$pagesize;                       //定义每页输出的记录数
        $this->conn=$conn;                               //连接数据库返回的标识
        $this->sqlstr=$sqlstr;                           //执行的查询语句
    $this->rs=$this->conn->PageExecute($this->sqlstr,$this->pagesize,$this->nowpage);
        @$this->array=$this->rs->GetRows();          //获取记录数
            if(count($this->array)==0 || $this->rs==false)
                return false;
            else
                return $this->array;
    }
    function
ShowPage($contentname,$utits,$anothersearchstr,$anothersearchstrs,$class){
        $allrs=$this->conn->Execute($this->sqlstr);     //执行查询语句
        $record=count($allrs->GetRows());               //统计记录总数
        $pagecount=ceil($record/$this->pagesize);       //计算共有几页
        $str.=$contentname." ".$record." ".$utits." 每页
     ".$this->pagesize." ".$utits." 第 ".$this->rs->AbsolutePage().
" 页/共 ".$pagecount." 页";
        $str.="    ";
        if(!$this->rs->AtFirstPage())
            $str.="<a
href=".$_SERVER['PHP_SELF']."?page=1&parameter1=".$anothersearchstr."&parameter2=".$an
othersearchstrs." class=".$class.">首页</a>";
        else
            $str.="<font color='#555555'>首页</font>";
        $str.=" ";
        if(!$this->rs->AtFirstPage())
            $str.="<a
href=".$_SERVER['PHP_SELF']."?page=".($this->rs->AbsolutePage()-1)."&parameter1=".$ano
thersearchstr."&parameter2=".$anothersearchstrs." class=".$class.">上一页</a>";
        else
            $str.="<font color='#555555'>上一页</font>";
```

```
            $str.=" ";
            if(!$this->rs->AtLastPage())
                $str.="<a
href=".$_SERVER['PHP_SELF']."?page=".($this->rs->AbsolutePage()+1)."&parameter1=".$ano
thersearchstr."&parameter2=".$anothersearchstrs." class=".$class.">下一页</a>";
            else
                $str.="<font color='#555555'>下一页</font>";
            $str.=" ";
            if(!$this->rs->AtLastPage())
                $str.="<a
href=".$_SERVER['PHP_SELF']."?page=".$pagecount."&parameter1=".$anothersearchstr."&par
ameter2=".$anothersearchstrs." class=".$class.">尾页</a>";
            else
                $str.="<font color='#555555'>尾页</font>";
            if(count($this->array)==0 || $this->rs==false)
                return "";
            else
                return $str;
        }
}
?>
```

18.6.2 Smarty 模板配置类文件

在 Smarty 模板配置类文件中配置 Smarty 模板文件、编译文件、配置文件等文件路径。

```
<?php
require("libs/Smarty.class.php");                          //包含模板文件
class SmartyProject extends  Smarty{                       //定义类，继承模板类
    function SmartyProject(){                              //定义方法
        $this->template_dir = "./system/templates/";       //指定模板文件存储位置
        $this->compile_dir = "./system/templates_c/";      //指定编译文件存储位置
        $this->config_dir = "./system/configs/";           //指定配置文件存储位置
        $this->cache_dir = "./system/cache/";              //指定缓存文件存储位置
    }
}
?>
```

18.6.3 执行类的实例化文件

在 system.inc.php 文件中，通过 require 语句包含 system.smarty.inc.php 和 system.class.inc.php 文件，执行类的实例化操作，并定义返回对象。完成数据库连接类的实例化后，调用其中 GetConnId() 方法连接数据库。

```
<?php
require("system.smarty.inc.php");                  //包含 Smarty 配置类
require("system.class.inc.php");                   //包含数据库连接和操作类
$connobj=new ConnDB("mysql","localhost","root","111","db_database18");
                                                   //数据库连接类实例化
$conn=$connobj->GetConnId();                       //执行连接操作，返回连接标识
$admindb=new AdminDB();                            //数据库操作类实例化
$seppage=new SepPage();                            //分页类实例化
```

```
$usefun=new UseFun();                         //使用常用函数类实例化
$smarty=new SmartyProject();                  //调用 smarty 模板
function unhtml($params){
    extract($params);
    $text=$content;
    global $usefun;
    return $usefun->UnHtml($text);
}
$smarty->register_function("unhtml","unhtml");      //注册模板函数
?>
```

18.7　网站主要模块开发

18.7.1　前台首页

前台首页一般没有多少实质的技术，主要是加载一些功能模块，如登录模块、导航栏模块、公告栏模块等，使浏览者能够了解网站内容和特点。首页的重要之处是要合理地对页面进行布局，既要尽可能地将重点模块显示出来，同时又不能因为页面凌乱无序，而让浏览者无所适从、产生反感。本系统前台首页的运行结果如图 18-11 所示。

图 18-11　前台首页运行效果

1．前台首页技术分析

在前台首页中应用 Switch 语句与 Smarty 模板中的内建函数 include 设计一个框架页面，实现不同功能模块在首页中的展示。

Switch 语句在 PHP 动态文件中使用，根据超级链接传递的值，包含不同的功能模块。

Include 标签在 Smarty 模板页中使用，在当前模板页中包含其他模板文件。其语法如下：

```
{include file="file_name " assign=" " var="  "}
```

参数说明：file 指定包含模板文件的名称；assign 指定一个变量保存包含模板的输出；var 传递给待包含模板的本地参数，只在待包含模板中有效。

2．前台首页实现过程

（1）创建 index.php 动态页。在 index.php 动态页中，应用 include_once()语句包含相应的文件，

应用 Switch 语句，以超级链接中参数 page 传递的值为条件进行判断，实现在不同页面之间跳转。index.php 的关键代码如下：

```
<?php
session_start();
header ( "Content-type: text/html; charset=UTF-8" );                //设置文件编码格式
require("system/system.inc.php");                   //包含配置文件
if(isset($_GET["page"])){
    $page=$_GET["page"];
}else{
    $page="";
}
include_once("login.php");
include_once("public.php");
include_once("links.php");
switch($page){
    case "hyzx":
        include_once "member.php";
        $smarty->assign('admin_phtml','member.tpl');            //将 PHP 脚本文件对应的模板文件名称赋予模板变量
    break;
    case 'allpub':
       include_once 'allpub.php';
        $smarty->assign('admin_phtml','allpub.tpl');            //将 PHP 脚本文件对应的模板文件名称赋予模板变量
    break;
    case 'nom':
        include_once 'allnom.php';
        $smarty->assign('admin_phtml','allnom.tpl');            //将 PHP 脚本文件对应的模板文件名称赋予模板变量
    break;
    case 'new':
        include_once 'allnew.php';
        $smarty->assign('admin_phtml','allnew.tpl');            //将 PHP 脚本文件对应的模板文件名称赋予模板变量
    break;
    case 'hot':
        include_once 'allhot.php';
        $smarty->assign('admin_phtml','allhot.tpl');            //将 PHP 脚本文件对应的模板文件名称赋予模板变量
    break;
    case 'shopcar':
        include_once 'myshopcar.php';
        $smarty->assign('admin_phtml','myshopcar.tpl');         //将 PHP 脚本文件对应的模板文件名称赋予模板变量
    break;
    case 'settle':
        include_once 'settle.php';
        $smarty->assign('admin_phtml','settle.tpl');            //将 PHP 脚本文件对应的模板文件名称赋予模板变量
    break;
    case 'queryform':
```

```
        include_once 'queryform.php';
        $smarty->assign('admin_phtml','queryform.tpl');        //将 PHP 脚本文件对应的模
板文件名称赋予模板变量
        break;
    default:
        include_once 'newhot.php';
        $smarty->assign('admin_phtml','newhot.tpl');           //将 PHP 脚本文件对应的模
板文件名称赋予模板变
        break;
}
$smarty->display("index.tpl");                                 //指定模板页
?>
```

（2）创建 index.tpl 模板页。在模板文件 index.tpl 中应用 Smarty 的 include 标签调用不同的模板文件，生成静态页面。其关键代码如下：

```
<table width="850" border="0" cellspacing="0" cellpadding="0">
  <tr>
    <td colspan="2">{include file='top.tpl'}</td>
  </tr>
  <tr>
    <td width="216" align="left" valign="top">
     {include file='login.tpl'}
     {include file='public.tpl'}
     {include file='links.tpl'}
    </td>
    <td width="634" height="700" align="center" valign="top">
{include file='search.tpl'}
<!--载入模板文件-->{include file=$admin_phtml}</td>
  </tr>
</table>
<table width="850" border="0" cellspacing="0" cellpadding="0">
   <tr>
   <td>{include file='buttom.tpl'}</td>
   </tr>
</table>
```

本系统的功能较多，结构比较复杂，对于初学者来说学起来可能会比较困难。所以，本书将系统中的各个功能模块所涉及的文件（如 PHP、TPL、CSS、JS 等）尽可能都单独实现。读者在学习其中某个模块时，可以将相关的文件统一放到同一个目录下单独测试。

18.7.2 登录模块设计

用户登录模块是会员功能的窗口。匿名用户虽然也可以访问本网站，但只能进行浏览、查询等简单操作，而会员则可以购买商品，并且能享受超低价格。登录模块包括用户注册、用户登录和找回密码 3 部分，其运行结果如图 18-12 所示。

1. 用户注册

用户注册页面的主要功能是新用户注册。如果信息输入完整而且符合要求，则系统会将该用户信息保存到数据库中，否则显示错误原因，以便用户改正。用户注册页面的运行结果如图 18-13 所示。

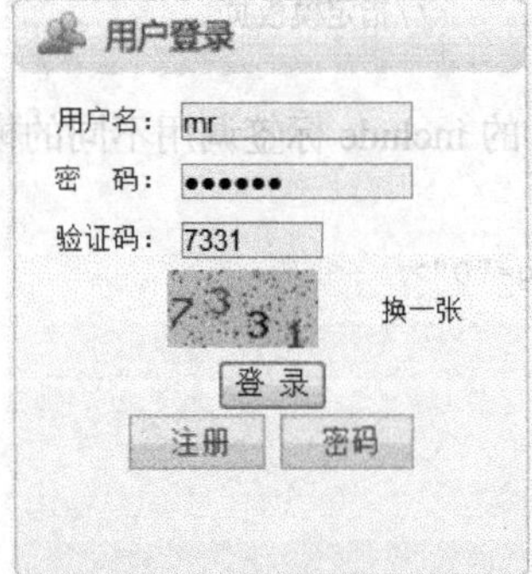

图 18-12　登录模块运行效果

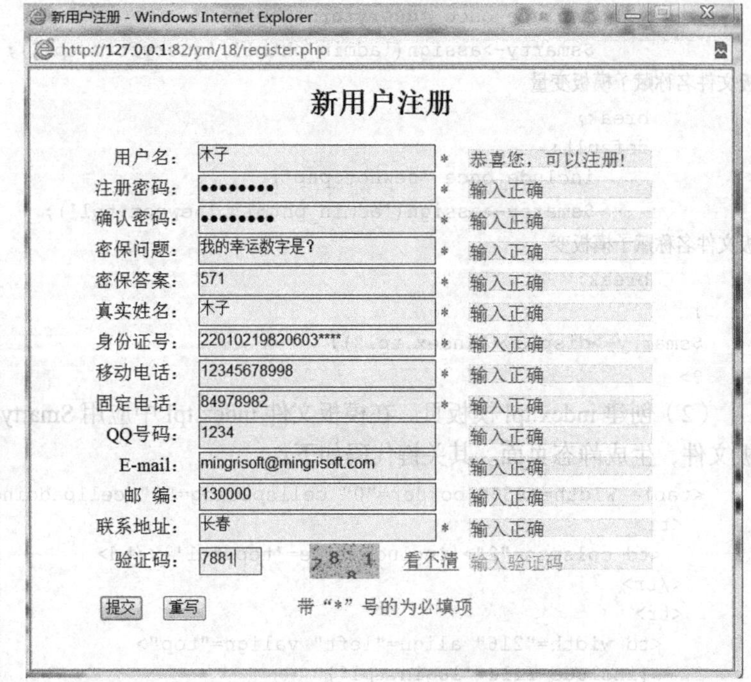

图 18-13　注册模块页面

（1）创建 register.tpl 模板文件，编写用户注册页面。其中包含两个 js 脚本文件 createxmlhttp.js 和 check.js。其中，createxmlhttp.js 是 Ajax 的实例化文件，而 check.js 对用户注册信息进行验证，并且返回验证结果。

（2）创建 register.php 动态 PHP 文件，加载模板。register.php 文件的代码如下：

```
<?php
header ( "Content-type: text/html; charset=UTF-8" );                //设置文件编码格式
require("system/system.inc.php");                                    //包含配置文件
$smarty->assign('title','新用户注册');
$smarty->display('register.tpl');
?>
```

（3）创建 reg_chk.php 文件，获取表单中提交的数据，将数据存储到指定的数据表中。reg_chk.php 的代码如下：

```
<?php
session_start();
header ( "Content-type: text/html; charset=UTF-8" );                //设置文件编码格式
require("system/system.inc.php");                                    //包含配置文件
    $name = $_POST['name'];
    $password = md5($_POST['pwd1']);
    $question = $_POST['question'];
    $answer = $_POST['answer'];
    $realname = $_POST['realname'];
    $card = $_POST['card'];
    $tel = $_POST['tel'];
    $phone = $_POST['phone'];
    $Email = $_POST['email'];
    $QQ = $_POST['qq'];
    $code = $_POST['code'];
```

```
    $address = $_POST['address'];
    $addtime = date("Y-m-d H:i:s");
    $sql              =              "insert              into
tb_user(name,password,question,answer,realname,card,tel,phone,Email,QQ,code,address,ad
dtime,isfreeze,shopping)" ;
    $sql  .= " values ('$name', '$password', '$question', '$answer', '$realname',
'$card', '$tel', '$phone', '$Email', '$QQ', '$code', '$address','$addtime','0','')";
    $rst= $admindb->ExecSQL($sql,$conn);                      //执行添加操作
    if($rst){
        $_SESSION['member'] = $name;
      echo "<script>top.opener.location.reload();alert('注册成功'); window.close();
</script>";
    }else{
        echo '<script>alert(\'添加失败\');history.back;</script>';
    }
  ?>
```

（4）创建“用户注册”超链接。当用户单击前台的 注册 按钮时，系统会调用 js 的 onclick 事件，弹出注册窗口。其代码如下：

```
  <a  href="#"  id="login"  onclick="reg()"><img  src="images/check.JPG"  width="59"
height="23" border="0" /></a>
```

这里用到的 js 文件为 js/login.js，调用的函数为 reg()。该函数的代码如下：

```
  function reg(){
  window.open("register.php", "_blank", "width=600,height=650",false);    //弹出窗口
  }
```

2．用户登录

用户登录模块的运行结果如图 18-12 所示，需要输入用户名、密码和验证码。

（1）创建模板文件 login.tpl，完成用户登录表单的设计。在该页面中当单击 Submit 按钮时，系统将调用 lg()函数对用户登录提交信息进行验证。lg()函数包含在 js/login.js 脚本文件内，其代码如下：

```
  // JavaScript Document
  function lg(form){
    if(form.name.value==""){
        alert('请输入用户名');
        form.name.focus();
        return false;
    }
    if(form.password.value == "" || form.password.value.length < 6){
        alert('请输入正确密码');
        form.password.focus();
        return false;
    }
    if(form.check.value == ""){
        alert('请输入验证码');
        form.check.focus();
        return false;
    }
    if(form.check.value != form.check2.value){
        form.check.select();
        code(form);
        return false;
    }
```

```
        var user = form.name.value;
        var password = form.password.value;
        var url = "chkname.php?user="+user+"&password="+password;
        xmlhttp.open("GET",url,true);
        xmlhttp.onreadystatechange = function(){
        if(xmlhttp.readyState == 4){
                var msg = xmlhttp.responseText;
                if(msg == '1'){
                    alert('用户名或密码错误!!');
                    form.password.select();
                    form.check.value = '';
                    code(form);
                    return false;
                }if(msg == "3"){
                    alert("该用户被冻结，请联系管理员");
                    return false;
                }else{
                    alert('欢迎光临');
                    location.reload();
                }
            }
        }
        xmlhttp.send(null);
        return false;
    }
    //显示验证码
    function yzm(form){
        var num1=Math.round(Math.random()*10000000);
        var num=num1.toString().substr(0,4);
        document.write("<img          name=codeimg          width=65          heigh=35
src='yzm.php?num="+num+"'>");
        form.check2.value=num;
    }
    //刷新验证码
    function code(form){
        var num1=Math.round(Math.random()*10000000);
        var num=num1.toString().substr(0,4);
        document.codeimg.src="yzm.php?num="+num;
        form.check2.value=num;
    }
    //注册
    function reg(){
    window.open("register.php", "_blank", "width=600,height=650",false);
    }
    //找回密码
    function found() {
    window.open("found.php","_blank","width=350 height=240",false);
    }
```

用户名和密码在 chkname.php 页面中被验证。

（2）创建用户信息模板文件 info.tpl。用户登录成功后，在原登录框位置将显示用户信息，用户可以通过“会员中心”对自己的信息做修改，也可以单击“查看购物车”超链接查看购物车商品；当用户离开时可以单击“安全离开”超链接。用户信息模块的主要代码如下：

```
<!-- 显示当前登录用户名 -->
欢迎您：{$member}
<!-- 会员中心超链接 -->
<a href="?page=hyzx" id="info" class="lk">会员中心</a>
<!-- 查看购物车 -->
<a href="?page=shopcar" class="lk">查看购物车</a>
<!-- 安全离开 -->
<a onclick="javascript:logout()" style="cursor:hand" id="info">安全离开</a>
```

3．找回密码

登录模块的最后一个部分就是找回密码。找回密码是根据用户在填写资料时所填写的密保问题和密保答案来实现的。当用户单击“找回密码”超链接时，首先提示用户输入要找回密码的会员名称，然后根据密保问题填写密保答案，最后重新输入密码。找回密码模块的流程如图 18-14 所示。

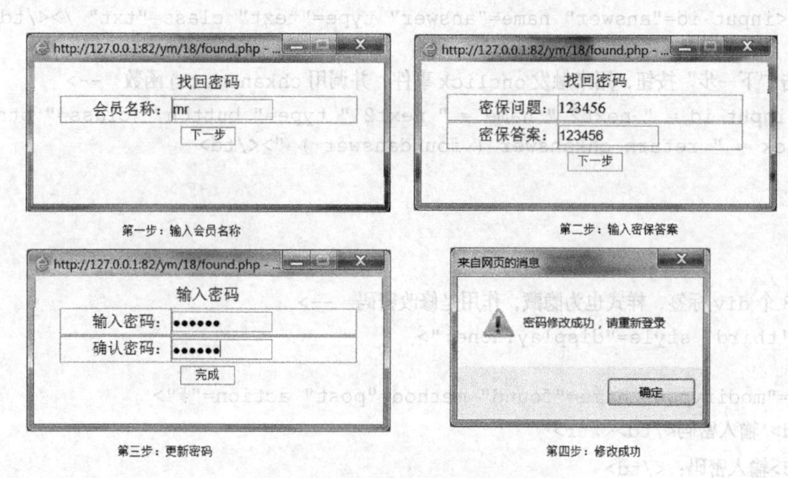

图 18-14　找回密码模块的流程图

（1）创建模板文件

虽然找回密码需要 4 个步骤，但实际上每个步骤使用的都是相同的模板文件和 js 文件，只是被调用的表单和 js 函数略有差别。这里根据不同的文件来分别进行介绍。

该模板文件一共包含了 3 个表单，分别代表了 3 个步骤，其核心代码如下：

```
<!-- 载入两个js脚本文件 -->
<script language="javascript" src="js/createxmlhttp.js"></script>
<script language="javascript" src="js/found.js"></script>
<!-- 第1个div标签 -->
<div id="first">
<table width="200" border="0" cellspacing="0" cellpadding="0">
<form id="foundname" name="found" method="post" action="#">
  <tr><td> 找回密码</td></tr>
  <tr><td>会员名称：</td>
    <!-- text文本域，用于输入要找回密码的会员名称 -->
<td><input id="user" name="user" type="text" class="txt"></td>
</tr>
  <tr><td>
<!-- 单击“下一步”按钮，能触发onclick事件来调用chkname函数 -->
```

```
<input id = " next1 " name = " next1 " type = " button " class = " btn " value = " 下一步 " onClick = " return chkname ( foundname ) "/></td></tr>
</form>
</table>
</div>
<!-- 第 2 个 div 标签，样式为隐藏 -->
<div id="second" style="display:none;">
<table>
<form id="foundanswer" name="found" method="post" action="#">
  <tr><td > 找回密码</td></tr>
  <tr><td>密保问题：</td>
<!-- 用于显示密保问题的 div 标签 -->
    <td <div id="question"></div></td></tr>
  <tr><td>密保答案：</td>
<!-- 文本域，用于填写密保答案 -->
    <td ><input id="answer" name="answer" type="text" class="txt" /></td></tr>
  <tr>
<!-- 单击"下一步"按钮，用来触发 onclick 事件，并调用 chkanswer() 函数 -->
    <td><input id = " next2 " name = " next2 " type=" button " class=" btn " value =" 下一步 " onClick = " return chkanswer ( foundanswer ) "></td>
    </tr>
</form>
</table>
</div>
<!-- 第 3 个 div 标签，样式也为隐藏，作用是修改密码 -->
<div id='third' style="display:none;">
<table>
<form id="modifypwd" name="found" method="post" action="#">
  <tr><td> 输入密码</td></tr>
  <tr><td>输入密码：</td>
    <td><input id="pwd1" name="pwd1" type="password" class="txt"></td></tr>
  <tr><td>确认密码：</td>
    <td><input id="pwd2" name="pwd2" type="password" class="txt" /></td>
  </tr>
  <tr>
<!-- 单击"完成"按钮，调用 ckpwd() 函数 -->
    <td><input id = " mod " name = " mod " type = " button " class = " btn " value = " 完成 " onClick = " return chkpwd (modifypwd) "></td>
    </tr>
</form>
</table>
</div>
```

可以看出，在上述 3 个表单中，只有一个表单默认情况下是显示的，其他则为隐藏。只有通过调用不同的 js 函数，才可以对其他表单进行操作。

（2）创建 js 脚本文件

found.js 脚本文件包含 3 个函数：chkname()、chkanswer()和 chkpwd()。其中，chkname()函数的作用是检查用户输入的会员名称，如果存在，则使用 xmlhttp 对象去调用生成的 url 进行处理判断。如果该用户存在，则隐藏当前表单，并显示下一个表单，最后输出密保问题。chkname()函数的代码如下：

```
function chkname(form){
    var user = form.user.value;
    if(user == ''){
        alert('请输入用户名');
        form.user.focus();
        return false;
    }else{
        var url = "foundpwd.php?user="+user;
        xmlhttp.open("GET",url,true);
        xmlhttp.onreadystatechange = function(){
        if(xmlhttp.readyState == 4){
            var msg = xmlhttp.responseText;
            if(msg == '0'){
                alert('没有该用户，请重新查找!');
                form.user.select();
                return false;
            }else{
                document.getElementById('first').style.display = 'none';
                document.getElementById('second').style.display = '';
                document.getElementById('question').innerHTML = msg;
            }
          }
        }
        xmlhttp.send(null);
    }
}
```

其他两个函数也使用 xmlhttprequest 对象，实现方法相差无几，不同之处就是对返回值的处理，chkanswer() 函数隐藏当前表单，显示下一个表单。chkanswer() 函数的代码如下：

```
function chkanswer(form) {
    var user = document.getElementById('user').value;
    var answer = form.answer.value;
    if(answer == ''){
        alert('请输入提示问题');
        form.answer.focus();
        return false;
    }else{
        var url = "foundpwd.php?user="+user+"&answer="+answer;
        xmlhttp.open("GET",url,true);
        xmlhttp.onreadystatechange = function(){
            if(xmlhttp.readyState == 4){
                var msg = xmlhttp.responseText;
                if(msg == '0'){
                    alert('问题回答错误');
                    form.answer.select();
                    return false;
                }else{
                    document.getElementById('second').style.display = 'none';
                    document.getElementById('third').style.display = '';
                }
            }
        }
        xmlhttp.send(null);
    }
}
```

而 chkpwd()函数则提示用户操作状态，如果成功，则关闭当前页。ckpwd()函数代码如下：

```
function chkpwd(form){
    var user = document.getElementById('user').value;
    var pwd1 = form.pwd1.value;
    var pwd2 = form.pwd2.value;
    if(pwd1 == ''){
        alert('请输入密码');
        form.pwd1.focus();
        return false;
    }
    if(pwd1.length < 6){
        alert('密码输入错误');
        form.pwd1.focus();
        return false;
    }
    if(pwd1 != pwd2){
        alert('两次密码不相等');
        form.pwd2.select();
        return false;
    }
    var url = "foundpwd.php?user="+user+"&password="+pwd1;
    xmlhttp.open("GET",url,true);
    xmlhttp.onreadystatechange = function(){
        if(xmlhttp.readyState == 4){
            var msg = xmlhttp.responseText;
            if(msg == '1'){
                alert('密码修改成功，请重新登录');
                window.close();
            }else{
                alert(msg);
            }
        }
    }
    xmlhttp.send(null);
}
```

（3）创建数据处理文件

foundpwd.php 文件的功能是根据用户输入信息来检测数据表中的数据，并根据不同的输入信息返回不同的结果。该文件代码如下：

```
<?php
header ( "Content-type: text/html; charset=UTF-8" );            //设置文件编码格式
require("system/system.inc.php");              //包含配置文件 $smarty->assign('title','
找回密码');
$reback = '0';                                                //设置变量初始值
if(!isset($_GET['answer']) && !isset($_GET['password'])){     //判断变量是否存在
    $namesql = "select * from tb_user where name = '".$_GET['user']."'";
    $namerst = $admindb->ExecSQL($namesql,$conn);             //查询用户名是否存在
    if($namerst){
        $question = $namerst[0]['question'];
        $reback = $question;
    }
}else if(isset($_GET['answer'])){
```

```
    $answersql = "select * from tb_user where name = '".$_GET['user']."' and answer
= '".$_GET['answer']."'";
    $answerrst = $admindb->ExecSQL($answersql,$conn);
    if($answerrst){
        $reback = '1';
    }
}else if(isset($_GET['password'])){
    $sql="update   tb_user   set   password='".md5($_GET['password'])."'   where
name='".$_GET['user']."'";
    $rst = $admindb->ExecSQL($sql,$conn);
    if($rst){
        $reback = '1';          //为模板变量赋值
    }
}
echo $reback;                   //输出返回结果
?>
```

（4）加载模板页

因为所有登录模块的模板都不需要或者只需要传递一两个变量，所以 PHP 加载页的内容比较简单。找回密码页面的代码如下：

```
<?php
header ( "Content-type: text/html; charset=UTF-8" );        //设置文件编码格式
require("system/system.inc.php");                           //包含配置文件
$smarty->assign('title','找回密码');
$smarty->display('found.tpl');
?>
```

18.7.3 会员信息模块设计

用户登录后，即可看到会员信息模块。在这里，可以进行查看或修改个人信息及密码、查看购物车、安全退出等操作。本节只对会员信息模块中的“会员中心”和“安全退出”进行讲解，关于“查看购物车”将在商品模块中进行介绍。会员信息模块的运行效果如图 18-15 所示。

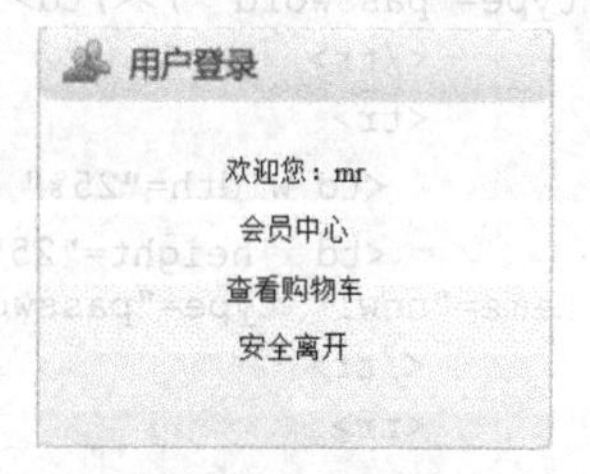

图 18-15 会员信息模块

1. 会员信息模块技术分析

在会员信息模块中，以 SESSION 变量中存储的用户名称为条件，从会员信息表中查询出会员信息，并且将会员信息存储到模板变量中，最后在模板页中输出会员信息。member.php 的代码如下：

```
<?php
/*  查找用户资料  */
if(isset($_SESSION['member'])){
    $sql = "select * from tb_user where name = '".$_SESSION['member']."'";
    $arr = $admindb->ExecSQL($sql,$conn);
    if(isset($_GET['action']) && $_GET['action'] == 'modify'){
        $smarty->assign('check',"find");
        $smarty->assign('pwdarr',$arr);
    }else{
        $smarty->assign('check',"notfind");
        $smarty->assign('pwdarr',$arr);
    }
}
?>
```

member.php 文件中查询出的数据是会员信息模板功能实现的根本。

2．会员中心

当单击“会员中心”超链接时，会回传给当前页一个 page 值，当前页根据这个 page 值来载入 member.php 文件。

（1）创建 PHP 页面

与登录模块设计不同，本节首先来创建 PHP 页面。因为该模块中的模板需要使用数据库中的数据及一些动态信息，这些都需要在 PHP 页中先行获取及处理，然后再传给模板页。会员中心页面的代码请参考技术分析中的内容。

（2）创建模板页

该模块包括查看信息模板及修改密码模板，都存储于 member.tpl 模板文件中。

```
<link rel="stylesheet" href="css/member.css" />
<script language="javascript" src="js/member.js"></script>
{if $check=="find" }
<p align="left">{$smarty.session.member}&gt;&gt;&gt;<a href='?page=hyzx' id="mem">
查看信息</a>&gt;&gt;&gt;<a href='?page=hyzx&action=modify' id="mem">修改密码</a></p>
<table id="member" width="300" border="0" cellpadding="0" cellspacing="0">
<form id="member" name="member" method="post" action="modify_pwd_chk.php"
onSubmit="return pwd(member)">
  <tr>
    <td height="25" colspan="2" align="center" valign="middle" id="first"><font
color="#f0f0f0">修改密码</font></td>
  </tr>
  <tr>
    <td width="25%" height="25" align="right" valign="middle" id="left">原密码：</td>
    <td height="25" align="left" valign="middle" id="right"><input id="old" name="old"
type="password" /></td>
  </tr>
  <tr>
    <td width="25%" height="25" align="right" valign="middle" id="left">新密码：</td>
    <td height="25" align="left" valign="middle" id="right"><input id="new1"
name="new1" type="password" /></td>
  </tr>
  <tr>
    <td width="25%" height="25" align="right" valign="middle" id="left">确认密码：</td>
    <td height="25" align="left" valign="middle" id="right"><input id="new2"
name="new2" type="password" /></td>
  </tr>
  <tr>
    <td height="30" colspan="2" align="center" valign="middle"><input id="enter"
name="enter" type="submit" value="修改" /></td>
  </tr>
</form>
</table>
{else}
<p align="left">{$smarty.session.member}&gt;&gt;&gt;<a href='?page=hyzx' id="mem">
查看信息</a>&gt;&gt;&gt;<a href='?page=hyzx&action=modify' id="mem">修改密码</a></p>
{section name=pwd_id loop=$pwdarr}
<table id='member' width="500" border="0" cellpadding="0" cellspacing="0">
<form id="member" name="member" method="post" action="modify_info_chk.php"
onSubmit="return mem(member)" >
  <tr>
```

```
    <td height="25" colspan="2" align="center" valign="middle" id="first"><font color="#f0f0f0">{$pwdarr[pwd_id].name}信息（不可更改信息）</font></td>
  </tr>
  <tr>
    <td width="25%" height="25" align="right" valign="middle" id="left"> 会员编号：</td>
    <td height="25" align="left" valign="middle" id="right"> {$pwdarr[pwd_id].id}</td>
  </tr>
  <tr>
    <td width="25%" height="25" align="right" valign="middle" id="left"> 会员名称：</td>
    <td height="25" align="left" valign="middle" id="right"> {$pwdarr[pwd_id].name}</td>
  </tr>
  <tr>
    <td width="25%" height="25" align="right" valign="middle" id="left"> 密保问题：</td>
    <td height="25" align="left" valign="middle" id="right"> {$pwdarr[pwd_id].question}</td>
  </tr>
  <tr>
    <td width="25%" height="25" align="right" valign="middle" id="left">密保答案：</td>
    <td height="25" align="left" valign="middle" id="right"> {$pwdarr[pwd_id].answer}</td>
  </tr>
  <tr>
    <td width="25%" height="25" align="right" valign="middle" id="left"> 注册时间：</td>
    <td height="25" align="left" valign="middle" id="right"> {$pwdarr[pwd_id].addtime}</td>
  </tr>
  <tr>
    <td width="25%" height="25" align="right" valign="middle" id="left">消费总额：</td>
    <td height="25" align="left" valign="middle" id="right"> {$pwdarr[pwd_id].consume}</td>
  </tr>
  <tr>
    <td height="25" colspan="2" align="center" valign="middle" id="first"><font color="#f0f0f0">{$pwdarr[pwd_id].name}信息（可更改信息）</font></td>
  </tr>
  <tr>
    <td width="25%" height="25" align="right" valign="middle" id="left">真实姓名：</td>
    <td height="25" align="left" valign="middle" id="right"><input id="realname" name="realname" type="text" value="{$pwdarr[pwd_id].realname}" /> 
      <input type="hidden" name="userid" value="{$pwdarr[pwd_id].id}" />
      <font color="red">*</font></td>
  </tr>
  <tr>
    <td width="25%" height="25" align="right" valign="middle" id="left">身份证号：</td>
    <td height="25" align="left" valign="middle" id="right"><input id="card" name="card" type="text" value="{$pwdarr[pwd_id].card}" /> <font color="red">*</font></td>
  </tr>
  <tr>
    <td width="25%" height="25" align="right" valign="middle" id="left">移动电话：</td>
    <td height="25" align="left" valign="middle" id="right"><input id="tel" name="tel" type="text" value="{$pwdarr[pwd_id].tel}"> <font color="red">*</font> </td>
```

```
    </tr>
    <tr>
      <td width="25%" height="25" align="right" valign="middle" id="left">固定电话：</td>
      <td height="25" align="left" valign="middle" id="right"><input id="phone" name="phone" type="text" value="{$pwdarr[pwd_id].phone}" /> <font color="red">*</font></td>
    </tr>
    <tr>
      <td width="25%" height="25" align="right" valign="middle" id="left">Email：</td>
      <td height="25" align="left" valign="middle" id="right"><input id="email" name="email" type="text" value="{$pwdarr[pwd_id].Email}" /></td>
    </tr>
    <tr>
      <td width="25%" height="25" align="right" valign="middle" id="left">QQ号：</td>
      <td height="25" align="left" valign="middle" id="right"><input id="qq" name="qq" type="text" value="{$pwdarr[pwd_id].QQ}" /></td>
    </tr>
    <tr>
      <td width="25%" height="25" align="right" valign="middle" id="left">邮编：</td>
      <td height="25" align="left" valign="middle" id="right"><input id="code" name="code" type="text" value="{$pwdarr[pwd_id].code}" /></td>
    </tr>
    <tr>
      <td width="25%" height="25" align="right" valign="middle" id="left">地址：</td>
      <td height="25" align="left" valign="middle" id="right"><input id="address" name="address" type="text" value="{$pwdarr[pwd_id].address}" /> <font color="red">*</font></td>
    </tr>
    <tr>
      <td height="30" colspan="2" align="center" valign="middle"><input name="enter" type="submit" id="enter" value=" 修 改 " />    <input name="reset" type="reset" id="reset" value="重置" /></td>
    </tr>
  </form>
  </table>
  {/section}
  {/if}
```

（3）创建脚本文件

该模块的脚本文件和用户注册模块类似，都是对信息的合法性进行验证，如信息是否为空、是否符合规范等，这里不再赘述。

（4）创建处理页

当信息验证通过后，系统将跳转到处理页进行信息处理。本模块处理页分信息修改和密码修改两个页面。首先介绍信息修改页，代码如下：

```
<?php
session_start();
header ( "Content-type: text/html; charset=UTF-8" );          //设置文件编码格式
require("system/system.inc.php");                            //包含配置文件
$sql = "update tb_user set
realname='".$_POST['realname']."',card='".$_POST['card'].
"',tel='".$_POST['tel']."',phone='" .$_POST['phone']."',Email='" .$_POST['email']."',QQ='".$_POST['qq']."',code='".$_POST['code']."',address='" .$_POST['address']."' where id = '" .$_POST['userid']. "'";
```

```
    $arr = $admindb->ExecSQL($sql,$conn);
    if($arr)
        echo "<script>alert('修改成功');location=('index.php');</script>";
    else
        echo "<script>alert('修改失败');history.go(-1);</script>";
    ?>
```

密码修改页的操作流程也十分类似，只是更新的数组要小得多，只有一个字段。修改密码页代码如下：

```
    <?php
    session_start();
    header ( "Content-type: text/html; charset=UTF-8" );              //设置文件编码格式
    require("system/system.inc.php");                                 //包含配置文件
    $sql="select  *  from  tb_user  where  name  =  '".$_SESSION['member']."'  and
password='".md5($_POST['old'])."' ";
    $arr = $admindb->ExecSQL($sql,$conn);                             //判断用户名和密码是否正确
    if($arr){
        $sql  =  "update  tb_user  set  password='".md5($_POST['new1'])."'  where  name  =
'".$_SESSION['member']."' and password='".md5($_POST['old'])."' ";
            //更新密码
        $arr = $admindb->ExecSQL($sql,$conn);
        echo "<script>alert('密码修改成功！'); window.location.href='index.php';</script>";
    }else{
        echo "<script>alert('密码修改失败！'); window.location.href='index.php';</script>";
    }
    ?>
```

3．安全退出

当用户需要离开网站时，可以单击“安全退出”超链接来调用 logout()函数，当用户确认退出后，则跳转到 logout 页面，销毁 session 并回到首页。安全退出所涉及的页面及代码如下：

```
    function logout(){
        if(confirm("确定要退出登录吗？ ")){                          //输出选择框，用户可以单击
“确认”或“取消”按钮
            window.open('logout.php','_parent','',false);            //如果用户确认退出，则打开
logout.php 页
        }else
        return false;
    }
    <?php
        session_start();
        header ( "Content-type: text/html; charset=UTF-8" );         //设置文件编码格式
        session_destroy();
        echo '<script>alert(\'用户已安全退出！\');location=(\'index.php\');</script>';
    ?>
```

18.7.4　商品展示模块设计

本系统为用户提供了不同的商品展示方式，包括推荐商品、最新商品、热门商品等，能够使消费者有目的地选购商品。每个展示方式中包括商品的详细信息显示，为用户购买商品提供可靠的依据。本系统商品显示模块的运行结果如图 18-16 所示。

图 18-16　商品展示模块页面

1．商品展示模块技术分析

商品显示功能实现的关键就是如何从数据库中读取商品信息，如何完成数据的分页显示。在定义 SQL 语句时，首先判断字段 isnom 的值，如果该字段为 1，即为推荐，否则为不推荐；然后再定义数据降幂排列，并设置每页显示 4 条记录，这就是完成商品显示的查询语句。其代码如下：

```
<?php
header ( "Content-type: text/html; charset=UTF-8" ); //设置文件编码格式
    include_once("system/system.inc.php");//包含类的实例化文件
    $newsql = "select id,name,pics,m_price,v_price from tb_commo where isnew = 1 order by id desc limit 4";  //定义 SQL 语句
    $hotsql = "select id,name,pics,m_price,v_price from tb_commo order by sell,id desc limit 4";
    $sql = "select id,name,pics,m_price,v_price from tb_commo where isnom = 1 order by id desc limit 4";
    $newarr = $admindb->ExecSQL($newsql,$conn); //执行 SQL 语句，降幂排列，显示 4 条记录
    $hotarr = $admindb->ExecSQL($hotsql,$conn);
    $nomarr = $admindb->ExecSQL($sql,$conn);
    $smarty->assign('newarr',$newarr);      //将查询结果赋予指定的模板变量
    $smarty->assign('hotarr',$hotarr);
    $smarty->assign('nomarr',$nomarr);
?>
```

最后，定义模板文件，通过 section 语句循环输出存储在模板变量中的数据，即完成商品展示的操作。

section 是 Smarty 模板中的一个循环语句，该语句用于复杂数组的输出。其语法如下：

```
{section name="sec_name" loop=$arr_name start=num step=num}
```

参数含义：name 是该循环的名称；loop 为循环的数组；start 表示循环的初始位置，如 start=2，那么说明循环是从 loop 数组的第 2 个元素开始的；step 表示步长，如 step=2，那么循环一次后，数组的指针将向下移动两位，依此类推。

2．商品展示模块的实现过程

在技术分析中已经对商品显示所使用的技术、方法进行概述，下面介绍它具体的实现过程。

（1）创建 newhot.php 文件，从数据库中读取出推荐商品的数据，并将数据存储到模板变量中，其代码可以参考技术分析。

（2）创建 newhot.tpl 模板页，应用 section 语句输出商品信息，并添加相应的操作按钮或链接。模板页中一共有 3 个事件：显示更多商品、查看商品和放入购物车。

- 当单击“更多商品”超链接时，将会重新加载本页面，并传递一个 page 变量。switch 语句会根据 page 值来显示。
- 当单击“查看详情”按钮时，将触发 onclick 事件，并将调用 openshowcommo()函数，同时，商品 id 会作为函数的唯一参数被传递进去。
- 当单击“购买”按钮时，同样会触发 onclick 事件，并调用 buycommo()函数，唯一的参数也是商品的 id。

商品模板页面的代码如下：

```
<link rel="stylesheet" href="css/newhot.css" />
<link href="css/top.css" rel="stylesheet" type="text/css" />
<link href="css/nominate.css" rel="stylesheet" type="text/css" />
<link href="css/links.css" rel="stylesheet" type="text/css" />
<script language="javascript" src="js/createxmlhttp.js"></script>
<script language="javascript" src="js/showcommo.js"></script>
<table width="643" border="0" cellpadding="0" cellspacing="0" style=" border: 3px solid #f0f0f0;" >
      <tr>
        <td  width="321"  height="33"  align="center"  background="images/shop_07.gif"><div class="new"><a  href="?page=nom"  class="top"><img  src="images/more.JPG"  width="39"  height="18" border="0" /></a></div>
        </td>
        <td width="322" height="33" align="right" background="images/shop_14.gif"><div class="hot"><a  href="?page=hot"  class="top"><img  src="images/more.JPG"  width="39" height="18" border="0" /></a></div>
            </td>
    </tr>
      <tr>
        <td align="center" valign="top" style="border-right: 1px solid #f0f0f0;"><table width="295" height="307" align="center" border="0" cellpadding="0" cellspacing="0">
          <tr>{counter start=1 skip=1 direction=up print=false assign=count} {section name=new_id loop=$newarr}
          <td align="left" valign="top"><table width="150" height="150" align="left" border="0" cellpadding="0" cellspacing="0">
              <tr>
                <td   height="100"   align="center"   valign="middle"><a   style=" cursor:hand;" onclick=""><img src="{$newarr[new_id].pics}" width="100" height="80" alt="{$newarr[new_id].name}"  style="border:1px  solid  #f0f0f0;"  onclick="openshowcommo({$newarr[new_id].id})" /></a></td>
              </tr>
              <tr>
                <td height="17" align="center" valign="middle">{$newarr[new_id].name}</td>
              </tr>
              <tr>
            <td height="17" align="center" valign="middle">市场价：{$newarr[new_id] .m_price} 元</td>
              </tr>
              <tr>
```

```
                <td height="16" align="center" valign="middle">会员价：{$newarr[new_id].
v_price} 元</td>
              </tr>
            </table></td>
              {counter}
          {if $count mod 2 != 0} </tr>
        <tr> {/if}
          {/section} </tr>
      </table></td>
        <td align="center" valign="top" style="border-left: 1px solid #f0f0f0;"><table
width="295" height="307" align="center" border="0" cellpadding="0" cellspacing="0">
        <tr> {counter start=1 skip=1 direction=up print=false assign=counts}{section
name=hot_id loop=$hotarr}
          <td align="left" valign="top"><table width="150" height="150" align="left"
border="0" cellpadding="0" cellspacing="0">
              <tr>
                <td height="100" align="center" valign="middle"><a style="cursor:hand;"
onclick=""><img src="{$hotarr[hot_id].pics}" width="100" height="80" alt="{$hotarr[hot_id].name}"
style="border:1px solid #f0f0f0;" onclick="openshowcommo({$hotarr[hot_id].id})" /></a></td>
              </tr>
              <tr>
                <td height="17" align="center" valign="middle">{$hotarr[hot_id].name}</td>
              </tr>
              <tr>
                <td height="17" lign="center" valign="middle">市场价：{$hotarr[hot_id].m_price}</td>
              </tr>
              <tr>
                <td height="16" align="center" valign="middle">会员价：{$hotarr[hot_id].v_price}</td>
              </tr>
          </table></td>
          {counter}
        {if $counts mod 2 != 0}</tr>
          <tr> {/if}
            {/section} </tr>
      </table></td>
  </tr>
  </table>
  <table width="643" border="0" cellpadding="0" cellspacing="0">
      <tr>
        <td colspan="6" width="636" height="33" align="right" valign="middle"><img
src="images/shop_10.gif" width="643" height="33" border="0" usemap="#Map" /></td>
        <td rowspan="3" width="7" height="238"> </td>
      </tr>
      <tr>
      <td width="23" height="185"> </td>
        {section name=nom_id loop=$nomarr}
        <td width="145" height="185" align="left" valign="top">
            <table width="145" border="0" cellpadding="0" cellspacing="0" >
  <tr>
            <td height="100" align="center" valign="middle"><img src="{$nomarr[nom_id].pics}"
width="100" height="80" alt="{$nomarr[nom_id].name}" style=" border: 1px solid #f0f0f0; " > </td>
            </tr>
              <tr>
                <td height="17" align="center" valign="middle"> {$nomarr[nom_id].name}</td>
            </tr>
              <tr>
```

```
                <td height="17" align="center" valign="middle">市场价:{$nomarr[nom_id].m_price}
 元</td>
          </tr>
            <tr>
            <td height="19"align="center"valign="middle">会员价:{$nomarr[nom_id].v_price} 元
</td>
          </tr>
            <tr>
              <td height="32" align="center" valign="middle"> <input id="showinfo"name="showinfo"
type="button" value="" class="showinfo" onclick="openshowcommo({$nomarr[nom_id].id})"/> <input id="buy"
name="buy" type="button" value="" class= "buy" onclick=" return buycommo({$nomarr[nom_id].id})" /></td>
          </tr>
        </table>
      </td>
      {/section}
        <td width="33" height="185"> </td>
  </tr>
    <tr>
        <td colspan="6" width="636" height="14"> </td>
    </tr>
</table>
<map name="Map" id="Map">
<area shape="rect" coords="585,8,635,27" href="?page=new" class="lk" />
</map>
```

（3）创建 showcommo.js 脚本文件。当单击“查看商品”按钮时，系统会弹出一个新的页面，并显示商品的详细信息；当单击“购买”按钮时，该商品将会被放到当前用户的购物车中，如果没有登录用户或商品已添加，则会提示错误信息。js 脚本文件的代码如下：

```
/*  查看商品信息函数，将打开一个新页面  */
function openshowcommo(key){
    open('showcommo.php?id='+key,'_blank','width=560 height=300',false);
}
/*  将购买商品添加到购物车中，将在下节中讲解  */
function buycommo(key){
    …
}
```

18.7.5　购物车模块设计

购物车在电子商务平台中是前台客户端程序中非常关键的一个功能模块。购物车的主要功能是保留用户选择的商品信息，用户可以在购物车内设置选购商品的数量，显示选购商品的总金额，还可以清除选择的全部商品信息，重新选择商品信息。购物车页面运行结果如图 18-17 所示。

购物车

	商品名称	购买数量	市场价格	会员价格	折扣率	合计
☐	数码相机	1	1888	1699.2	9	1699.2
☐	家庭影院	1	4888	4399.2	9	4399.2
☐	自行车	1	388	349.2	9	349.2

全选 反选　删除选择　继续购物　去收银台　共计：6447.6 元

图 18-17　购物车页面

1．购物车模块技术分析

购物车功能实现最关键的部分就是如何将商品添加到购物车，如果不能完成商品的添加，那么购物车中的其他操作都没有任何意义。

在商品显示模块中，单击商品中的“购买”按钮，将商品放到购物车中，并进入 “购物车”页面。单击“购买”按钮调用 buycommo()函数，购买商品的 id 是该函数的唯一参数，在 buycommo()函数中通过 xmlhttp 对象调用 chklogin.php 文件，并根据回传值作出相应处理。buycommo()函数代码如下：

```
/*
*添加商品，同时检查用户是否登录、商品是否重复等
*/
function buycommo(key){
    /*  根据商品 ID，生成 url     */
    var url = "chklogin.php?key="+key;
    /*  使用 xmlhttp 对象调用 chklogin.php 页   */
    xmlhttp.open("GET",url,true);
    xmlhttp.onreadystatechange = function(){
        if(xmlhttp.readyState == 4){
                var msg = xmlhttp.responseText;
                /*  用户没有登录   */
                if(msg == '2'){
                    alert('请您先登录');
                    return false;
                }else if(msg == '3'){
                /*  商品已添加 */
                    alert('该商品已添加');
                    return false;
                }else{
                /*  显示购物车 */
                    location='index.php?page=shopcar';
                }
            }
    }
    xmlhttp.send(null);
```

在 chklogin.php 文件中将商品添加到购物车中。chklogin.php 页代码如下：

```
<?php
session_start();
header ( "Content-type: text/html; charset=UTF-8" );                //设置文件编码格式
require("system/system.inc.php");                                   //包含配置文件
/**
    *  1 表示添加成功
    *  2 表示用户没有登录
    *  3 表示商品已添加过
    *  4 表示添加时出现错误
    *  5 表示没有商品添加
*/
$reback = '0';
if(empty($_SESSION['member'])){
    $reback = '2';
```

```
}else{
    $key = $_GET['key'];
    if($key == ''){
        $reback = '5';
    }else{
        $boo = false;
        $sqls = "select id,shopping from tb_user where name = '".$_SESSION['member']."'";
        $shopcont = $admindb->ExecSQL($sqls,$conn);
        if(!empty($shopcont[0]['shopping'])){
            $arr = explode('@',$shopcont[0]['shopping']);
            foreach($arr as $value){
                $arrtmp = explode(',',$value);
                if($key == $arrtmp[0]){
                    $reback = '3';
                    $boo = true;
                    break;
                }
            }
            if($boo == false){
                $shopcont[0]['shopping'] .= '@'.$key.',1';
                $update = "update tb_user set shopping='".$shopcont[0]['shopping']."' where
name = '".$_SESSION['member']."'";
                $shop = $admindb->ExecSQL($update,$conn);
                if($shop){
                    $reback = 1;
                }else{
                    $reback = '4';
                }
            }
        }else{
            $tmparr = $key.",1";
            $updates = "update tb_user set shopping='".$tmparr."' where name =
'".$_SESSION['member']."'";
            $result = $admindb->ExecSQL($updates,$conn);
            if($result){
                $reback = 1;
            }else{
                $reback = '4';
            }
        }
    }
}
echo $reback;
?>
```

通过分析上述代码可知，shopping 字段保存的是购物车中的商品信息，一条商品信息包括两部分，即商品 id 和商品数量，其中商品数量默认为 1。两部分之间使用逗号“,”分隔，如果添加多个商品，则每个商品之间使用“@”分隔。

成功完成商品的添加操作后，即可进入到购物车页面，执行其他的操作。

2．购物车展示

购物车页面分 PHP 代码页和 Smarty 模板页。在 PHP 代码页中，首先读取 tb_user 数据表中 shopping 字段的内容，如果字段为空，则输出“暂无商品”；如果数据库中有数据，则循环输出数据，并将商品信息保存到数组中，再传给模板页。购物车页面的代码如下：

```
<?php
```

```
$select = "select id,shopping from tb_user where name ='".$_SESSION['member']."'";
$rst = $admindb->ExecSQL($select,$conn);
if($rst[0]['shopping']==""){
    echo "<p>";
    echo '购物车中暂时没有商品!';
    exit();
}
$commarr = array();
foreach($rst[0] as  $value){
    $tmpnum = explode('@',$value);
    $shopnum = count($tmpnum);                          //商品类数
    $sum = 0;
    foreach($tmpnum as $key => $vl){
        $s_commo = explode(',',$vl);
        $sql2 = "select id,name,m_price,fold,v_price from tb_commo";
        $commsql = $sql2." where id = ".$s_commo[0];
        $arr = $admindb->ExecSQL($commsql,$conn);
        @$arr[0]['num'] = $s_commo[1];
        @$arr[0]['total'] = $s_commo[1]*$arr[0]['v_price'];
        $sum += $arr[0]['total'];
        $commarr[$key] = $arr[0];
    }

    }
    $smarty->assign('shoparr',$shopnum);
    $smarty->assign('commarr',$commarr);
    $smarty->assign('sum',$sum);
?>
```

商品的模板页不仅要负责用户购买商品信息的输出，而且还要提供可以对商品进行修改、删除等操作的事件接口。模板页代码如下：

```
<table border="0" cellspacing="0" cellpadding="0" align="center">
<form id="myshopcar" name="myshopcar" method="post" action="#">
  <tr>
    <td height="30" colspan="7" align="center" valign="middle" class="first">我的购物车</td>
  </tr>
  <tr>
    <td width="35" height="25" align="center" valign="middle" class="left"> </td>
    <td width="100" height="25" align="center" valign="middle" class="center">商品名称</td>
    <td width="100" height="25" align="center" valign="middle" class="center">购买数量</td>
    <td width="100" height="25" align="center" valign="middle" class="center">市场价格</td>
    <td width="100" height="25" align="center" valign="middle" class="center">会员价格</td>
    <td width="100" height="25" align="center" valign="middle" class="center">折扣率</td>
    <td width="100" height="25" align="center" valign="middle" class="right">合计</td>
  </tr>
 {foreach key=key item=item from=$commarr}
  <tr>
```

```
<td height="25" align="center" valign="middle" class="left"><input id="chk" name="chk[]" type="checkbox" value="{$item.id}"></td>
<td height="25" align="center" valign="middle" class="center"><div id = "c_name{$key}"> {$item.name}</div></td>
<td height="25" align="center" valign="middle" class="center"><input id="cnum{$key}" name="cnum{$key}" type="text" class="shorttxt" value="{$item.num}" onkeyup=" cvp({$key},{$item.v_price},{$shoparr})"></td>
<td height="25" align="center" valign="middle" class="center"><div id=" m_price{$key}" > {$item.m_price}</div></td>
<td height="25" align="center" valign="middle" class="center"><div id=" v_price{$key} "> {$item.v_price}</div></td>
<td height="25"align= "center"valign="middle"class="center"><divid="fold{$key}">  {$item.fold}</div></td>
<td height="25" align="center" valign="middle" class="right"><div id="total{$key}">  {$item.total}</div></td>
</tr>
{/foreach}
<tr>
<td height="25" colspan="3" align="left" valign="middle">
<a href="#" onclick="return alldel(myshopcar)">全选</a> <a href="#" onclick="return overdel(myshopcar);">反选</a>  
<input type="button" value="删除选择" class="btn" style="border-color: #FFFFFF;" onClick = 'return del(myshopcar);'>
    </td>
<td height="25" align="center" valign="middle"><input id="cont" name="cont" type="button" class="btn" value="继续购物" onclick="return conshop(myshopcar)" /></td>
<td height="25" align="center" valign="middle"><input id="uid" name="uid" type="hidden" value="{$smarty.session.member}" ><input id="settle" name="settle" type="button" class="btn" value="去收银台" onclick="return formset(form)" /></td>
<td height="25" colspan="2" align="right" valign="middle"><div id='sum'>共计：{$sum} 元</div></td>
</tr>
</form>
</table>
```

3．更改商品数量

对于新添加的商品，默认的购买数量为 1，在购物车页面可以对商品的数量进行修改。当商品数量发生变化时商品的“合计”金额和商品总金额会自动发生改变，该功能是通过触发 text 文本域的 onkeyup 事件调用 cvp()函数实现的。cvp()函数有 3 个参数，分别是商品 id、商品单价和商品类别。

首先通过商品的 id 可以得到要修改商品的相关表单和标签属性，然后通过商品单价和输入的商品数量计算该商品的合计金额，接着使用 for 循环得到其他商品的合计金额。最后将所有的合计金额累加，并输出到购物车页面。cvp()函数代码如下：

```
function cvp(key,vpr,shoparr){
    var n_pre = 'total';
    var num = 'cnum'+key.toString();
    var total = n_pre+key.toString();
    var t_number = document.getElementById(num).value;
    var ttl = t_number * vpr;
    document.getElementById(total).innerHTML = ttl;
    var sm = 0;

    for(var i = 0; i < shoparr; i++){
```

```
        var aaa = document.getElementById(n_pre+i.toString()).innerText;
        sm += parseInt(aaa);
    }
    document.getElementById('sum').innerHTML = '共计：'+sm+' 元';
}
```

这里所更改的商品数量并没有被保存到数据库中，如果希望保存，那么单击"继续购物"按钮，则可以将商品数量更新到数据库中。

4．删除商品

当对添加的商品不满意时，可以对商品进行删除操作。操作流程为：首先选中要删除的商品前面的复选框，如果全部删除，则可以单击"全选"按钮，或"反选"按钮；然后单击"删除选择"按钮，在弹出的警告框中单击"确定"按钮，商品将被全部删除。删除商品的页面结果如图18-18 所示。

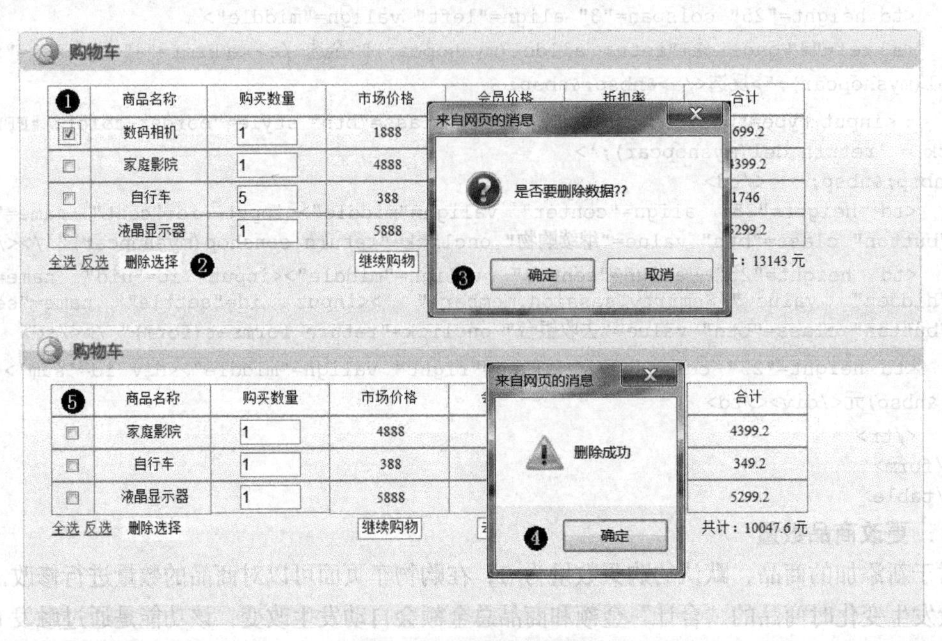

图 18-18 删除商品流程

所有的删除操作都是通过 js 脚本文件 shopcar.js 来实现的，相关的函数包括 alldel()函数、overdel()函数和 del()函数。

alldel()函数和 overdel()函数实现的原理比较简单，通过触发 onclick 事件来改变复选框的选中状态。函数代码如下：

```
//全部选择/取消
function alldel(form){
    var leng = form.chk.length;
    if(leng==undefined){
      if(!form.chk.checked)
            form.chk.checked=true;
     }else{
     for( var i = 0; i < leng; i++)
        {
            if(!form.chk[i].checked)
                form.chk[i].checked = true;
```

```
        }
      }
    return false;
}
// 反选
function overdel(form){
    var leng = form.chk.length;
    if(leng==undefined){
      if(!form.chk.checked)
            form.chk.checked=true;
       else
            form.chk.checked=false;
    }else{
     for( var i = 0; i < leng; i++)
       {
            if(!form.chk[i].checked)
                form.chk[i].checked = true;
            else
                form.chk[i].checked = false;
       }
    }
    return false;
}
```

使用 alldel()或 overdel()选中复选框后，即可调用 del()函数来实现删除功能。del()函数首先使用 for 循环，将被选中的复选框的 value 值取出并存成数组，然后根据数组生成 url，并使用 xmlhttp 对象调用这个 url，当处理完毕后，根据返回值弹出提示或刷新本页。该函数代码如下：

```
/* 删除记录 */
function del(form){
    if(!window.confirm('是否要删除数据??')){

    }else{
        var leng = form.chk.length;
        if(leng==undefined){
            if(!form.chk.checked){
                    alert('请选取要删除数据!');
            }else{
                rd = form.chk.value;
                var url = 'delshop.php?rd='+rd;
                xmlhttp.open("GET",url,true);
                xmlhttp.onreadystatechange = delnow;
                xmlhttp.send(null);
            }
        }else{
            var rd=new Array();
            var j = 0;
            for( var i = 0; i < leng; i++)
            {
                if(form.chk[i].checked){
                    rd[j++] = form.chk[i].value;
                }
            }
            if(rd == ''){
                alert('请选取要删除数据!');
```

```
            }else{
                var url = "delshop.php?rd="+rd;
                xmlhttp.open("GET",url,true);
                xmlhttp.onreadystatechange = delnow;
                xmlhttp.send(null);
            }
        }
    }
    return false;
}
function delnow(){
    if(xmlhttp.readyState == 4){
        if(xmlhttp.status == 200){
            var msg = xmlhttp.responseText;
            if(msg != '1'){
                alert('删除失败'+msg);
            }else{
                alert('删除成功');
                location=('?page=shopcar');
            }
        }
    }
}
```

5．保存购物车

当用户希望保存商品更改后的商品数量时，可以单击“继续购物”按钮，将触发 onclick 事件调用 conshop()函数保存数据，该函数有一个参数，就是当前表单的名称。在 conshop()函数内，根据复选框和商品数量文本域，生成两个数组 fst 和 snd，分别保存商品 id 和商品数量。

这里要注意，两个数组的值是要相互对应的，如商品 1 的 id 保存到 fst[1]中，那么商品 1 的数量就要保存到 snd[1]中，然后根据这两个数组生成一个 url，使用 xmlhttprequest 对象调用 url，最后根据回传信息作出相应的判断。conshop()函数代码如下：

```
//更改商品数量
function conshop(form){
    var n_pre = 'cnum';
    var lang = form.chk.length;
    if(lang == undefined){
        var fst = form.chk.value;
        var snd = form.cnum0.value;
    }else{
        var fst= new Array();
        var snd = new Array();
        for(var i = 0; i < lang; i++){
            var nm = n_pre+i.toString();
            var stmp = document.getElementById(nm).value;
            if(stmp == '' || isNaN(stmp)){
                alert('不允许为空、必须为数字');
                document.getElementById(nm).select();
                return false;
            }
            snd[i] = stmp;
            var ftmp = form.chk[i].value;
            fst[i] = ftmp;
        }
```

```
        }
        var url = 'changecar.php?fst='+fst+'&snd='+snd;
        xmlhttp.open("GET",url,true);
        xmlhttp.onreadystatechange = updatecar;
        xmlhttp.send(null);
    }
    function updatecar(){
        if(xmlhttp.readyState == 4){
            var msg = xmlhttp.responseText;
                if(msg == '1'){
                    location='index.php';
                }else{
                    alert('操作失败'+msg);
                }
        }
    }
```

在 conshop()函数中调用的 changecar.php 页为数据处理页，该页将商品 id 和商品数量进行重新排列，并保存到 shopping 字段内。该页面代码如下：

```
    <?php
    session_start();
    header ( "Content-type: text/html; charset=UTF-8" );                //设置文件编码格式
    require("system/system.inc.php");                                   //包含配置文件
    $sql = "select id,shopping from tb_user where name = '".$_SESSION['member']."'";
    $rst = $admindb->ExecSQL($sql,$conn);
    $reback = '0';
    $changecar = array();
    if(isset($_GET['fst']) && isset($_GET['snd'])){
        $fst = $_GET['fst'];
        $snd = $_GET['snd'];
        $farr = explode(',',$fst);
        $sarr = explode(',',$snd);
        $upcar = array();
        for($i = 0; $i < count($farr); $i++){
            $upcar[$i] = $farr[$i].','.$sarr[$i];
        }
        if(count($farr) > 1){
            $update = "update tb_user set shopping='".implode('@',$upcar)."' where name
= '".$_SESSION['member']."'";
        }else{
            $update  =  "update  tb_user  set  shopping='".$upcar[0]."'  where  name  =
'".$_SESSION['member']."'";
        }
        $shop = $admindb->ExecSQL($update,$conn);
        if($shop){
            $reback = 1;
        }else{
            $reback = 2;
        }
    }
    echo $reback;
    ?>
```

18.7.6 收银台模块设计

当用户停止浏览商品准备结账时，可以单击购物车页面中的“去收银台”按钮，该按钮将触发 onclick 事件调用 formset()函数显示订单页面，当用户提交订单后，系统将订单保存到数据表 tb_form 中，同时清空购物车，并显示订单信息提醒用户记录订单号。当货款发出后，还可以对订单进行查询。收银台页面的运行结果如图 18-19 所示。

本节所涉及的页面有显示订单（formset()函数）、填写订单（settle.php、settle.tpl）、提交订单（settle_chk.php）、反馈订单（forminfo.php、forminfo.tpl）和查询订单 5 部分。

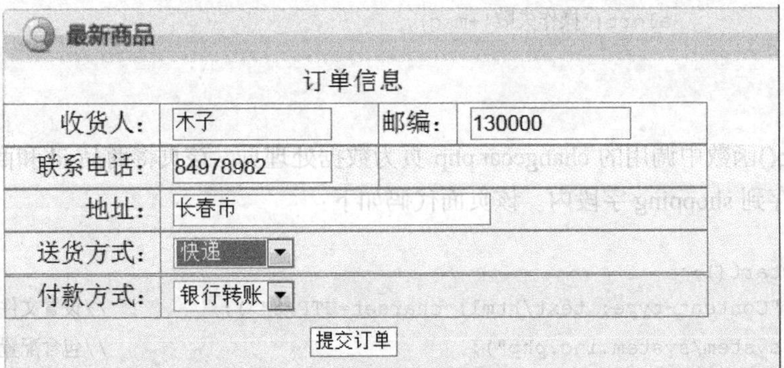

最新商品

订单信息

收货人：木子　邮编：130000

联系电话：84978982

地址：长春市

送货方式：快递

付款方式：银行转账

提交订单

图 18-19　收银台页面运行结果

1．显示订单

订单信息提交页面的输出由 formset()函数决定，它将商品信息整理，通过 open 方法打开 settle.php 页来显示订单，并将整理后的商品信息传递到 settle.php 文件中。formset()函数的代码如下：

```
function formset(form){
var uid = form.uid.value;
var n_pre = 'cnum';                                    //数量
    var lang = form.chk.length;
    if(lang == undefined){
        var fst = form.chk.value;                      //商品 id
        var snd = form.cnum0.value;                    //购买数量
    }else{
        var fst= new Array();
        var snd = new Array();
        for(var i = 0; i < lang; i++){
            var nm = n_pre+i.toString();
            var stmp = document.getElementById(nm).value;
            if(stmp  == '' || isNaN(stmp)){
                alert('不允许为空、必须为数字');
                document.getElementById(nm).select();
                return false;
            }
            snd[i] = stmp;
            var ftmp = form.chk[i].value;
            fst[i] = ftmp;
        }
    }
    open('settle.php?uid='+uid+'&fst='+fst+'&snd='+snd,'_blank','width=500
```

```
height=450',false);
    }
```

因为 open 方法使用了_blank 参数来打开一个新的页面，session 值传不过去，所以这里使用隐藏域来传递用户名称。

2．填写订单

settle.php 直接将接收的值传给 settle.tpl 模板，并载入 settle.tpl 模板。settle.php 页面代码如下：

```
<?php
session_start();
header ( "Content-type: text/html; charset=UTF-8" );                    //设置文件编码格式
require("system/system.inc.php");                                       //包含配置文件
$fst = $_GET['fst'];
$snd = $_GET['snd'];
$uid = $_GET['uid'];
$smarty->assign('title','收银台');
$smarty->assign('fst',$fst);
$smarty->assign('snd',$snd);
$smarty->assign('uid',$uid);
$smarty->display('settle.tpl');
?>
```

settle.tpl 模板显示一个表单，这个表单的内容需要用户来填写，包括收货人、联系电话等信息。而从 PHP 页传过来的几个变量则被保存到隐藏域以传递到处理页，在表单中将数据提交到 settle_chk.php 处理页。

3．处理订单

处理页 settle_chk.php 获取表单中提交的数据，根据用户提交的商品信息，重新查找数据表 tb_commo，并从数据表中提取商品信息，保存到数组中，然后处理页将数组作为一条记录添加到表 tb_form 内。

数据添加成功的同时，处理页会根据 uid 找到该用户，将 shopping 字段清空，最后调用 forminfo.php 页来显示新添加的订单信息。settle_chk.php 页的代码如下：

```
<?php
header ( "Content-type: text/html; charset=UTF-8" );                    //设置文件编码格式
require("system/system.inc.php");                                       //包含配置文件
$sql="insert                                                                         into
tb_form(formid,commo_id,commo_name,commo_num,agoprice,fold,total,vendee,taker,address,
tel,code,pay_method,del_method,formtime,state)values(";
$formid=time();
$tmpid = explode(',',$_POST['fst']);
$tmpnm = explode(',',$_POST['snd']);
$number = count($tmpid);
$tmpna = array();
$tmpvp = array();
$tmpfd = array();
$tmptt = 0;
if($number >1){
    for($i = 0; $i < $number; $i++){
        $tmpsql = "select name,v_price,fold from tb_commo where id = '".$tmpid[$i]."'";
        $tmprst = $admindb->ExecSQL($tmpsql,$conn);
        $tmpna[$i] = $tmprst[0]['name'];
        $tmpvp[$i] = $tmprst[0]['v_price'];
```

```
            $tmpfd[$i] = $tmprst[0]['fold'];
            $tmptt += $tmprst[0]['v_price'] * $tmpnm[$i];
            @$tmpsell = $tmprst[0]['sell'] + 1;
            $addsql = "update tb_commo set sell = '".$tmpsell."' where id = '".$tmpid[$i]."'";
            $addrst = $admindb->ExecSQL($addsql,$conn);
        }

        $sql.="'".$formid."','".$_POST['fst']."','".implode(',',$tmpna)."','".$_POST['
snd']."','".implode(',',$tmpvp)."','".implode(',',$tmpfd)."','".$tmptt."','".$_POST['u
id']."'";

    }else if($number == 1){
        $tmpsql = "select name,v_price,fold from tb_commo where id = '".$tmpid[0]."'";
        $tmprst = $admindb->ExecSQL($tmpsql,$conn);
        $tmptt= $tmprst[0]['v_price'] * $tmpnm[0];
        @$tmpsell = $tmprst[0]['sell'] + 1;
        $addsql = "update tb_commo set sell = '".$tmpsell."' where id = '".$tmpid[0]."'";
        $addrst = $admindb->ExecSQL($addsql,$conn);

        $sql.="'".$formid."','".$_POST['fst']."','".$tmprst[0]['name']."','".$_POST['s
nd']."','".$tmprst[0]['v_price']."','".$tmprst[0]['fold']."','".$tmptt."','".$_POST['u
id']."'";
    }else{
        echo 'error';
        exit();
    }
    $sql.=",'".$_POST['taker']."','".$_POST['address']."','".$_POST['tel']."','".$_POS
T['code']."','".$_POST['pay']."','".$_POST['del']."','".date("Y-m-d H:i:s")."',0)";
    $InsertSQL = $admindb->ExecSQL($sql,$conn);
    if(false == $InsertSQL){
        echo "<script>alert('购买失败');history.back;</script>";
    }else{
        $updsql  =  "update  tb_user  set  consume='".$tmptt."',shopping=''  where  name  =
'".$_POST['uid']."'";
        $updrst = $admindb->ExecSQL($updsql,$conn);
        echo "<script>top.opener.location.reload();</script>";
        echo            "<script>open('forminfo.php?fid=$formid','_blank','width=750
height=650',false);window.close();</script>";
    }
    ?>
```

由于篇幅所限，有关反馈订单和查询订单的内容这里不再讲解，请读者参考本书光盘中的源代码。

18.7.7 后台首页设计

后台管理系统是网站管理员对商品、会员及公告等信息进行统一管理的场所，本系统的后台主要包括以下功能。

- 类别管理模块：主要包括对商品类别的添加、修改及删除操作。
- 商品管理模块：主要包括对商品的添加、修改、删除及订单处理。
- 用户管理模块：主要包括管理员管理和会员管理。其中管理员管理是实现对管理员的添加、删除和修改功能，会员管理则包括删除和冻结功能。
- 公告管理模块：主要包括公告的添加及删除操作。
- 链接管理模块：主要包括添加、修改和删除友情链接。

- 后台首页的运行结果如图 18-20 所示。

1．后台首页技术分析

后台首页和前台首页不同，其使用的是框架布局。框架布局的特点是：可以将容器窗口划分为若干个子窗口，每个子窗口可以分别显示不同的网页，网页之间为相互独立的，没有直接的关联，又由一个网页将这些分开的网页组成一个完整的网页，显示在浏览者的浏览器中。框架布局的好处是：每次浏览者发出对页面的请求时，只下载发生变化的框架页面，其他子页面保持不变。下面来具体看一下框架布局的使用格式及属性。

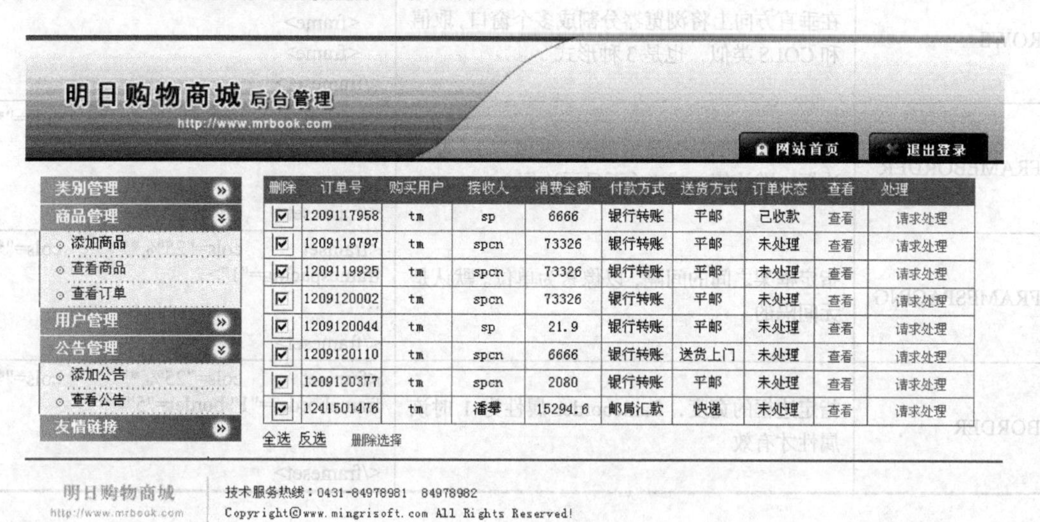

图 18-20　后台首页运行结果

（1）框架布局格式

框架布局的格式很简单，只要几行代码即可，常用的格式如下：

```
<html>
<head>
…
</head>
<frameset>
    <frame>
    <frame>
</frameset>
<noframes>
    <body>
    …
    </body>
</noframes>
</html>
```

其中<frameset>和<frame>标签是框架集标记，而<noframes>标签是为了防止浏览器不支持框架而实行的一种补救措施。如果浏览器不支持框架集，就会执行<noframes>标记里的内容，让用户能够正常浏览网页。

（2）框架集属性

框架集包含各个框架的信息，通过<frameset>标记来定义。框架是按照行和列来组织的，可以使用 FRAMESET 标记的属性对框架的结构进行设置。下面给出框架集的常用属性值、说明和应用举例，如表 18-1 所示。

表 18-1　　框架集的常用属性

参　数	说　明	举　例
COLS	在水平方向上将浏览器分割成多个窗口，取值有 3 种形式：像素、百分比（%）和相对尺寸（*）	<frameset cols="25%,100,*" > <frame></frame> </frameset>
ROWS	在垂直方向上将浏览器分割成多个窗口，取值和 COLS 类似，也是 3 种形式	<frameset rows="25%,100,*" > <frame> <frame> </frameset>
FRAMEBORDER	指定框架周围是否显示边框，取值为 1（显示边框，默认值）或 0（不显示边框）	<framset cols="25%,*" cols="*" frameborder="0"> … </frameset>
FRAMESPACING	指定框架之间的间隔，以像素为单位。默认是无间隔的	<framset cols="25%,*" cols="*" framespacing="1"> … </frameset>
BORDER	指定边框的宽度，frameborder 属性为 1 时该属性才有效	<framset cols="25%,*" cols="*" frameborder="1" border="5"> … </frameset>

（3）框架属性

使用 FRAME 标记可以设置框架的属性，包括框架的名称，框架是否包含滚动条以及在框架中显示的网页等。FRAME 标记的常用属性及其说明如表 18-2 所示。

表 18-2　　框架属性

参　数	说　明
NAME	指定框架的名称
SRC	指定在框架中显示的网页文件（包括 HMRL、PHP、JSP 等网页文件）
FRAMEBODER	指定框架周围是否显示边框，取值为 1（显示边框，为默认）或 0（不显示边框）
NORESIZE	可选属性，若指定了该属性，则不能调整框架的大小
SCROLLING	指定框架是否包含滚动条。属性可以是 yes（有）、no（没有）和 auto（自由）

2．后台首页实现过程

（1）定义框架页面 main.php 包含 3 个文件：top.tpl、left.php 和 default.php。main.tpl 页的代码如下：

```
<!DOCTYPE html PUBLIC "-//W3C//DTD XHTML 1.0 Transitional//EN" "http://www.w3.org/TR/xhtml1/DTD/xhtml1-transitional.dtd" >
<html xmlns="http://www.w3.org/1999/xhtml">
<head>
<meta http-equiv="Content-Type" content="text/html; charset=utf-8" />
<title>明日购物商城后台管理系统</title>
<link rel="stylesheet" href="css/style.css" />
</head>
<frameset rows="113,*,100" cols="1004" frameborder="no" border="0" framespacing="0">
```

```
    <frame  src="top.php"  name="topFrame"  scrolling="No"  noresize="noresize"  id="topFrame"
title="topFrame" />
    <frameset rows="*" cols="10%,210,*,10%" framespacing="0" frameborder="no" border="0">
  <frame src="s.php" name="lFrame" frameborder="0" scrolling="auto" noresize="noresize"
id="lFrame" title="leftFrame" />
      <frame   src="left.php"   name="leftFrame"   frameborder="0"   scrolling="auto"
noresize="noresize" id="leftFrame" title="leftFrame" />
      <frame src="default.php" name="mainFrame" id="mainFrame" title="mainFrame" />
  <frame src="s.php" name="rFrame" frameborder="0" scrolling="auto" noresize="noresize"
id="rFrame" title="leftFrame" />
    </frameset>
     <frame  src="bottom.php"  name="bottomFrame"  scrolling="No"  noresize="noresize"
id="bottomFrame" title="bottomFrame" />
  </frameset>
  <noframes><body>
  </body>
  </noframes>
  </html>
```

（2） left.php 页是一个树形菜单，应用 DIV+JavaScript+CSS 来实现。首先介绍 div 标签，在 left.tpl 模板文件中，其关键代码如下：

```
<!-- 载入 css 样式和 javascript 脚本 -->
<link href="css/left.css" rel="stylesheet" type="text/css" />
<script language="javascript" src="js/left.js"></script>
<!-- 类别管理菜单，注意加粗的地方 -->
<div id="type" align="center" onclick="javascript:change(one,type);">类别管理</div>
<!-- 子菜单 -->
<div id="one" style="display: ">
<div id="addtype" align="center"><a href="addtype.php" target="mainFrame" id="menu">
添加类别</a></div>
<div   id="showtype"   align="center"><a   href="showtype.php"   target="mainFrame"
id="menu">查看类别</a></div>
</div>
<div id="hidediv" align="center"></div>
<!-- 商品管理菜单 -->
<div id="commo" align="center" onclick="javascript:change(two,type);">类别管理</div>
<div id="two"style="display:none">
<!-- 商品管理子菜单 -->
…
</div>
…
```

除了加粗的 id 名称和 js 事件不同外，其他菜单的结构完全相同，此时只需修改超链接即可。

除了第一个类别菜单的子菜单 display 样式为空外，其他几个子菜单的 div 样式都为 display= none;。

该页面在 Dreamweaver 中的效果如图 18-21 所示。

因为其他子菜单的样式为 display=none，所以只有“类别管理”子菜单是可见的，下面为它添加 JavaScript 事件。left.js 脚本文件代码如下：

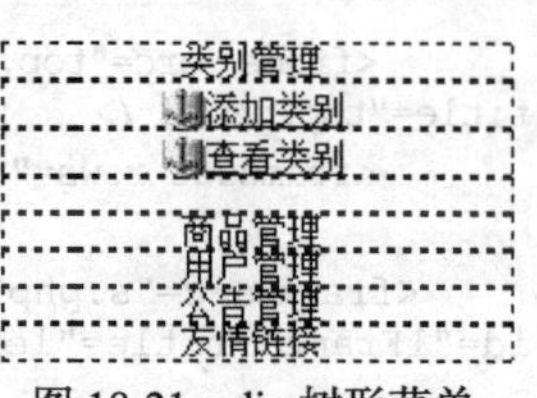

图 18-21　div 树形菜单

```
function change(nu,lx){
    if(nu.style.display == "none"){
        nu.style.display = "";
        lx.style.background="url(images/admin(5).gif)";
    }else{
        nu.style.display = "none";
        lx.style.background="url(images/admin(1).gif)";
    }
}
```

最后在 left.css 中设置 div 的长、宽等一些默认参数。一个简单而又实用的树形菜单就完成了。

对于后台的大部分模块来说，其功能实现的方法和开发步骤在前台的模块设计中基本都已经介绍过。由于篇幅所限，这里不再对后台管理模块进行详细讲解。

18.8　开发技巧与难点分析

在本系统开发和后期测试的过程中，开发人员遇到了各种各样的疑难问题。这里找出一些常见的、容易被忽略的问题加以讲解，希望能够为初学者提供一些帮助，在开发程序时少走一些弯路。

18.8.1　解决 Ajax 的乱码问题

问题描述：当使用 Ajax 传递数据时，要么在数据处理页中数据不能被正确处理，要么输出返回值时显示的是一堆无法识别的乱码。

解决方法：这是因为 PHP 在传递数据时使用的编码默认为 UTF-8，这就造成了非英文字符不能正确传递的情况。解决方法如下：

在所有的 PHP 页中都输入代码“header ("Content-type: text/html; charset=UTF-8"); ”这样，所有的页面即可正确显示。

18.8.2　使用 JS 脚本获取、输出标签内容

问题描述：获取、更改表单元素值和特定标签内容。

解决方法：使用 JS 脚本获取页面内容的方式主要有两种，第一种是通过表单获取表单元素的 value 值。格式为：表单名称.元素名.value。该方式只能获取表单中的元素值，对于其他标签元素则无能为力。而第二种方式可以通过 id 名来获取页面中任意标签的内容。格式为：

```
document.getElementById("id"). value;或 document.getElementById ("id").innerText;
```

使用第二种方式时要注意，标签的 id 名必须存在且唯一，否则就会出现错误。为标签内容赋值时，则使用如下格式：

```
id.innerHMRL ='要显示的内容';
```

18.8.3　禁用页面缓存

问题描述：使用 Ajax 技术可以防止页面刷新，但有时也会产生新的问题。例如，在“会员管

理”页面，如果连续地“冻结”和“解冻”会员，那么超过 3 次后，该功能将失效，因为在一定时间内，如果做相同的操作，那么 xmlhttprequest 对象会执行缓存中的信息，从而造成操作失败。

解决办法：使用 header()函数将缓存关闭。将代码 header("CACHE-CONTROL:NO-CACHE"); 添加到 xmlhttprequest 对象所调用的处理页的顶部即可。

18.8.4　在新窗口中使用 session

问题描述：使用 js 的 open 方法打开新窗口时，原浏览器中的 session 值不会被传递到新窗口中，会造成数据查询失败。

解决方法：将 session 值另存到隐藏域或随着 url 一起传递到新窗口。代码如下：

```
<!--  在模板页中，将 session 值赋给隐藏域  -->
<input id="uid" name="uid" type="hidden" value="{$smarty.session.id}">
…
/*  在 js 脚本中，获取到隐藏域 value 值  */
function getInput(){
    Var uid = document.getElementById('uid').value;
/*  将获取的 value 值通过 url 传给新页面 */
    open("operator.php?uid="+uid,'_blank','',false);
    …
}
```

18.8.5　判断上传文件格式

问题描述：添加商品时可以上传商品的图片，但有时可能会误传非图片格式的文件，这里就自定义一个函数来判断上传文件的后缀。

解决方法：创建自定义函数 f_postfix()，函数的代码如下：

```
/*
 *判断文件后缀
 *$f_type: 允许文件的后缀类型（数组）
 *$f_upfiles: 上传文件名
 */
function f_postfix($f_type,$f_upfiles){
    $is_pass = false;
    $MRp_upfiles = split("\.",$f_upfiles);                    //使用 split()函数分隔文件
    $MRp_num = count($MRp_upfiles);                           //查找文件后缀
    if(in_array(strtolower($MRp_upfiles[$MRp_num - 1]),$f_type))
                                                              //判断后缀是否在允许列表内
        $is_pass = $MRp_upfiles[$MRp_num - 1];                //如果是，则将后缀名赋给变量
    return $is_pass;                                          //返回变量
}
```

18.8.6　设置服务器的时间

问题描述：如果没有对 PHP 的时区进行设置，那么使用日期、时间函数获取的将是英国伦敦本地时间（即零时区的时间）。例如，以东八区为例，如果当地使用的是北京时间，那么如果没有对 PHP 的时区进行设置，那么获取的时间将比当地的北京时间少 8 个小时。

解决方案：要获取本地当前的时间必须更改 PHP 语言中的时区设置。更改 PHP 语言中的时

区设置有两种方法。

（1）在 php.ini 文件中定位到[date]下的“;date.timezone =”选项，去掉前面的分号，并设置它的值为当地所在时区使用的时间。修改内容如图 18-22 所示。

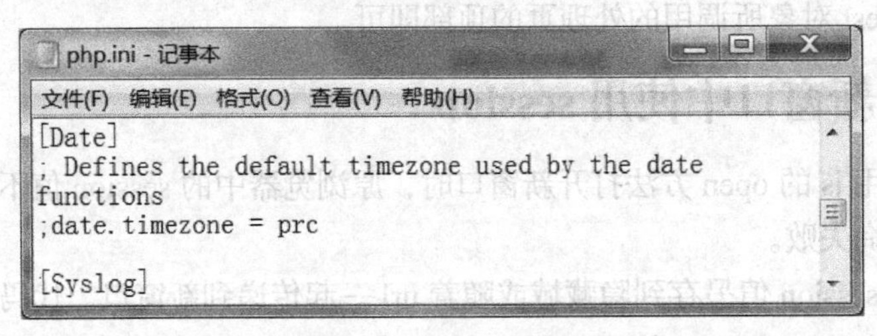

图 18-22　设置 PHP 的时区

例如，如果当地所在时区为东八区，那么就可以设置“date.timezone =”的值为：PRC、Asia/Hong_Kong、Asia/Shanghai（上海）或者 Asia/Urumqi（乌鲁木齐）等。这些都是东八区的时间。

设置完成后保存文件，重新启动 Apache 服务器。

（2）在应用程序中，在日期、时间函数之前使用 date_default_timezone_set()函数就可以完成对时区的设置。date_default_timezone_set()函数的语法如下：

```
date_default_timezone_set(timezone);
```

参数 timezone 为 PHP 可识别的时区名称，如果时区名称 PHP 无法识别，则系统采用 UTC 时区。

例如，设置北京时间可以使用的时区包括 PRC（中华人民共和国）、Asia/Chongqing（重庆），Asia/Shanghai（上海）或者 Asia/Urumqi（乌鲁木齐），这几个时区名称是等效的。

18.9　发布网站

电子商务网站开发完成后就是发布网站了。要发布网站，需要经过注册域名、申请空间、解析域名和上传网站 4 个步骤。首先来介绍注册域名。

18.9.1　注册域名

域名就是用来代替 IP 地址，以方便记忆及访问网站的名称，如 www.163.com 就是网易的域名；www.yahoo.com.cn 就是中文雅虎的域名。域名需要到指定的网站中注册购买，名气较大的有 www. net.com（万网）、www.xinnet.com（新网）。

购买注册域名的步骤如下。

（1）登录域名服务商网站。

（2）注册会员。如果不是会员则无法购买域名。

（3）进入域名查询页面，查询要注册的域名是否已经被注册。

（4）如果用户欲注册的域名未被注册，则进入域名注册页面并填写相关的个人资料。

（5）填写成功后，单击“购买”按钮，注册成功。

（6）付款后，等待域名开启。

18.9.2　申请空间

域名注册完毕后就需要申请空间了，空间可以使用虚拟主机或租借服务器。目前，许多企业建立网站都采用虚拟主机，这样既节省了购买机器和租用专线的费用，同时也不必聘用专门的管理人员来维护服务器。申请空间的步骤如下。

（1）登录虚拟空间服务商网站。

（2）注册会员（如果已有会员账号，则直接登录即可）。

（3）选择虚拟空间类型（空间支持的语言、数据库、空间大小、流量限制等）。

（4）确定机型后，直接购买。

（5）进入到缴费页面，选择缴费方式。

（6）付费后，空间在 24 小时内开通，随后即可使用此空间。

申请的空间一定要支持相应的开发语言及数据库。例如，本系统要求空间支持的语言为 PHP，数据库可以是 MySQL、MSSQL 等。

18.9.3　将域名解析到服务器

域名和空间购买成功后就需要将域名地址指向虚拟服务器的 IP 了。进入域名管理页面，添加主机记录，一般要先输入主机名，注意不包括域名，如解析 www.bccd.com，只需输入 www 即可，后面的 bccd.com 不需要填写。接下来填写 IP 地址，最后单击“确定”按钮即可。如果想添加多个主机名，重复上面的操作即可。

18.9.4　上传网站

最后是上传网站程序。上传网站需要使用 FTP 软件，如果使用 Dreamweaver，则可以直接在 Dreamweaver 中上传。这里以 CuteFTP 为例，详细介绍其操作步骤。

（1）打开 FTP 软件。

（2）选择 File/Site-Manager 命令，将弹出站点面板。

（3）单击 New 按钮，新建一个站点。

（4）在 Label for site 中输入站点名。

（5）在 FTP Host Address 中输入域名。

（6）在 FTP site User Name 中输入用户名。

（7）在 FTP site Password 中输入密码。

（8）单击“Edit...”按钮，弹出编辑窗口。

（9）取消选中 Use PASV mode 和 Use firewall setting 复选框。

（10）单击“确定”按钮。

（11）单击 Connet 按钮连接到服务器。

（12）连接服务器后，在左侧的本地页面中右击需要上传的文件，单击“上传文件”即可。

（13）如果上传过程中出现错误，右击“继续上传”即可。

（14）上传成功后，关闭 FTP 软件。

第19章 课程设计——在线论坛

本章要点：

- 系统设计思路
- 数据库设计
- 用户注册模块的设计
- 用户登录模块的设计
- 帖子分类管理模块设计
- 发帖模块设计
- 回帖模块设计
- 注销用户
- 后台管理模块设计

随着网络的飞速发展，人们对网站开发的要求越来越高。从最初简单的静态页面，到动态的网站，留言板、在线论坛和数据库的加入，发生了质的飞跃。如今评价一个网站开发是否成功的标准更高，不仅要看设计的界面是否美观，还要看网站的功能是否齐全。在线论坛已经成为商业网站必不可少的一部分，能否开发一个完整而美观的在线论坛系统成了一个程序员的必修课程。本章将以一个课程设计的形式向读者展示出一个在线论坛的开发过程。

19.1 课程设计目的

本章提供了“在线论坛”作为这一学期的课程设计之一，本次课程设计旨在提升学生的动手能力，加强大家对专业理论知识的理解和实际应用。本次课程设计的主要目的如下。

- 加深对面向对象程序设计思想的理解，能对网站功能进行分析，并设计合理结构。
- 掌握 Dreamweaver 8 设计网页界面的方法。
- 掌握 PHP+MySQL 开发网站的基本开发流程。
- 掌握分页技术在实际开发中的应用。
- 掌握 MySQL 数据库函数在实际开发中的应用。
- 提供网站的开发能力，能够编写高效的代码。
- 培养分析问题、解决实际问题的能力。

19.2 功能描述

本章开发的是一个最基本、最简单的论坛系统，其具备了论坛系统的基本功能，没有附加任何复杂的功能，完全适合初学者的学习和研究。论坛系统的具体功能如下。

- MySQL 数据库的创建。
- 用户注册。
- 用户登录。
- 帖子的分类管理。
- 发布帖子。
- 回复帖子。
- 注销用户。
- 后台管理。

明日科技在线论坛的运行结果如图 19-1 所示。

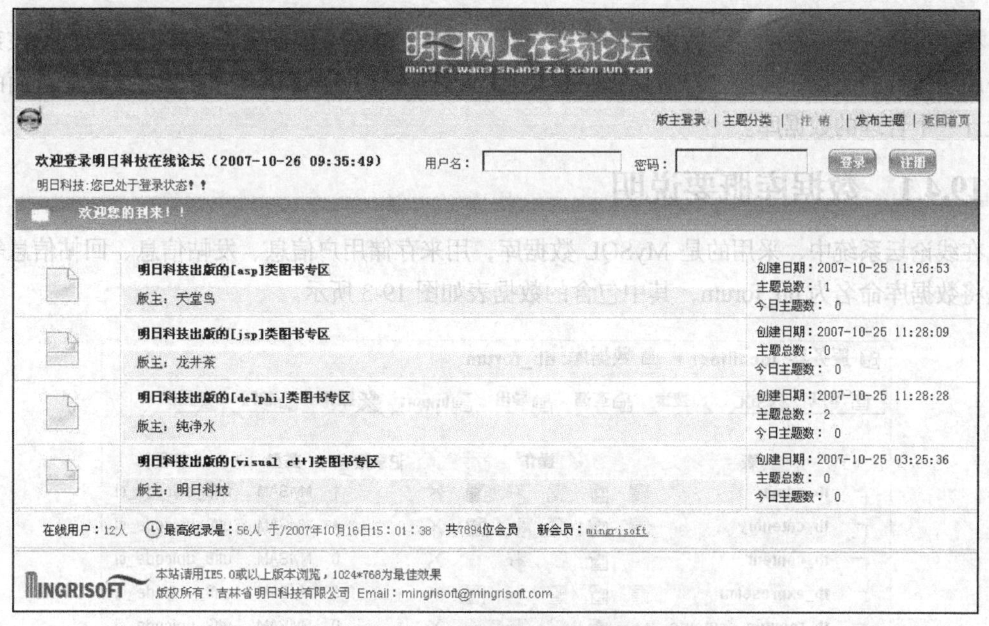

图 19-1 明日科技在线论坛的运行结果

19.3 程序业务流程

在线论坛系统的操作流程非常清晰，总体上由两大模块组成：前台展示区和后台管理。其中前台展示区的主要功能包括用户注册、用户登录、发布帖子、回复帖子、注销用户；后台管理模块的主要功能包括用户管理、栏目管理、主题管理、回复内容管理和非法信息管理。程序流程如图 19-2 所示。

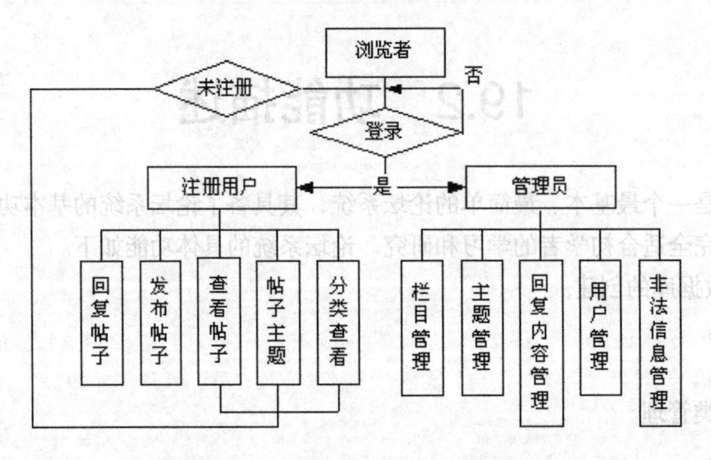

图 19-2　在线论坛系统操作流程图

19.4　数据库设计

在线论坛主要依靠的就是数据库的支持来存储大量的数据，因此数据库设计的成败是该系统能否成功运行的关键。前面已经对该程序要实现的功能进行了详细分析，本节将要针对前面的功能设计一个合理的数据库。

19.4.1　数据库概要说明

在线论坛系统中，采用的是 MySQL 数据库，用来存储用户信息、发帖信息、回帖信息等。这里将数据库命名为 db_forum，其中包含的数据表如图 19-3 所示。

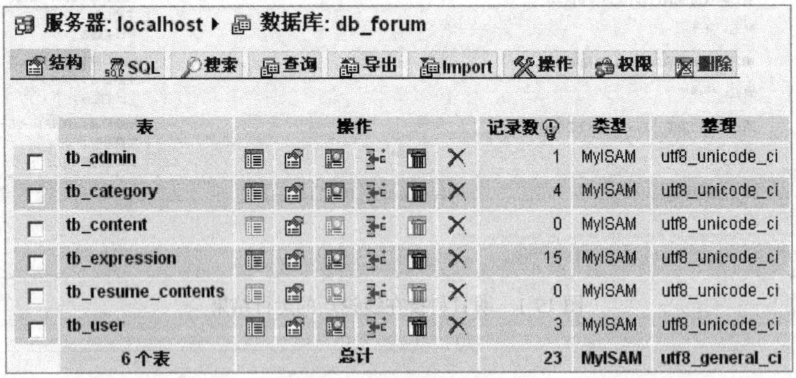

服务器: localhost ▸ 数据库: db_forum

结构　SQL　搜索　查询　导出　Import　操作　权限　删除

	表	操作	记录数	类型	整理
☐	tb_admin		1	MyISAM	utf8_unicode_ci
☐	tb_category		4	MyISAM	utf8_unicode_ci
☐	tb_content		0	MyISAM	utf8_unicode_ci
☐	tb_expression		15	MyISAM	utf8_unicode_ci
☐	tb_resume_contents		0	MyISAM	utf8_unicode_ci
☐	tb_user		3	MyISAM	utf8_unicode_ci
	6 个表	总计	23	MyISAM	utf8_general_ci

图 19-3　数据库结构

19.4.2　数据库概念设计

根据业务流程和系统功能结构，规划出系统中使用的数据库实体对象及实体 E-R 图。在创建数据表前，首先需要创建基本信息的数据表，如图像信息表、版主信息表、管理员信息表等。

图像信息表实体 E-R 图如图 19-4 所示。版主信息表实体 E-R 图如图 19-5 所示。

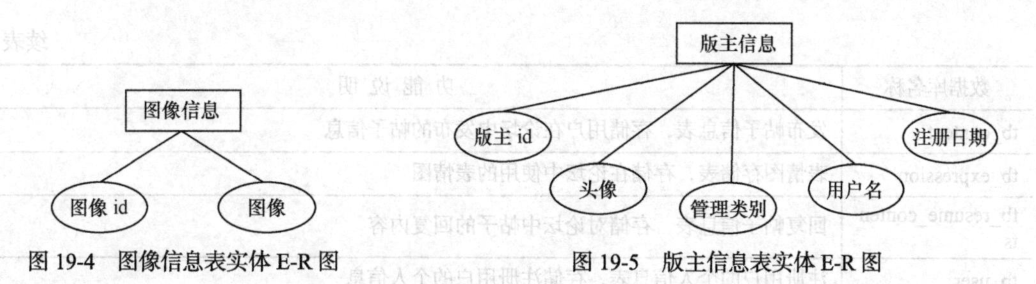

图 19-4　图像信息表实体 E-R 图　　　图 19-5　版主信息表实体 E-R 图

管理员信息表实体 E-R 图如图 19-6 所示。

当用户注册后，需要将用户信息存储到数据库中，包括用户的用户名、真实姓名、密码、住址等属性，实体 E-R 图如图 19-7 所示。

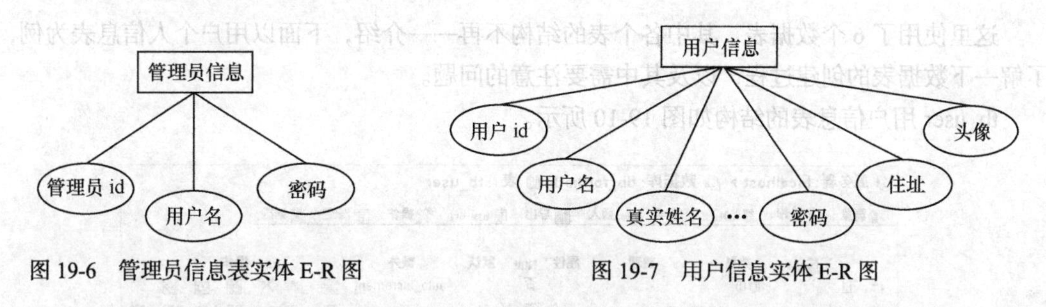

图 19-6　管理员信息表实体 E-R 图　　　图 19-7　用户信息实体 E-R 图

当用户发布帖子信息时，需要将帖子信息存储到数据库中，包括帖子类别、帖子主题、帖子内容信息等，实体 E-R 图如图 19-8 所示。

当用户回帖时，需要将回帖信息存储到回帖表中，包括回帖主题、回帖内容、回帖人、原帖主题等，实体 E-R 图如图 19-9 所示。

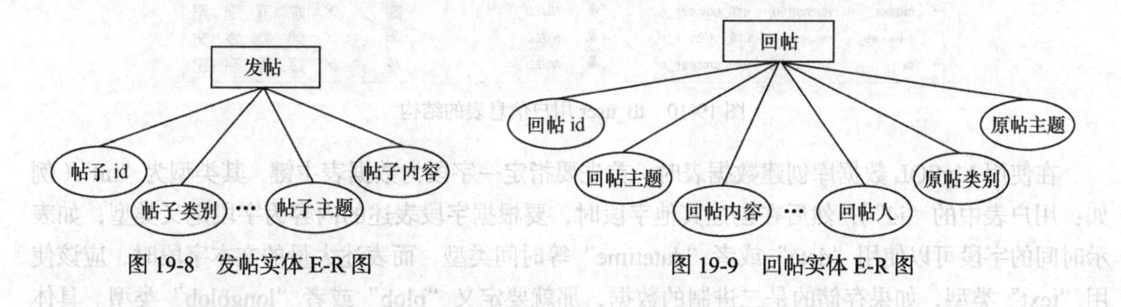

图 19-8　发帖实体 E-R 图　　　图 19-9　回帖实体 E-R 图

19.4.3　数据库逻辑设计

在线论坛系统是典型的数据库开发应用程序，论坛的数据库设计是一个非常关键的环节，下面将对本论坛系统中使用的数据库进行介绍。

论坛系统中创建的数据库名称是"db_forum"，MySQL 数据库服务器的用户名是"root"，密码是"111"。在创建的数据库中包括 6 个数据表，其中各数据表实现的功能如表 19-1 所示。

表 19-1　　　db_forum 数据库中数据表功能说明

数据库名称	功 能 说 明
tb_admin	管理员信息表，存储管理员的个人信息
tb_category	论坛栏目信息表，存储论坛中创建的栏目信息

续表

数据库名称	功 能 说 明
tb_content	发布帖子信息表，存储用户在论坛中发布的帖子信息
tb_expression	表情图存储表，存储在论坛中使用的表情图
tb_resume_contents	回复帖子信息表，存储对论坛中帖子的回复内容
tb_user	注册用户的个人信息表，存储注册用户的个人信息

在创建数据库的过程中一定要注意字符集的使用，要选择使用“UTF-8”类型，如果使用其他字符集，有可能会导致数据库中的数据出现乱码。

这里使用了 6 个数据表，其中各个表的结构不再一一介绍，下面以用户个人信息表为例，来了解一下数据表的创建过程，以及其中需要注意的问题。

tb_user 用户信息表的结构如图 19-10 所示。

服务器: localhost ▸ 数据库: db_forum ▸ 表 : tb_user

浏览 结构 SQL 搜索 插入 导出 Import 操作 清空 删除

字段	类型	整理	属性	Null	默认	额外	操作
id	int(10)			否		auto_increment	
username	varchar(50)	utf8_unicode_ci		否			
true_name	varchar(50)	utf8_unicode_ci		是	NULL		
password	varchar(50)	utf8_unicode_ci		否			
sex	varchar(20)	utf8_unicode_ci		是	NULL		
tel	varchar(20)	utf8_unicode_ci		否			
email	varchar(50)	utf8_unicode_ci		否			
qq	varchar(20)	utf8_unicode_ci		是	NULL		
indexs	varchar(50)	utf8_unicode_ci		是	NULL		
address	mediumtext	utf8_unicode_ci		是	NULL		
tx	varchar(50)	utf8_unicode_ci		是	NULL		

图 19-10　tb_user 用户信息表的结构

在使用 MySQL 数据库创建数据表时，首先要指定一字段为数据表主键，其类型为“int”（例如：用户表中的“id”）；然后在创建其他字段时，要根据字段表述的内容为字段定义类型，如表示时间的字段可以使用“date”或者“datetime”等时间类型，而表述大量的文本字段时，应该使用“text”类型，如果存储的是二进制的数据，那就要定义“blob”或者“longblob”类型。具体的字段使用什么样的类型来定义，要根据具体问题具体分析。

在创建数据表时，一定要指定数据表的类型为“MyISAM”，如果使用其他类型将影响数据库的备份。例如，使用“InnoDB”类型保存数据，如果将表中的数据拷贝到其他机器的数据库中，该数据表将不可用。

19.5　实现过程

19.5.1　用户注册

当用户第一次登录本论坛时，必须先进行注册，然后登录，才可以发表帖子。单击“注册”

按钮，进入注册页面，按照要求输入注册信息，单击“确认提交”按钮，即可成功注册账号。用户注册模块运行效果如图 19-11 所示。

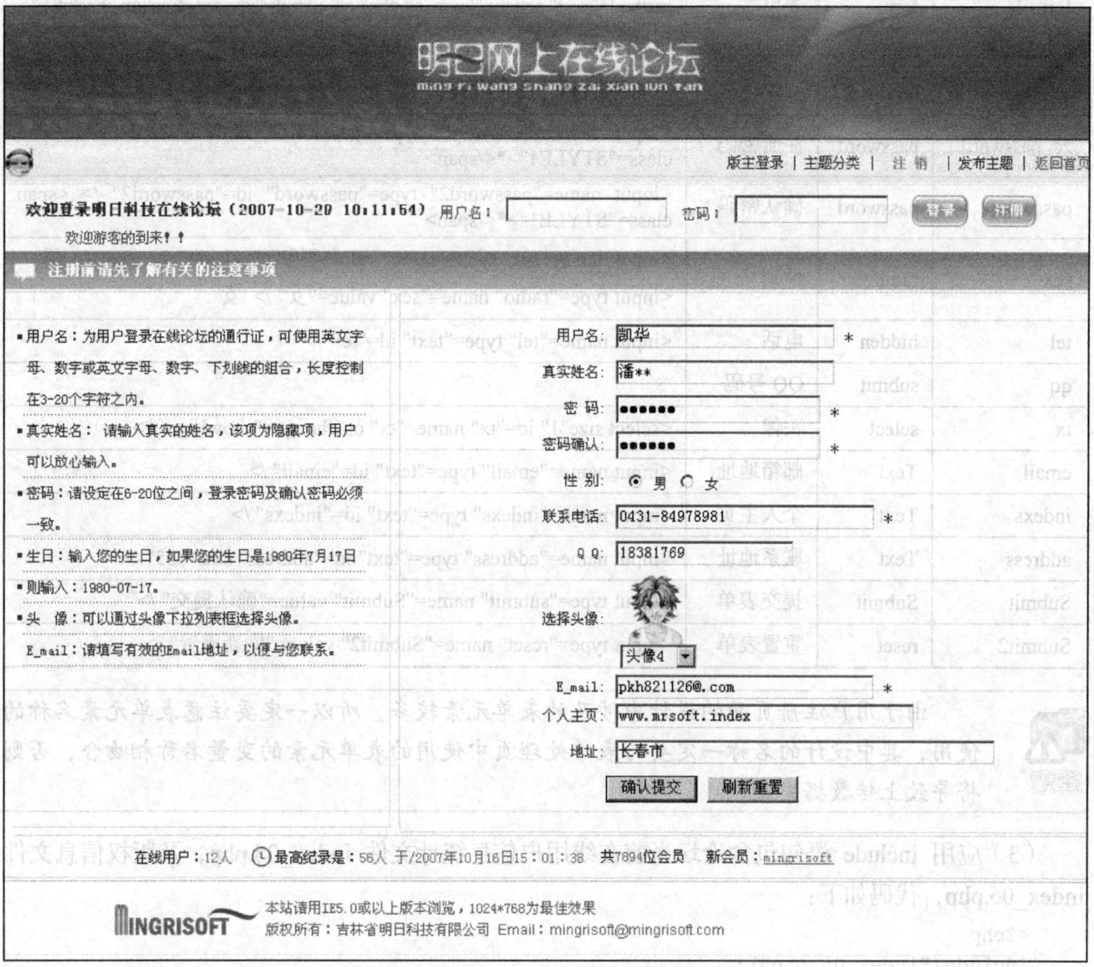

明日网上在线论坛
ming ri wang shang zai xian lun tan

版主登录 | 主题分类 | 注 销 | 发布主题 | 返回首页

欢迎登录明日科技在线论坛（2007-10-29 10:11:54） 用户名： 密码： 登录 注册

欢迎游客的到来！！

注册前请先了解有关的注意事项

- 用户名：为用户登录在线论坛的通行证，可使用英文字母、数字或英文字母、数字、下划线的组合，长度控制在3-20个字符之内。
- 真实姓名： 请输入真实的姓名，该项为隐藏项，用户可以放心输入。
- 密码：请设定在6-20位之间，登录密码及确认密码必须一致。
- 生日：输入您的生日，如果您的生日是1980年7月17日
- 则输入：1980-07-17。
- 头　像：可以通过头像下拉列表框选择头像。
- E_mail：请填写有效的Email地址，以便与您联系。

用户名：凯华 *
真实姓名：潘**
密　码：****** *
密码确认：****** *
性　别：男 女
联系电话：0431-84978981 *
Q Q：18381769
选择头像：头像4
E_mail：pkh821126@.com *
个人主页：www.mrsoft.index
地址：长春市

确认提交　刷新重置

在线用户：12人　最高纪录是：56人 于/2007年10月16日15：01：38　共7894位会员　新会员：mingrisoft

MINGRISOFT　本站请用IE5.0或以上版本浏览，1024*768为最佳效果
版权所有：吉林省明日科技有限公司 Email：mingrisoft@mingrisoft.com

图 19-11　用户注册模块的运行结果

1. 页面设计

为了便于对论坛中头尾文件进行修改，这里充分发挥了 include()包含语句的作用，头尾文件都是通过包含语句直接调用的，无须在本页编辑。

（1）应用 include 语句包含论坛的头文件 index_01.php，代码如下：

```
<?php
include("index_01.php");
?>
```

（2）根据美工设计的网页效果图嵌入用户注册信息页面，应用表格技术合理的划分和设计表单的布局，在对应的表格中嵌入表单元素，并且设置表单元素的名称。用户注册模块中涉及的 HTML 表单元素如表 19-2 所示。

表 19-2　　用户注册页面涉及的 HTML 表单元素

名称	类型	含义	重 要 属 性
form 1	form	表单	method="post" action="login_ok.php" onSubmit="javascript: return checkit();"
username	text	注册用户名	<input name="username" type="text" id="username" />
true_name	text	真实姓名	<input name="true_name" type="text" id="true_name" />
zc_password	password	注册密码	<input name="password" type="password" id="password" /> <span class="STYLE1">*</span>
password2	password	确认密码	<input name="password2" type="password" id="password2" /> <span class="STYLE1">*</span>
sex	radio	性别	<input name="sex" type="radio" value="男" checked="checked" /> 男 <input type="radio" name="sex" value="女" /> 女
tel	hidden	电话	<input name="tel" type="text" id="tel" />
qq	submit	QQ 号码	
tx	select	头像	<select size"1" id="tx" name="tx" onChange="showlogo()">
email	Text	邮箱地址	<input name="email" type="text" id="email" />
indexs	Text	个人主页	<input name="indexs" type="text" id="indexs" />
address	Text	联系地址	<input name="address" type="text" id="address" size="35" />
Submit	Submit	提交表单	<input type="submit" name="Submit" value="确认提交" />
Submit2	reset	重置表单	<input type="reset" name="Submit2" value="刷新重置" />

由于用户注册页面的设计中涉及的表单元素较多，所以一定要注意表单元素名称的使用，其中设计的名称一定要与表单处理页中使用的表单元素的变量名称相吻合，否则将导致上传数据失败。

（3）应用 include 语句包含论坛当前在线用户信息统计文件 index_05.php，及版权信息文件 index_06.php，代码如下：

```
<?php
include("index_05.php");
include("index_06.php");
?>
```

2. 代码设计

在完成用户注册模块的整体布局设计后，接着实现用户注册模块的功能。首先通过 JavaScript 脚本对表单中提交的数据进行判断，关键代码如下：

```
<script language="javascript">
function checkit(){
        if(form1.username.value==""){
          alert("请输入用户名!");
            form1.username.select();
              return(false);
        }
        if(form1.password.value==""){
          alert("请输入用户密码!");
              form1.password.select();
              return(false);
         }
```

```
......//省略部分代码
        if(!checkemail(form1.email.value)){
            alert("邮箱地址格式不正确!");
            form1.email.select();
            return(false);
        }
            return(true);
}
function checkemail(email){         //验证邮箱地址格式是否正确
    var strs=email;
    var Expression=/\w+([-+.']\w+)*@\w+([-.]\w+)*\.\w+([-.]\w+)*/;
    var objExp=new RegExp(Expression);
    if(objExp.test(strs)==true){
        return true;
    }else{
        return false;
    }
}
function checkphone(tel){         //验证电话号码格式是否正确
    var str=tel;
    var Expression=/^(\d{3}-)(\d{8})$|^(\d{4}-)(\d{7})$|^(\d{4}-)(\d{8})$|^(\d{11})$/;
    var objExp=new RegExp(Expression);
    if(objExp.test(str)==true){
        return true;
    }else{
        return false;
    }
}
</script>
```

当用户单击头像下拉列表，选择头像时，显示头像图片，程序代码如下：

```
<script language="javascript">        //通过下拉列表选择头像时应用该函数
   function showlogo(){
        document.images.img.src="images/tx/"+
    document.form1.tx.options[document.form1.tx.selectedIndex].value;
    }
</script>
    <tr>
      <td>选择头像：</td>
      <td><p><img src="images/tx/1.gif" id="img" name="img" width="60" height="60" /></p>
        <select size="1" id="tx" name="tx" onChange="showlogo()">
          <option value="1.gif">头像 1</option>
              <option value="2.gif">头像 2</option>
              <option value="3.gif">头像 3</option>
              <option value="4.gif">头像 4</option>
              <option value="5.gif">头像 5</option>
              <option value="6.gif">头像 6</option>
              <option value="7.gif">头像 7</option>
              <option value="8.gif">头像 8</option>
              <option value="9.gif">头像 9</option>
              <option value="10.gif">头像 10</option>
        </select>
```

当用户单击“确认提交”按钮后，将表单中的数据提交到用户注册信息处理页 login_ok.php 中，将数据添加到数据库中进行存储，程序代码如下：

```
<?php
include("conn/conn.php");
if(isset($_POST['Submit']) and $_POST['Submit']=="确认提交"){
    $username=$_POST['username'];
    $true_name=$_POST['true_name'];
    $password=$_POST['password'];
    $sex=$_POST['sex'];
    $tel=$_POST['tel'];
    $email=$_POST['email'];
    $qq=$_POST['QQ'];
    $indexs=$_POST['indexs'];
    $address=$_POST['address'];
    $tx="images/tx/".$_POST['tx'];
     if($_POST['password']==$_POST['password2']){
        $insert=mysql_query("insert  into tb_user(username,true_name,password,sex,
tel,email,qq,indexs,address,tx) values('$username','$true_name','$password','$sex','$tel',
'$email','$qq','$indexs','$address','$tx')",$conn);
        if($insert){
            echo "<script>alert('注册成功! ');window.location.href='index.php';</script>;";
        }else{
            echo "<script>alert('注册失败! ');window.location.href='index.php';</script>;";
        }
    }else{
        echo "<script>alert('两次输入的密码不一致! ');window.location.href='login.php';
</script>;";
    }
}
?>
```

19.5.2 用户登录

系统登录是用户进入程序系统的门户，只有通过登录模块，才能对登录用户进行身份验证，只有系统的合法用户才可以进入系统的主界面。整个登录模块的实现过程非常简单，相信读者会很快掌握。登录模块运行效果如图 19-12 所示。

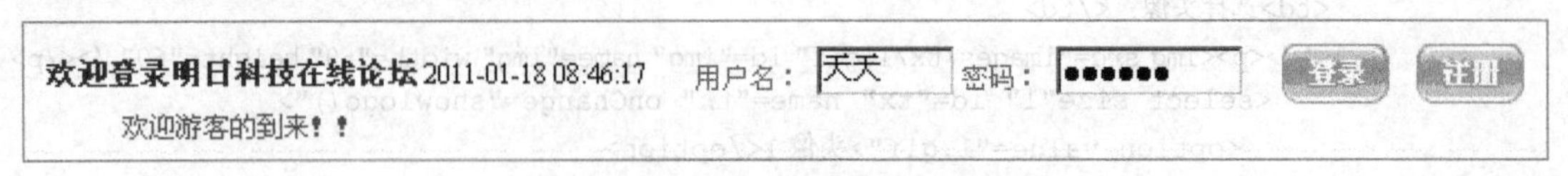

图 19-12 用户登录模块的运行效果

1. 页面设计

用户登录模块的设计非常简单，只包括两个表单元素和一个提交按钮即可，虽然内容少，但对其与其他内容进行合理的搭配也是非常重要的。

用户登录模块的页面设计流程如下。

（1）输出系统的当前时间，代码如下：

```
<?php echo date("Y-m-d H:i:s");?>
```

（2）设计用户登录添加的表单元素和按钮。

用户登录模块中涉及的 HTML 表单的重要元素如表 19-3 所示。

表 19-3　　用户登录页面涉及的 HTML 表单的重要元素

名称	类型	含义	重 要 属 性
form 3	form	表单	method="post" action="user.php"
user	text	登录用户名	<input name="user" type="text" size="20" />
pwd	password	密码	<input name="pwd" type="password" size="20" />
imageField	Submit	登录按钮	<input type="image" name="imageField2" src="images/02_05.gif" onclick="return check();" />

2. 代码设计

用户登录模块的功能主要通过两个步骤来完成，首先在用户登录页面中输入用户名和密码，然后单击“登录”按钮，将数据提交到用户登录数据处理页中，对提交的数据进行验证，如果正确则提示用户登录成功，否则返回到用户登录页面。其中用户登录数据处理页中的代码如下：

```
<?php
session_start();                    //初始化SESSION变量
?>
<?php
include("conn/conn.php");           //包含数据库连接文件
if(isset($_POST['user']) and isset($_POST['pwd'])){
$select=mysql_query("select * from tb_user where username='".$_POST['user']."' and
password='".$_POST['pwd']."'",$conn);
if(mysql_num_rows($select)==1){
    $array=mysql_fetch_array($select);
    $_SESSION['user']=$_POST['user'];
    $_SESSION['sex']=$array['sex'];
    $_SESSION['email']=$array['email'];
    $_SESSION['qq']=$array['qq'];
    $_SESSION['tx']=$array['tx'];
    echo "<script>alert('登录成功！');window.location.href='index.php'</script>;";
}else{
    echo "<script>alert('登录失败！');window.location.href='index.php'</script>;";
}
}
?>
```

19.5.3　帖子分类管理设计

明日科技在线论坛是针对不同种类的计算机编程语言开发的一个网络交流的平台，所以在本论坛中根据不同种类的计算机编程语言对论坛中的帖子进行分类管理。帖子分类管理模块运行效果如图 19-13 所示。

1. 页面设计

在页面设计中，使用图片固然可以使页面变得非常漂亮，但是也存在一些弊端，如果在网页中输出大量的数据时，使用图片作为背景，一旦处理不好，则会导致数据显示与背景不协调，达不到最佳效果；那么在网站中如果使用简单的表格来完成页面的设计就不会出现上述问题，特别是对大量数据输出处理上，使用表格和添加背景色来完成是非常不错的方法，其中细线表格边线的使用更是程序员设计网页的首选参数。这里的帖子分类管理模块就是使用细线表格来完成的，效果如图 19-14 所示。

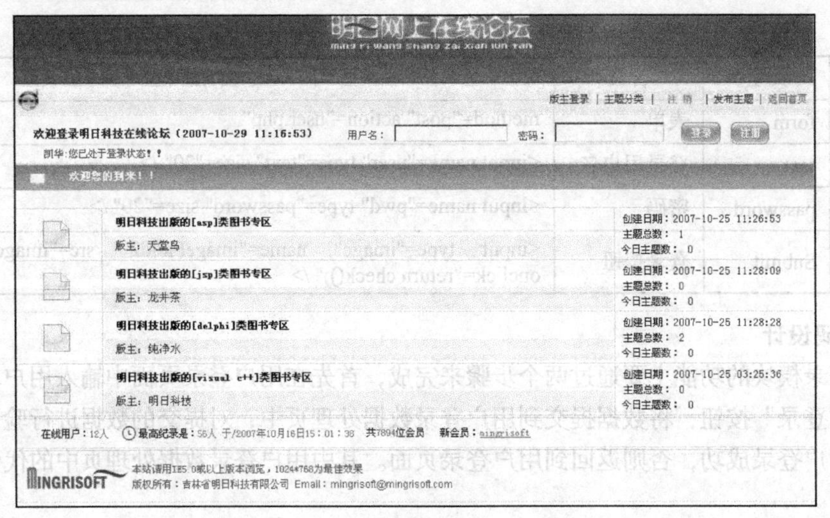

图 19-13　帖子分类管理模块的运行结果

图 19-14　帖子分类管理模块的效果

帖子分类管理模块的页面设计流程如下。

（1）使用 include()语句包含数据库服务器连接文件、论坛的头文件、用户登录模块和输出登录成功用户的用户名，代码如下：

```
<?php
include("conn/conn.php");
include("index_01.php");
include("index_02.php");
include("index_03.php");
?>
```

（2）设计一个细线表格，对数据库中的数据进行循环输出，这是按照明日科技的不同类别的图书进行帖子的分类管理，其中包括帖子的所属专区、表情图和版主、创建日期、专区帖子的主题总数和今日发布帖子的总数。

细线表格的设计方法是：首先创建一个表格，然后设置表格的边框，填充和间距都为 1；接着设置表格的边框颜色为白色，设置表格的背景为红色；最后将表格中单元格的背景设置为白色。保存表格，当浏览这个表格时，就是一个边线为红色的细线表格。

（3）使用 include()语句获取论坛的尾文件。程序代码如下：

```
<?php
include("index_05.php");
include("index_06.php");
?>
```

2．代码设计

在本论坛中，对帖子进行分类管理主要应用 while 循环语句和 SQL 语句，循环读取数据库中存储的有关不同语言书籍的数据，并对数据进行分页显示。程序关键代码如下：

```
<?php
include("conn/conn.php");
```

```
if(isset($_GET['page'])){
        $page=$_GET['page'];
    }else{
        $page=1;
    }
      $page_count=3;
      $select=mysql_query("select * from tb_category",$conn);
      $row=mysql_num_rows($select);
      $page_page=ceil($row/$page_count);
      $offect=($page-1)*$page_count;   //获取上一页的最后一条记录，从而计算下一页的起始记录
      $selects=mysql_query("select * from tb_category where id order by id desc limit
$offect,$page_count",$conn);
      while($array=mysql_fetch_array($selects)){
      $icon=substr($array['icon'],3,30);
  ?>
  <table width="987" height="88" border="1" align="center" bordercolor="#FFCC99">
    <tr>
      <td width="172" rowspan="2" align="center"><?php echo "<img src=\"$icon\">";?></td>
      <td width="453" height="28"><a href="lb.php?category=<?php echo $array['category']; ?>">
明日科技出版的[<?php echo $array['category'];?>]类图书</a></td>
      <td width="340" rowspan="2">创建日期：<?php echo $array['create_date'];?><br>
      主题总数：<?php $selectes=mysql_query("select * from tb_content where category=
'".$array['category']."'",$conn);
             $count=mysql_num_rows($selectes);
             echo $count;
             ?><br>
      今日主题数：<?php $dates=date("Y-m-d");
             $rows=mysql_query("select * from tb_content where release_date='$dates' and
category='".$array['category']."'",$conn);
             $counts=mysql_num_rows($rows);
             echo $counts;?></td>
    </tr>
    <tr>
      <td height="25" bgcolor="#FFCC66">版主：<?php echo $array['noderator']?></td>
    </tr>
    <?php
  }
  ?>
    <tr>
      <td colspan="3"><div align="center">
        <div align="right">共<?php echo $page_page;?>页 每页<?php echo $page_count;?>条 当
前第<?php  echo $page; ?>页
      <a href="index.php?page=1">首页</a>
      <a href="index.php?page=<?php if($page==1){echo $page=1; }else{ echo $page-1; }?>">
上一页</a>
      <a href="index.php?page=<?php if($page<$page_page){echo $page+1;}else{ echo
$page_page;}?>">下一页</a>
     <a href="index.php?page=<?php echo $page_page; ?>">尾页</a></div></td>
    </tr>
  </table>
```

当单击图书类别超链接时，将显示该类别的所有帖子信息，并进行分页显示。程序关键代码如下：

```
<?php
```

```
    include("conn/conn.php");
    include("index_01.php");
    include("index_02.php");
    include("index_03.php");
    ?>
    <?php
    if(isset($_GET['page'])){
        $page=$_GET['page'];
    }else{
        $page=1;
    }
    $page_count=3;
    $select=mysql_query("select * from tb_content",$conn);
    $row=mysql_num_rows($select);
    $page_page=ceil($row/$page_count);
    $offect=($page-1)*$page_count;    //获取上一页的最后一条记录，从而计算下一页的起始记录
    ?>
    <table width="96%" border="1" align="center" cellpadding="1" cellspacing="1" bordercolor=
"#FFFFFF" bgcolor="#E1DAEA"><tbody>
        <tr>
        <td height="30" colspan="2" align="center" bgcolor="#FFFBF0" class="STYLE4">
    <?php
        if(isset($_GET['category'])){
            $category=$_GET['category'];
            echo urlencode($category);
        }else{
            $category="";
        }
    ?>
            类图书</td>
            <td width="265" bgcolor="#FFFBF0"> </td>
        </tr></tbody>
    </table>
    ……//省略了部分代码
```

19.5.4 发帖模块设计

发布帖子模块是论坛中必不可少的内容，用户登录后，单击“发布主题”超链接即可进入发帖模块，发帖模块的运行效果如图 19-15 所示。左侧显示发帖人的一些基本信息，右侧为发帖区域，选择帖子类别，输入主题、内容，选择表情后，单击“主题提交”按钮后即可发布帖子。

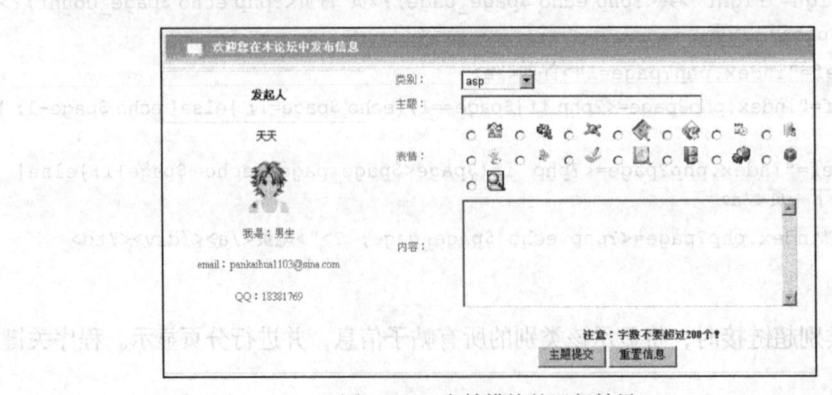

图 19-15　发帖模块的运行结果

1. 页面设计

发帖模块的设计可以分为两部分，第 1 部分是输出登录用户的个人信息，第 2 部分是发帖表单内容的设计。发帖模块的整体设计效果如图 19-16 所示。

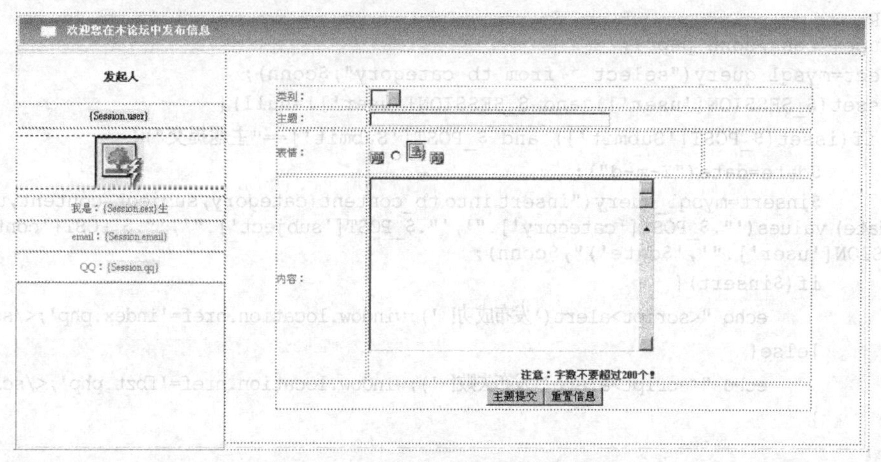

图 19-16　发帖模块的整体设计效果

发帖模块的整体设计流程如下。

（1）使用 include()语句获取论坛的头文件和登录用户的个人信息。程序代码如下：

```
<?php
include("index_01.php");
include("index_02.php");
?>
```

（2）设计发帖模块中的表单元素。

（3）使用 include()语句获取论坛的尾文件。程序代码如下：

```
<?php
include("index_05.php");
include("index_06.php");
?>
```

发帖页面涉及的 HTML 表单元素如表 19-4 所示。

表 19-4　　发帖页面涉及的 HTML 表单元素

名称	类型	含义	重 要 属 性
form 1	form	表单	method="post" action="fbzt_ok.php" enctype="multipart/form-data" onSubmit="javascript:return fbzt_check();">
Category	text	图书类别	<?php echo $array['category']?>"><?php echo $array['category'];?>
Subject	text	帖子的主题名称	
Tx	radio	表情图	value="<?php echo $array1['id'];?>"
Content	text	帖子的内容	
Submit	submit	主题提交	
Submit2	reset	重置信息	

2. 代码设计

发帖模块主要通过两个文件来实现，其中一个是表单提交的 fbzt.php 文件，另一个是表单提交数据的处理文件 fbzt_ok.php。

（1）在表单提交页 fbzt.php 中，输出登录用户的个人信息和提交的表单，以及论坛中使用的表情图，并且将表单中的数据提交到 fbzt_ok.php 文件中存储到数据库中。

（2）在 fbzt_ok.php 文件中，将表单提交的数据存储到数据库中。关键代码如下：

```
<?php
include("conn/conn.php");
$select=mysql_query("select * from tb_category",$conn);
if(isset($_SESSION['user']) and $_SESSION['user']!=null){
    if(isset($_POST['Submit']) and $_POST['Submit']=="主题提交"){
        $date=date("Y-m-d");
        $insert=mysql_query("insert into tb_content(category,subject,content,username,
release_date) values('".$_POST['category']."','".$_POST['subject']."','".$_POST['content']."',
'".$_SESSION['user']."','$date')",$conn);
        if($insert){
            echo "<script>alert('发布成功! ');window.location.href='index.php';</script>;";
        }else{
            echo "<script>alert('发布失败! ');window.location.href='fbzt.php';</script>;";
        }
    }
}else{
    echo "<script>alert('请先登录! ');window.location.href='index.php';</script>";
}
?>
```

19.5.5 回帖模块设计

回帖模块主要实现的是对用户提出的问题进行回复，无论是版主还是普通用户都可以对提出的问题发表自己的看法和见解。回帖模块运行效果如图 19-17 所示。

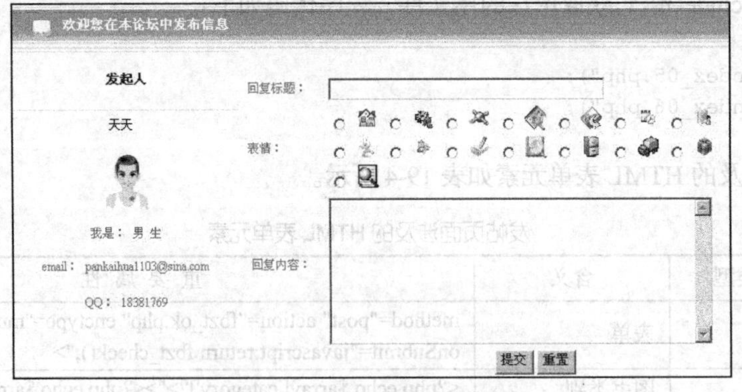

图 19-17 帖子回复的运行结果

1. 页面设计

回帖模块的设计和发帖模块的设计很相似，同样由 4 个大的部分组成，第 1 部分是输出论坛的头文件和登录者的信息，第 2 部分是输出要回复的帖子的发起人的信息，第 3 部分是回帖表单的设计，第 4 部分是尾文件的设计。回帖模块的设计效果如图 19-18 所示。

回帖模块的整体设计流程如下。

（1）使用 include()语句获取论坛的头文件和用户登录信息。程序代码如下：

```
<?php
include("conn/conn.php");
```

```
include("index_01.php");
include("index_02.php");
?>
```

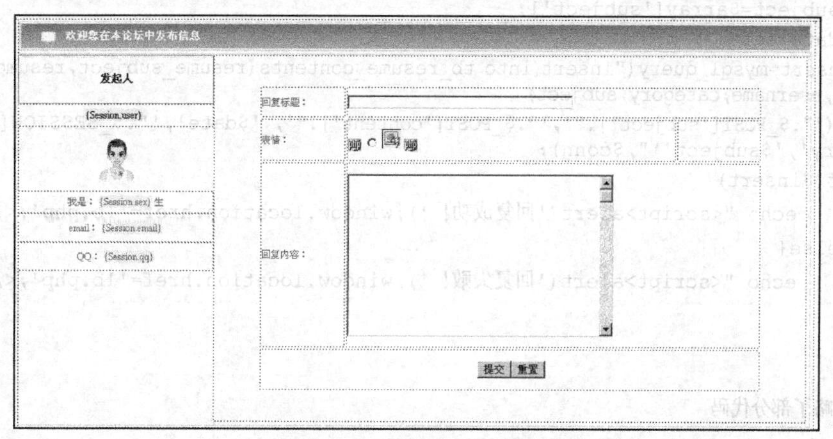

图 19-18　回帖模块的设计效果

（2）输出帖子发起人的信息，包括用户名、图片、QQ、邮箱等，并且输出发布帖子的主题。

（3）设计回复帖子提交的表单元素，包括主题、回复内容和一些隐藏的选项。

（4）使用 include()语句获取论坛的尾文件。程序代码如下：

```
<?php
include("index_05.php");
include("index_06.php");
?>
```

回帖页面涉及的 HTML 表单元素如表 19-5 所示。

表 19-5　回帖页面涉及的 HTML 表单元素

名称	类型	含义	重 要 属 性
Form1	form	表单	method="post" action="fbzt_ok.php?subject=<?php echo $subject;?>" enctype="multipart/form-data"
subject	text	回复主题	<input name="subject" type="text" size="40" />
content	textarea	回复内容	<textarea name="content" cols="45" rows="15" id="content"></textarea>
Submit	submit	提交	<input type="submit" name="Submit" value="提交" />
Submit2	submit	重置	<input type="submit" name="Submit2" value="重置" />

2. 代码设计

回帖功能的实现也通过两部分来完成，一部分是帖子回复表单的设计（hfzt.php 文件），另一部分是对表单提交的内容进行处理（hfzt_ok.php 文件）。hfzt_ok.php 文件的关键代码如下：（代码位置：光盘\TM\05\hfzt.php）

```
<?php
session_start();                                                    //初始化 SESSION 变量
if(isset($_SESSION['user'])){                                       //判断是否是会员登录
include("conn/conn.php");                                           //连接数据库
include("index_01.php");
include("index_02.php");
if(isset($_POST['subject']) and $_POST['Submit']=="提交"){          //判断提交数据是否存在
```

```
        $select=mysql_query("select * from tb_content where id='".$_GET['h_id']."'",$conn);
        $array=mysql_fetch_array($select);
        $category=$array['category'];
        $subject=$array['subject'];
        $date=date("Y-m-d");
       $insert=mysql_query("insert into tb_resume_contents(resume_subject,resume_contents,
resume_date,username,category,subject)
    values('".$_POST['subject']."','".$_POST['content']."', '$date','".$_SESSION['user']."
','$category','$subject')",$conn);
        if($insert){
            echo "<script>alert('回复成功! ');window.location.href='lb.php';</script>";
        }else{
            echo "<script>alert('回复失败! ');window.location.href='lb.php';</script>";
        }
    }
    ?>
    ……//省略了部分代码
    <?php
        }else{
            echo "<script>alert('您没有登录');window.location.href='index.php';</script>";
    }
    ?>
```

19.5.6 后台首页设计

在后台管理模块中，主要实现对论坛中注册用户、发布的帖子、回复帖子和非法关键字进行管理。后台管理模块主页运行效果如图 19-19 所示。

图 19-19 后台管理系统的运行结果

1. 页面设计

后台管理模块的实现应用的是简单的框架效果，通过 switch 语句来完成，可以分为 3 个部分，设计效果如图 19-20 所示。

后台管理模块的整体设计流程如下。

（1）使用 include()语句获取论坛的头文件。代码如下：

```
<?php include("index_01.php");?>
```

（2）设计后台管理中的栏目选项，由 5 个栏目组成。

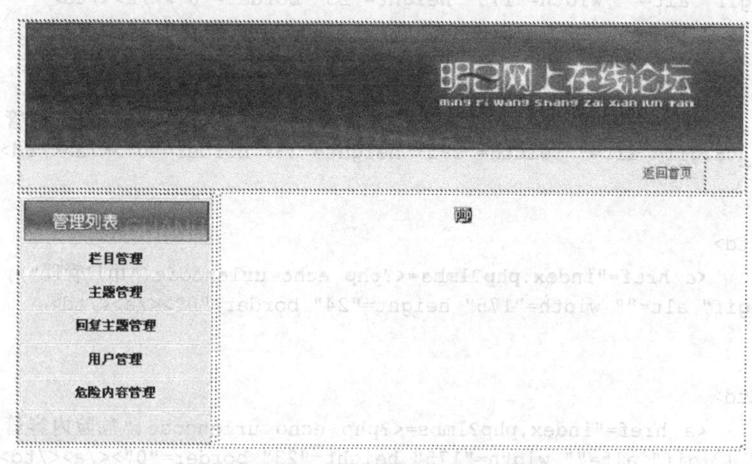

图 19-20 后台管理模块的设计效果

（3）根据单击不同栏目的超级链接输出对应栏目的内容，默认输出栏目管理的内容。程序代码如下：

```
<?php switch($pt){
      case "栏目管理":
         include "lmgl.php";
      break;
      case "主题管理":
         include "ztgl.php";
      break;
      case "回复主题管理":
         include "hfztgl.php";
      break;
      case "用户管理":
         include "hygl.php";
      break;
      case "危险内容管理":
         include "ss.php";
      break;
      default :
         include "lmgl.php";
      break;
      }
   ?>
```

2. 代码设计

后台主页 index.php 文件，通过 switch 语句创建网页框架，实现在不同功能模块之间的跳转操作。其关键代码如下：

```
      <tr>
         <td>
            <a href="index.php?lmbs=<?php echo urlencode("栏目管理");?>"><img src=
"images/02_03.gif" alt="" width="175" height="25" border="0"></a></td>
      </tr>
      <tr>
         <td>
```

```
            <a href="index.php?lmbs=<?php echo urlencode("主题管理");?>"><img src=
"images/02_06.gif" alt="" width="175" height="23" border="0"></a></td>
      </tr>
      <tr>
         <td>
            <a href="index.php?lmbs=<?php echo urlencode("回复主题管理");?>"><img
src="images/02_08.gif" alt="" width="175" height="23" border="0"></a></td>
      </tr>
      <tr>
         <td>
            <a href="index.php?lmbs=<?php echo urlencode("用户管理");?>"><img src=
"images/02_10.gif" alt="" width="175" height="24" border="0"></a></td>
      </tr>
      <tr>
         <td>
            <a href="index.php?lmbs=<?php echo urlencode("危险内容管理");?>"><img
src="images/02_12.gif" alt="" width="175" height="23" border="0"></a></td>
      </tr>
......//省略了部分代码
```

19.5.7 栏目管理设计

在后台管理系统中主要实现 5 个功能：栏目管理、主题管理、回复主题管理、用户管理和危险内容管理。功能实现的方法基本都是相同的，这里以栏目管理为例进行讲解。其运行效果如图 19-21 所示。

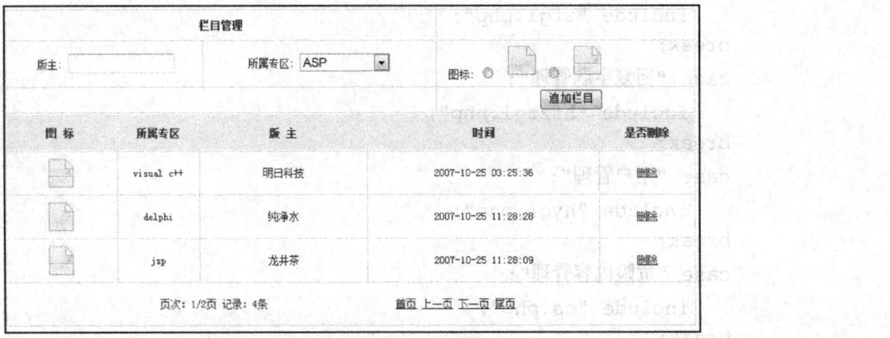

图 19-21 栏目管理运行效果

栏目管理模块由 lmgl.php 和 delete3.php 两个文件组成。在 lmgl.php 文件中完成栏目管理的大部分操作，可以将其分解为 3 部分内容。

（1）创建栏目添加的表单。完成栏目的添加操作，并且将数据提交到本页，在本页中将数据添加到指定的数据表中。其关键代码如下：

```
<form action="index.php?lmbs=栏目管理" method="post" enctype="multipart/form-data"
name="myform" id="myform">
   <tr>
      <td width="170" height="30" align="middle" bgcolor="#FFFBF0" class="style1"> 版主:
        <input id="noderator" size="15" name="noderator" />
      </td>
      <td width="200" align="middle" bgcolor="#FFFBF0" class="style1">所属专区:
        <select id="category" size="1" name="category">
```

```
            <option value="asp" selected="selected">ASP</option>
            <option value="jsp">JSP</option>
            <option value="delphi">Delphi</option>
            <option value="visual basic">Visual Basic</option>
            <option value="visual foxpro">Visual Foxpro</option>
            <option value="visual c++">Visual C++</option>
            <option value="power">Power Buider</option>
            <option value=".net">.net</option>
          </select></td>
        <td align="left" valign="center" bgcolor="#FFFBF0" class="style1">  图标:
          <input type="radio" name="icon" value="<?php echo $top;?>" />
            <img src='../images/tx/photo.jpg' width='45' height='40' />
            <input type="radio" name="icon" value="<?php echo $df;?>" />
            <img src='../images/tx/photoes.jpg' width='45' height='40' /></td>
      </tr>
      <tr>
        <td colspan="2" bgcolor="#FFFBF0"> </td>
        <td bgcolor="#FFFBF0" class="style1">  <input id="zhuijia" type="submit"
value="追加栏目" name="zhuijia" /></td>
      </tr>
    </form>
    <?php
    include("../conn/conn.php");
    $top=("../images/tx/photo.jpg");
    $df=("../images/tx/photoes.jpg");
    if(isset($_POST['noderator']) and $_POST['zhuijia']=="追加栏目"){
        $date=date("Y-m-d");
        $insert=mysql_query("insert  into  tb_category(icon,category,noderator,create_date)
values('".$_POST['icon']."','".$_POST['category']."','".$_POST['noderator']."','$date')",$conn);
        if($insert){
            echo  "<script>alert(' 追 加 成 功 ！ ');window.location.href='index.php?lmbs
=".$_GET['lmbs']."';</script>";
        }else{
            echo  "<script>alert(' 追 加 失 败 ！ ');window.location.href=  'index.php?lmbs=
".$_GET['lmbs']."';</script>";
        }
    }
    ?>
```

（2）执行查询语句。通过 while 语句完成数据库中存储栏目数据的分页输出，其关键代码如下：

```
    <?php
        if(isset($_GET['page'])){
            $page=$_GET['page'];
        }else{
            $page=1;
        }
         $page_count=3;
         $select=mysql_query("select * from tb_category",$conn);
         $row=mysql_num_rows($select);
         $page_page=ceil($row/$page_count);
         $offect=($page-1)*$page_count;   //获取上一页的最后一条记录，从而计算下一页的起始记录
         $selects=mysql_query("select * from tb_category where id order by id desc limit
$offect,$page_count",$conn);
         if($selects){
          while($myrow=mysql_fetch_array($selects)){  ?>
       <tr class="style1" align="middle">
```

```
        <td  height="44"  align="center"  bgcolor="#FFFBF0"><img  src="<?php  echo
$myrow['icon'];?>" width="40" height="40" /></td>
        <td height="44" align="center" bgcolor="#FFFBF0"><?php echo $myrow['category'];?></td>
        <td height="44" align="center" bgcolor="#FFFBF0"><?php echo $myrow['noderator'];?></td>
        <td height="44" align="center" bgcolor="#FFFBF0"><?php echo $myrow['create_date'];?></td>
        <td  height="44"  align="center"  bgcolor="#FFFBF0"><a  href="delete3.php?lmbs=
<?php echo urlencode("栏目管理");?>&amp;id=<?php echo $myrow['id'];?>">删除</a></td>
      </tr>
          <?php }}?>
```

（3）创建分页超级链接。实现不同页面之间的跳转，其关键代码如下：

```
    <table width="80%" border="0" cellspacing="0" cellpadding="0">
      <tr class="style4">
      <td width="50%" class="#ff0000">  页次: <?php echo $page;?>/<?php echo
$page_page;?>页 记录: <?php echo $row;?>条  </td>
        <td width="39%" class="#ff0000">
              <a  href="index.php?lmbs=<?php  echo  urlencode($_GET['lmbs']);?>&amp;
page=1">首页</a>
              <a  href="index.php?lmbs=<?php  echo  urlencode($_GET['lmbs']);?>&amp;
page=<?php if($page==1){echo $page=1; }else{ echo $page-1; }?>">上一页</a>
              <a  href="index.php?lmbs=<?php  echo  urlencode($_GET['lmbs']);?>&amp;
page=<?php if($page<$page_page){echo $page+1;}else{ echo $page_page;}?>">下一页</a>
              <a  href="index.php?lmbs=<?php  echo  urlencode($_GET['lmbs']);?>&amp;
page=<?php echo $page_page; ?>">尾页</a></td>
      </tr>
    </table>
```

删除栏目信息，根据 lmgl.php 页面传递的链接 ID，在 delete3.php 文件中执行栏目的删除操作，其关键代码如下：

```
    <?php
    include("../conn/conn.php");
    $delete=mysql_query("delete from tb_category where id='".$_GET['id']."'",$conn);
          if($delete){
              echo "<script>alert('删除成功!');window.location.href='index .php?lmbs="
.$_GET['lmbs']."';</script>";
          }else{
              echo "<script>alert('删除失败! ');window.location.href='index.php?lmbs="
.$_GET['lmbs']."';</script>";
          }
    ?>
```

19.6 调试运行

由于在线论坛的实现比较简单，没有太多复杂的功能，因此，对于本程序的调试运行，总体上情况良好。但是，其中也出现了一些小问题，例如：

问题一描述：在程序中的图片不能正确地显示。

解决方法：主要是因为在程序编写时，所调用的图片存储位置不对造成的。如果要在程序中调用图片，就要将所调用的图片拷贝到程序所在的根目录下，并设置图片的相对路径。

问题二描述：在进入后台管理主页中，单击左侧导航栏中的“回复主题管理”，在主显示区会出现如图 19-22 所示的错误。

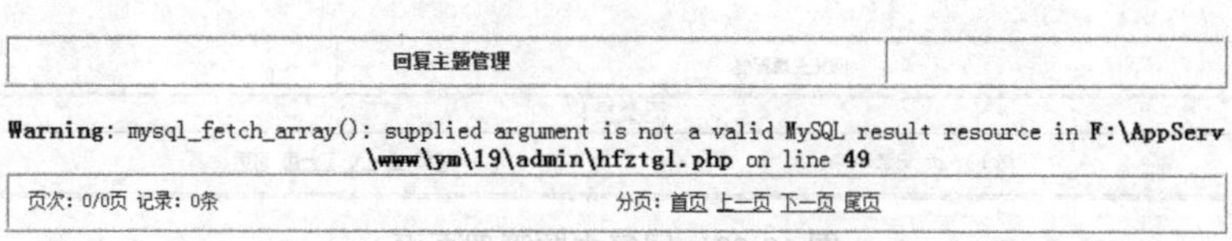

回复主题管理

Warning: mysql_fetch_array(): supplied argument is not a valid MySQL result resource in **F:\AppServ\www\ym\19\admin\hfztgl.php** on line **49**

页次：0/0页 记录：0条　　分页：首页 上一页 下一页 尾页

图 19-22　回复主题管理页面错误显示

解决方法：出现这个错误的原因主要是数据库中没有数据，由于没有数据所以在页面中只能输出错误提示。要想解决这个问题，只需要在对数据库中数据输出时，做一个判断就可以，当数据库中有数据时对数据循环输出，当数据库中没有数据时，输出一个“无数据”的提示信息。代码如下：

```
<?php
include("../conn/conn.php");
if(isset($_GET['page'])){
    $page=$_GET['page'];
  }else{
    $page=1;
  }
    $page_count=3;
    $select=mysql_query("select * from tb_resume_contents",$conn);
    $row=mysql_num_rows($select);
    $page_page=ceil($row/$page_count);
    $offect=($page-1)*$page_count;    //获取上一页的最后一条记录，从而计算下一页的起始记录
    $selects=mysql_query("select * from tb_resume_contents where id order by id desc
limit $offect,$page_count",$conn);
if($row>0){
?>
<?php while($array=mysql_fetch_array($selects)){ ?>
  <tbody>
    <tr class="style1" align="middle" bgcolor="#d0e8ff">
      <td      height="35"      colspan="3"      align="left"      bgcolor="FFEFBA"><span
class="STYLE2">    主 题: <?php echo $array['subject'];?></span> 
           <a href="delete4.php?lmbs=
<?php echo urlencode("回复主题");?>&amp;id=<?php echo $array ['id'];?>;">删 除</a></td>
    </tr>

    <tr class="style1" align="middle">
      <td width="192" height="35" rowspan="2" align="center" bgcolor="#FFFBF0"></td>
      <td height="17" colspan="2" align="left" bgcolor="#FFFBF0">  回复主题:<?php
echo $array['resume_subject'];?>  发表时间:<?php echo $array ['resume_date'];?></td>
    </tr>
    <tr class="style1" align="middle">
      <td height="17" colspan="2" align="left" bgcolor="#FFFBF0">  回复内容:
<?php echo $array['resume_contents'];?> </td>
    </tr>
    <?php }?>
     <?php
     }else{
     echo "无数据! ";
     }
     ?>
```

对数据判断之后，页面的输出效果如图 19-23 所示。

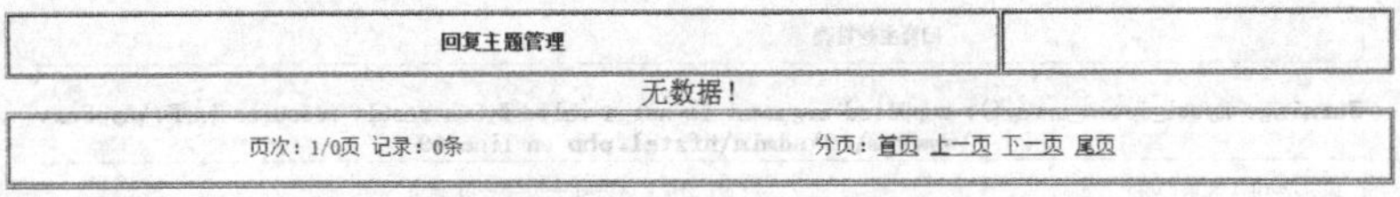

回复主题管理	
无数据！	
页次：1/0页 记录：0条	分页：首页 上一页 下一页 尾页

图 19-23　回复主题管理页面

19.7　课程设计总结

本设计是以 PHP 为开发基础，结合 CSS、JavaScript 等主流技术实现的在线论坛系统。着重对在线论坛的业务流程进行研究，围绕主流 Web 开发应用技术，结合动态网站开发特点及需求，根据系统运行环境、设计系统软件对在线论坛系统的研究进行讲解。本次设计中的数据库采用 MySQL，选用该数据库既可以提高系统的安全性与稳定性，同时也极大地降低了开发成本。另外，程序的运行采用 AppServ 集成环境，也保证了软件之间的协同作用。利用 PHP 开源性与易开发性等特点开发程序，给整个过程带来了很大方便，但本系统只能满足绝大多数功能需求，对于在线论坛在实际情况下的应用，仍需要根据个体因素进一步对程序进行调整。该在线论坛系统仍有待于完善。

第 20 章 课程设计——微博

本章要点：

- 系统设计思路
- 数据库设计
- 用户登录模块设计
- 微博首页设计
- Ajax 无刷新技术
- 主要功能模块的关键代码

如果有人问"什么是 Web2.0？"，恐怕没几个人能说得清楚，但是要问什么是微博？哪怕是从不上网的人也是耳熟能详了。微博正是 Web2.0 概念中重要的组成部分之一（大家熟知的还包括 IM 即时通和 RSS 阅读器）。

Blog（微博），全名 Weblog，后来缩写为 Blog。Blogger 就是写 Blog 的人，习惯于在网上写出日记、发布个人照片、展示个性自我的用户群体。对于 Blog/Blogger 的中文名称，有翻译成"微博"，也有翻译为"网志"，但大多数人都已经认可了"微博"。本章将以微博为课程设计，来全方位解读微博的魅力。

20.1 课程设计目的

本章提供了"微博"作为这一学期的课程设计之一，本次课程设计旨在提升学生实时开发能力，加强学生对专业理论知识的理解和实际应用，锻炼学生的创新思维。本次课程设计的主要目的如下。

- 加深对 PHP 语言的理解。
- 掌握 PHP 开发应用程序的基本流程。
- 掌握 Ajax 无刷新技术在实际开发中的应用。
- 掌握微博开发的基本流程。
- 培养和锻炼开发程序的逻辑思维。
- 培养分析问题、解决实际问题的能力。

20.2 功能描述

明日微博程序主要包括 3 个主要模块，即用户登录模块、微博发布主页我的微博页面。

- 用户登录界面，顾名思义，为用户登录微博提供的主要界面，该页面主要包括登录表单和推荐用户两个模块。
- 微博发布主页是整个微博系统的核心部分，它包含了所有用户发表的内容及回复内容、用户个人基本信息，以及常用微博操作超级链接。
- 我的微博页面主要用于显示我的基本信息、用户个人发表的内容以及其他博友提到该用户名称的内容以及用户个人对内容的评论内容。

20.3 总体设计

20.3.1 功能结构

微博的主要模块大体可以分为登录模块、微博首页和我的微博主页 3 大功能模块，其结构如图 20-1 所示。

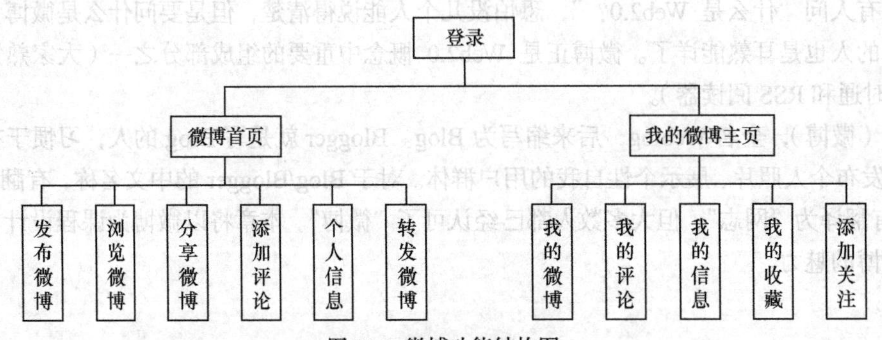

图 20-1 微博功能结构图

20.3.2 系统预览

为了让读者对本系统有一个初步的了解和认识，下面给出本系统的几个页面运行效果图。

用户登录页面如图 20-2 所示，该页面主要显示用户的登录界面以及微博的推荐用户。

微博发布页面如图 20-3 所示，该页面主要用于发布字数限制在 140 字的微博内容、查看自己和其他用户发表的微博内容、添加微博回复、转发微博和收藏微博。用户可以在该页面查看自己的个人用户信息，并通过相关超级链接进入不同的操作界面。

我的微博页面主要向当前用户展示发表微博的内容、时间等信息，并可以在该页面查看自己关注的博友以及关注自己的用户。其运行页面如图 20-4 所示。

图 20-2　用户登录模块

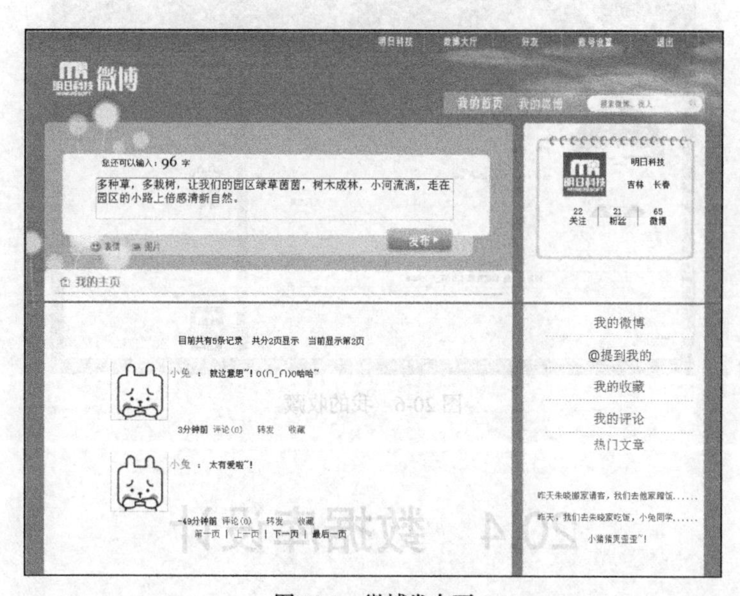

图 20-3　微博发布页

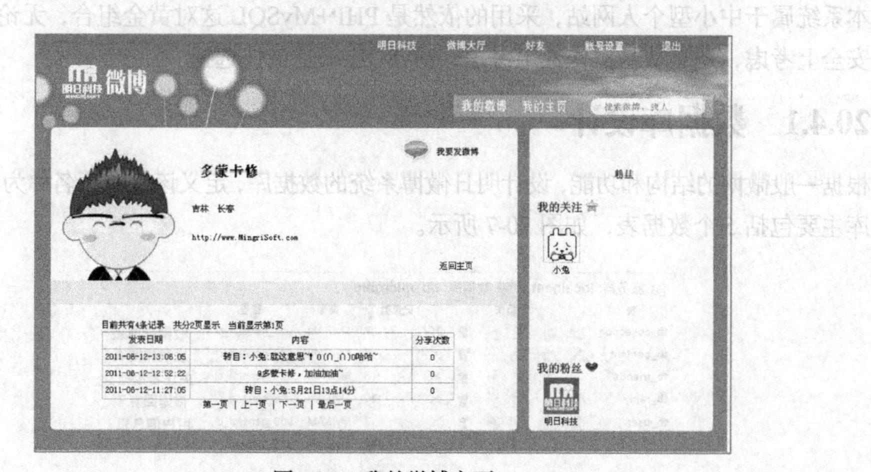

图 20-4　我的微博主页

另外，用户还可以通过单击微博主页的其他超级链接进入相应的功能主页，其中@提到我的页面如图 20-5 所示，我的收藏如图 20-6 所示。

图 20-5 @提到我的运行结果

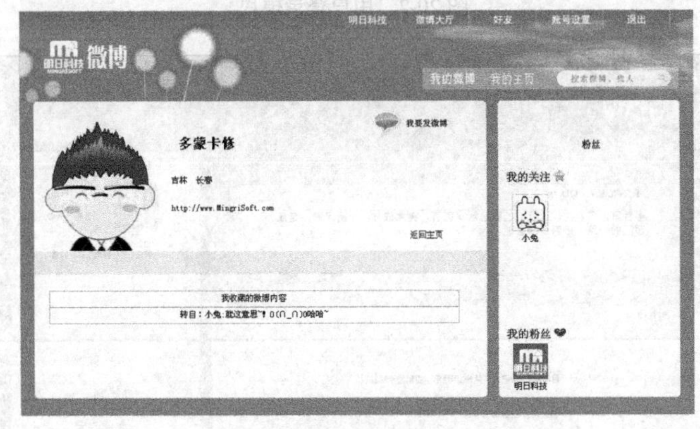

图 20-6 我的收藏

20.4 数据库设计

本系统属于中小型个人网站，采用的依然是 PHP+MySQL 这对黄金组合，无论是从成本、性能、安全上考虑，还是从易操作性上考虑，MySQL 都是最佳选择。

20.4.1 数据库设计

根据一般微博的结构和功能，设计明日微博系统的数据库，定义该数据库名称为 db_microblog，数据库主要包括 5 个数据表，如图 20-7 所示。

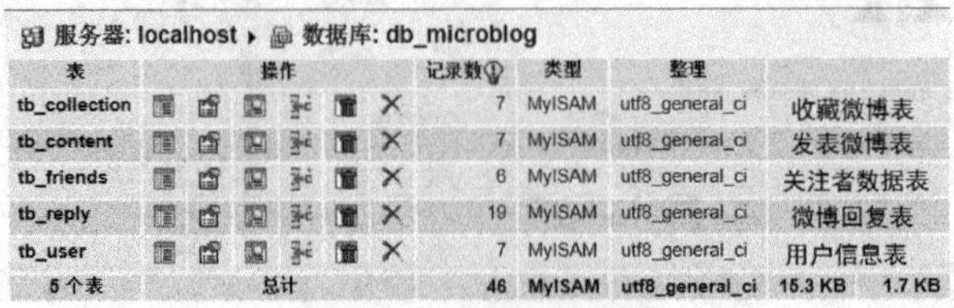

服务器: localhost ▸ 数据库: db_microblog

表	操作	记录数	类型	整理		
tb_collection		7	MyISAM	utf8_general_ci	收藏微博表	
tb_content		7	MyISAM	utf8_general_ci	发表微博表	
tb_friends		6	MyISAM	utf8_general_ci	关注者数据表	
tb_reply		19	MyISAM	utf8_general_ci	微博回复表	
tb_user		7	MyISAM	utf8_general_ci	用户信息表	
5 个表	总计	46	MyISAM	utf8_general_ci	15.3 KB	1.7 KB

图 20-7 明日微博数据库

20.4.2 数据表设计

明日微博的数据库中包括 5 张数据表，下面来具体了解这 5 张数据表的结构设计。

1. tb_user（用户信息数据表）

用户信息数据表主要用于存储用户的登录账号、密码、昵称等个人信息。该数据表的结构如表 20-1 所示。

表 20-1 tb_user 表

字段名称	数据类型	字段大小	是否主键	说明
id	int	11	主键	自动编号 id
username	varchar	50		用户账户名
userpass	varchar	50		用户密码
nickname	varchar	200		用户昵称
blogcount	int	11		微博总数
fans	int	11		被关注者数量
attraction	int	11		关注者数量
collectcount	int	11		收藏微博数量
userimg	varchar	200		用户头像图片地址
city	varchar	50		用户所在城市

2. tb_content（发表微博表）

发表微博表主要用于存储用户发表的微博信息。该数据表的结构如表 20-2 所示。

表 20-2 tb_content 表

字段名称	数据类型	字段大小	是否主键	说明
id	int	11	主键	自动编号 id
content	text			微博内容
sendtime	varchar	50		发表时间
author	varchar	200		作者
share	int	11		分享总数

3. tb_reply（微博回复表）

微博回复表主要用于存储用户对微博文章的回复。该数据表的结构如表 20-3 所示。

表 20-3 tb_reply 表

字段名称	数据类型	字段大小	是否主键	说明
rid	int	11	主键	自动编号 id
replycontent	text			回复内容
replyauthor	varchar	200		回复作者
cid	varchar	11		回复微博 ID
replytime	varchar	50		回复时间

4. tb_friends（关注者信息表）

关注者信息表主要用于存储用户所关注的微博作者。该数据表的结构如表 20-4 所示。

表 20-4　　tb_friends 表

字段名称	数据类型	字段大小	是否主键	说　明
id	int	10	主键	自动编号 id
attractior	varchar	200		被关注者信息
fans	varchar	200		关注者信息

5. tb_collection（收藏微博记录表）

收藏微博记录表主要用于存储用户所收藏的微博信息。该数据表的结构如表 20-5 所示。

表 20-5　　tb_collection 表

字段名称	数据类型	字段大小	是否主键	说　明
id	int	11	主键	自动编号 id
collector	varchar	50		收藏微博的用户昵称
address	varchar	200		收藏微博地址

20.5　实现过程

20.5.1　用户登录设计

用户要想登录自己的微博发表微博文章，就必须通过登录验证的方式进入微博发布页。由于微博和一般留言板不同，必须通过个人的有效登录信息进行登录操作，才可以发布微博文章。用户登录模块的运行结果如图 20-8 所示。

1. 界面设计

用户登录模块的设计非常简单，只包括两个表单元素和一个用于提交的图像域即可，虽然内容少，但对其与其他内容进行合理的搭配也是非常重要的。用户登录模块中涉及的 HTML 表单的重要元素如表 20-6 所示。

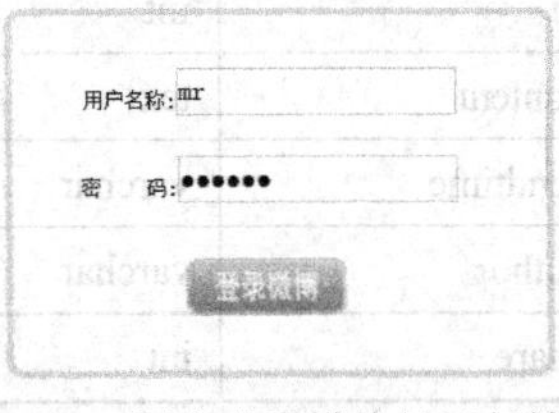

图 20-8　用户登录模块的运行结果

表 20-6　　用户登录页面涉及的 HTML 表单的重要元素

名称	类型	含义	重要属性
form 1	form	表单	action="login_chk.php" method="post" onsubmit="return checkinfo();"
username	text	登录用户名	<input id="input1" type="text" name="username" value="请输入用户名" onfocus="insName();" />
userpass	password	密码	<input id="input2" type="password" name="userpass" />
btn	Submit	登录按钮	<input type="submit" value="" class="btn"/>

2. 关键代码

（1）创建 index.php 文件，来判断用户是否登录。如果用户已经登录，则跳转到发表微博主页面，否则跳转到登录模块的登录界面。其代码如下：

```
<?php
session_start();
if(isset($_SESSION["nickname"]) && isset($_SESSION["username"])){
    echo "<meta http-equiv=\"refresh\" content=\"0; url=main.php\">";
}else{
    echo "<meta http-equiv=\"refresh\" content=\"0; url=login/index.php\">";
}
?>
```

（2）创建登录模块的前台登录表单，用于实现用户的前台登录。其主要代码如下：

```
<form id="form1" action="login_chk.php" method="post" onsubmit="return checkinfo();">
  <center>
     <div class="iptareaiv">
      <input name="button" type="button" class="btn2" value="" />
     </div>
     <div class="iptarea">
       用户名称:<input id="input1" type="text" name="username" value="请输入用户名"
onfocus="insName();" />
     </div>
      <div class="iptareaii">
       密    码:<input id="input2" type="password" name="userpass" />
     </div>
     <div class="iptareaiii">
     </div>
</center>
<input type="submit" value="" class="btn"/>
</form>
```

（3）创建 JavaScript 脚本文件，并调用自定义 onLoad 函数对所添加的用户名和密码进行非空的验证。其关键代码如下：

```
function onLoadInfo(){
form1.input1.style.color="#CCCCCC";
form1.input1.value="请输入用户名"
}
function insName(){
form1.input1.style.color="#000000";
form1.input1.value="";
}

function checkinfo(){
if(form1.input1.value=="" || form1.input1.value=="请输入用户名"){
    alert('请输入用户名！');
    form1.input1.focus();
    return false;
    }
if(form1.input2.value==""){
    alert('请输入密码！');
    form1.input2.focus();
    return false;
    }
}
```

（4）单击“登录微博”按钮，将数据提交到用户登录数据处理页中，对提交的数据进行验证。

如果正确则提示用户登录成功并跳转到微博的主页，否则返回到用户登录页面。其中用户登录数据处理页中的代码如下：

```
<?php
session_start();
include_once("conn/conn.php");
$sql="select * from tb_user where username='".$_POST["username"]."' and
userpass='".$_POST["userpass"]."'";
$result=mysql_query($sql,$link);
$num=mysql_num_rows($result);
if($num==1){
    mysql_query("set names gb2312");
    $results=mysql_query($sql,$link);
    while($myinfo=mysql_fetch_array($results)){
    $_SESSION["nickname"]=$myinfo["nickname"];
     $_SESSION["username"]=$myinfo["username"];
     echo $myinfo["username"];
     echo "<meta http-equiv=\"refresh\" content=\"2; url=../main.php\">";
     echo "登录成功!! ";
    }
}else{
   echo "<script>alert('用户名或密码错误!! ');</script>";
   include_once("index.php");
}
?>
```

20.5.2 微博首页设计

微博首页页面设计比较简洁，主要包括以下 5 部分内容。

- 微博发布区：发布及时消息和心情等内容。
- 微博展示区：当前所有用户发表的最新微博内容。
- 个人信息区：个人的昵称、头像及微博粉丝、关注者以及发表微博个数等。
- 导航区：提供“我的微博”、“@提到我的”、“我的收藏”、“我的评论”等链接。
- 热门文章展示区：滚动展示热门的微博文章。

微博首页的运行效果如图 20-9 所示。

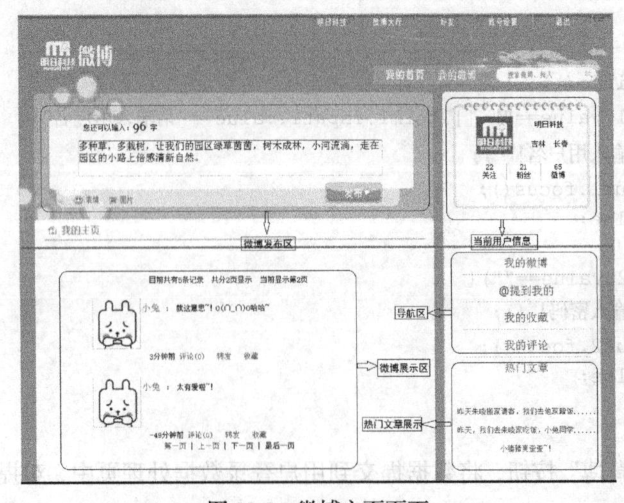

图 20-9　微博主页页面

1. 界面设计

微博的首页设计主要使用了文件的包含技术，就是将所有副页面以包含文件方式引用过来，组成一个看起来多功能技术性强的微博首页。包含文件方式具体详解如下。

在微博首页中通过 include_once()函数包含文件。使用 include_once 函数在包含文件时，如果该文件中的代码已经被包含，则不会被再次包含。include_once 函数应用于脚本执行期间同一个文件有可能被包含超过一次的情况下，以确保它只被包含一次，从而避免出现函数从定义、变量重新赋值等问题。

2. 关键代码

微博首页实现起来十分简单，总体是采用表格嵌套来实现整个首页的布局，然后再使用包含文件结合技术，把所有需要显示在首页的文件引入进来就可以了。其具体的实现步骤如下。

（1）加载各种文件，如 CSS 样式文件、JS 脚本文件等。代码如下：

```
<script src="js/index.js"></script>
<link href="css/main.css" type="text/css" rel="stylesheet" />
```

（2）使用表格嵌套的方法对首页布局，并在相应的位置使用包含文件技术，载入不同的页面，如个人信息展示页、微博文章展示页等。代码如下：

```
<table id="__01" width="980" height="768" border="0" cellpadding="0" cellspacing="0">
    <tr>
        <td colspan="2" width="980" height="369" background="images/index_01.jpg">
        <table width="980" height="369" border="0" cellpadding="0" cellspacing="0">
    <tr></tr>
   <tr></tr>
   <tr></tr>
     <tr>
      <td height="126" valign="top">
       <?php  include_once("login/userinfo.php"); ?></td>
     </tr>
       </table>
         </td>
   </tr>
    <tr>
    <td><?php include_once("mainindex.php");  ?></td>
    </tr>
    <tr></tr>
</table>
        </td>
    </tr>
    <tr>
        <td width="691" height="316" rowspan="2" background="images/index_02.jpg">
               <center><div id="msg">
<?php include_once("showmodel.php");  ?></div></center>
       </td>
       <td width="289" height="158" background="images/index_03.jpg">
        <table width="210" align="center" border="0" cellspacing="0" cellpadding="0">
     /*省略其他页面的超级链接*/
        </table>
        </td>
   </tr>
    <tr>
    <td align="center" height="158" background="images/index_03.jpg">
        <table width="240" height="150" border="0" align="center">
```

```
          /*省略滚动显示热门文章*/
          </table>
          </td>
     </tr>
     <tr>
          <td colspan="2">
               <img src="images/index_04.jpg" width="980" height="83" alt=""></td>
     </tr>
</table>
```

（3）创建“我的微博”、“@提到我的”、“我的收藏”和“我的评论”的链接。代码如下：

```
<table width="210" align="center" border="0" cellspacing="0" cellpadding="0">
     <tr>
          <td style="border-bottom:1px dashed #999999; padding-top:8px;" height="35">
<a href="myblog.php?nickname=<?php echo $_SESSION["nickname"]; ?>"><span class="character">
我的微博</span></a></td>
        </tr>
        <tr>
          <td style="border-bottom:1px dashed #999999; padding-top:8px;" height="35"><a
href="refer.php?nickname=<?php echo $_SESSION["nickname"];?>"><span class="character">@提到
我的</span></a></td>
        </tr>
        <tr>
          <td style="border-bottom:1px dashed #999999; padding-top:8px;" height="35">
  <a  href="mycollection.php?nickname=<?php  echo  $_SESSION["nickname"];  ?>"><span
class="character">我的收藏</span></a></td>
       </tr>
       <tr>
          <td style="border-bottom:1px dashed #999999; padding-top:8px;" height="35"><a
href="myreply.php?nickname=<?php echo $_SESSION["nickname"]; ?>"><span class="character">我
的评论</span></a></td>
      </tr>
    </table>
```

（4）应用 iconv_strlen()函数对热门文章进行截取，截取 16 个字符，并应用“<marquee></marquee>”标签进行滚动显示。代码如下：

```
   <marquee direction="up" height="100" onMouseOut="this.start()" onMouseOver="this.stop()"
scrollamount=1 scrolldelay="10">
   <table width="240" height="150" border="0" align="center">
      <?php
            include_once('conn/conn.php');
            $sql=mysql_query("select * from tb_content order by id desc"); //查询数据库中数据
             while($info=mysql_fetch_array($sql)){
      ?>
      <tr>
          <td align="left">
        <a href="nr.php?id=<?php echo $info['id'];?>" target="_blank">
      <?php
            $nr=iconv_strlen($info['content'],'gb2312');
            if($nr>16){
                echo iconv_substr($info['content'],0,16,'gb2312')."......";
            }else{
                echo $info['content'];
            }
      ?>
```

```
        </a>
        </td>
    </tr>
    <?php
        }
     ?>
    </table>
  </marquee>
```

20.5.3　发布微博设计

发布微博是微博最基本的功能。用户可以发表少于 140 个字的内容，微博内容编写完成以后，单击“发布”按钮即可将微博内容存储在数据库中。发布微博的运行结果如图 20-10 所示。

图 20-10　发布微博的运行结果

1．界面设计

发布微博界面设计是在 mainindex.php 页完成的，实现表单设计代码如下：

```
<form id="form1" action="" method="post">
    <!--鼠标事件 -->
    <textarea rows="3" id="text" style="overflow:hidden;"  onfocus="checkcount();"
onmousedown="checkcount();" onkeydown="checkcount();"  onkeyup="checkcount();" ></textarea>
      <div class="btnarea1">
         <input type="button"  class="sendbtn" value="" onclick="showsimple();" />
      </div>
  </form>
```

2．关键代码

（1）在编写微博内容时，对所编写的微博内容字数进行了限制，其只允许输入 140 个字以内的内容，该功能的实现主要是依靠 JavaScript 脚本来实的，通过键盘事件来实现文字字数的验证。当用户输入的文字字数超出 140 字，则提示用户已经超出限定的字符个数。实现的主要代码如下：

```
function checkcount(){
    charcount=form1.text.value.length;
    var msgcount=140-charcount;
       if(msgcount<0){
          msgcount=0-msgcount;
          count.style.color="red";
          document.getElementById("annchar").innerHTML='您已超过';
          document.getElementById("count").innerHTML=msgcount;
          return false;
       }else{
          count.style.color="blue";
          document.getElementById("annchar").innerHTML='您还可以输入:';
         document.getElementById("count").innerHTML=msgcount;
       }
   }
```

（2）在 index.js 文件中首先定义一个 createXmlHttpRequestObject()对象，并获取 XMLHttpRrequest

对象，然后定义 xmlHttp 用来存储将要使用的 XMLHttpRrequest 对象。关键代码如下：

```
var xmlHttp=createXmlHttpRequestObject();          //定义 XMLHttpRrequest 对象
function createXmlHttpRequestObject(){             //获取 XMLHttpRrequest 对象
    var xmlHttp;                                   //用来存储将要使用的 XMLHttpRrequest 对象
    if(window.ActiveXObject){                      //如果在 internet Explorer 下运行
        try{
            xmlHttp=new ActiveXObject("Microsoft.XMLHTTP");
        }catch(e){
            xmlHttp=false;
        }
    }else{                                         //如果在 Mozilla 或其他的浏览器下运行
        try{
            xmlHttp=new XMLHttpRequest();
        }catch(e){
            xmlHttp=false;
        }
    }
    if(!xmlHttp)                                   //返回创建的对象或显示错误信息
        alert("返回创建的对象或显示错误信息");
        else
        return xmlHttp;
}
```

（3）然后使用 XMLHttpRequest 对象创建异步 Http 请求，定义函数 showsimple()，对表单中提交的数据进行判断，并且获取表单中输入的信息，在服务器端执行 insert.php 文件，向服务器发送请求。关键代码如下：

```
function showsimple(){
 createXmlHttpRequestObject();
 var us=document.getElementById('text').value;
 if(us==""){
     alert('不能添加空内容！');
     return false;
     }
 if(charcount>140){
     alert('您发表了过多的文字！');
     return false;
     }
  var post_method="content="+us;
  xmlHttp.open("POST","insert.php",true);
  xmlHttp.setRequestHeader("Content-Type","application/x-www-form-urlencoded;");
  xmlHttp.onreadystatechange=SataHandler;
  xmlHttp.send(post_method);
  form1.text.value="";
  document.getElementById("count").innerHTML=140;       //恢复 140 字状态
}
```

（4）最后获取从服务器端返回的信息。关键代码如下：

```
function SataHandler(){
 if(xmlHttp.readyState==4 && xmlHttp.status==200){
     if(xmlHttp.responseText!=""){
         document.getElementById("msg").innerHTML=xmlHttp.responseText;
     }else{
```

```
        alert('添加失败! ');
    }
}
```

（5）insert.php 文件在服务器端被执行，将获取到的所发表的微博内容存储到数据库中。关键代码如下：

```
<?php
session_start();
include_once("conn/conn.php");
$content=iconv('UTF-8','gb2312',$_POST["content"]);
$sqlblogcount="select * from tb_user where username='".$_SESSION["username"]."'";
$resultblogcount=mysql_query($sqlblogcount,$link);
$myblogcount=mysql_fetch_array($resultblogcount);
$blogcount=$myblogcount["blogcount"]+1;
$nickname=$_SESSION["nickname"];
$time=date("Y-m-d-H:i:s");
$sql="insert into tb_content(content,sendtime,author)values('$content','$time','$nickname')";
$sqlii="update tb_user set blogcount=".$blogcount." where username='".$_SESSION["username"]."'";
mysql_query("set names gb2312");
$result=mysql_query($sql,$link) or die("Insert process error:".mysql_error());
$result=mysql_query($sqlii,$link) or die("Insert process error:".mysql_error());
include_once("showmodel.php");
?>
```

20.5.4 微博内容显示设计

微博的内容显示是在主页中完成的，所显示的微博内容包括微博内容发布者的头像、微博内容、微博内容发布的时间，以及评论、收藏、转发的超级链接。微博显示页面的运行效果如图 20-11 所示。

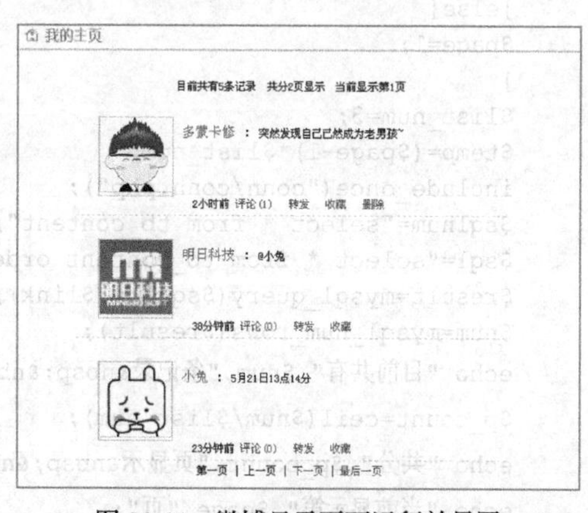

图 20-11 微博显示页面运行效果图

1. 界面设计

对于微博内容的显示，主要是以表格的形式进行展示的。该表格是一个 3 行 2 列的表格，在第 1 列中载入“img”标签，用于显示微博发布者的头像；第 2 行显示微博发布者的用户名；第 3 行显示微博发布的时间以及评论、收藏、转发的链接。代码如下所示：

```
<table width="450" align="center" border="0" cellspacing="0" cellpadding="0" >
  <tr>
    <td rowspan="3" width="80" style="margin:5px;">
      <a style="border:1px solid #CCCCCC;" href="myblog.php?nickname=<?php echo $myrow
["author"];  ?>"><img  border="0"  width="80"  height="80"  src="<?php  echo  $imgrow
["userimg"];?>" /></a> </td>
    <td width="360" style=""> </td>
  </tr>
  <tr>
    <td height="90"><div style="text-align:left; height:60px;">
      <span style=" color:#0099FF; font-size:15px;"> <?php echo $myrow["author"]; ?>
</span>: <?php echo $myrow["content"]; ?>   </td>
  </tr>
  <tr>
```

```
    <td style="text-align:left; line-height:22px;">  <?php echo $showdate; ?>
<a onclick="showreply(<?php echo "reply".$myrow["id"]; ?>);" href="#">评论(<?php echo
$replyamount; ?>)</a>   <a href="#" onclick="shareblog(<?php echo $myrow["id"]; ?>);">
转发</a>   <a href="#" onclick="collectblog(<?php echo $myrow["id"]; ?>);">收藏
</a>  
        <?php
         if($_SESSION["nickname"]==$myrow["author"]){
         ?>
        <a href="#" onclick="deletemb(<?php echo $myrow["id"]; ?>);">删除</a>  
        <?php
         }
         ?>
    </td>
  </tr>
</table>
```

2. 关键代码

（1）微博内容显示采用了分页技术，该技术的设计思路是：从数据库中读取数据，获取数据总量。在每页中显示 3 条数据，根据数据总量和每页显示的条数对数据进行分页处理，计算出多少页，然后对当前获取的页码（$page）与数字 1 进行比较，利用比较的结果，来完成第一页、上一页、下一页、最后一页的输出操作并跳转到相应的页面中。关键代码如下：

```
<?php
if(isset($_GET["page"])){
$page=$_GET["page"];
}else{
$page=1;
}
$list_num=3;
$temp=($page-1)*$list_num;
include_once("conn/conn.php");
$sqlnum="select * from tb_content";
$sql="select * from tb_content order by id desc limit $temp,$list_num ";
$result=mysql_query($sqlnum,$link);
$num=mysql_num_rows($result);
echo "目前共有".$num."条记录  ";                    //输出记录数
$p_count=ceil($num/$list_num);                               //总页数为总条数除以每页显示数
echo "共分".$p_count."页显示  ";                     //输出页数
echo "当前显示第".$page."页";
$prev_page=$page-1;                                          //定义上一页为该页减 1
$next_page=$page+1;                                          //定义下一页为该页加 1
if ($page<=1) {                                              //如果当前页小于等于 1 只有显示
        echo "第一页 | ";
} else{                                                      //如果当前页大于 1 显示指向第一页的连接
    echo "<a href='main.php?page=1'>第一页</a> | ";
}
if ($prev_page<1) {                                          //如果上一页小于 1 只显示文字
        echo "上一页 | ";
} else{                                                      //如果大于 1 显示指向上一页的连接
        echo "<a href='main.php?page=$prev_page'>上一页</a> | ";
}
```

```
if ($next_page>$p_count)  {                              //如果下一页大于总页数只显示文字
        echo "下一页 | ";
} else{                                                  //如果小于总页数则显示指向下一页的连接
        echo "<a href='main.php?page=$next_page'>下一页</a> | ";
}
if ($page>=$p_count) {                                   //如果当前页大于或者等于总页数只显示文字
        echo "最后一页</p>\n";
}else{                                                   //如果当前页小于总页数显示最后页的连接
        echo "<a href='main.php?page=$p_count'>最后一页</a></p>\n";
}
?>
```

（2）微博发布的时间是以计算得出的时间段为表现形式进行展示的。其具体的计算方式是用当前时间与微博内容所发表的时间进行对比：初始时间按照分钟计算，例如，当用户“刚刚”发表则显示“刚刚发布”；如果用户发表超过一个小时以上，则按小时显示，如果发布时间超过 24 小时则按照发布天数计算，如“1 天前”这样的显示方式；如果微博内容发表距当前时间超过 3 天则显示“*N* 天前”。其实现的关键代码如下：

```
<?php
$sendtime=$myrow["sendtime"];
$array=explode("-",$sendtime);
$nowdate=date('d');
$nowtime=date('H:i');
$nowchk=explode(':',$nowtime);
$nowhour=$nowchk[0];
$nowmin=$nowchk[1];
$senddate=$array[2];
$time=$array[3];
$sendtime=explode(':',$time);
$hour=$sendtime[0];
$min=$sendtime[1];
if($nowdate-$senddate<=0){
  if($nowhour-$hour<=0){
    $judgemin=$nowmin-$min;
     if($judgemin==0){
     $showdate="刚刚发布";
     }else{
    $showdate=$nowmin-$min."分钟前";
     }
  }else{
    $showdate=$nowhour-$hour."小时前";
  }
}else{
    $judgement=$nowdate-$senddate;
     if($judgement>=5){
     $showdate="N 天前";
     }else{
     $showdate=$judgement."天前";
     }
}
?>
```

20.5.5 微博评论设计

当用户查看某位微博博友所发的微博文章后，可以通过单击“评论”来打开评论文本框，在评论文本框中输入评论的内容后，单击“发布”按钮即可对该条微博文章进行评论。评论微博内容的运行结果如图 20-12 所示。

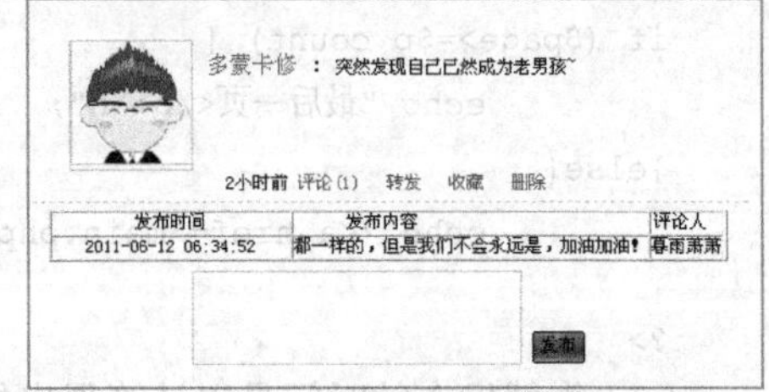

图 20-12 微博内容评论运行结果

该过程的实现原理主要是通过设置不同 id 号码的 div 标签，并应用 JavaScript 脚本命令来更改 div 标签的 display 属性，从而实现微博回复内容的拉伸效果。其实现步骤如下。

（1）根据所浏览的微博 id 设置 div 标签，其代码如下：

```
<div id="<?php echo "reply".$myrow["id"]; ?>"  style="display:none;">
```

（2）然后设置超级链接，并通过“单击”超级链接来触发 JavaScript 脚本事件，关键代码如下：

```
<a onclick="showreply(<?php echo "reply".$myrow["id"]; ?>);" href="#">评论(<?php echo
$replyamount; ?>)</a>
```

（3）定义一个自定义函数 showreply()，通过这个自定义函数来隐藏当前所在微博文章 id 的 div 层。代码如下：

```
function showreply(target){
    var showlayer=target.style.display;
     if(showlayer==""){
        target.style.display="none";
        }else{
        target.style.display="";
        }
}
```

（4）显示所有对当前微博内容的回复。以当前 id 为条件在回复数据表（tb_reply）中查询出对当前微博内容的评论，然后将查询的返回结果集以表格的形式展现给用户，以此来实现评论内容的显示。其主要代码如下：

```
<?php
include_once("conn/conn.php");
$sqlreply="select * from tb_reply where cid=".$myrow["id"];
$resultss=mysql_query($sqlreply,$link);
$num=mysql_num_rows($resultss);
if($num>0){
   mysql_query("set names gb2312");
   $resultss=mysql_query($sqlreply,$link);
        echo "<table width=\"480\" border=\"1\" align=\"center\" cellpadding=\"1\"
cellspacing=\"1\"  bordercolor=\"#FFFFFF\"  bgcolor=\"#33BDFC\"><tr><td  width=\"160\"
height=\"30\"  align=\"center\"  bgcolor=\"#FFFFFF\"> 发 布 时 间 </td><td  width=\"160\"
align=\"center\" bgcolor=\"#FFFFFF\">发布内容</td><td width=\"160\" align=\"center\"
bgcolor=\"#FFFFFF\">评论人</td></tr>";
   while($myinforow=mysql_fetch_array($resultss)){
?>
     <tr>
        <td height="30" bgcolor="#FFFFFF"><?php echo $myinforow["replytime"]; ?></td>
        <td bgcolor="#FFFFFF"><?php echo $myinforow["replycontent"]; ?></td>
        <td bgcolor="#FFFFFF"><?php echo $myinforow["replyauthor"]; ?></td>
   </tr>
```

```
<?php
}
   echo "</table>";
}else{
    echo "没有回复！";
}
?>
```

（5）创建表单，设置回复对话框。其代码如下：

```
<form id="<?php echo "form".$myrow["id"]; ?>"  method="post"  action="">
    <textarea id="<?php echo "replyblog".$myrow["id"]; ?>" class="replytext"></textarea>
    <input type="button"  onclick="replyblog(<?php echo $myrow["id"];  ?>,<?php echo
"replyblog".$myrow["id"]; ?>);" value="发布" />
</form>
```

（6）然后使用 XMLHttpRequest 对象创建异步 Http 请求，定义函数 replyblog()，对表单中提交的数据进行判断，并且获取表单中输入的信息，在服务器端执行 replyact.php 文件，向服务器发送请求。其代码如下：

```
function replyblog(num,area){
 createXmlHttpRequestObject();
  var us=area.value;                    //输入对话框内容
  var cid=num;                          //对应微博层号
  id=cid;                               //用于 ReplyHandler 函数
 if(us==""){
     alert('请填加回复内容！');
     return false;
     }
 var post_content="replyblog="+us;
  xmlHttp.open("POST","replyact.php?cid="+cid,true);
  xmlHttp.setRequestHeader("Content-Type","application/x-www-form-urlencoded;");
  xmlHttp.onreadystatechange=ReplyHandler;
  xmlHttp.send(post_content);
  area.value="";
}
```

（7）最后获取从服务器端返回的信息。关键代码如下：

```
function ReplyHandler(){
 if(xmlHttp.readyState==4 && xmlHttp.status==200){
     if(xmlHttp.responseText!=""){
         var reply="replyshow"+id;
        document.getElementById(reply).innerHTML=xmlHttp.responseText;

     }else{
         alert('添加失败！');
         }
 }
}
```

（8）replyact.php 文件在服务器端被执行，将获取到的评论内容存储到数据库中。关键代码如下：

```
<?php
session_start();
include_once("conn/conn.php");
$nickname=$_SESSION["nickname"];
$cid=$_GET["cid"];
$replyblog=iconv('UTF-8','gb2312',$_POST["replyblog"]);
```

```
    $time=$time=date("Y-m-d H:i:s");
    $sqlii="insert                                                        into
tb_reply(replycontent,replytime,replyauthor,cid)values('$replyblog','$time','$nickname
',$cid)";
    mysql_query("set names gb2312");
    $result=mysql_query($sqlii,$link) or die("Insert process error:".mysql_error());

    $sqlreplyii="select * from tb_reply  where cid=".$cid;
    $resultsi=mysql_query($sqlreplyii,$link);
    $num=mysql_num_rows($resultsi);
    if($num>0){
      mysql_query("set names gb2312");
      $resultsi=mysql_query($sqlreplyii,$link);
      echo  "<table  width=\"480\"  border=\"1\"  align=\"center\"  cellpadding=\"1\"
cellspacing=\"1\" bordercolor=\"#FFFFFF\" bgcolor=\"#33BDFC\">
     <tr>
       <td width=\"160\" height=\"30\" align=\"center\" bgcolor=\"#FFFFFF\">发布时间</td>
       <td width=\"160\" align=\"center\" bgcolor=\"#FFFFFF\">发布内容</td>
       <td width=\"160\" align=\"center\" bgcolor=\"#FFFFFF\">评论人</td>
     </tr>";
      while($myreplyrow=mysql_fetch_array($resultsi)){
      ?>
     <tr>
        <td  height="30"  align="center"  bgcolor="#FFFFFF"><?php  echo  $myreplyrow
["replytime"];  ?></td>
        <td align="center" bgcolor="#FFFFFF"><?php echo $myreplyrow["replycontent"]; ?></td>
        <td align="center" bgcolor="#FFFFFF"><?php echo $myreplyrow["replyauthor"]; ?></td>
     </tr>
    <?php
      }
    }else{
       echo "没有回复！";
    }
     echo "</table>";
    ?>
```

20.6 Ajax 无刷新技术专题

20.6.1 Ajax 概述

Ajax 是 Asynchronous JavaScript and XML 的缩写，意思是异步的 JavaScript 与 XML。

Ajax 并不是一种新技术，或者说它不是一种技术，实际上，它是结合了 JavaScript、XHTML 和 CSS、DOM、XML 和 XSTL、XMLHttpRequest 等编程技术以新的强大方式组合而成，可以让开发人员构建基于 PHP 技术的 Web 应用，并打破了使用页面重载的惯例。Ajax 包含：

（1）XHTML 和 CSS 技术实现标准页面；

（2）Document Object Model 技术实现动态显示和交互；

（3）XML 和 XSLT 技术实现数据的交换和维护；

（4）XMLHttpRequest 技术实现异步数据接收；

（5）JavaScript 绑定和处理所有数据。

Ajax 是一种运用浏览器的技术，它可以在浏览器和服务器之间得到异步通信机制进行数据通信，从而允许浏览器向服务器获取少量信息而不是刷新整个页面。

20.6.2 Ajax 的优点

Ajax 是使用客户端脚本与 Web 服务器交换数据的 Web 应用开发方法。这样，Web 页面不用打断交互流程进行重新加载，就可以动态地更新。Ajax 的优点如下。

（1）减轻服务器的负担。Ajax 的原则是“按需取数据”，可以最大程度地减少冗余请求，从而减轻对服务器造成的负担。

（2）无刷新更新页面，减少用户心理和实际的等待时间。“按需取数据”的模式减少了数据的实际读取量。如果说重载的方式是从一个终点回到原点再到另一个终点的话（见图 20-13），那么 Ajax 就是以一个终点为基点到达另一个终点（见图 20-14）。

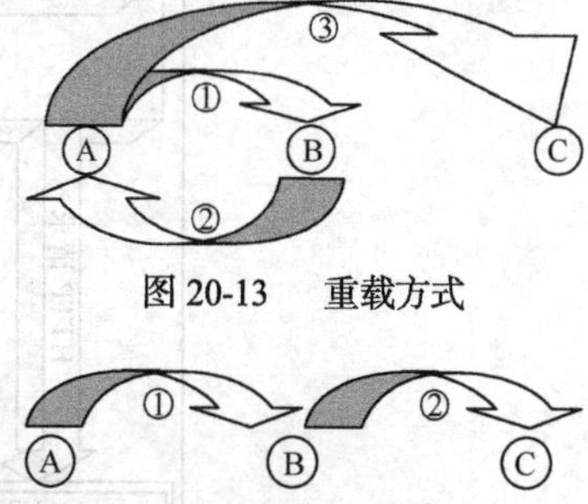

图 20-13　重载方式

图 20-14　Ajax 方式

其次，即使要读取较大的数据，也不会出现白屏的情况。Ajax 使用 XMLHTTP 对象发送请求并得到服务器响应，在不重新载入整个页面的情况下用 JavaScript 操作 DOM 最终更新页面，所以在读取数据的过程中，用户所面对的不是白屏，而是原来的页面状态；页面只有接收到全部数据后才更新相应部分的内容，而这种更新也是瞬间的，用户几乎感觉不到。

（3）带来更好的用户体验。

（4）把部分服务器负担的工作转交给客户端，利用客户端闲置的能力来处理任务，从而减轻服务器和带宽的负担，节约空间和宽带租用成本。

（5）可以调用外部数据。

（6）是一种基于标准化并被广泛支持的技术，不需要下载插件或者小程序。

（7）进一步促进 Web 页面展现形式与数据的分离。

20.6.3 Ajax 的工作原理

传统的 Web 模式强制用户进入“提交→等待→重新显示”网页，用户的动作总是与服务器进行同步思考，客户在网页上的操作转化为 HTTP 请求传回服务器，而服务器接受请求以及相关数据、解析数据并将其发送给相应的处理单元后，将返回的数据转成 HTML 页返还给客户。而当服务器处理数据的时候，用户只能等待，每一步操作都需要等待服务器返回新的网页。由于每次应用的交互都需要向服务器发送请求，应用的响应时间就依赖于服务器的响应时间，这就导致了用户页面的响应比本地应用慢得多。

运用了 Ajax 技术的 Web 应用模型，它的工作原理相当于在客户端和服务器端之间添加了一个中间层，称为 Ajax 引擎（采用 JavaScript 编写，通常在一个隐藏的框架中），实现了与服务器进行异步思考的通信能力，从而使用户从请求/响应的循环中解脱出来，向服务器发出异步请求，也就是不用等待服务器的通信。所以用户不用再打开一个空白窗口，等待服务器完成后再进行响应。Ajax 应用可以仅向服务器发送并取回必需的数据，它使用 SOAP 或其他一些基于 XML 的 Web Service 接口，并在客户端采用 JavaScript 处理来自服务器的响应。因为在服务器和浏览器之间交换的数据大量减少，所以 Web 站点看起来是即时响应的。同时很多的处理工作可以在发出请求的客户端机器上完成，所以 Web 服务器的处理时间也减少了。

引入 Ajax 的 Web 模型与传统的 Web 模型比较如图 20-15 所示。

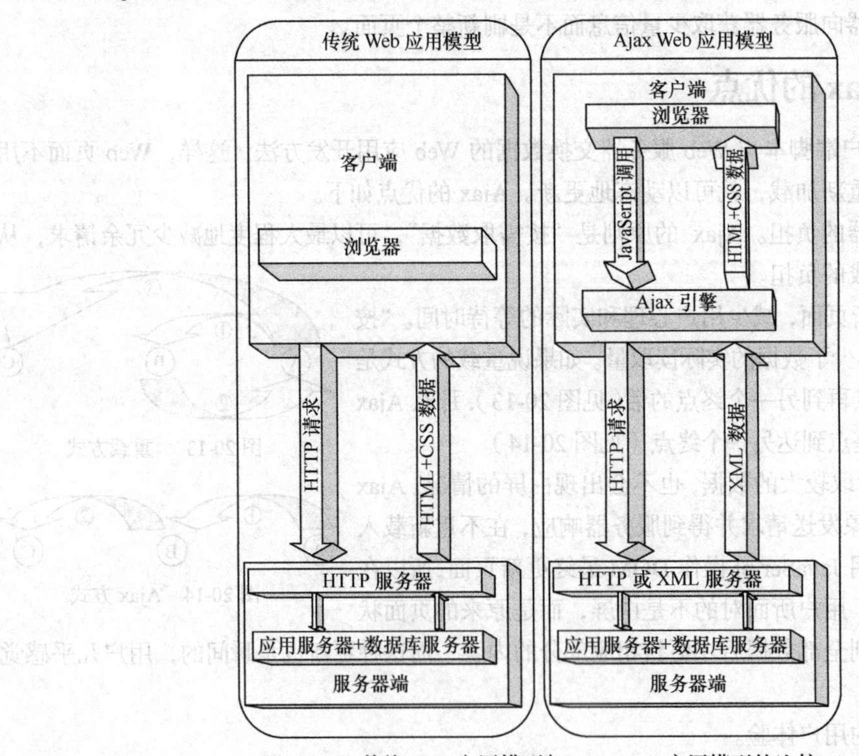

图 20-15　传统 Web 应用模型与 Ajax Web 应用模型的比较

20.6.4　Ajax 的工作流程

使用 Ajax，用户可以创建接近本地桌面应用的直接、更可用、更丰富、更动态的 Web 用户界面。Ajax 内部工作流程如图 20-16 所示。

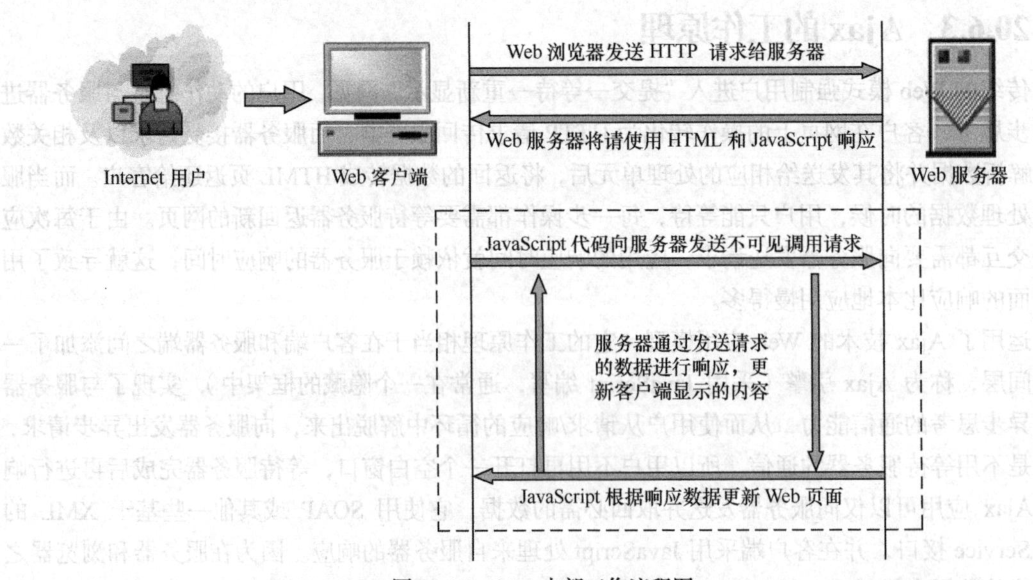

图 20-16　Ajax 内部工作流程图

20.6.5 Ajax 中的核心技术 XMLHttpRequest

Ajax 中最核心的技术就是 XMLHttpRequest，它是一个具有应用程序接口的 JavaScript 对象，能够使用超文本传输协议（HTTP）连接一个服务器，是微软公司为了满足开发者的需要，于 1999 年在 IE 5.0 浏览器中率先推出的。现在许多浏览器都对其提供了支持，不过实现方式与 IE 有所不同。

通过 XMLHttpRequest 对象，Ajax 可以像桌面应用程序一样只同服务器进行数据层面的交换，而不用每次都刷新页面，也不用每次都将数据处理的工作交给服务器来做，这样既减轻了服务器负担又加快了响应速度，缩短了用户等待的时间。

在使用 XMLHttpRequest 对象发送请求和处理响应之前，首先需要初始化该对象，由于 XMLHttpRequest 不是一个 W3C 标准，所以对于不同的浏览器，初始化的方法也是不同的。

1. IE 浏览器

IE 浏览器把 XMLHttpRequest 实例化为一个 ActiveX 对象。具体方法如下：

```
var http_request = new ActiveXObject("Msxml2.XMLHTTP");
```

或者

```
var http_request = new ActiveXObject("Microsoft.XMLHTTP");
```

上面语法中的 Msxml2.XMLHTTP 和 Microsoft.XMLHTTP 是针对 IE 浏览器的不同版本而进行设置的，目前比较常用的是这两种。

2. Mozilla、Safari 等其他浏览器

Mozilla、Safari 等其他浏览器把它实例化为一个本地 JavaScript 对象。具体方法如下：

```
var http_request = new XMLHttpRequest();
```

为了提高程序的兼容性，可以创建一个跨浏览器的 XMLHttpRequest 对象。创建一个跨浏览器的 XMLHttpRequest 对象其实很简单，只需要判断一下不同浏览器的实现方式，如果浏览器提供了 XMLHttpRequest 类，则直接创建一个实例，否则使用 IE 的 ActiveX 控件。具体代码如下：

```
if (window.XMLHttpRequest) { // Mozilla、Safari……
    http_request = new XMLHttpRequest();
} else if (window.ActiveXObject) { // IE 浏览器
    try {
        http_request = new ActiveXObject("Msxml2.XMLHTTP");
    } catch (e) {
        try {
            http_request = new ActiveXObject("Microsoft.XMLHTTP");
        } catch (e) {}
    }
}
```

由于 JavaScript 具有动态类型特性，而且 XMLHttpRequest 对象在不同浏览器上的实例是兼容的，所以可以用同样的方式访问 XMLHttpRequest 实例的属性的方法，不需要考虑创建该实例的方法是什么。

20.6.6 XMLHttpRequest 对象的属性和方法

XmlHttpRequest 对象是 Ajax 技术的核心，有关该对象的属性和方法的详细介绍如表 20-7 和表 20-8 所示。

表 20-7　　XmlHttpRequest 对象的属性

属性	描　述
readyState	返回当前的请求状态
onreadystatechange	当 readyState 属性改变时就可以读取此属性值
status	返回 HTTP 状态码
responseText	将返回的响应信息用字符串表示
ResponseBody	返回响应信息正文，格式为字节数组
ResponseXML	将响应的 domcoment 对象解析成 XML 文档并返回

表 20-8　　XmlHttpRequest 的方法

方　法	描　述
Open	初始化一个新请求
Send	发送请求
GetAllReponseHeaders	返回所有 HTTP 头信息
GetResponseHearder	返回指定的 HTTP 头信息
SetRequestHeader	添加指定的 HTTP 头信息
Abort	停止当前的 HTTP 请求

下面对 XmlHttpRequest 对象的常用属性和方法进行详细介绍。

1．readystate 属性

readystate 属性用于返回当前的请求状态，请求状态共有 5 种，如表 20-9 所示。

表 20-9　　readystate 属性值

属 性 值	描　述
0	表示尚未初始化，即未调用 open()方法
1	建立请求，但还未调用 send()方法发送请求
2	发送请求
3	处理请求
4	完成响应，返回数据

2．status 属性

status 属性用于返回 HTTP 状态码，常用 HTTP 状态码如表 20-10 所示。

表 20-10　　HTTP 状态码

属 性 名	描　述
200	操作成功
404	没有发现文件
500	服务器内部错误
505	服务器不支持或拒绝请求中指定的 HTTP 版本

3．responseText 属性

responseText 属性将返回的响应信息用字符串来表示。在默认情况下，返回的响应信息的编

码格式为 UTF-8。

4. responseXML 属性

responseXML 属性用于将响应的 domcoment 对象解析成 XML 文档并返回。

5. open 方法

open 方法用于初始化一个新的请求。

语法：

```
open(String method, String url, Boolean asyn, String user, String password)
```

其中，method 和 url 是必选参数，asyn、user 和 password 是可选参数。open 方法各参数如表 20-11 所示。

表 20-11　　open 方法参数

参 数 名 称	描　　述
method	此参数指明了新请求的调用方法，其取值有 get 和 post
url	表示要请求页面的 url 地址。格式可以是相对路径、绝对路径或网络路径
asyn	说明该请求是异步传输还是同步传输，默认值为 true（允许异步传输）
user	服务器验证时的用户名
password	服务器验证时的密码

6. send 方法

send 方法用于发送请求到服务器。

语法：

```
send(body)
```

如果没有要发送的内容，则 body 可以省略或为 Null。

7. GetAllReponseHeaders 方法

GetAllReponseHeaders 方法用于获取响应的所有 HTTP 头信息。获取到的信息是按照“名称/键值”排列的，信息之间是用“:”冒号进行分隔的。

语法：

```
GetAllReponseHeaders ()
```

8. GetResponseHeader 方法

GetResponseHeader 方法是获取响应中指定的 HTTP 头信息。

语法：

```
GetResponseHeader(String head)
```

9. SetRequestHeader 方法

SetRequestHeader 方法用于添加一个 HTTP 头信息。

语法：

```
SetRequestHeader(name,value)
```

其中，name 表示 HTTP 头名称，value 表示信息内容。

10. Abort 方法

Abort 方法用于取消一个请求。

语法：

```
Abort()
```

20.7　课程设计总结

通过微博这个课程设计实训，不仅能够让大家熟悉一个完整 PHP 程序开发流程，而且能够巩固分页技术的应用，并掌握 Ajax 无刷新技术在实际开发中的应用。